普通高等教育电气工程、自动化（工程应用型）系列教材

电力电子技术及应用

主　编　吴新开

副主编　唐　杰　李建奇

参　编　米贤武　贺达江　丁黎明
　　　　尹进田　周志刚

机 械 工 业 出 版 社

本书主要分为三篇，第1篇介绍不/半控型器件及相控变流器，第2篇介绍全控型器件及脉冲控制变流器，第3篇介绍电力电子技术的工程应用。

本书针对应用型本科院校的教学特点，在较低的专业基础平台上，对移相控制的教学内容进行了删减，同时补充了电力电子学科的新技术（包括PWM整流电路、软开关技术及其应用、电力电子技术在可再生能源中的应用、电能无线传输技术等），还通过对电力电子技术应用系统构成及原理的介绍培养学生系统仿真与设计能力和系统装配与调试技能。本书注重简洁的基础知识和实际应用，在表达方式上力求做到语言通俗、简洁易懂，在实践教学方面提供完整的设计实例，便于学生举一反三，以提高学生的兴趣。

本书可作为应用型本科院校自动化、电气工程及其自动化、仪器仪表、新能源、机器人工程等专业的教材，也可供相关领域的工程技术人员参考。

为配合教学，本书对授课教师提供教学用PPT，可在 www.cmpedu.com 上下载。

图书在版编目（CIP）数据

电力电子技术及应用/吴新开主编. —北京：机械工业出版社，2022.9
（2023.12重印）

普通高等教育电气工程、自动化（工程应用型）系列教材
ISBN 978-7-111-71379-1

Ⅰ. ①电… Ⅱ. ①吴… Ⅲ. ①电力电子技术-高等学校-教材
Ⅳ. ①TM76

中国版本图书馆CIP数据核字（2022）第141146号

机械工业出版社（北京市百万庄大街22号 邮政编码100037）
策划编辑：路乙达　　　　　责任编辑：路乙达　聂文君
责任校对：樊钟英　刘雅娜　封面设计：张　静
责任印制：邓　博
北京盛通数码印刷有限公司印刷
2023年12月第1版第2次印刷
184mm×260mm·21.25印张·523千字
标准书号：ISBN 978-7-111-71379-1
定价：65.00元

电话服务　　　　　　　　　　网络服务
客服电话：010-88361066　　机　工　官　网：www.cmpbook.com
　　　　　010-88379833　　机　工　官　博：weibo.com/cmp1952
　　　　　010-68326294　　金　书　网：www.golden-book.com
封底无防伪标均为盗版　　机工教育服务网：www.cmpedu.com

应用型本科首先应当是本科，其次再强调其应用性。本科是有区别于专科的。就培养目标而言，专科是培养具有某种专业知识和技能的中、高级人才，培养能适应在生产、管理和服务一线的技术应用型人才；而本科是培养较扎实地掌握本门学科的基础理论、专门知识和基本技能，并具有从事科学研究工作或担负专门技术工作初步能力的高级人才。要求本科学生具备合理的知识结构，掌握科学工作的一般方法，能正确判断和解决实际问题，具备终生学习的能力，能适应和胜任多变的职业领域；要求学生具有科学思维能力、创造能力、创新精神和创业精神。本科和专科的区别体现在知识结构的不同：专科强调岗位业务知识和实践操作技能，理论以够用、实用为度；而本科是纵向的框架式知识体系，强调课程的整合、学科的完整和综合，注重跨学科知识的迁移。应用型本科是指以应用技术为办学定位，而不以学术研究作为办学定位的普通本科院校，是区别于学术型本科的本科类型。首先，应用型本科的人才培养要遵循本科人才培养的教育规律，同时突出实践，强化应用。既不能因为培养本科层次人才，而沿袭普通本科的教育模式办成学科型、研究型本科；又不能因为突出应用而削弱基础理论的教学，应当是二者互相补充、扬长避短。所以，应用型本科院校的教学具有一些突出的特点：一是生源质量参差不齐，目前应用型本科主要是各省（市、区）第二批招生录取的院校；二是学校的行业特色不明显，因为这类学校绝大多数是专科层次通过合并提升为本科院校的，而这类院校面向行业进行科学研究缺乏雄厚的基础；三是教学内容要新，因为要考虑学生的就业问题，必须通过教学内容和教学体系的改革，以适应现代企业对人才使用的需要；四是教学方法上要加强实践教学的改革力度，以突出技术应用型人才培养的需要。本书是针对具有以上四个教学特点的应用型本科院校，经过数年探索、改革与实践所编写的专业基础课程教材。

针对生源质量的问题，本书在讲授移相控制理论时，就常用的三角函数及其相应的微积分公式做了罗列，以便于学生复习领会；为了突出教学内容的新颖，本书对移相控制部分的内容做了适当的删减，增加了 PWM 整流、电能无线传输技术和软开关技术及其应用等内容；为了突出其应用性，增加了一章电力电子装置及其应用的内容；为了培养学生的实际操作与应用能力，建议以系统设计、系统仿真与装配调试技能的培养为核心进行实验教学体系的改革。

本书是集体智慧的结晶，特别是通过几所应用型本科院校相互交流、相互补充和相互配合共同编写而成的。吴新开负责全书编制工作，并修改编写大纲，进行统稿和文字润色，还编写了 13、14 章的内容；邵阳学院的唐杰和尹进田承担了 1~4 章内容的编写工作；湖南文理学院的李建奇和周志刚承担了 9~12 章内容的编写工作；怀化学院的贺达江、米贤武和丁黎明承担了 5~8 章的编写工作，李珍、陈日恒、王贵龙、李智珍、姜有华、王智琦、邓琪伟等硕士研究生进行了部分资料的整理工作。本书的出版还得到了怀化学院出版基金的赞助。

本书适用于理论教学 40~48 学时的教学，还配备了完善的教学用 PPT。

本书内容经过了从 2017 年到 2022 年共 6 届学生的教学实践考验，特别是近几年网络教学的考验，证明了本书的有效性。但是，应用型本科的教学改革与课程体系的研究是一项长期而艰苦的任务，需要在不断的改革实践中继续完善与提高。因此，恳请各应用型本科院校在使用过程中对本书提出宝贵的意见，以便于本书能够继续得以完善与提高。

编　者

目　录

第 2 篇　全控型器件及脉冲控制变流器

第1章

绪　论

1.1　电力电子技术的定义与特点

1.1.1　电力电子技术的定义

电力电子技术就是应用于电力领域的电子技术，它是利用电力电子器件对电能进行变换和控制的技术。

与我们已经学过的电子技术相比较，电力电子技术其特殊之处不只是其器件能够通过大电流和承受高电压，还在于其电路拓扑需要考虑在大功率运行情况下的器件发热、运行效率等问题。

为了区别电力电子技术与传统的电子技术，我们可以把电子技术分为信息电子技术和电力电子技术两大分支。通常所说的模拟电子技术和数字电子技术都属于信息电子技术；而电力电子技术就是使用电力电子器件对电能进行变换和控制的技术。它们的主要区别在于：信息电子技术变换与处理的是信息，而电力电子技术变换与处理的是电能。

电力电子技术中所变换的"电力"有别于"电力系统"所指的"电力"。电力系统的"电力"特指电力网的"电力"，即以电功率形式所表现的能量；而电力电子技术中的"电力"则更一般些，它包括电力网、电机拖动等所有电气工程领域中所指的电能。

在电力电子技术中，电力电子器件的制造技术是电力电子技术的基础，变流技术则是电力电子技术的核心。变流技术主要包括把交流电能转变为直流电能的整流技术，把直流电能转变成交流电能的逆变技术，把直流电能转变为另一种幅值的直流电能的斩波技术，把交流电能转变成另一种形式的交流电能的变频、变相技术等，见表 1-1。作为电力电子技术的应用者，应当在了解电力电子器件的基础上，着重研究电力电子技术中的变流技术。

表 1-1　变流技术的种类

输出	输入	
	交流（AC）	直流（DC）
直流（DC）	整流	直流斩波
交流（AC）	交流电力控制、变频、变相	逆变

1.1.2　电力电子学

电力电子学（Power Electronics）是 20 世纪 60 年代出现的名词，它与电力电子技术在

1

内容上并没有多少差别，只是分别从学术和工程技术这两个不同的角度来进行描述。美国学者 W. Newell 认为电力电子学是由电力学、电子学和控制理论三个学科交叉形成的，如图 1-1 所示，这一观点已经被全世界学者普遍接受。

为了加深对电力电子技术和电力电子学的理解，有必要认真理解和处理好以下三个关系，即电力电子技术与电子学的关系、电力电子技术与电力学的关系和电力电子技术与控制技术的关系。

1. 电力电子技术和电子学的关系

图 1-1　描述电力电子学的倒三角形

电子学（即信息电子技术）根据其研究的内容可以分为电子器件和电子电路两大部分，它们分别与电力电子技术中的电力电子器件和电力电子电路相对应。从电子器件和电力电子器件的制造技术上讲，两者是同根同源的，电力电子器件的制造技术和用于信息变换的电子器件制造技术的理论基础都是基于半导体理论，其大多数工艺也是相同的。从电子电路和电力电子电路的分析方法上讲，两者也有类似之处，电力电子电路和信息电子电路的许多分析方法也是一致的，只是两者的应用目的不同：电力电子电路用于电能的变换与处理，而电子电路用于信息的变换与处理。

2. 电力电子技术和电力学的关系

电力学就是电工学科或电气工程学科，电力电子技术广泛用于电气工程中。各种电力电子装置广泛应用于高压直流输电、静止无功补偿、电力机车牵引、交直流电力传动、电解过程、励磁系统、电加热装置、高性能交直流电源等，因此，无论是国内还是国外，通常都把电力电子技术归属于电气工程学科。在我国，电力电子与电力传动是电气工程的一个二级学科。图 1-2 用两个三角形对电气工程进行了描述。其中大三角形描述了电气工程一级学科和其他学科的关系，小三角形则描述了电气工程一级学科内各二级学科的关系。

3. 电力电子技术和控制技术的关系

自动控制理论广泛用于电力电子技术中，它使电力电子装置和系统的性能不断满足人们日益增长的各种需求。电力电子技术可以看成是以弱电控制强电的技术，是弱电和强电之间的接口。而控制理论则是实现这种接口的一条强有力的纽带。另外，控制理论是自动化技术

图 1-2　电气工程的双三角形描述

的理论基础，二者密不可分，而电力电子装置则是自动化技术的基础元件和重要支撑技术。

1.1.3　电力电子技术的特点

根据上述分析，我们应当对电力电子技术的特点有所了解：

（1）处理对象为高电压、大电流、强功率　电力电子技术变换与处理的是电能，它与信息电子技术所处理的信息相比较，具有高电压、大电流、强功率等特点。

（2）处理的内容是电能的相关转换　电力电子技术对电能的变换包括 AC-DC 转换，

AC-AC 转换，DC-DC 转换和 DC-AC 转换。电力电子技术主要变换的是电能，而目前所使用的电能不是直流电能就是交流电能，因此电能的变换就是在直流电能、交流电能之间进行，这就是我们所说的整流、逆变、斩波和变频（变相）四大变换。

（3）处理的方式是采用弱电控制强电　电力电子技术是弱电与强电之间的接口，也是弱电与强电之间的桥梁，是一门用弱电控制强电的技术。

（4）应用范围广泛分布于各个生产生活环节　电力电子技术的应用已经遍及工农业生产和人们的生活中，如高铁、数控机床、大型生产机械、电力系统、家用电器等，都能见到相应的电力电子装置。

1.1.4　电力电子技术的作用

（1）优化电能使用　通过电力电子技术对电能的变换与控制，使电能的使用达到合理、高效和节约，实现了电能使用最佳化。例如，在节电方面，通过对风机水泵、电力牵引、轧机冶炼、轻工造纸、工业窑炉、感应加热、电焊、化工、电解等方面的调查，潜在节电总量相当于 1990 年全国发电量的 16%，所以推广应用电力电子技术是节能的一项战略措施，一般节能效果可达 10%~40%，我国已将许多相关的电力电子装置列入节能的推广应用项目。

（2）改造传统产业和发展机电一体化等新兴产业　据预测，今后将有 95% 的电能要经电力电子技术处理后才能使用，即工业和民用的各种机电设备，将会有 95% 的机电设备与电力电子技术有关。特别的，电力电子技术是弱电控制强电的媒介，是机电设备与计算机之间的重要接口，它为传统产业和新兴产业采用微电子技术创造了条件，成为发挥计算机对机电装置、生产过程等领域进行控制的保证和基础。

（3）电力电子技术高频化和变频技术的发展，将使机电设备突破工频传统，向高频化方向发展　电力电子技术的高频化，将实现装置的最佳工作效率，将使机电设备的体积减小，响应速度提高，并能适应任何基准信号，实现无噪声，且具有全新的功能和用途。

（4）电力电子智能化的进展，在一定程度上将信息处理与功率处理集成，使微电子技术与电力电子技术一体化，其发展有可能引起电子技术的重大改革　有人甚至提出，电子学的下一项革命将发生在以工业设备和电网为对象的电子技术应用领域，电力电子技术将把人们带到第二次电子革命的边缘。

1.2　电力电子技术的发展历史

电力电子器件的发展对电力电子技术的发展起着决定性作用，因此，电力电子技术的发展是以电力电子器件的发展为基础的。图 1-3 给出了电力电子技术的发展史。一般认为，电力电子技术的诞生是以 1957 年美国通用电气公司研制出第一个晶闸管为标志的。但在晶闸管出现之前，电力电子技术就已经应用于电力变换了。因此，晶闸管出现前的时期就称为电力电子技术的史前期或黎明期。

1. 史前期或黎明期

1876 年出现了硒整流器。1904 年出现了电子管，它能在真空管中对电子流进行控制，并应用于通信和无线电，从而开启了电子技术应用于电力领域的先河。1911 年出现了金属

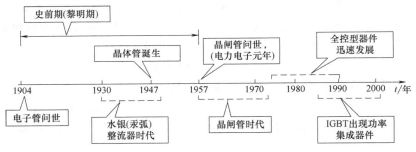

图 1-3　电力电子技术的发展史

封装水银整流器，它把水银封闭于真空管内，利用对其蒸气的点弧可以对大电流进行有效控制，其性能与晶闸管类似。20 世纪 30—50 年代，水银整流器广泛应用于电化学工业、电气铁道直流变电以及轧钢用直流电动机的传动，甚至用于直流输电。这一时期，各种整流电路、逆变电路、周波变流电路的理论已经发展成熟并广为应用。在这一时期，也出现了应用直流发电机组将交流电能变换成直流电能的旋转变流技术。

1947 年，美国著名的贝尔实验室发现了 PN 结理论，发明了晶体管，从而引发了电子技术的一场革命。

2. 晶闸管时代

20 世纪 50 年代初，出现了锗功率二极管，1954 年又出现了硅功率二极管，普通的半导体整流器开始使用，1957 年诞生了晶闸管，一方面由于其变换能力的突破，另一方面实现了弱电对以晶闸管为核心的强电变换部分的控制，使之很快取代了水银整流器和旋转变流机组，并且其应用范围也迅速扩大。电力电子技术的概念和基础就是由于晶闸管及晶闸管变流技术的发展而确立的。

变流装置由旋转方式转变为静止方式，具有提高效率、缩小体积、减轻重量、延长寿命、消除噪声、便于维修等优点，因此，其优越的电气性能和控制性能在工业生产上引起了一场技术革命。

在以后的 20 年中，随着晶闸管特性的不断提高，晶闸管已经形成了从低电压、小电流到高电压、大电流的系列产品。同时也研制出一系列晶闸管派生器件，如快速晶闸管（FST）、逆导晶闸管（RCT）、双向晶闸管（TRIAC）、光控晶闸管（LASCR）等，大大推进了各类电力变换器在冶金、电化学、电力工业、交通及矿山等行业中的应用，促进了工业技术的进步，形成了以晶闸管为核心的第一代电力电子器件，也称传统电力电子技术阶段。

通过对晶闸管门极的控制，可以使其导通，但不能使其关断，因此，晶闸管属于半控型器件。对晶闸管电路的控制方式主要是移相控制方式。即使在电压、电流这两个方面，晶闸管系列器件仍然有一定的发展余地，但因下述原因，阻碍了它们的继续发展：①由于是半控型器件，晶闸管的关断通常依靠电网电压或强迫换流电路等外部条件来实现，导致电路复杂、体积增大、重量增加、效率降低、可靠性下降等，这就使得晶闸管的应用受到了很大的局限性；②器件的开关频率难以提高，一般低于 400Hz，也大大限制了它们的应用范围；③由于相位运行方式使电网及负载上产生严重的谐波，不但装置运行的功率因数低，还会对电网产生"公害"。随着工业生产的发展，迫切需要新的器件和变流技术出现，以改进或取代传统的电力电子技术。

3. 全控型器件和电力电子集成电路（PIC）

20 世纪 70 年代后期，以门极可关断晶闸管（GTO）、电力双极型晶体管（BJT）和电力场效应晶体管（Power MOSFET）为代表的全控型器件迅速发展。全控型器件的特点是，通过对门极（基极、栅极）的控制，既可使其开通又可使其关断。另外，这些器件的开关速度远高于晶闸管，可以用于开关频率较高的电路。全控型器件的优越特点使其逐渐取代了变流装置中的晶闸管，把电力电子技术推进到一个新的发展阶段——现代电力电子技术。

与晶闸管电路的移相控制方式相对应，采用全控型器件的电力电子电路的主要控制方式为脉冲宽度调制（PWM）方式。相对于晶闸管的相位控制方式，可称之为全控型器件的斩波控制方式，简称斩控方式。这种控制方式使电力电子电路的控制性能大大改善，功能得以迅速扩充，对电力电子技术的发展产生了深远的影响。

在 20 世纪 80 年代后期，以绝缘栅双极型晶体管（IGBT）为代表的复合型器件异军突起。它是 MOSFET 和 BJT 的复合，综合了两者的优点。与此相对应，MOS 控制晶闸管（MCT）和集成门极换流晶闸管（IGCT）复合了 MOSFET 和 GTO。这些器件不仅有很高的开关频率（一般为几十千赫兹到几百千赫兹），而且有更高的耐压性，电流容量大，可以构成大功率、高频的电力电子电路。

把驱动、控制、保护电路和电力电子器件集成在一起，构成功率集成电路（PIC），这代表了电力电子技术发展的一个重要方向。电力电子集成技术包括以 PIC 为代表的单片集成技术、混合集成技术以及系统集成技术。

随着全控型电力电子器件的不断进步，电力电子电路的工作频率也不断提高。与此同时，软开关技术的应用在理论上可以使电力电子器件的开关损耗降为零，从而提高了电力电子装置的功率密度。

现代电力电子技术的特点如下：

（1）全控化 全控化是由半控型普通晶闸管发展到各类自关断器件，是电力电子器件在功能上的重大突破。自关断器件的出现实现了全控化，取消了传统电力电子器件的复杂的换流电路，使电路大大简化。

（2）集成化 与传统电力电子器件的分立方式完全不同，所有的全控型器件都是由许多单元器件并联在一起，集成在一个基片上。

（3）高频化 高频化是指随着电力电子器件集成化的实现，同时提高了器件的工作速度，例如，GTR 一般工作在 10kHz 频率以下，而 IGBT 工作在几十千赫兹以上，功率 MOS-FET 可达数百千赫兹以上。

（4）高效率化 高效率化体现在器件和变换技术两个方面，由于电力电子器件的导通压降不断降低，致使导通损耗下降；器件开关过程加快，也使器件的开关损耗下降；器件处于合理的运行状态，提高了运行效率；变换器中采用了软开关技术，使得运行效率得到进一步提高。

（5）变换器小型化 变换器小型化是指器件的高频化、控制电路的高度集成化和微型化，使得滤波电路和控制器的体积大大减小。电力电子器件的多单元集成化，减小了主电路的体积。控制器和功率半导体器件等采用微型化的表面装贴技术，使得变换器的体积进一步减小，目前，功率为 10kV·A 的变换器其体积只有信用卡那样大。

（6）电源变换绿色化 由于电力电子技术中广泛采用 PWM（脉宽调制）技术、SPWM

（正弦波脉宽调制）技术、消除特定次谐波技术和多重化技术，使得变换器的谐波大为降低，也使变换器的功率因数得到了提高，进而使得电源变换绿色化。

（7）改善和提高了供电网的供电质量　静止无功发生器（SVG）、有源电力滤波器等新型电力电子装置具有优越的无功功率和谐波补偿性能，它们在电力系统中的应用大大提高了电网的供电质量。

（8）电力电子器件的容量和性能的优化　电力电子器件的现有发展水平见表1-2。新型半导体材料的研究正在取得不断突破，碳化硅（SiC）、金刚石等新材料应用于电力电子器件，将会使电力电子器件的功率、频率和耐温性进一步提高，导通压降进一步降低。

表1-2　电力电子器件的现有发展水平

器件名称	国外研制水平	国内研制水平
普通整流管	$8kV/5kA(f=400Hz)$	$6kV/3.5kA$
普通晶闸管（SCR）	$12kV/1kA,8kV/6kA$	$5.5kV/3kA$
快速晶闸管	$2.5kV/1.6kA(T_q=8\sim50\mu s)$	$2.5kV/1.5kA(T_q=30\mu s)$
光控晶闸管（LASCR）	$6kV/6kA,8kV/4kA$	$4.5kV/2kA$
门极可关断晶闸管（GTO）	$9kV/2.5kA,6kV/6kA(f=1kHz)$	$4.5kV/2.5kA$
集成门极换流晶闸管（IGCT）	$6kV/1.6kA$	—
静电感应晶闸管（SITH）	$4kV/2.5kA(f=100kHz)$	$1kV/2.5kA$
电力晶体管（GTR）	模块:$1.8kV/1kA(f=2kHz)$	模块:$1.2kV/400Hz$
功率 MOSFET	$60A/200V(2MHz),500V/50A(100MHz)$	$1kV/35A$
绝缘栅双极型晶体管（IGBT）	模块:$3.5kV/1.2kA$	模块:$1.2kV/200A$
电子注入增强型栅极晶体管（IEGT）	$4.5kV/1kA$	—
MOS 控制晶闸管（MCT）	$1kV/100A$	$1kV/75A$
智能功率模块（IPM）和功率集成电路（PIC）	IPM:$1.8kV/1.2kA$	$600V/75A$

1.3　电力电子技术的发展趋势与前景

电力电子技术已经进入了各个领域，随着经济和科学技术的不断发展，对电力电子技术的需求也变得越来越高，将电力电子技术与前沿科学相结合，以提高电力电子技术的智能化水平，同时利用电力电子技术改善经济发展的模式，促进绿色经济的发展也是大势所趋。

电力电子技术的发展主要有以下几大趋势：

1）促进电力电子技术的集成化和模块化。从功率器件和电源单元两方面入手，促进其检测和控制的智能化，在有效缩小控制器件的体积后，完成对器件的模块化的设计与制造。电力电子技术的集成化和模块化能够增强电力系统的安全性和可靠性。

2）促进电力电子技术高频化的完成。电力电子技术的高频化与电力电子技术的集成化、模块化的发展有密切的关系，在完成集成化后，能够有效缩小各器件的体积，而在理论上说，器件的体积与电流的频率成明显的负相关关系，当体积减小时，工作频率自然升高，即当电力电子系统的集成化完成后，高频化随即完成。完成高频化能够有效地增强用电负荷，提高电力稳定性。

3）完成电力电子技术的全控化和数字化。目前电力电子技术的发展面临着许多问题，其中电力电子技术的使用受限、高风险性是主要的发展阻碍。想要解决这一问题，必须促进电力电子技术的全控化和数字化发展。全控化技术能够有效突破原有电力电子器件的使用受限情况，降低关断换流电路的危险性，保障电力系统的安全性和稳定性；而数字化的发展能够有效拓宽电力电子技术的应用领域和发展空间，完善电力电子系统，同时加快电力电子技术集成化的进程。

4）将电力电子技术与绿色发展理念相结合。增加电力电子技术的绿色化特征，以期达到减轻对环境及电力污染的目的，促进我国能源行业的绿色发展，其中太阳能发电技术、风力发电技术、燃料电池发电技术、交流输电技术、电能储存和供电质量控制技术均是电力电子技术绿色化发展的主要方向，发展上述技术能够实现对电网资源的重新整合，拓宽电力的来源渠道，提高电能的使用效率，增强电力系统的安全性和稳定性。

5）新材料的进一步研究与应用，将进一步扩展电力电子器件的频率、功率等级和使用温度范围，降低器件的体积和价格。因此可以进一步降低成本、改善系统性能，使电力电子技术的应用范围越来越广。

从晶闸管问世到各种高性能全控型器件（如 IGBT）的出现，电力电子器件经过几十年的发展，基本上都表现在器件结构原理和制造工艺的改进与创新上，在材料的应用上始终没有突破硅的范围。随着硅材料和硅工艺的日趋完善，各种硅器件的性能逐步趋于其理论极限。而现代电力电子技术的发展却不断对电力电子器件的性能提出了更高的要求，尤其是希望器件的功率和频率得到更高程度的兼顾。因此，越来越多的电力电子器件的研究工作转向了对应用新型材料制造新型电力电子器件的研究。结果表明，就电力电子器件而言，硅材料并不是最理想的材料，比较理想的材料应当是临界雪崩击穿电场强度、载流子饱和漂移速度和热导率都比较高的宽禁带半导体材料，这种材料比较典型的有砷化镓（GaAs）、碳化硅（SiC）等。目前，随着这些材料的制造技术和加工工艺日渐成熟，使用宽禁带半导体材料制造性能更加优越的电力电子新器件已经成为可能。21 世纪初，碳化硅肖特基势垒二极管（SBD）首先揭开了碳化硅器件在电力电子领域替代硅器件的序幕。随后，高耐温、高耐压的碳化硅场效应管器件、碳化硅 IGBT、碳化硅双极型器件纷纷出现，预示着新一代集高电压、大电流、高工作频率等优点于一身的电力电子器件的诞生与发展。

新型碳化硅（SiC）、砷化镓（GaAs）等半导体器件的出现，将逐步取代现有硅材料制造的电力电子器件，并将得到更普遍的推广应用。

1.4 电力电子技术的应用领域

电力电子技术是以电功率变换和控制为主要内容的现代工业电子技术，当代工业、农业等各领域都离不开电能，离不开表征电能的电压、电流、频率、波形和相位等基本参数的控制和转换，而电力电子技术可以对这些参数进行精确控制与高效处理，所以电力电子技术是实现电气工程现代化的重要基础。

电力电子技术应用范围十分广泛，国防军事、工业、能源、交通运输、电力系统、通信系统、计算机系统、新能源系统以及家用电器等无不渗透着电力电子技术的新成果。下面对电力电子技术的应用领域进行简单的介绍。

1. 一般工业

工业中大量应用的各种交直流电动机，都是用电力电子装置进行调速的。

一些对调速性能要求不高的大型鼓风机等近年来也采用了变频装置，以达到节能的目的。

有些并不特别要求调速的电机为了避免起动时的电流冲击而采用了软起动装置，这种软起动装置也是电力电子装置。

电化学工业大量使用直流电源，如电解铝、电解食盐水等都需要大容量整流电源；电镀装置也需要整流电源。

电力电子技术还大量用于冶金工业中的高频或中频感应加热电源、淬火电源及直流电弧炉电源等场合。

2. 交通运输

电气化铁道中广泛采用电力电子技术。电气机车中的直流机车采用的整流装置，交流机车采用变频装置，直流斩波器也广泛用于铁道车辆。在现代高铁、磁悬浮列车中，电力电子技术更是一项关键技术。除牵引电机传动外，车辆中的各种辅助电源也都离不开电力电子技术。

电动汽车和混合动力电动汽车（EV/HEV）正在积极发展中，电动汽车的驱动电机依靠电力电子装置进行电力变换和驱动控制，其蓄电池的充电也离不开电力电子装置。一台高级汽车中需要许多控制电机，它们也要靠变频器和斩波器驱动并控制。

飞机、轮船需要各种不同要求的电源，因此航空、航海都离不开电力电子技术。

3. 电力系统

电力电子技术在电力领域的应用主要体现在发电、储能、输电和用电的过程中。

在发电领域，新能源、可再生能源发电，如风力发电、太阳能发电，需要用电力电子技术来缓冲能量和改善电能质量。当需要和电力系统联网时，更离不开电力电子技术，如环保型能源（包括太阳能、风能、地热能等清洁能源）的开发。这些能源的使用能解决一次能源的消耗，更能保护环境。但是，在转换成电能的过程中由于电压和频率的波动很难得到广泛的应用，目前只有电力电子变换装置能把这些波动的电力转换成稳定的电力输出。

在储电领域，抽水储能发电站的大型电动机需要用电力电子技术来起动和调速。超导储能是未来的一种储能方式，它需要强大的直流电源供电，这也离不开电力电子技术。例如，超导线圈的磁场储能的研究，如果解决了交流电能和低电压超大电流的直流电之间的转换的难题，将是储能领域中重大的突破。

在输电领域，例如高压直流输电技术在远距离输电或者跨海输电的电力系统实现联网等方面的应用。直流输电在长距离、大容量输电时有很大的优势，其送电端的整流阀和受电端的逆变阀都采用晶闸管变流装置，而轻型直流输电则主要采用全控型的 IGBT 器件。近年来发展起来的交流输电（FACTS）也是依靠电力电子装置才得以实现的。

晶闸管控制电抗器（TCR）、晶闸管投切电容器（TSC）、静止无功发生器（SVG）、有源电力滤波器（APF）等电力电子装置大量用于电力系统的无功补偿或谐波抑制。在配电网系统，电力电子装置还可用于防止电网瞬时停电、瞬时电压跌落、闪变等，以进行电能质量控制，改善供电质量。

在变电所中，给操作系统提供可靠的交直流操作电源，给蓄电池充电等都需要电力电子装置。

在用电过程中的应用，例如，变频电源、高精度洁净电源等各种电源的应用中，应用电力电子技术后都在很大程度上提高了它们的性能。

4. 电子装置用电源

各种电子装置一般都需要不同电压等级的直流电源供电。通信设备中的程控交换机所用的直流电源以前用晶闸管整流电源，现在已改为采用全控型器件的高频开关电源。大型计算机所需的工作电源、微型计算机内部的电源现在也都采用高频开关电源。

在大型计算机等场合，常常需要不间断电源（Uninterruptible Power Supply，UPS）供电，不间断电源实际上就是典型的电力电子装置。

5. 家用电器

电力电子照明电源体积小、发光效率高，可节省大量能源，正在逐步取代传统的白炽灯和荧光灯。空调、电视机、音响设备、家用计算机、洗衣机、电冰箱、微波炉等电器也应用了电力电子技术。

6. 其他

国防力量的强弱象征着国家综合实力的强弱。与国防相关的科学技术一直是世界各国关注的焦点。电力电子技术已经发展成为国防设备领域的核心科技之一。电力电子技术涉及供电电源和功率驱动等各个领域。例如新一代航母中的电磁弹射技术，电力电子技术就发挥着重要的作用。高频电力半导体及高频变流技术在航空航天领域也发挥着重要作用，如在提高其性能、减小驱动功率的同时，大大减小了飞行器的体积和重量。

航天飞行器中的各种电子仪器需要电源，载人航天器也离不开各种电源，这些都须采用电力电子技术。

核聚变反应堆在产生强大磁场和注入能量时，需要大容量的脉冲电源，这种电源就是电力电子装置。科学实验或某些特殊场合，常常需要一些特种电源，这也是电力电子技术的用武之地。

1.5 电力电子技术研究的内容

电力电子技术研究的内容应当包括电力电子器件、变换器主电路的拓扑结构和控制技术。作为一门学科，电力电子学所研究的内容包括电力电子器件和系统两大部分；但是在工程应用中，只需要如何合理地选择和使用电力电子器件来组成各种变换装置。因此，本书所研究的内容侧重于电力电子器件的基本原理、特性和参数选择，以及由电力电子器件构成的变换器主电路的拓扑结构、控制方式和相应的保护措施。

1.5.1 电力电子器件

电力电子器件用于大功率变换和控制时，与信息处理所用的电子器件有所不同：首先是必须具有承受高电压、大电流的能力；其次是电力电子器件均以开关方式运行。因此，电力电子器件也被称为电力电子开关器件。电力电子器件种类繁多，分类方法也不同。按照开通、关断的控制方式不同，可分为以下三种类型。

1. 不控型

不控型器件的一端是阳极，另一端是阴极。其开关工作状态取决于施加于器件阳极、阴极间的电压，正向导通，反向关断，流过的电流是单向的。因为其开通和关断不能按需要控制，所以这类器件被称为不控型器件。常用的不控型器件有大功率二极管、快恢复二极管等。

2. 半控型

半控型器件是三端器件，除了阳极和阴极外，另增加了一个控制门极。它们的开通不仅需要在阳极和阴极间加正向电压，还必须在门极和阴极间加正向控制信号。然而这类器件一旦导通，就不能通过门极控制关断，只能通过在阳极、阴极间加反向电压，或减小阳极电流到达某一数值时，才能使其关断，故称半控型器件。这类半控型器件主要有晶闸管（SCR）及其派生器件。

3. 全控型

全控型器件也是具有控制端的三端器件，但控制极不但可控制开通，也能控制关断，故称全控型器件。由于不需要外部电路提供关断条件，仅靠对门极的控制就可关断，所以又称自关断器件。这类器件种类很多，在现代电力电子技术的应用中起主导作用。典型的有电力晶体管（GTR）、门极可关断晶闸管（GTO）、功率场效应晶体管（Power MOSFET）和绝缘栅双极型晶体管（IGBT）等。

按照电力电子器件的驱动性质，可以将器件分为电压型和电流型两种。电流型器件需要较大的驱动电流才能使器件导通，而电压型器件只需要足够的驱动电压和很小的驱动电流就可以导通。

在电力电子器件的应用中，一般需要考虑的因素有：器件的容量（额定电压和额定电流值）、过载能力、关断控制方式、导通压降、开关速度、驱动性质和驱动功率等。

1.5.2 电力电子变换器的主电路拓扑结构

以电力电子器件为核心，采用不同的电路拓扑结构和控制方式来实现对电能进行变换和控制，这就是变流电路。变换器拓扑结构的实质是将有源和无源电力电子器件按照一定的规律连接的电路。在不同的拓扑结构中，不控、半控和全控型器件可以同时存在或独立存在。为了防止电力电子器件因过流、过压而造成损坏，应当采用器件并联、器件上并联续流二极管及缓冲吸收电路等措施。变流拓扑还应当包括电流、电压和温度传感器。

现代电力电子技术的主要研究方向之一是变换器主电路的拓扑优化。拓扑优化可以理解为：在变换器设计中，合理选择并确定网络中各元件的位置，以便实现功能和性能指标要求且最经济。拓扑优化的目标是高频化、高效率、高功率因数和低变换损耗。高频化加软开关技术和 PWM 控制方式，既可以减小变换器的体积、重量和开关损耗，又能提高波形质量、功率因数和变换效率。

变换过程也是主电路的研究问题之一。电力电子变换器在工作时，各开关器件轮流交替导通，向负载提供电能，因此流向负载的电能一定要从一个或一组元件向另一个或另一组元件转移，这个过程就称为换相或换流。一般来讲，换流方式有如下几种：

1. 器件换流

利用全控型器件的自关断能力进行换流称为器件换流。在采用 GTR、IGBT 等全控型器件的电路中，其换流方式为器件换流。这种换流方式应用在各种电力电子电路中。

2. 电网换流

由电网提供换流电压称为电网换流。这种换流方式只适应于交流供电的场合，可应用在不控或半控型开关器件组成的变换器电路中，不适合于没有交流电网的无源逆变电路。

3. 负载换流

由负载提供换流电压或电流的称为负载换流。凡是负载电流的相位超前于负载电压的场合，都可以实现负载换流。当同步电机工作于容性状态时，也可以实现负载换流。

4. 强迫换流

由外部换相电路向导通的功率器件提供反向封锁电压，这种换流方式需要附加换流电路，通常利用附加电容上所存储的能量来实现换流，因而又称电容换流。由电容直接提供换流电压的方式，称为直接耦合强迫换流；通过电容和电感的耦合来提供换流电压或换流电流的方式，称为电感式强迫换流。

1.5.3　电力电子变换器的基本类型

负载性质不同，供电要求也不同，应用电力电子技术组成的变流装置也应当不同。按其功能不同，可以分为：AC-DC 变换、DC-AC 变换、AC-AC 变换和 DC-DC 变换。在某些装置中，可能存在多种变换形式。

1. AC-DC 变换

把交流电能变换成固定或可调的直流电能，称为 AC-DC 变换，这种变换装置称为整流器。传统的整流器是利用晶闸管和相位控制技术，依靠电网电压换流。晶闸管相控整流的优点是控制简单、运行可靠，适用于大功率应用。它的缺点是产生低次谐波，对电网产生影响，造成电网谐波污染；同时呈现感性负载，功率因数低。

以前，功率补偿采用笨重的无源滤波器，20 世纪 80 年代后期，开始采用 PWM 技术和有源滤波器，它同时兼有滤波和无功补偿的功能。高功率因数整流器克服了相控整流器的缺点，使电网的电压和电流相位相同。

在直流电机调速中，直接采用全控型器件组成 PWM 整流电路，不仅能够控制直流电机调速，还能够使交流电源侧的电流为正弦波，并且能够保持交流侧功率因数恒等于 1。

2. DC-AC 变换

把直流电能变换成频率、电压固定或可调的交流电能，称为 DC-AC 变换，又称为逆变器。逆变器按照直流电源的性质可分为电压型和电流型两种；按控制方式可分为六阶梯方波逆变器、PWM 逆变器和软开关逆变器；按换流性质可分为电网换流和自关断器件换流。

逆变通常与变频的概念联系在一起，变频电路有交-直-交变频和交-交变频两种。

逆变电路广泛应用于各种电源。当需要用蓄电池、太阳能电池、干电池等直流电源向交流负载供电时，就需要应用逆变器。另外交流电机调速的逆变器、高中频感应加热电源、不间断电源等，其核心的变换电路就是逆变电路。

3. AC-AC 变换

把频率、电压固定或变化的交流电能变换成另一种频率、电压可调或固定的交流电能，称为 AC-AC 变换，这种变换电路通常称为变频器，又称周波变换器。传统的交-交变频采用晶闸管相控技术，可运行于有环流或可控环流模式，为了提高变频器的功率因数，通常需要加电容进行补偿。

新型的交-交变频器是在 PWM 变换基础上发展起来的矩阵式变换器，电路中所采用的开关器件是全控型的，控制方式不是相控方式，而是斩波方式。其优点是在所有工作范围内，总可以保持功率因数等于 1。

4. DC-DC 变换

把幅值固定或者变化的直流电能变换成另一种幅值固定或变化的直流电能，称为 DC-DC 变换，又称为直流斩波。按照电路的结构及功能，DC-DC 变换可分为：降压式（Buck）斩波器、升压式（Boost）斩波器、升降压式（Buck-Boost）斩波器、Cuk 斩波器、Sepic 斩波器和 Zeta 斩波器。按照电路拓扑结构又可分为不带隔离变压器和带隔离变压器的 DC-DC 变换器。

DC-DC 变换广泛应用于计算机、通信及各类仪器仪表的电源中，也应用在直流电机调速及金属焊接等。

开关电源可减小变换器的体积、重量、开关损耗，并能提高电源的性能和可靠性，因而是 DC-DC 变换器的主要发展方向。

1.5.4 电力电子电路的控制

控制电路的主要作用是为变换器中的功率开关器件提供控制极的驱动信号。驱动信号是根据控制指令，按照某种控制规律及控制方式获得的。控制电路包括时序控制、保护电路、电气隔离和功率放大等电路。

1. 电力电子电路的控制方式

电力电子电路的控制方式一般按照开关器件的开关信号与控制信号间的关系来分类，分类情况如下。

（1）相控方式 相控方式是指器件导通的相位受控于控制信号幅值的变化，通过改变器件的导通相位角来改变输出电压的大小。晶闸管相控整流和交流调压电路就是采用这种相控方式。

（2）频控方式 频控方式是指开关器件的工作频率受控于控制信号的频率，改变控制信号的频率，输出电压随之改变。这种控制方式多用于 DC-DC 变换电路中。

（3）斩波方式 斩波方式是指利用控制电压的幅值（调制电压的幅值）来改变一个开关周期中器件导通的占空比，器件以远高于输入、输出电压工作频率的开关频率运行，如 PWM 控制。在自关断器件投入使用前，这种控制方式仅适用于直流电压控制器。现在采用自关断器件，这种控制方式可实现各种形式的电能变换和控制，并获得比移相控制、频率控制更好的性能。

2. 电力电子电路的控制理论

控制理论的运用取决于被控对象和控制效果的要求。为了使电力电子变换装置获得较高的稳态精度和动态性能，必须采用相应的控制规律或控制策略。对线性负载常采用 PI（比例积分）或 PID（比例积分微分）控制规律；对交流电机这样的非线性控制对象，典型的是采用基于坐标变换解耦的矢量控制算法；对于复杂的非线性、时变、多变量、不确定、不确知系统，在参量变化的情况下要获得较好的控制效果，则需使用变结构控制、模糊控制、神经网络控制等智能控制理论，其在电力电子技术中都已经获得了应用。

3. 控制电路的组成形式

早期的控制电路采用数字或模拟的分立元件构成，随着专用大规模集成电路和计算机技术的发展，复杂的电力电子变换控制系统已采用 DSP（数字信号处理器）、FPGA（现场可编程门阵列器件）等大规模集成芯片以及微处理器构成控制电路。这些新型控制电路大大地降低了系统的复杂程度，提高了系统的控制能力和可靠性，增强了控制系统的灵活性。

思考题与习题

1.1　什么是电力电子技术？电力电子器件的运行特点是什么？

1.2　现代电力电子技术的主要特点是什么？

1.3　举例说明电力电子技术的主要应用领域和产品。

1.4　电力电子技术主要研究内容有哪些？

1.5　电力电子器件有哪几种换流方式？各自适用于什么场合？

1.6　电力电子变换有哪几种基本类型？各自的功能是什么？

1.7　电力电子电路的控制方式有哪几种？并加以说明。

第 1 篇

不 / 半控型器件及
相控变流器

第2章

不/半控型器件

电力电子器件在电力电子电路中作为开关元件使用，要求它具有开关速度快、承受电压高、承受电流大及开关损耗小等特点。理想的电力电子器件应在断态时能承受高电压且漏电流很小，在通态时能通过大电流且电压降很低，通、断态转换时间要很短。

电力电子器件在应用时应具有限制电流和电压异常上升的能力。为进一步简化电路的结构，提高工作的可靠性，电力电子器件应将多单元器件、驱动电路、保护电路集成在一起。

电力电子器件种类很多，发展非常迅速。根据电力电子器件被控制电路所控制的程度，电力电子器件可以分为不控型器件、半控型器件和全控型器件三类。本章只介绍不控型器件电力二极管、半控型器件晶闸管（SCR）及其派生系列，全控型器件将在第6章介绍。

2.1　电力二极管

电力二极管虽然是不可控器件，但因其结构和原理简单、工作可靠，在许多设备中都得到了应用。特别是快恢复二极管、肖特基二极管在中、高频整流和逆变电路中，具有不可替代的作用。

2.1.1　电力二极管的结构

电力二极管的基本结构与信息电子电路中的二极管一样，都是具有一个 PN 结的两端器件，所不同的是电力二极管的 PN 结面积较大。

电力二极管的外形、结构和电气符号如图 2-1 所示。从外部结构来看，电力二极管可以分成管芯和散热器两部分。这是因为器件工作时要通过大电流，而 PN 结有一定的正向电阻，因此管芯会因功率损耗而发热。为了冷却管芯，必须装配散热器。一般200A 以下的电力二极管采用螺旋式，200A 以上的采用平板式。

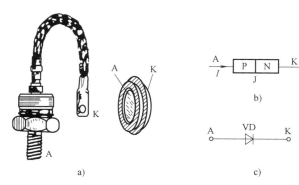

图 2-1　电力二极管的外形、结构和电气符号

a）外形　b）基本结构　c）电气符号

2.1.2 基本特性

1. 静态特性

电力二极管的静态特性主要是指伏安特性，如图 2-2 所示。当电力二极管承受的正向电压大到某一值时，正向电流开始明显增大，处于稳定导通状态，此时与正向电流 I_F 对应的二极管压降 U_F 称为二极管的正向电压降。当电力二极管承受反向电压时，只有微小的反向漏电流。

2. 动态特性

因结电容的存在，电力二极管在零偏置、正向偏置和反向偏置这三种状态之间转换时，必然会经过一个过渡过程，这个过渡过程中的伏安特性是随时间而变化的，此种随时间变化的特性，称为电力二极管的动态特性。

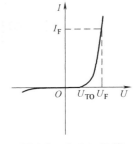

图 2-2　电力二极管
的伏安特性

电力二极管的动态特性如图 2-3 所示。其中图 2-3a 给出了电力二极管由正向偏置到反向偏置转换的波形。当原处于正向导通的电力二极管在外加电压突然变为反向时，电力二极管不能立即关断，而是需要经过一个反向恢复时间才能进入截止状态，并且在关断之前有较大的反向电流和反向过冲电压出现。图 2-3a 中，t_F 为外加电压突变时刻；t_0 为正向电流降到零时刻；t_1 为反向电流最大时刻；t_d 为电流变化率接近零的时刻；t_f 为电流下降时间；t_{rr} 为反向恢复时间。

图 2-3b 给出了电力二极管由零偏置转换为正向偏置时的波形。在这一动态过程中，电力二极管的正向压降也会出现一个过冲 U_{FP}，然后逐渐趋于稳态压降值。这一动态过程时间，称为正向恢复时间 t_{fr}。

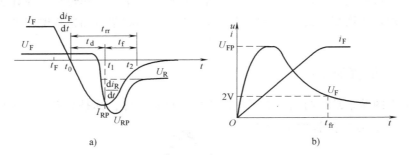

a)　　　　　　　　　　　　　b)

图 2-3　电力二极管的动态过程波形

a）正向偏置转换为反向偏置　b）零偏置转换为正向偏置

2.1.3 主要参数

1. 正向平均电流 I_F

正向平均电流 I_F 指在规定的 40℃ 环境温度和标准散热条件下，元件结温达到额定值且稳定时，允许长时间连续流过工频正弦半波电流的平均值。在选择电力二极管时，应按元件允许通过的电流有效值来选取。对应额定电流 I 的有效值为 $1.57I_F$。

应当注意的是：当工作频率较高时，开关损耗往往不能忽略。在选择电力二极管正向电流额定值时，应当加以考虑。

2. 正向电压降 U_F

正向电压降 U_F 指电力二极管在规定温度和散热条件下，流过某一指定的正向稳态电流时，电力二极管的最大电压降。元件发热和损耗与 U_F 有关，一般工程设计时应选取管压降较小的元件，以降低器件的通态损耗。

3. 反向重复峰值电压 U_{RRM}

反向重复峰值电压 U_{RRM} 是指电力二极管在指定温度下，所能重复施加的反向最高峰值电压，通常是反向不可重复峰值电压 U_{RRM} 的 2/3。使用时，一般按照 2 倍的 U_{RRM} 来选择电力二极管。

4. 反向平均漏电流 I_{RR}

反向平均漏电流 I_{RR} 是对应于反向重复峰值电压 U_{RRM} 下的平均漏电流，也称反向重复平均电流。此外，电力二极管还有最高结温、反向恢复时间等参数。

2.1.4　主要类型

电力二极管可以在 AC-DC 变换电路中作为整流元件，也可以在电感负载电路中作为续流元件，还可以在各种变流电路中作为第一隔离、钳位或保护元件。在电力电子电路中常用的电力二极管主要有以下类型。

1. 普通二极管

普通二极管又称整流二极管，多用于开关频率不高的整流电路中。其正向电流和反向电压的额定值可达到很高，一般可达数千安和数千伏。

2. 快速恢复二极管

快速恢复二极管是指恢复时间很短，特别是反向恢复时间很短，一般在 5μs 以下。快速恢复外延型二极管反向恢复时间可低于 50ns，正向压降很低，多用于高频整流电路中。

3. 肖特基二极管

肖特基二极管是指用金属和半导体接触形成的 PN 结二极管。其优点在于：反向恢复时间短，可达到 10~40ns；正向恢复过程也没有明显的电压过冲。另外，在电压较低情况下，正向压降也很低，明显低于快速恢复二极管，肖特基二极管多用于 200V 以下的电路中。

2.2　晶闸管及其派生器件

晶闸管（SCR）又称可控硅，是最早出现的电力电子器件之一，属于半控型电力电子器件，它在电力电子技术发展中起到了非常重要的作用。目前，在高电压、大电流的应用场合，晶闸管仍然是不可替代的器件。晶闸管价格低、工作可靠，因此在大容量、低频的电力电子装置中仍占主导地位。

2.2.1　晶闸管的结构和工作原理

晶闸管是一种四层三个 PN 结的三端大功率电力电子器件。其外形、结构和电气符号如图 2-4 所示。

从外形上看，晶闸管主要有螺栓型和平板型两种封装结构，引出阳极 A、阴极 K、门极（控制极）G。对于螺栓型封装，通常螺栓是阳极，制成螺栓状是为了与散热器紧密连接，且安装方便，另一侧较粗的端子为阴极，细端子为门极。螺栓型结构散热效果较差，一般用于 200A 以下容量的器件。平板型封装散热效果较好，可用于 200A 以上容量的器件。冷却散热器的介质可分为空气和水，冷却方式分为自冷、风冷和水冷，风冷和水冷都是强迫冷却。由于水的热容量比空气大，所以在大容量或需要减小散热器体积的情况下，通常采用水冷方式。

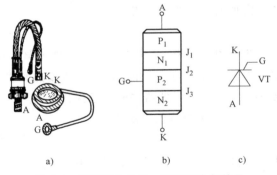

图 2-4　晶闸管的外形、结构和电气符号

a）外形　b）结构　c）电气符号

为了说明晶闸管的工作原理，可将晶闸管的四层三个 PN 结的结构等效为两个晶体管，如图 2-5 所示。

由图 2-5 可以看出，这两个晶体管的连接特点是：一个晶体管的集电极电流就是另一个晶体管的基极电流。当门极不加电压时，AK 之间加正向电压，J_1 和 J_3 结承受正向电压，J_2 结承受反向电压，因而晶闸管不导通，称为晶闸管的正向阻断状态，也称关断状态。当 AK 之间加反向电压时，J_1 和 J_3 结承受反向电压，晶闸管也不导通，称为反向阻断状态。因此可得出结论：当晶闸管门极 G 不加电压时，无论 AK 之间所加电压极性如何，在正常情况下，晶闸管都不会导通。

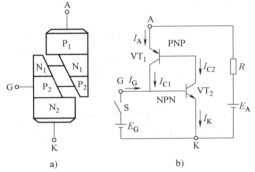

图 2-5　晶闸管的双晶体管模型及其工作原理

a）双晶体管模型　b）工作原理

当 GK 之间加正向电压，AK 之间也加正向电压时，电流 I_G 流入晶体管 VT_2 的基极，产生集电极电流 I_{C2}，它构成晶体管 VT_1 的基极电流，放大了的集电极电流 I_{C1}，进一步增大 VT_2 的基极电流，如此形成强烈的正反馈，使 VT_1 和 VT_2 进入饱和导通状态，即晶闸管导通状态。此时，若去掉外加的门极电流 I_G，晶闸管因为内部的正反馈仍然会维持导通状态，所以晶闸管的关断是不可能的，故称之为半控型器件。

设晶体管共基极电流放大倍数为 a，按照晶闸管的工作原理，可列出如下方程：

$$\begin{cases} I_{C1} = a_1 I_A + I_{CBO1} \\ I_{C2} = a_2 I_K + I_{CBO2} \end{cases} \tag{2-1}$$

$$\begin{cases} I_K = I_A + I_G \\ I_A = I_{C1} + I_{C2} \end{cases} \tag{2-2}$$

式中，a_1 和 a_2 分别是晶体管 VT_1 和 VT_2 的共基极电流放大倍数；I_{CBO1} 和 I_{CBO2} 分别是 VT_1 和 VT_2 的共基极漏电流。由以上各式可得

$$I_A = \frac{a_2 I_G + I_{CBO1} + I_{CBO2}}{1 - (a_1 + a_2)} \tag{2-3}$$

晶闸管在 $I_G = 0$ 时，$a_1 + a_2$ 是很小的。此时流过晶闸管的漏电流只是稍大于这两个晶体管的漏电流之和。当门极有电流注入时，$a_1 + a_2$ 趋近于 1，流过晶闸管的阳极电流 I_A 趋近于无穷大，使得器件饱和导通。由于外电路负载的限制，I_A 实际上会维持在某个有限值。

通过理论分析和实验可知：

1）晶闸管的导通条件是：只有晶闸管阳极和门极同时承受正向电压时，晶闸管才能导通，两者缺一不可。

2）晶闸管一旦导通后，门极将失去控制作用，门极电压对晶闸管以后的导通与关断均不起作用，故门极控制电压只要是有一定宽度的正向脉冲电压即可，这个脉冲称为触发脉冲。

3）晶闸管的关断条件是：要使已导通的晶闸管关断，必须使阳极电流降低到某一数值（维持电流）以下。可以通过增大负载电阻来降低阳极电流，使其接近于零。也可以通过施加反向阳极电压来实现晶闸管的关断。

2.2.2 晶闸管的基本特性

1. 晶闸管的静态特性

静态特性又称伏安特性，指器件端电压与电流之间的关系。下面介绍阳极伏安特性和门极伏安特性。

（1）晶闸管的阳极伏安特性 晶闸管的阳极伏安特性如图 2-6 所示。

晶闸管阳极伏安特性分为两个区域。第 I 象限为正向特性区，第 III 象限为反向特性区。在正向特性区，当晶闸管 AK 两端加正向电压且门极 G 加触发信号时，晶闸管导通。而当 $I_G = 0$ 时，晶闸管处于正向阻断状态，只有很小的正向漏电流流过。如果正向电压超过正向转折电压 U_{bo}，则漏电流将急剧增大，器件由高阻区经虚线负阻区到达低阻区而导通。导通后的晶闸管特性与二极管正向特性相仿。随着门极电流的增大，正向转折电压降低。晶闸管导通压降很小，在 1V 左右。导通期间，如果门极电流为 0，并且阳极电流降至维持电流 I_H 以下，晶闸管又回到正向阻断状态。

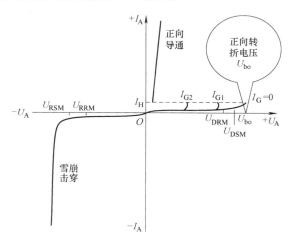

图 2-6　晶闸管的阳极伏安特性（$I_{G2} > I_{G1} > I_G$）

当晶闸管承受反向阳极电压时，由于 J_1 和 J_3 结处于反向偏置，晶闸管处于反向阻断状态，只流过很小的漏电流。随着反向电压的增加，反向漏电流略有增大。一旦阳极反向电压超过允许值（反向不可重复峰值电压）U_{RSM}，阳极电流将急剧增大，使晶闸管器件造成永久性损坏。

（2）晶闸管的门极伏安特性 晶闸管的门极与阴极之间存在一个 PN 结 J_3，门极伏安特性是指这个 PN 结上正向门极电压 U_G 与门极电流 I_G 间的关系。晶闸管门极伏安特性如图 2-7 所示。

由于这个 PN 结的伏安特性有较大的分散性，无法找到一条典型的代表曲线，只能用极限高阻门极特性和一条极限低阻门极特性之间的一个区域来描述元件的门极特性。

在晶闸管的正常使用中，门极 PN 结不能承受过大的电压、过大的电流及过大的功率，这就是门极伏安特性区的上限，它分别用门极正向峰值电压 U_{FGM}、门极正向峰值电流 I_{FGM}、门极峰值功率 P_{GM} 来表征。另外门极触发也有一个灵敏度问题，为了能可靠地触发晶闸管，正向门极电压必须高于门极触发电压 U_{GT}，正向门极电流必须大于门极触发电流 I_{GT}。门极安全触发区为图 2-7 中的阴影区域内。

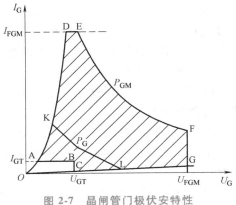

图 2-7　晶闸管门极伏安特性

2. 晶闸管的动态特性

在大多数电力电子电路分析中，晶闸管都当作理想开关来处理，而在实际运行时，晶闸管在开通及关断过程中，由于器件内部载流子的变化，器件的开与关都不是立即完成的，而是需要一定的时间才能实现。器件上电压、电流随着时间变化的关系，称为器件的动态特性。晶闸管突加电压或电流时的工作状态，往往直接影响电力电子电路的工作稳定性、可靠性和运行性。特别是高频电力电子电路，更应该注意。

晶闸管的动态特性如图 2-8 所示。

（1）晶闸管的开通特性　晶闸管开通方式有：①主电压开通，即门极开路，是将主电压 U_{AK} 加到正向转折电压 U_{bo}，使晶闸管导通，称为硬导通，这种开通方式会损坏晶闸管，在正常情况下不能使用；②门极开通，即在正向阳极电压的条件下，门极施加正向触发信号使晶闸管导通，这种开通方式为正常开通；③du/dt 开通，即门极开路，晶闸管阳极正向电压变化率过大而导致晶闸管器件导通，这

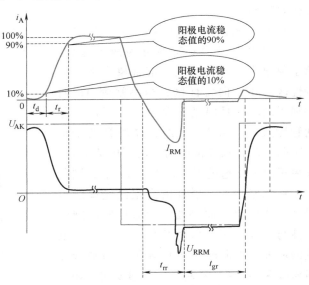

图 2-8　晶闸管的动态特性

种开通属于误动作，应当避免发生。另外，还有场、光和温控等开通方式，分别用于场、光和温控晶闸管。

晶闸管由截止转变为导通的过程称为开通过程。在晶闸管处于正向阻断状态的情况下，突加门极触发信号，由于晶闸管内部正反馈过程及外电路电感的影响，阳极电流的增加需要一定的时间。从门极突加控制触发信号时刻开始，到阳极电流上升到稳定值的 10% 所需要的时间，称为延迟时间 t_d；而阳极电流从 10% 上升到稳定值的 90% 所需要的时间，称为上升时间 t_r；延迟时间与上升时间之和，称为晶闸管的开通时间 t_{gt}，即

$$t_{gt} = t_d + t_r \tag{2-4}$$

普通晶闸管的延迟时间一般为 $0.5 \sim 1.5\mu s$，上升时间一般为 $0.5 \sim 3\mu s$。延迟时间随门极电流的增大而减小，延迟时间和上升时间随阳极电压上升而下降。

（2）晶闸管的关断特性　晶闸管的关断方式通常采用外加反向电压的方法。反向电压可利用电源、负载和辅助换流电路来提供，这就是上一章所述的电网换流、负载换流和强迫换流。

原处于导通状态的晶闸管当外加电压突然由正向变为反向电压时，由于外电路的电感影响，其阳极电流衰减时必然也有一个过渡过程。阳极电流将逐步衰减到零，然后会流过反向恢复电流，经过最大值 I_{RM} 后，再反向衰减。同样，由于外电路电感的影响，会在晶闸管两端产生反向峰值电压 U_{RRM}。最终反向恢复电流减至接近于零，晶闸管恢复到反向阻断状态。从正向电流降到零开始，到晶闸管反向恢复电流减小到接近于零的时间，称为晶闸管的反向恢复阻断时间 t_{rr}。反向恢复过程结束后，由于载流子复合过程较慢，晶闸管要恢复到具有正向电压的阻断能力还需要一段时间，这一时间称为正向阻断恢复时间 t_{gr}。在正向阻断恢复时间内，如果重新对晶闸管施加正向电压，晶闸管会重新导通，而这种导通不是受门极控制信号控制导通的。所以在实际应用时，晶闸管应当施加足够长时间的反向电压，使晶闸管充分恢复对正向电压的阻断能力，才能使电路可靠工作。晶闸管电路的换向关断时间为 t_q，它是 t_{rr} 和 t_{gr} 之和，即

$$t_q = t_{rr} + t_{gr} \tag{2-5}$$

普通晶闸管的关断时间约为几百微秒。

2.2.3　晶闸管的主要参数

要正确使用晶闸管，除了要了解晶闸管的静态、动态特性外，还必须定量地掌握晶闸管的一些主要参数。值得注意的是，普通晶闸管在反向稳态时，一定是处于阻断状态。与电力二极管不同的是，晶闸管在正向电压时，不但可能处于导通状态，也可能处于阻断状态。在提到晶闸管的参数时，断态和通态都是指正向的不同工作状态，因此"正向"两字可以省略。

1. 晶闸管的电压参数

（1）断态不重复峰值电压 U_{DSM}　U_{DSM} 是指晶闸管在门极开路时，施加于晶闸管的正向阳极电压上升到正向伏安特性曲线急剧转折处所对应的电压值。它是一个不能重复，且每次持续时间不能超过 10ms 的断态最大脉冲电压。U_{DSM} 值应小于 U_{bo}，所留裕量大小由生产厂家自行规定。

（2）断态重复峰值电压 U_{DRM}　U_{DRM} 是指晶闸管在门极开路而结温为额定值时、允许每秒 50 次、每次持续时间不超过 10ms、重复加于晶闸管上的正向断态最大脉冲电压。规定 U_{DRM} 为 U_{DSM} 的 90%。

（3）反向不重复峰值电压 U_{RSM}　U_{RSM} 是指晶闸管门极开路，晶闸管承受反向电压时，对应于反向伏安特性曲线急剧转折处的反向峰值电压值。它是一个不能重复施加，且持续时间不超过 10ms 的反向脉冲电压。反向不重复峰值电压 U_{RSM} 应低于反向击穿电压，所留裕量大小由生产厂家自行规定。

（4）反向重复峰值电压 U_{RRM}　U_{RRM} 是指晶闸管在门极开路而结温为额定值时、允许

每秒 50 次、每次持续时间不超过 10ms、重复加于晶闸管上的反向最大脉冲电压。规定 U_{RRM} 为 U_{RSM} 的 90%。

（5）**额定电压 U_R**　U_R 是指断态重复峰值电压 U_{DRM} 和反向重复峰值电压 U_{RRM} 两者中较小的一个电压值。

由于晶闸管在工作中可能会遇到一些意想不到的瞬时过电压，为了确保晶闸管安全运行，在选用晶闸管时，应该使其额定电压为正常工作电压峰值 U_M 的 2～3 倍，以作为安全裕量。

$$U_R = (2 \sim 3) U_M \tag{2-6}$$

晶闸管产品的额定电压不是任意的，而是有一定规定等级的。当额定电压在 1000V 以下时，每 100V 为一个电压等级；在额定电压在 1000～3000V 时，则每 200V 为一个电压等级。

（6）**通态峰值电压 U_{TM}**　U_{TM} 是指额定电流时晶闸管的管压降峰值，一般为 1.5～2.5V，且随阳极电流的增加而略微增加。额定电流时的通态平均电压降一般为 1V 左右。

2. 晶闸管的电流参数

（1）**通态平均电流 $I_{T(AV)}$**　在环境温度为 40℃ 和规定的散热冷却条件下，晶闸管在导通角小于 170°、电阻性负载的单相、工频半波导电、结温稳定在额定值 125℃ 时，所允许通过的电流平均值，将该电流按晶闸管标准电流系列取整数值，称为该晶闸管的通态平均电流，定义为晶闸管的额定电流。

晶闸管的结温由电流有效值决定。对于同一个有效值，不同的电流波形，它们的平均值也不同，因此，选用一个晶闸管时，要根据所使用的具体电流波形来计算出允许使用的电流平均值。计算方法见第 4 章。

（2）**维持电流 I_H**　I_H 是指晶闸管维持导通所必需的最小电流，一般为几十到几百毫安。维持电流与结温有关，结温越高，维持电流越小，晶闸管越难关断。

（3）**擎住电流 I_L**　I_L 是指晶闸管刚从阻断状态转化为导通状态并除掉门极触发信号时，能够维持器件导通所需的最小电流。一般擎住电流比维持电流大 2～4 倍。

（4）**浪涌电流 I_{TSM}**　I_{TSM} 是指在规定条件下，工频正弦半周期内所允许的最大过载峰值电流。

晶闸管所承受的浪涌过载能力是有限的，在设计晶闸管电路时，必须考虑到电路中电流所产生的波动。

3. 其他参数

（1）**断态电压临界上升率 du/dt**　du/dt 是指在额定结温和门极断路条件下，使器件从断态到通态的最低电压上升率。晶闸管在使用中要求断态下阳极电压的上升速度要低于此数值，如果 du/dt 过大，则会使晶闸管误导通。为了限制 du/dt 上升率，一般在晶闸管阳极与阴极之间并联一个 RC 阻容缓冲电路，利用电容两端电压不能突变的特点，来限制电压的上升率。

（2）**断态电流临界上升率 di/dt**　di/dt 是指在规定的条件下，晶闸管由门极触发导通时，晶闸管能承受但不致损坏的通态平均电流的最大上升率。如果断态电流临界上升率过大，会使门极附近过热而损坏晶闸管。为了限制电路电流上升率，可在阳极主电路中串入一个小电感，用于限制 $\mathrm{d}i/\mathrm{d}t$ 过大。

（3）门极触发电流 I_{GT} 和门极触发电压 U_{GT}　I_{GT} 是指在室温下，晶闸管阳极施加 6V 正向电压时，器件从断态到完全开通所必需的最小门极电流。U_{GT} 是指与此对应的门极电压。

一般来说，晶闸管的触发电流、触发电压除与器件本身有关外，还受环境和器件工作温度的影响。温度高时，I_{GT} 和 U_{GT} 会明显降低；当环境温度偏低时，I_{GT} 和 U_{GT} 也会有所增加。为了保证变流装置的触发电路对同类晶闸管都能正常触发，要求触发电路提供的触发电流、触发电压值适当大于标准规定的 I_{GT} 和 U_{GT} 上限值，但不能超过门极所规定的各种参数的极限峰值。

对于晶闸管，除上述介绍的参数外，还有开通时间和关断时间等参数。

2.2.4　晶闸管的派生器件

1. 快速晶闸管（FST）

快速晶闸管是指那些关断时间短，开通响应速度快的晶闸管。它的外形、基本结构、伏安特性、电气符号与普通晶闸管相同，使用在工作频率较高的电力电子装置中，如变频器和中频电源等。快速晶闸管有普通型和高频型之分，可工作在 400Hz～10kHz。

快速晶闸管有如下特点：开通和关断时间短，一般开通时间为 1～2μs，关断时间为数微秒；开关损耗小；有较高的电流和电压上升率；允许使用频率宽。

快速晶闸管使用中应当注意的问题有：为保证关断时间，晶闸管的工作结温不能过高；为不超过规定的通态电流上升率，门极采用强脉冲触发；在高频工作时，须按厂家规定的电流-频率特性选择器件的电流额定值。

2. 逆导晶闸管（RCT）

逆导晶闸管是将晶闸管反并联一个二极管且集成在一个管芯上的集成器件，其电气符号和伏安特性如图 2-9 所示。由伏安特性明显看出，当逆导晶闸管阳极承受正向电压时，其伏安特性与普通晶闸管相同，即工作在第 Ⅰ 象限；当逆导晶闸管阳极承受反向电压时，由于反并联二极管的作用，呈现出二极管的低阻特性，器件工作在第 Ⅲ 象限。由于逆导晶闸管具有上述伏安特性，特别适用于有能量反馈的逆变器和斩波器电路中，使得变流装置体积小、质量小、成本低，特别是因反并联二极管而简化了接线，消除了大功率二极管的配线电感，使晶闸管承受反向电压时间增加，有利于快速换流，从而可提高装置的工作频率。

3. 双向晶闸管（TRIAC）

双向晶闸管是一个具有 NPNPN 五层结构的三端器件，有两个主电极 T_1 和 T_2，一个门极 G。它在正、反两个方向的电压下均能用一个门极控制导通。因此，双向晶闸管在结构上可以看成是一对反并联联结的普通晶闸管的集成，其电气符号和伏安特性如图 2-10 所示。由伏安特性曲线可以看出，双向晶闸管反映出两个晶闸管反并联的效果。第 Ⅰ 和第 Ⅲ 象限具有对称的阳极特性。

双向晶闸管主要应用在交流调压电路中，因而通态

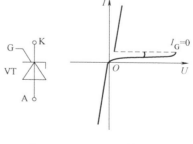

a)　　　　　　　b)

图 2-9　逆导晶闸管的电气符号和伏安特性

a）电气符号　b）伏安特性

时的额定电流不是用平均值表示,而是用有效值表示。这一点必须与其他晶闸管的额定电流加以区别。在交流电路中,双向晶闸管承受正、反两个方向的电流和电压。在换向过程中,由于各半导体内的载流子重新运动,可能造成换流失败。为了保证正常换流能力,必须限制换流电流和电压的变化率在小于规定的数值范围内。

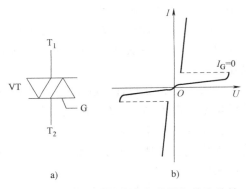

图 2-10 双向晶闸管的电气符号和伏安特性
a)电气符号 b)伏安特性

4. 光控晶闸管(LTT)

光控晶闸管又称光触发晶闸管,是采用一定波长的光信号触发其导通的器件,其电气符号和伏安特性如图 2-11 所示。小功率光控晶闸管只有阳极和阴极两端子,大功率光控晶闸管则带有光缆,光缆上装有与作为触发光源的发光二极管或半导体激光器。由于采用光触发,从而确保了主电路与控制电路之间的绝缘,同时可以避免电磁干扰,因此绝缘性能好且工作可靠。光控晶闸管在高电压大功率的场合独具重要的位置。如在高压输电系统和高压核聚变等装置中,均应用光控晶闸管。

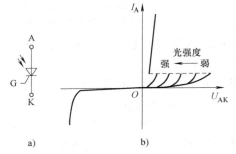

图 2-11 光控晶闸管的电气符号和伏安特性
a)电气符号 b)伏安特性

5. 门极可关断晶闸管(GTO)

门极可关断晶闸管是一种具有自关断能力的晶闸管。如果在阳极加正向电压时,门极加上正向触发电流,GTO 就导通。在导通的情况下,门极加上足够大的反向触发脉冲电流,GTO 就由导通转为阻断。它的一些性能虽然比绝缘栅双极型晶体管(IGBT)、电力场效应管(Power FET)差,但其具有一般晶闸管的耐高压、电流容量大以及承受浪涌能力强等优点。因此,GTO 已经逐步取代了普通晶闸管,成为大、中容量变流装置中的主要开关器件。

(1) **GTO 的结构** GTO 和普通晶闸管一样,也是 PNPN 四层结构,外部引出有阳极 A、阴极 K 和门极 G 共三个端子,但是在内部有着本质的区别。GTO 内部则是由许多小 GTO 集成在一个硅片上构成的。这种特殊结构是为了实现门极控制关断而设计的。GTO 的内部结构和电气符号如图 2-12 所示。

(2) **GTO 的工作原理** GTO 的等效模型及其工作原理如图 2-13 所示。它与图 2-5 所示的晶闸管模型相同,当 GTO 阳极加正向电压时,门极加正向触发信号,晶闸管导通,其导通过程与普通晶闸管的正反馈过程相同。

GTO 需要关断时,在门极加反向的负极性触发信号,晶闸管 VT_1 中的电流 I_{C1} 由门极 G 抽出,此时,VT_2 晶体管的基极电流减小,使 I_{C2} 也减小,于是 I_{C1} 进一步减小。由于正反馈的作用,最后导致其阳极电流消失而关断。普通晶闸管之所以不能自关断,是因为不能从远离门极的阴极区域抽出足够大的门极电流。

(3) **GTO 的静态特性** GTO 的阳极伏安特性与普通晶闸管的阳极伏安特性相似,而门

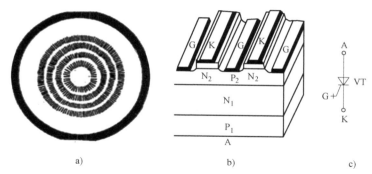

图 2-12　GTO 的内部结构和电气符号

a）各单元的阴极、门极间隔排列的图形　b）并联单元结构断面示意图　c）电气符号

极伏安特性则有很大的区别。GTO 的门极伏安特性如图 2-14 所示。

　　GTO 在阻断情况下，逐渐增加门极正向电压，门极电流随着增加，如曲线①段所示。当门极电流增大到开通门极电流 I_{GF} 时，因阳极电流的出现，门极电压突增，特性由曲线①段跳到曲线②段，晶闸管导通。导通时门极电压跳变的大小与阳极电流的大小有关，电流越大，电压增幅越大。

　　在导通的情况下，欲关断晶闸管，可给门极加反向电压。此时，门极特性的工作点可按

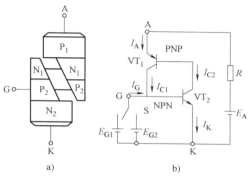

图 2-13　GTO 的双晶体管模型及其工作原理

a）双晶体管模型　b）工作原理

不同的阳极特性曲线，从第 I 象限到达第 III 象限。当门极反向电流达到一定值时，晶闸管关断。在关断点上，门极特性再次发生由曲线③段到④段的跳变。此时门极电压增加，门极电流下降。在完全阻断时，门极工作在反向特性曲线④上。由门极伏安特性可以看出，GTO 的阳极电流越大，关断时所需的门极触发脉冲电流越大。

　　（4）GTO 的动态特性　讨论 GTO 的动态特性，就是分析器件在开通、关断两种状态之间转换的过程。GTO 开通和关断的过程中，门极电流和阳极电流波形如图 2-15 所示。

　　GTO 开通时与普通晶闸管类似，在阳极加正向电压，门极加正向触发信号，当阳极电流大于擎住电流后完全导通。开通时间包括延迟时间 t_d 和上升时间 t_r。开通损耗主要取决于上升时间，为了减少开通损耗应当采用强脉冲触发。

　　GTO 关断时，在门极加反向电压，由门极抽取导通时储存的大量载流子，整个关断过程经历以下三个阶段。

　　1）储存时间 t_s 阶段：储存时间 t_s 阶段是指从门极出现反向电流开始到阳极电流降低到 90% 所需的时间。在这段时间内，等效晶体管退出饱和区，恢复基区的控制能力。晶闸管工作状态基本没有改变，功耗很小。

　　2）下降时间 t_f 阶段：下降时间 t_f 阶段是指从阳极电流 90% 下降到 10% 所需的时间。在这个阶段，两个等效晶体管 VT_1、VT_2 从饱和区退出到达放大区，随着阳极电流的下降，阳极电压逐渐上升，因此关断功耗较大。

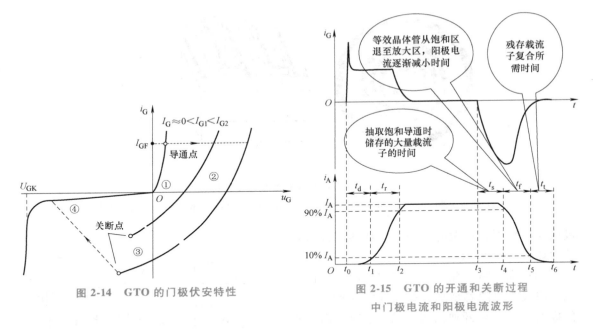

图 2-14　GTO 的门极伏安特性　　图 2-15　GTO 的开通和关断过程中门极电流和阳极电流波形

3）尾部时间 t_t 阶段：尾部时间 t_t 阶段是指从阳极电流的 10% 衰减到断态漏电流值所需的时间。在这个阶段，门极继续抽取残存的载流子，直到器件恢复到阻断状态。值得注意的是，在这个阶段中，如果阳极电压上升率较大时，可能引起两个等效晶体管 VT_1、VT_2 的正反馈过程，轻则出现 I_A 的增大过程，重则会引起 GTO 的再次导通。

（5）GTO 的主要参数　　GTO 的许多参数与普通晶闸管对应的参数意义相同，下面仅介绍意义不同的参数。

1）最大可关断阳极电流 I_{ATO} 是表示 GTO 额定电流大小的参数，这一点与普通晶闸管用通态平均电流作为额定电流是不同的。在实际应用中，I_{ATO} 随着工作频率、阳极电压、阳极电压上升率、结温、门极电流波形和电路参数的变化而变化。

2）电流关断增益 β_{off} 是指最大可关断阳极电流 I_{ATO} 与门极负脉冲电流最大值之比。它是表征 GTO 关断能力大小的重要参数。β_{off} 一般很小，数值为 3~5，因此关断 GTO 时，需要门极负脉冲电流值很大，这是它的主要缺点。

目前，GTO 产品的额定电流和额定电压值已经超过了 6kA 和 6kV，在 10MV·A 以上的特大型电力电子变换装置中得到了广泛的应用。

思考题与习题

2.1　电力二极管属于哪种类型的电力电子器件？它在电力电子电路中有哪些用途？

2.2　晶闸管导通的条件是什么？维持晶闸管导通的条件是什么？怎样才能使晶闸管由导通变为关断？

2.3　晶闸管有哪些派生器件？它们各有哪些特点及用途？

2.4　GTO 和普通晶闸管同为 PNPN 结构，为什么 GTO 能够自关断，而普通晶闸管却不能？

第 3 章

晶闸管门极触发电路及保护

3.1 晶闸管门极触发电路的基本要求

晶闸管在不同的场合，对门极脉冲的要求也不完全相同。如大功率应用比小功率应用要求严格，器件串、并联应用比单器件应用更要严格。常用的触发脉冲信号波形如图 3-1 所示。一般来讲，门极触发脉冲驱动电路应当满足以下基本要求。

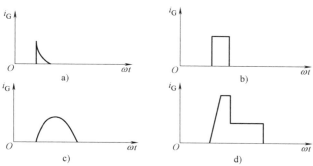

图 3-1 常用触发脉冲信号波形

a）尖脉冲 b）矩形脉冲 c）正弦半波 d）强触发脉冲

1. 触发脉冲的形式

触发脉冲的形式可以是交流、直流或脉冲形式，它只是在晶闸管阳极加正向电压时起作用。由于晶闸管导通后，门极控制信号就会失去控制作用，为减小门极的功率损耗，因而触发脉冲一般采用脉冲形式。

2. 触发脉冲的功率

因为晶闸管的门极特性比较分散，并且特性随温度变化而变化，触发电压和电流应大于晶闸管的门极触发电压和电流。因此在触发电路设计时，为了保证晶闸管可靠触发，触发信号的功率应当留有一定的裕度。但是，触发信号又不能超过门极的有关极限参数。

3. 触发脉冲的宽度

触发脉冲的宽度应保证晶闸管触发后，其阳极电流在触发信号消失前能够达到擎住电流，从而使晶闸管能够维持导通，这一脉冲宽度是最小允许宽度，但不能持续到器件承受反向电压以后。脉冲宽度与变流装置及主电路的形式有关。例如，在单相整流电阻性负载电路中，要求脉冲宽度大于 $10\mu s$，电感性负载大于 $100\mu s$。在三相全控桥式电路中，采用单脉冲触发时，脉冲宽度为 $60° \sim 120°$；采用双脉冲触发时，脉冲宽度为 $10°$左右。

4. 触发脉冲前沿幅值及其上升率

为了加速器件的开通过程，提高器件电流上升率的承受能力，应使触发脉冲前沿有足够大的幅值和上升率。用图 3-1d 强触发脉冲波形触发晶闸管，既有利于串联和并联器件的开通一致性，又有利于减小门极功率损耗。

5. 触发脉冲的移相范围

触发脉冲的移相范围与主电路的形式、负载性质和变流装置的用途有关。如单相全控桥式整流电路电阻性负载时，脉冲移相范围为 0~180°；大电感负载时，脉冲移相范围为 0~90°；电动机负载要求再生制动时，脉冲移相范围为 0~150°；而三相半波整流电路电阻性负载时，脉冲移相范围为 0~150°；大电感负载时，其脉冲移相范围为 0~90°。

6. 触发脉冲与主电路电源电压的同步

可控整流、有源逆变及交流调压的触发电路中，为了使每一周期在相同的相位上触发，触发脉冲必须与变流装置的电源电压同步，也就是说，触发信号与变流装置主电路的电源电压应当保持固定的相位关系；否则将使负载上的电压幅值不稳，甚至使主电路不能正常工作。这种触发脉冲与主电路电源保持恒定的相位关系称为同步。

7. 触发脉冲输出隔离和抗干扰

在变流装置中，触发电路通常是低电压部分，而主电路是高电压部分，为了防止高电压窜入低电压触发电路造成触发电路损坏，必须将触发电路与主电路进行电气隔离。一般采用光电耦合器的光电隔离或脉冲变压器的电磁隔离方法。

触发电路正确、可靠的工作对晶闸管变流装置的安全运行极为重要。若有干扰侵入触发电路，触发电路就会失去正常工作能力，使变流装置工作失常，甚至造成损坏，因此必须采取保护措施。引起触发电路误动作的主要原因之一是附近的继电器或接触器引起的干扰。常用的抗干扰措施有脉冲变压器、采用静电屏蔽、串联二极管和并联电容等。

3.2 晶闸管门极触发电路的分类

为了适应不同类型晶闸管及其变流装置的需要，目前实际应用的晶闸管门极驱动电路很多。按照不同的情况有不同的分类法。归纳起来见表 3-1。

表 3-1 晶闸管门极驱动电路的分类

分类方式	类型		备注
按驱动器输入电平的性质分类	电压型		驱动级器件用 MOSFET
	电流型		驱动级器件用 BJT 或晶闸管
按驱动器输出与晶闸管门极耦合方式分类	光纤耦合型		用于光控晶闸管
	电磁耦合型		用于普通或双向晶闸管
	光电耦合型		用于普通或双向晶闸管
按驱动器输入的脉冲形式分类	无调制脉冲型	宽脉冲	用于三相全控桥、交流电压
		双窄脉冲	用于三相全控桥
	带调制脉冲		用于 PWM 控制变流电路、磁耦宽脉冲
按驱动器输出脉冲波形分类	带调制脉冲		用于大功率及串、并联器件
	无强触发型		用于中、小功率器件
按驱动器电路类型分类	模拟电路		阻容移相、单结晶体管、锯齿波、正弦波移相
	数字电路		数字逻辑、微处理器

无论哪种类型的晶闸管脉冲触发电路，其结构形式基本相同，都包括同步检测、脉冲移相、脉冲形成与放大环节等。此外，有的触发电路中还有强触发环节和隔离环节等。

3.3 晶闸管门极触发电路

3.3.1 单结晶体管触发电路

单结晶体管（Unijunction Transistor，UJT）又称双基极二极管，它是一种只有一个 PN 结和两个电阻接触电极的半导体器件，它的基片为条状的高阻 N 型硅片，两端分别用欧姆接触引出两个基极 B_1 和 B_2。在硅片中间略偏 B_2 一侧用合金法制作一个 P 区作为发射极 E。单结晶体管的内部结构、图形符号和等效电路如图 3-2 所示。

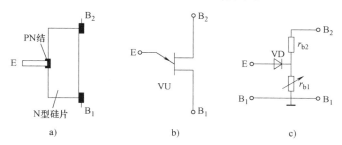

图 3-2 单结晶体管的内部结构、图形符号和等效电路

a）内部结构 b）图形符号 c）等效电路

两基极 B_1 与 B_2 之间的电阻称为基极电阻，即

$$r_{bb} = r_{b1} + r_{b2} \tag{3-1}$$

式中，r_{b1} 为第一基极与发射结之间的电阻，其数值随发射极电流 i_e 而变化；r_{b2} 为第二基极与发射结之间的电阻，其数值与 i_e 无关；发射结是 PN 结，与二极管等效。

若在两个基极 B_2、B_1 间加上正电压 U_{bb}，则 A 点电压为

$$U_A = \left[r_{b1} / (r_{b1} + r_{b2}) \right] U_{bb} = (r_{b1} / r_{bb}) U_{bb} = \eta U_{bb} \tag{3-2}$$

式中，η 为分压比，其值一般在 0.5~0.9 之间，如果发射极电压 U_E 由零逐渐增加，就可测得单结晶体管的伏安特性。

1）当 $U_E < \eta U_{bb}$ 时，发射结处于反向偏置，管子截止，发射极只有很小的漏电流 I_{ce0}。

2）当 $U_E \geqslant \eta U_{bb} + U_D$，$U_D$ 为二极管正向压降（约为 0.7V），PN 结正向导通，I_e 显著增加，r_{b1} 阻值迅速减小，U_E 相应下降，这种电压随电流增加反而下降的特性，称为负阻特性。管子由截止区进入负阻区的临界 P 称为峰点，与其对应的发射极电压和电流，分别称为峰点电压 U_p 和峰点电流 I_p。I_p 是正向漏电流，它是使单结晶体管导通所需的最小电流，显然 $U_p = \eta U_{bb}$。

3）随着发射极电流 i_e 不断上升，U_E 不断下降，降到 U_E 谷点后，U_E 不再降了，这点 V 称为谷点，与其对应的发射极电压和电流，称为谷点电压 U_V 和谷点电流 I_V。

4）过了 V 点后，发射极与第一基极间半导体内的载流子达到了饱和状态，所以 U_E 继续增加时，i_e 便缓慢地上升，显然 U_V 是维持单结晶体管导通的最小发射极电压，如果 $U_E <$

U_V，管子重新截止。

单结晶体管的主要参数有：

1）基极间电阻 R_{bb}。R_{bb} 是指在发射极开路时，基极 B_1、B_2 之间的电阻，一般为 2～10kΩ，其数值随温度上升而增大。

2）分压比 η。η 是由管子内部结构决定的常数，一般为 0.3～0.85。

3）发射极与第一基极间额定反向电压 U_{eb1}。在 B_2 开路时，在额定反向电压 U_{eb1} 下，基极 B_1 与发射极 E 之间的反向耐压。

4）反向电流 I_{E0}。B_1 开路，在额定反向电压 U_{eb1} 下，发射极与第二基极间的反向电流。

5）发射极饱和压降 U_{e0}。U_{e0} 是在最大发射极额定电流时，发射极与第一基极间的电压降。

6）峰点电流 I_p。I_p 是指单结晶体管刚开始导通时，发射极电压为峰点电压 U_p 时所对应的发射极电流。

单结晶体管的等效电路如图 3-2c 所示，发射极所接 P 区与 N 型硅棒形成的 PN 结等效为二极管 VD；N 型硅棒因掺杂浓度很低而呈现高电阻，二极管阴极与基极 B_2 之间的等效电阻为 r_{b2}，二极管阴极与基极 B_1 之间的等效电阻为 r_{b1}；r_{b1} 的阻值受 E-B_1 间电压的控制，所以等效为可变电阻。

单结晶体管触发电路采用同步振荡电路，解决与主电源的同步问题。单相桥式半控整流电路的单结晶体管触发电路如图 3-3a 所示。同步变压器 T_1 一次侧接主电源，二次电压经整流后，再经稳压管 VD_W 限幅削波，并将此梯形波作为触发电路的电源。因为梯形波是由主电源得到的，所以使触发电路与主电路电源同步。

当主电源电压为零时，触发电路电压也为零，触发电路不向晶闸管输出触发信号，晶闸管截止。当电源电压不为零时，电容 C 充电，如图 3-3b 中 u_c 波形所示。充电电压达到单结晶体管 VU 的峰点电压 U_p 时，单结晶体管导通，触发电路向晶闸管输出触发信号 u_t，晶闸管导通。同时，电容 C 放电，并为下一个半波的充电做好准备。这样就使得每个半周内触发脉冲出现的时刻都相等，从而达到了同步的目的。如果要改变触发脉冲在每个半波出现的时刻，可以通过改变电路中 R_3 的值来实现峰点电压 U_p 的相移，此过程称为脉冲移相，从

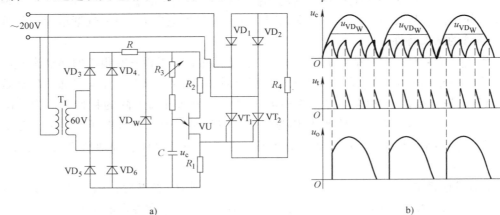

a)   b)

图 3-3　单结晶体管触发电路及其波形

a）单结晶体管触发电路　b）波形

而得到单相桥式可控整流电路的电压输出波形 u_o。

3.3.2　强触发脉冲电路

为了确保晶闸管门极施加触发脉冲时，器件能够快速、可靠地导通，并降低门极损耗，通常采用强触发脉冲电路，如图 3-4 所示。强触发脉冲电路是由强触发电源、脉冲放大、脉冲变压器 T_1 和输出部分组成。当 VT_1 和 VT_2 截止时，输出电路没有脉冲输出。当 VT_1 和 VT_2 导通瞬时，+50V 强触发电源经脉冲变压器 T_1 的一次绕组、电容 C_2、晶体管 VT_2 构成通路，输出电路输出一个前沿很陡且幅值较大的电压。此后，C_3 开始充电、C_2 放电，随着 C_3 充电和 C_2 放电的进行，输出电压幅值线性下降。当 B 点电压降到小于 +15V 时，VD_2 导通，使 B 点电压钳位在 +15V。VD_1 和 R_3 是为了释放在 VT_1 和 VT_2 导通时脉冲变压器 T_1 所储存的能量而设置的。

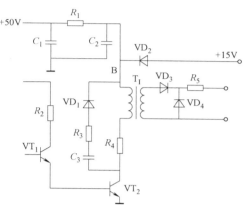

图 3-4　晶闸管强触发脉冲电路

3.3.3　集成触发电路

集成触发电路可靠性高、技术性能好、体积小、功耗低、调试方便。随着集成电路制造技术的提高，晶闸管触发电路的集成化已经普及，它将逐步取代分立元件的电路。目前国内常用的有 KJ 和 KC 系列，两者生产厂家不同，但功能却很相似。下面简单介绍几种集成触发电路。

（1）KJ004 为双列直插式、16 引脚的 SCR 集成触发电路　其内部由同步检测、锯齿波形成、移相控制、脉冲形成和脉冲放大等电路组成，移相范围大于 170°，可输出互差 180° 的移相脉冲。其工作电压为 ±15V，负载电流为 15mA，适用于单相、三相全控桥式整流电路的 SCR 移相触发控制。KJ004 集成触发电路如图 3-5 所示。

图 3-5 中，点画线框内为 KJ004 的集成电路部分，它与分立元件的同步信号为锯齿波触发电路相似。$VT_1 \sim VT_4$ 等组成同步环节，同步电压 u_s 经限流电阻 R_{19} 加到 VT_1、VT_2 的基极。在 u_s 的正半周，VT_1 导通，电流途经 +15V—R_1—VT_1—地；在 u_s 的负半周，VT_2、VT_3 导通，电流途经 +15V—R_3—VT_3—R_2—R_{23}—（-15V）。因此，在正、负半周期间，VT_4 基本都处于截止状态，只有在同步电压 $|u_s|<0.7V$，$VT_1 \sim VT_3$ 截止时，VT_4 从电源 +15V 经 R_4、R_5 取得基极电流才能导通。

电容 C_1 接在 VT_5 的基极和集电极之间，组成电容负反馈的锯齿波发生器。在 VT_4 导通时，C_1 经 VT_4 迅速放电。当 VT_4 截止时，电流经 +15V—由 R_6、R_7、VT_{18}、VT_{19} 构成的恒流源—C_1—R_{24}—RP_1—（-15V）对 C_1 充电，形成线性增长的锯齿波，锯齿波的斜率取决于流过 R_{24}、RP_1 的充电电流和电容 C_1 的大小。根据 VT_4 导通的情况可知，在同步电压正、负半周均有相同的锯齿波产生，并且两者有固定的相位关系。

VT_6 及外接元件组成移相环节。锯齿波电压 u_{C1}、偏置电压 U_b、移相控制电压 u_{co} 分别经 R_{25}、R_{26}、R_{27} 在 VT_6 基极上叠加。当 $u_{be6}>0.7V$ 时，VT_6 导通。设 u_{C1}、U_b 为定值，改

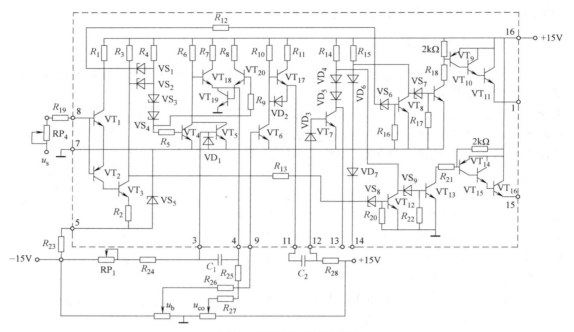

图 3-5　KJ004 集成触发电路

变 u_{co}，则改变了 VT_6 导通的时刻，从而调节了脉冲的相位。

VT_7 等组成了脉冲形成环节。VT_7 经电阻 R_{28} 获得基极电流而导通，电容 C_2 由电源 +15V 经电阻 R_{28}、VD_3、VT_7 基-射结充电。当 VT_6 由截止转为导通时，C_2 所充电压通过 VT_6 成为 VT_7 基极反向偏压，使 VT_7 截止。此后 C_2 经 +15V—R_{28}—VT_6—地放电并反向充电，当其充电电压 $u_{C2} \geq +1.4V$ 时，VT_7 又恢复导通。这样，在 VT_7 集电极上就得到固定宽度的移相脉冲，其宽度由充电时间常数 R_{28} 和 C_2 的乘积决定。

VT_8、VT_{12} 为脉冲分选环节。在同步电压的一个周期内，VT_7 集电极输出两个相位差为 180° 的脉冲。脉冲分选通过同步电压的正负半周进行。如在 u_s 正半周 VT_1 导通，VT_8 截止，VT_{12} 导通，VT_{12} 把来自 VT_7 的正脉冲钳位在零电位。同时，VT_7 正脉冲又通过二极管 VD_7，经 $VT_9 \sim VT_{11}$ 放大后输出脉冲。在同步电压的负半周，情况刚好相反，VT_8 导通，VT_{12} 截止，VT_7 正脉冲经 $VT_{13} \sim VT_{15}$ 放大后输出负脉冲。说明：

1）KJ004 中稳压管 $VS_6 \sim VS_9$ 可提高 VT_8、VT_9、VT_{12}、VT_{13} 的门限电压，从而提高电路的抗干扰能力。二极管 VD_1、VD_2、$VD_4 \sim VD_7$ 为隔离二极管。

2）采用 KJ004 器件组装的六脉冲触发电路，可由相应的二极管组成 6 个或门形成六路脉冲，并由相应的晶体管进行脉冲的功率放大。

3）由于 VT_8、VT_{12} 的脉冲分选作用，使得同步电压在一个周期内有两个相位上相差 180° 的脉冲产生，这样，要获得三相桥式整流电路脉冲，需要 6 个与主电路同相的同步电压。因此，主变压器接成 D，yn11 及同步变压器也接成 D，yn11 情况下，集成触发电路的同步电压 u_{sa}、u_{sb}、u_{sc} 分别与同步变压器的 u_{sA}、u_{sB}、u_{sC} 相接，$RP_1 \sim RP_3$ 为锯齿波斜率电位器，$RP_4 \sim RP_6$ 为同步相位电位器。

KJ004 采用双列直插 C-16 白瓷和黑瓷两种外壳封装。KJ004 的封装图如图 3-6 所示，

KJ004 的引脚功能见表 3-2。

同步串联电阻 R_{19} 的选择按式（3-3）计算：

$$R_{19} = \frac{u_s}{2 \sim 3} \times 10^3 \, \Omega \qquad (3-3)$$

KJ004 应用实例及电压波形如图 3-7 所示。

（2）**KJ006 为双列直插式、16 引脚的双向 SCR 集成触发电路**　KJ006 主要适用于交流供电的双向晶闸管或反并联晶闸管线路的交流相位控制，能由交流电网直接供电并无须外加同步信号、输出变压器和直流工作电源，并且能与晶闸管控制极直接耦合触发。具有锯齿波线性好、移相范围宽、控制方式简单、有交互保护、输出电流大等优点，是交流调光、调压的理想器件。同样也适用于半控或全控桥式线路的相位控制。

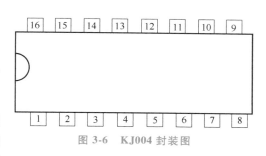

图 3-6　KJ004 封装图

表 3-2　KJ004 的引脚功能

功能	输出	空	锯齿波形成	$-V_{ee}$	空	地	同步输入	综合比较	空	微分阻容	封锁调制	输出	$+V_{cc}$
引脚号	1	2	3	4	5	6	7	8	9	10	11	12	13	14	15	16

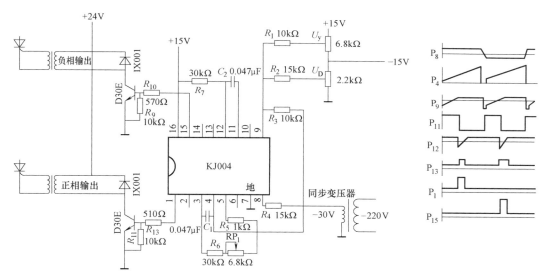

图 3-7　KJ004 应用实例及电压波形

KJ006 可以由直流供电使用，其电参数如下。

电源电压：①外接直流电压+15V，允许电压波动±5%（±10%功能正常）；②自生直流电源电压+（12~15）V。

电源电流：≤12mA。

同步电压：≥10V（有效值）。

同步输入端允许最大同步电流：6mA（有效值）。

移相范围：≥170°（同步电压220V，同步输入电阻51kΩ）。

移相输入端偏置电流≤10μA。

锯齿波幅度：$\geq 7 \sim 8.5 \mathrm{V}$。

输出脉冲：①脉冲宽度 $100 \mu \mathrm{s} \sim 2 \mathrm{ms}$（通过改变脉冲宽度阻容元件达到）；②脉冲幅度>13V（电源电压15V时）；③最大输出能力200mA（吸收脉冲电流）；④输出反压 $BV_{\mathrm{ceo}} \geq$ 18V（测试条件：$I_{\mathrm{e}} \leq 100 \mathrm{mA}$）。

正负半周脉冲相位不均衡度：$\leq \pm 3°$。

晶闸管检测端最大输入电流：6mA（有效值）。

KJ006采用双列直插16脚封装，如图3-8所示。

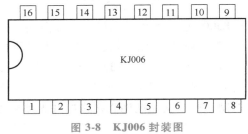

图3-8　KJ006封装图

KJ006是由同步检波、锯齿波形成电路、电流综合比较放大电路、功率放大电路和失交保护电路等部分组成的。外电路接线如图3-9a所示。锯齿波斜率取决于 R_7、RP_1 和 C_1 的数值，对不同的电网电压，KJ006电路同步限流电阻 R_1 的选择按式（3-4）计算。

$$R_1 = \frac{U_{\mathrm{W}}}{2 \sim 3} \times 10^3 \Omega \qquad (3\text{-}4)$$

式中，U_{W} 为交流电网电压。

当由交流电网直接供电时，不需同步信号和输出变压器，适用于双向SCR线路的交流相位控制，是交流调光、调压的理想触发电路。KJ006集成触发电路和相应的波形如图3-9所示。

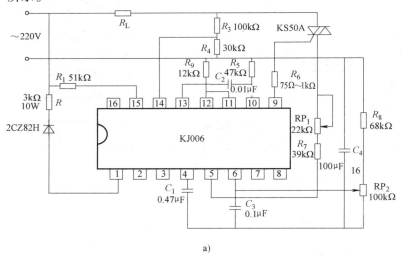
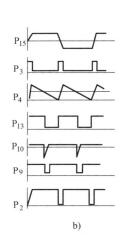

图3-9　KJ006集成触发电路及波形图

a）外接线图　b）波形图

采用直流供电时，KJ006的接线如图3-10所示。

当负载较大，要求触发大功率的晶闸管时，可采用电流扩展电路，如图3-11所示。其触发脉冲可从KJ006的8脚引出，外接一只中功率开关晶体管VT（如3DK4、3DG27等），与内部的电路形成复合达林顿驱动管，从而使大功率晶闸管得到可靠触发。用于直流供电时，仍可使用脉冲变压器。脉冲变压器的初级线圈一端可接3DK4的集电极，线圈的另一端

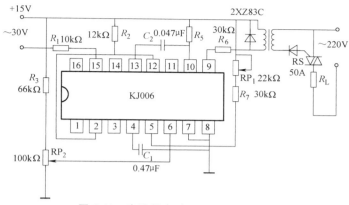

图 3-10　直流供电时 KJ006 的接线图

可接较高的直流电压（如+24V，同时注意驱动管反压值的选择）。

（3）KC04 集成触发电路　KC04 是 KC 系列触发器中的一个典型代表，适用于单相、三相供电装置中做晶闸管双路脉冲移相触发，其两路相位间隔 180°移相脉冲，可方便地构成半控、全控桥式电路的触发线路。该集成电路具有负载能力大、移相性能好、正负半周脉冲相位均衡性好、移相范围宽、对同步电压要求不严、有脉冲列调制输入及脉冲封锁控制等优点，在实际线路中有着十分广泛的应用。

KC04 集成触发电路的内部电路如图 3-12 所示，

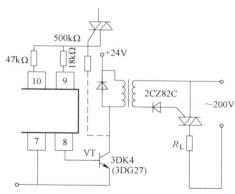

图 3-11　直流供电时的扩展电流电路

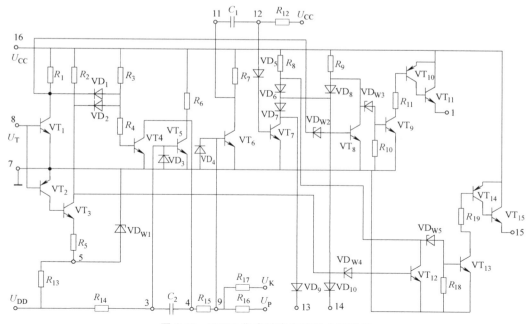

图 3-12　KC04 集成触发电路的内部电路

与分立器件的锯齿波移相电路相似，由同步、锯齿波产生、移相控制、脉冲形成、功率放大等部分组成。

图 3-12 中 $VT_1 \sim VT_3$ 等组成同步检测电路，VT_5 与外接电容 C_2 构成自举式（密勒）积分器为锯齿波产生电路。同步正弦电压 U_T 由 8 脚引入，在 U_T 的正负半周内，VT_1 和 VT_2、VT_3 交替导通，使 VT_1、VT_3 的集电极在对应的半周内输出低电位，使 VT_4 截止，电源经电阻 R_6、R_{14} 为外接电容 C_2 充电，形成线性增长的锯齿波电压。在 U_T 电压的过零点，绝对值小于 0.7V 范围内，$VT_1 \sim VT_3$ 均截止导致 VT_4 饱和，C_2 迅速放电，使每半周期的锯齿波电压起点一致。

VT_6 及外接元件组成脉冲移相环节，9 脚输入的移相控制电压 U_K、偏移电压 U_P 和 C_2 上的锯齿波电压并联叠加，当 VT_6 的基极电压达到 0.7V 时，VT_6 导通，其集成极输出低电平，经 11、12 脚外接电容 C_1 微分耦合到 VT_7 的基极，使其由饱和转为截止，一个电源周期内，在 VT_7 的集电极得到间隔 180° 的两组由 R_{12}、C_1 时间常数决定其宽度的高电平脉冲，经 VT_8、VT_{12} 分别封锁其正负半周，由两组功率放大级 $VT_9 \sim VT_{11}$ 和 $VT_{13} \sim VT_{15}$ 分别放大后，从 1、15 脚输出。13、14 脚为脉冲调制和脉冲封锁控制端，用于三相控制。

KC04 触发器特别适用于单相电路，用于三相电路时需要用三片集成触发电路，电路相对复杂，不如其他专用的三相集成电路方便。

0.8kW 直流电机不可逆调速系统是 KC04 集成触发电路的典型应用之一，如图 3-13 所示。

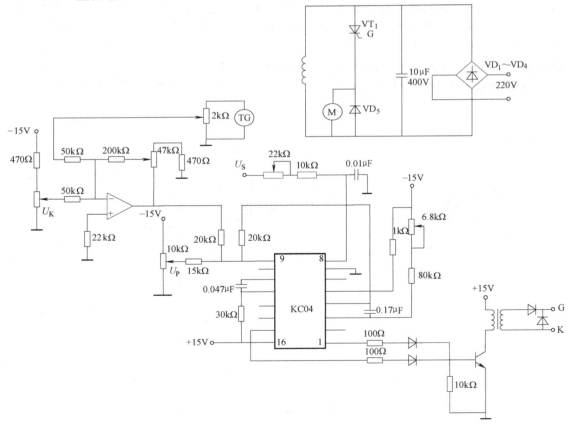

图 3-13　0.8kW 直流电机不可逆调速系统

本系统的主电路由 4 个整流二极管将交流电整流为脉动直流后，用一只晶闸管进行开关控制，这样既简化了电路，又避免了两只晶闸管参数不同所产生的抖动与不稳定现象，使负载电流基本恒定，保证了系统较硬的机械特性。图中的 VD_5 为续流二极管，在晶闸管关断时，为负载提供电流通路，同时防止电枢反电势对晶闸管带来的不良影响。

触发电路以 KC04 为核心，同步信号 U_S 经外接电阻限流后从 8 脚引入，在同步信号的过零点，为 4 脚的锯齿波电压提供充电基准，调节 3 脚外接电位器的阻值，可以改变 4 脚锯齿波电压的斜率。给定转速控制电压 U_K，与测速发电机的负反馈电压并联叠加，经反向放大后，引入 9 脚，共同控制 11 脚输出低电平（即晶闸管触发延迟角 α，也称触发角或控制角）出现的时刻；改变 U_K 的数值，即可改变移相范围。从 1、15 脚输出的两路间隔为 180° 的晶闸管触发脉冲，经过对应外接二极管耦合、晶体管放大后，由脉冲变压器耦合至晶闸管的门极、阴极间，使负载获得可调的直流电机电枢电压。

3.3.4　数字触发电路

前述分立元件和集成触发电路均为模拟电路。它结构简单、工作可靠，但存在共同的缺点，即由于元件参数的分散性、同步电压波形畸变等原因，会引起各个触发器特性在某种程度上的不一致。为了克服该缺点，提高触发脉冲的对称度，电力电子装置通常采用数字触发电路。目前，数字触发电路通常以单片机为核心构成。

由单片机构成的数字触发电路原理框图如图 3-14 所示。该数字触发器由脉冲同步、脉冲移相和形成及输出等部分组成。

（1）脉冲同步　脉冲同步是以交流同步电压过零为基准，通过高速通道给单片机一个中断信号。单片机只需要计算第一个脉冲的定时值，再通过一定的计算，就能解决同步问题。

（2）脉冲移相　脉冲移相是指单片机接收到同步信号后立即产生中断响应，根据当前输入的 U_K 值计算出触发控制角 α，通过延时以满足电力电子电路移相控制角 α 的要求。

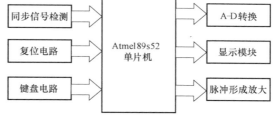

图 3-14　由单片机构成的数字触发电路原理框图

（3）脉冲形成与输出　脉冲形成与输出是指应用单片机的软、硬件定时器和高速输出通道，使用软件定时中断，来实现触发脉冲的产生，然后再经过隔离、驱动和输出去控制晶闸管。

下面根据数字移相触发器的结构分别介绍三种不同的触发器。

1. 单片机同步移相控制的数字触发器

图 3-15a 所示为采用单片 8098 微处理器来实现同步移相功能的原理图。它的总体思路是：由光耦隔离输入相位信号电压，由高速输入口的中断实现检零，由软件定时器的延时实现移相，由并行输出口输出触发信号，其波形如图 3-15b 所示。

u_{uv} 线电压经稳压管限幅后得到梯形半波，经光耦隔离输入并整形后得到 180° 的方波，该方波就是相位信号电压。把该方波输入到 8098 单片机的高速输入口 HSI.0，软件中设置 HSI.0 的上升沿中断，则每次 HSI.0 的中断时刻就是 u_{uv} 的过零时刻。两次中断的时间差即为电源电压的周期 T。在 HSI.0 的中断服务子程序中起动软件定时器 HSO.0，让其延时 $t_1 =$

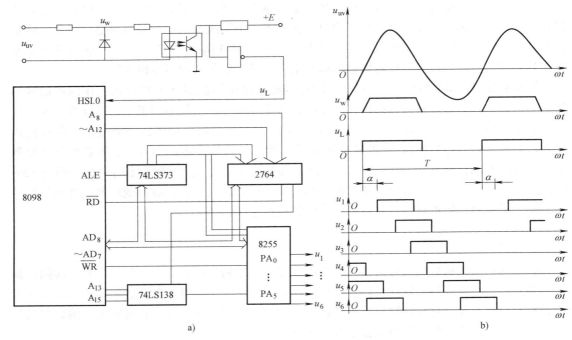

图 3-15　8098 单片机移相控制

a）原理性硬件图　b）波形图

α/ω 时间后中断。在 HSO.0 中断服务子程序中，使 8255 的 $PA_0 \sim PA_5$ 输出 011110B，并起动软件定时器 HSO.1，让其每隔 $T/6$ 依次输出 111100B、111001B、110011B、100111B、001111B。这就得到了移相 α 角的 6 个 120°宽脉冲触发信号。再经脉冲列调制的输出就可控制主晶闸管的工作了。

也可以把 3 个线电压处理后分别输入到 8098 的 HIS.0 ~ HIS.2 三个高速输入口，让上升沿、下降沿都产生中断，这就在一个电源电压周波中检测到三相各自的正负零点共 6 个，各自延时后去控制相应的晶闸管。这种移相控制方式称为纵向移相控制，而前面所述的由一个零点来产生三相共 6 个触发信号的控制方式称为横向移相控制，其优点是对称性好。

2. 锁相环同步移相控制的数字触发器

完成两个电信号的相位同步的自动控制系统称为锁相环（PLL）。图 3-16 所示为单片锁相环 CC4046 工作原理图，图中点画线框内是 CC4046 的内部原理框图，点画线框引出线的标号是该集成电路的管脚号。CC4046 内部的主要环节是相位比较器Ⅰ、Ⅱ及压控振荡器 VCO。压控振荡器 VCO 的控制信号是一个直流电平 U_d，从 9 脚输入，在 U_d 的控制下 VCO 的输出端 4 脚输出一个频率为 f_4 的方波电压 u_4。f_4 与 U_d 成线性比例关系，该直线的起点坐标及斜率是由 C_1、R_1、R_2 的参数决定的。频率为 f_4 的方波经外接的 n 分频器分频后得到频率为 f_3 的方波电压 u_3，u_3 送回到 3 脚。若不分频，则 3 脚与 4 脚直连。频率为 f_1 的输入方波电压 u_1 从 14 脚输入。u_1 与 u_3 在相位比较器比较后从 2 脚或 13 脚输出。相位比较器Ⅰ是一个异或门，若 $f_1 = f_3$ 且其相位相差 α，则其输入输出波形如图 3-17 所示。输出电压 u_2 也是一个方波，幅值 U_{DD}，脉冲宽度为 α。u_2 经低通滤波器滤波后，得到直流电压 U_d，有

$$U_d = \alpha U_{DD}/\pi \qquad (3-5)$$

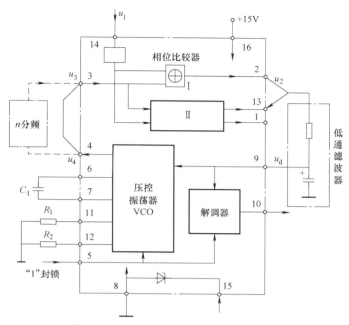

图 3-16　单片锁相环 CC4046 工作原理图

若 $f_1 \neq f_3$，则相当于其相位差 α 是在从 $0 \sim \pi$ 之间不断来回变化，U_d 也将在 $0 \sim U_{DD}$ 间来回变化，变到某一 U_d 值时，恰好能使 $f_1 = f_3$，且其相位也移到某一个 α 而使 U_d 不再变化，这时 f_3、U_d、α 都不再变化而被称之为锁定。可见，一旦锁相环锁定后，必然有 $f_1 = f_3$，且 u_3 与 u_1 之间有固定的相位差 α，此时 U_d 也将不变。相位比较器 II 是对 u_1、u_3 上升沿进行超前或滞后的比较，锁定后得到

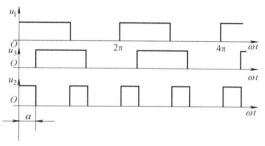

图 3-17　锁相环 CC4046 工作波形

的 u_3 将与 u_1 同频率、同相位，同步移相是使用比较器 I，故对相位比较器 II 不再详细介绍。

图 3-18 是由 CC4046 与移位寄存器 CC4015 等通用集成电路组成的同步移相电路。CC4015 的输出 Q_2 经反相后送回该移位寄存器的输入端，这样就构成了一个对时钟 CP 脉冲的六分频电路，并可从 Q_0、Q_1、Q_2 3 个输出端得到 3 个互差一个 CP 脉冲（60°）的方波信号。从同步变压器来的相位信号经电压比较器整形及钳位后，变成占空比为 0.5 的 50Hz 方波电压 u_1。锁相环捕捉到信号并锁定后，u_3 的频率 $f_3 = f_1 = 50\text{Hz}$，u_3 的相位与 u_1 相差 α。同样经滤波后，满足式（3-5）。

若取 $R_5 = R_6$，则

$$U_b = U_\alpha R_6 / (R_5 + R_6) = U_{DD} \alpha / 2\pi \tag{3-6}$$

控制电压 U_k 与 U_b 经运算放大器运算处理后，其输出电压为

$$U_d = (1 + R_4 / R_3) U_b - R_4 U_k / R_3 \tag{3-7}$$

39

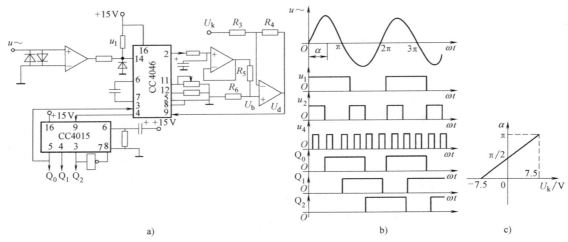

图 3-18　锁相环同步移相

若取 $R_3 = R_4$，并把式（3-6）代入式（3-7），经整理后可得控制角为

$$\alpha = (U_d + U_k)\pi/U_{DD} \tag{3-8}$$

当锁定时，$f_3 = f_1 = 50\text{Hz} = $ 常数，所以 $f_4 = 6f_3 = 300\text{Hz} = $ 常数，进而可得知 U_d 也是一个不变的常数。从式（3-8）可知，U_d 不变，电源电压 U_{DD} 不变，则相位角 α 只随控制电压 U_k 的变化而变化，改变控制电压 U_k 就可改变 u_3 的相位。

选择调整 VCO 的 C_1、R_1、R_2，使 $U_d = 0.5U_{DD} = 7.5\text{V}$ 时，$f_4 = 6f_3 = 300\text{Hz}$，那么 $U_k = 0$ 时，$\alpha = \pi/2$；$U_k > 0$ 时，有 $\alpha > \pi/2$；$U_k < 0$ 时有 $\alpha < \pi/2$。则 α 与 U_k 的关系曲线及锁相环同步移相的工作波形如图 3-18 所示。其 3 个输出方波经译码电路后就可得到所需的 6 个触发信号。

3. 计数式同步移相控制的数字触发器

图 3-19 是一个三相半控整流电路的同步移相电路，其触发电路的电源变压器与同步变压器共用一个变压器。变压器的二次侧中性点不引出，因此二次侧也可采用 D 联结。

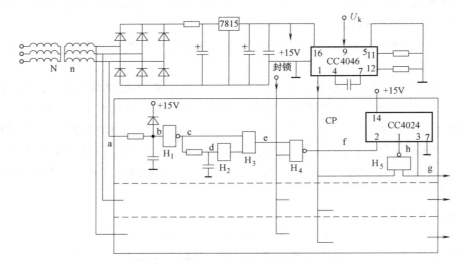

图 3-19　三相半控整流电路的同步移相电路

同步变压器二次电压对其中性点 n 的波形如图 3-20 所示，经同步变压器输入的是三相正弦波，但对整流桥的负载（即触发电路的接地端）而言，该波形经 H_1 整形，经 H_2、H_3、H_4 等门电路组成的检零电路后，可得到 f 点的零脉冲信号（中间的各点波形可见图 3-20）；CC4046 用作压频变换电路，在控制电压 U_k 的作用下产生一列高频计数脉冲 CP。CC4024 的 Q_7 是脉冲输出端并送到 H_5 的又一输入端。

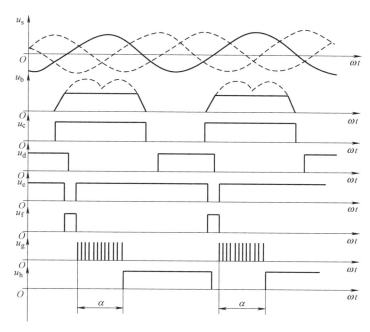

图 3-20　计数式同步移相电路波形

当封锁信号是高电平时，在解除封锁的情况下，零脉冲能够通过 H_4 加在 CC4024 的清零端上。零脉冲到来，f 点为高电平时，计数器 CC4024 清零，h 点为低电平，H_5 能使 CP 脉冲通过。当零脉冲由高电平变成低电平时，计数器开始计数，当计满 128 个脉冲时，h 点输出为高电平，同时 h 的高电平封锁了 H_5，使计数脉冲无法再加到计数器的时钟端，使 g 点一直保持低电平，因此 h 点也将保持高电平。这个状态一直持续到下一个零脉冲到来，对计数器清零，新的一个周期开始。h 点得到的宽脉冲可经过单稳态触发器的处理变换成任意所需宽度的触发脉冲信号。

从工作过程可知，只要改变时钟脉冲的频率，就可以改变零脉冲与输出脉冲之间的延时时间，也即只要改变控制电压 U_k 即可达到移相的目的。当 CP 脉冲在最高频率时，应使输出脉冲的上升沿对应于控制角 $\alpha = 0$ 时的触发时刻，但这时的输出脉冲仍落后于零脉冲的下降沿一个 α' 电角度，故应正确选择同步变压器的接法，使零脉冲有合适的超前量。

3.3.5　GTO 门极触发电路

1. GTO 对门极触发信号的要求

GTO 用门极正向电流开通，用反向电流关断。它的开通与普通晶闸管基本相同，而关断则完全不同。因此，需要有能产生特殊门极电流波形的门极驱动电路。推荐的 GTO 门极驱动电流（电压）波形如图 3-21 所示。驱动电流波形的上升沿陡度、波形宽度、幅度和下降沿陡度对 GTO 的特性都有很大的影响。门极驱动电路应包括门极开通电路、门极关断电路和门极反偏置电路。GTO 的控制关键是关断。

开通信号波形：GTO 门极可关断晶闸管的门极开通特性与 SCR 基本相同，驱动电路设计也一致。要求门极控制电流信号波形为前沿陡、幅度高、宽度大和后沿较缓的脉冲波形。前沿陡有利于晶闸管的迅速导通，一般门极触发电流的上升率为 $5\sim10A/\mu s$。为了有利于缩短开关时间，减小开通损耗，且保证阳极电流可靠的建立，应当采用强触发控制，后沿较缓可防止产生振荡。

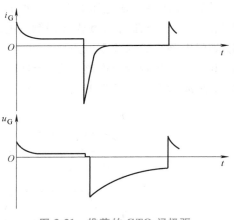

图 3-21　推荐的 GTO 门极驱动电流（电压）波形

关断信号波形：GTO 关断时，反向门极电流的波形对其安全运行有很大的影响。要求关断控制时，门极电流信号应为前沿陡、幅度高、宽度大和后沿较缓的脉冲波形。一般关断脉冲电流上升率为 $10\sim50A/\mu s$，这样可以缩短关断时间，减小关断损耗。因为其电流关断增益小，通常 GTO 关断的门极脉冲电流要达到阳极电流的 $1/5\sim1/3$ 才能使 GTO 关断。当关断增益保持不变，增大门极关断控制电流幅值可提高 GTO 阳极关断能力。

2. GTO 门极触发电路

GTO 门极触发驱动电路有分立元件和集成电路等多种，归纳起来可以分为直接耦合和电磁耦合两种。

一种典型的分立元件直接耦合门极触发驱动电路如图 3-22 所示。电路电源由高频电源通过二极管整流后供给，二极管 VD_1 和 C_1 提供 +5V 电压，VD_2、VD_3、C_2、C_3 组成倍压整流电路提供 +15V 电压，VD_4 和 C_4 提供 −15V 电压。其控制过程是：当控制场效应晶体管 VF_1 导通时，输出正强触发脉冲；当控制 VF_2 导通时，电路输出正触发脉冲的平顶部分；当 VF_2 关断而 VF_3 导通时，电路输出负触发脉冲；当 VF_3 关断后，由电阻 R_3 和 R_4 提供门极反偏压。

一种简单的电磁耦合门极驱动电路如图 3-23 所示。由于开通 GTO 仅靠晶体管 VT 关断

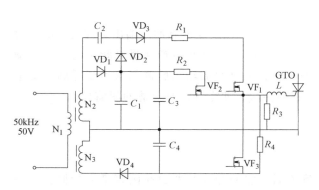

图 3-22　一种直接耦合门极触发驱动电路

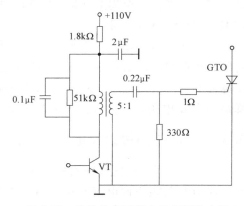

图 3-23　简单的电磁耦合门极驱动电路

时利用变压器中储存的能量来实现，因此大容量 GTO 不宜采用，也不适用于在低频时要求提供关断反偏压的场合。

还有一种 GTO 集成触发电路，HL301A 是国产单列直插、20 引脚的 GTO 集成触发电路，内含 3 组脉冲发生器，分别为正强脉冲、平顶脉冲和负脉冲，以满足 GTO 开关过程的需要。它能产生与控制信号前沿同步的正强触发脉冲信号，其宽度可通过外接电容任意设定（一般设定为 $10 \sim 30\mu s$），同时能够产生与控制信号等宽的正平顶脉冲信号，在控制信号结束的后沿延迟 $1\mu s$ 后，产生负关断脉冲触发信号，此信号的宽度可通过另一个外接电容任意设定（一般设定为 $80 \sim 150\mu s$），它可以作为 600A 及以上的 GTO 驱动器。

3.4　触发电路的定相

触发电路的定相指的是正确选择同步电压相位及获取不同相位同步电压的方法。

相控触发电路是将控制信号转变为在触发延迟角（即控制角）触发可控整流器、交流调压器、直接变频器或有源逆变器中晶闸管的门极驱动脉冲的电路。

触发延迟角是上述变流器中晶闸管开始承受正向阻断电压到门极触发脉冲间的电角度。改变触发延迟角可以改变可控整流器和交流调压器的输出电压，也可以改变有源逆变器的回馈功率。按一定的规律控制触发延迟角，还可以调节直接变频器的输出频率和电压。相控触发电路的脉冲输出器一般由脉冲放大器和脉冲变压器组成。放大器将移相器输出的脉冲信号放大为功率足够的门极触发脉冲。脉冲变压器完成主电路和控制电路之间的电气隔离，并将触发脉冲传送到晶闸管的门极。为了减小脉冲变压器的体积，常将触发脉冲调制为一列窄脉冲。

1. 问题的提出

通过前面的学习可知，要想有效而准确地控制晶闸管变流装置的输出，触发电路应能发出与相应晶闸管阳极电压有一定相位关系的触发脉冲。触发电路所发出的脉冲必须在相应晶闸管阳极电压为正的某一时刻出现，晶闸管才能被触发导通。在常用的正弦波、锯齿波移相触发电路中，送出初始脉冲的时刻是由输入到该触发电路的同步电压 u_s 来确定的（所谓初始脉冲是指未经负偏压 U_b 调整及控制电压 U_k 移相的脉冲），所以必须根据被触发晶闸管阳极电压的相位和移相要求，正确供给各相应触发电路特定相位的同步电压，才能使触发电路分别在晶闸管需要触发脉冲的时刻输出触发脉冲，这种正确选择同步电压相位以及获取不同相位同步电压的方法叫作触发电路的定相。

2. 触发电路同步电压的确定

触发电路同步电压的确定主要包括以下两个方面的内容。

1）根据晶闸管主电路的结构、所带负载的性质以及采用的触发电路的形式，确定该触发电路能够满足移相要求的同步电压与相应晶闸管阳极电压的相位关系。

2）采用三相同步变压器的不同连接方式或配合阻容移相电路得到上述确定的同步电压。

下面用三相全控桥式电路带电感性负载的主电路来进行具体的分析。

图 3-24a 为主电路接线图，主电路整流变压器 TR 接法为 Dy11，变压器 TR 的一次侧接电网三相电压 U_A、U_B、U_C，二次侧输出电压 U_a、U_b、U_c 接晶闸管三相全控桥式电路，电

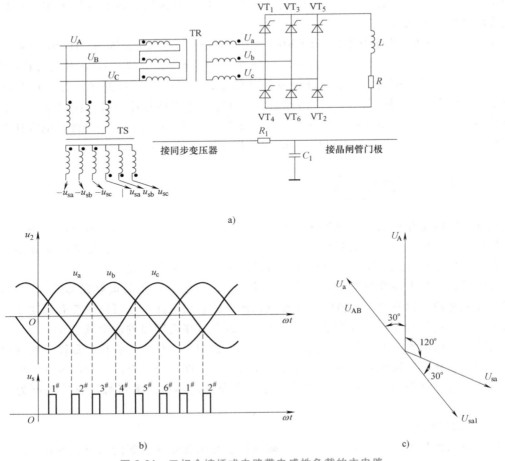

图 3-24　三相全控桥式电路带电感性负载的主电路

路中电压波形如图 3-24b 所示。假设控制角 $\alpha = 0$，则 6 个晶闸管所对应的 6 个触发脉冲应出现在各自的自然换相点，依次相隔 60°。获得 6 个同步电压的方法通常采用具有两组二次绕组的三相变压器来得到，这样，只要一个触发电路的同步电压符合要求，那么，其他 5 个同步电压就有可能符合要求。

锯齿波触发电路采用如图 3-25 所示的同步电压。为使分析具有普遍意义，假设同步变压器 TS 二次相电压 u_s 经阻容滤波后为 u_{s1} 再接到触发电路，并且 u_{s1} 滞后于 u_s 30°。以 VT_1 管为例来分析触发电路的同步电压与阳极电压的相位关系，因为三相全控桥式电路电感性负载要求同步电压与晶闸管阳极电压相差 180°。使 $\alpha = 90°$ 时刻正好近似在锯齿波的中点。由于电压 u_{sa} 经阻容滤波已经滞后 30°变为 u_{sa1}，再输入到触发电路，所以，u_{sa} 与 u_a 只需相差 150°，即 u_{sa} 滞后 150°即可满足相位要求。

根据上面的分析得出的晶闸管触发电路同步电压与阳极电压的相位关系，就可以用一定的方式连接三相同步变压器来获得满足要求的同步电源。

如图 3-24a 所示，根据电源变压器 Dy11 的接法，画出一、二次电压矢量图，如图 3-24c 所示。晶闸管 VT_1 阳极电压 u_a 在滞后 150°的位置上画出需要的同步电压 u_{sa}，正好在 4 点钟位置，那么 $-u_{sa}$ 则在 10 点钟位置。所以同步变压器两组二次绕组中，一组为 Yy4，另一组

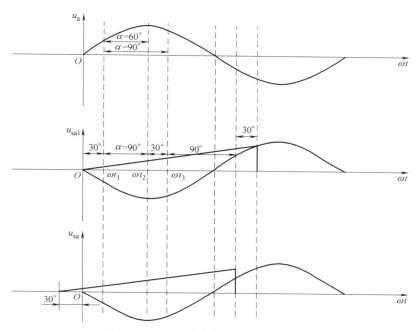

图 3-25　锯齿波触发电路的同步电压分析

为 Yy10。Yy4 为 u_{sc}、u_{sa}、u_{sb} 经阻容滤波器滞后 30°以后接晶闸管 VT$_1$、VT$_3$、VT$_5$ 触发电路的同步信号输入端；Yy10 为 $-u_{sc}$、$-u_{sa}$、$-u_{sb}$ 经滞后 30°以后接晶闸管 VT$_4$、VT$_6$、VT$_2$ 触发电路的同步信号输入端，这样，晶闸管电路就能正常工作。三相全控桥式电路带电感性负载的主电路电压与同步电压的关系见表 3-3。

表 3-3　三相全控桥式电路带电感性负载的主电路电压与同步电压的关系

晶闸管	VT$_1$	VT$_2$	VT$_3$	VT$_4$	VT$_5$	VT$_6$
主电路电压	U_a	$-U_c$	U_b	$-U_a$	U_c	$-U_b$
同步电压	u_{sc}	$-u_{sb}$	u_{sa}	$-u_{sc}$	u_{sb}	$-u_{sa}$

3. 确定同步电压的具体步骤

通过上面的分析，可得确定触发电路同步电压的具体步骤如下：

1）根据主电路的结构、负载的性质以及触发电路的形式与脉冲移相范围的要求，确定该触发电路的同步电压与对应晶闸管阳极电压之间的相位关系。

2）根据电源变压器 TR 的接法，以电网某线电压做参考矢量，画出电源变压器二次电压，也就是晶闸管阳极电压的矢量，再根据步骤 1）确定同步电压与晶闸管阳极电压的相位关系，画出对应的同步相电压相量。

3）根据同步变压器二次线电压矢量的位置，定出同步变压器 TS 的钟点数的接法，然后确定出 U_{sc}、U_{sa}、U_{sb} 分别接到 VT$_1$、VT$_3$、VT$_5$ 管触发电路输入端；确定出 $-U_{sc}$、$-U_{sa}$、$-U_{sb}$ 分别接到 VT$_4$、VT$_6$、VT$_2$ 管触发电路的输入端，这样就保证了触发脉冲与主电路的同步。

例 3.1　三相全控桥式整流电路，电源变压器 TR 为 Dy7 联结，触发电路采用 PNP 晶体管组成的移相触发电路，同步变压器 TS 二次相电压 u_S 经阻容滤波延迟 30° 为 u_{S1} 再接入触发电路，主电路接线如图 3-26 所示。试求：

（1）同步电压与对应晶闸管阳极电压的相位关系。

（2）确定同步变压器的钟点数及接线。

解：三相全控桥式整流电路触发电路的同步电压如图 3-26 所示，主电路电压与同步电压的关系见表 3-4。

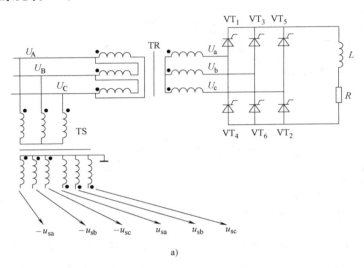

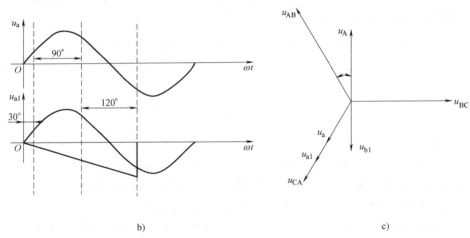

图 3-26　三相全控桥式整流电路触发电路的同步电压

a）主电路接线图　b）电压波形图　c）电压矢量图

表 3-4　三相全控桥式整流电路的主电路电压与同步电压的关系

晶闸管	VT_1	VT_2	VT_3	VT_4	VT_5	VT_6
主电路电压	U_a	$-U_c$	U_b	$-U_a$	U_c	$-U_b$
同步电压	$-u_{sa}$	u_{sc}	$-u_{sb}$	u_{sa}	$-u_{sc}$	u_{sb}

3.5　电力电子器件的缓冲电路与串并联

3.5.1　缓冲电路

1. 缓冲电路的作用

电力电子器件的缓冲电路（Snubber Circuit）又称吸收电路，它是电力电子器件的一种重要的保护电路，不仅用于半控型器件的保护，而且在全控型器件（如 GTR、GTO、Power MOSFET 和 IGBT 等）的应用技术中，也起着更重要的作用。

晶闸管开通时，为了防止过大的电流上升率而烧坏器件，往往在主电路中串入一个扼流电感 L，以限制过大的 di/dt。所串电感 L 及其配件组成了开通缓冲电路，或称串联缓冲电路。晶闸管关断时，电源电压突加在管子上，为了抑制瞬时过电压和过大的电压上升率，以防止晶闸管内部流过过大的结电容电流而误触发，因此在晶闸管两端并联一个 RDC 网络，构成关断缓冲电路，或称并联缓冲电路。

GTR、GTO 等全控型自关断器件运行中都必须配用开通和关断缓冲电路，但其作用与晶闸管的缓冲电路有所不同，电路结构也有差别。主要原因是全控型器件的工作频率要比晶闸管高得多，因此开通和关断损耗是影响这种开关器件正常运行的重要因素之一。例如，GTR在动态开关过程中易产生二次击穿的现象，这种现象又与开关损耗直接相关。所以减少全控器件的开关损耗至关重要，缓冲电路的主要作用正是如此，也就是说 GTR 和 Power MOSFET用缓冲电路抑制 di/dt 和 dv/dt，主要是为了改变器件的开关轨迹，使开关损耗减少，进而使器件可靠运行。图 3-27 为开关元件 VS 的开通与关断过程波形分析图。

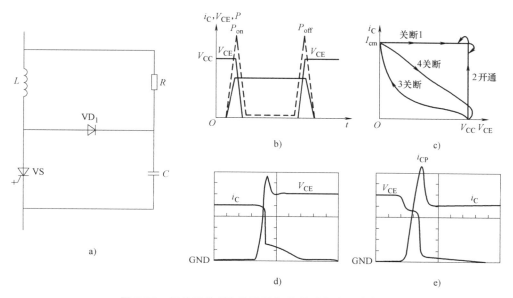

图 3-27　开关元件 VS 的开通与关断过程波形分析图

图 3-27b 是没有缓冲电路时 GTR 开关过程中集电极电压 V_{CE} 和集电极电流 i_C 的波形，由图可见，开通和关断过程中都存在 V_{CE} 和 i_C 同时达到最大值的时刻，因此出现了最大的

开关损耗功率 P_{on} 和 P_{off}，从而危及器件的安全。所以应采用开通和关断缓冲电路，抑制开通时的 di/dt，降低关断时的 dv/dt，使 V_{CE} 和 i_C 的最大值不会同时出现。

图 3-27c 是 GTR 开关过程中的 V_{CE} 和 i_C 的轨迹，其中轨迹 1 和 2 是没有缓冲电路时的情况，不但集电极电压和电流的最大值同时出现，而且电压和电流都有超调现象，这种情况下瞬时功耗很大，极易产生局部热点，导致 GTR 的二次击穿而损坏。

加上缓冲电路后，V_{CE} 和 i_C 的开关与关断轨迹分别如轨迹 3 和 4 所示，由图 3-27c 可见其轨迹不再是矩形，避免了两者同时出现最大值，大大降低了开关损耗，并且最大程度地利用了 GTR 的电气性能。

IGBT 的缓冲电路功能更侧重于开关过程中过电压的吸收和抑制，这是由于 IGBT 的工作频率可以高达 30~50kHz，因此很小的电路电感就可能引起较大的 Ldi/dt，从而产生过电压而危及 IGBT 的安全。图 3-27d 和 e 是 PWM 逆变器中 IGBT 在关断和开通中的 V_{CE} 和 i_C 仿真波形，可见，在 i_C 下降过程中 IGBT 上出现了过电压，其值为电源电压 V_{CC} 和 Ldi_C/dt 两者的叠加。

综上所述，缓冲电路对于工作频率高的自关断器件，通过限压、限流、抑制 di/dt 和 dv/dt，把开关损耗从器件内部转移到缓冲电路中去，然后再消耗到缓冲电路的电阻上，或者由缓冲电路设法再反馈到电源中去。因此缓冲电路可分为两大类，前一种是能耗型缓冲电路，后一种是反馈型缓冲电路。能耗型电路简单，在电力电子器件的容量不太大、工作频率不太高的场合下，这种电路应用很广泛。

如果要实现上述理想情况，需要仔细地选择参数并不断调整。图 3-28 示出了无吸收电路时的波形。图 3-29 示出了有吸收电路时的波形。

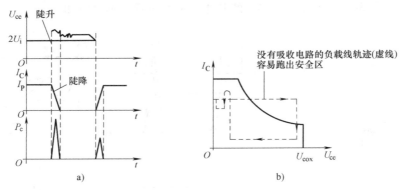

图 3-28　无吸收电路时的波形

a）无吸收电路时电压、电流和功耗曲线　b）无吸收电路时的安全工作区与负载线轨迹

值得指出的是，如果开关管 VS 装有散热器时，散热器是集电极（或是隔电传热式）。在开关管 VS 的集电极与电源公共线之间存在电容时，它为集电极电流提供了两条附加的通路。它也是引起集电极电流存在的事实。不过，它与安装有关，与开关管本身存在的密勒（Miller）电流效应不能混淆。另外，它的数值也比较大一些，它的存在对减小 du_c/dt 是有好处的。

缓冲电路的主要作用可归纳如下：

1）抑制过渡过程中器件的电压和电流，将开关动作轨迹限定在安全区之内。

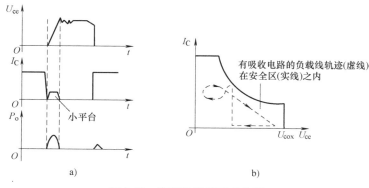

图 3-29   有吸收电路时的波形

a) 有吸收电路时电压、电流和功耗曲线   b) 有吸收电路时的安全工作区与负载线轨迹

2) 防止因过大的 $\mathrm{d}u/\mathrm{d}t$ 和 $\mathrm{d}i/\mathrm{d}t$ 造成器件的误触发，甚至导致器件的损坏。

3) 抑制开关过渡过程中电压和电流的重叠现象，以减少器件的开关损耗。

4) 在多个器件串联的高压电路中起一定的均压作用。

2. 缓冲电路的基本结构和基本类型

缓冲电路的功能有抑制和吸收两个方面，因此图 3-30a 是这种电路的基本结构，串联的
L_s 用于抑制 $\mathrm{d}i/\mathrm{d}t$ 的过量，并联的 C_s 用于吸收
器件上的过电压，即器件在关断时 C_s 通过快速
二极管 VD_s 充电，吸收器件上出现的过电压能
量，由于电容电压不会跃变，限制了突加的 $\mathrm{d}u/
\mathrm{d}t$。当器件开通时 C_s 上的能量经 R_s 泄放，如
图 3-30a 中的 $RLCD$ 电路。对于工作频率较高、
容量较小的装置，为了减小损耗，可以采用简化
为图 3-30b 的由 RCD 网络构成的缓冲电路，这
种缓冲电路普遍用作 GTR、GTO、功率 MOSFET
及 IGBT 等电力电子器件的保护。

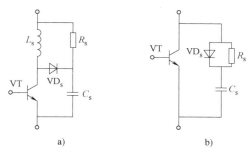

图 3-30   基本 RCD 缓冲电路

a) $RLCD$ 电路   b) RCD 网络

图 3-31 所示的几种缓冲电路是上述基本 RCD 缓冲电路的简化或演变。它们既可用于逆
变器中 IGBT 模块的保护，也适用于其他电力电子器件的缓冲保护，但其性能有所不同。

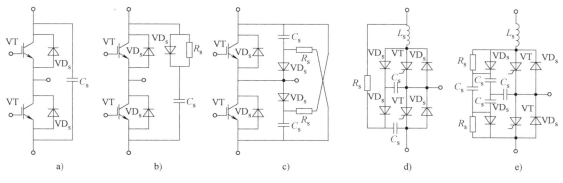

图 3-31   演变的缓冲电路

图 3-31a 是最简单的单电容电路，适用于小容量的 IGBT 模块或其他容量较小的器件，但由于电路中无阻尼元件，容易产生振荡，为此 C_s 中可串入 R_s 加以抑制，这种 RC 缓冲电路在晶闸管的保护中已用得很普遍。

图 3-31b 是把 RCD 缓冲电路用于由两只 IGBT 组成桥臂的模块上，此电路比较简单，但吸收功能较单独使用 RCD 时略差，多用于小容量元件的逆变器桥臂上。有时还可以把图 3-31a、b 两种缓冲电路并联使用以增强缓冲吸收的功能。

图 3-31c 是 R_s 交叉连接的缓冲电路，当器件关断时，C_s 经 VD_s 充电，抑制 $\mathrm{d}u/\mathrm{d}t$；当器件开通时，C_s 经电源和 R_s 放电，同时有部分能量反馈回电源，这种电路对大容量的器件，如 400A 以上的 IGBT 模块比较适合。

图 3-31d 是大功率 GTO 逆变桥臂上的非对称 RLCD 缓冲电路。图中限流电感 L_s 经过 VD_s 和 R_s 释放磁场能量。GTO 关断时，C_s 经 VD_s 吸收能量并经 R_s 把部分能量反馈到电网上去，因此损耗较小，适用于大容量的 GTO 逆变器。其中 C_s 具有吸收电能和电压钳位双重功能，且效率较高。

图 3-31e 是三角形吸收电路，其特点是：①三只电容器之间几乎不需要连接线，所以寄生电感极小；②在电力电子器件工作过程中每只电容器都参与工作，电容器利用率高；③电路损耗较小。

缓冲电路引线中的杂散电感必须限制到最小，以防止电力电子器件在关断时出现电压尖峰，并消除杂散电感与缓冲电路中 C_s 构成谐振回路所产生的振荡。所以缓冲电路中的 R、C 等元件也应力求采用无感元件。

3.5.2 电力电子器件的串并联

对于大型的电力电子装置，当单个电力电子器件的电压或电流额定值满足不了要求时，或者考虑降低装置的成本时，需要将几个电力电子器件串联或者并联起来使用。由于各个电力电子器件之间在静态、动态特性方面难免存在一定的差异，它们组合在一起应用时，就会因这些差异导致某些器件的损坏。因此，需要考虑采取一定的措施加以保护。下面以晶闸管为例介绍电力电子器件的串联和并联问题。

1. 器件的串联与均压

（1）静态均压　当单个电力电子器件的额定电压小于实际需要时，可以用多个同型号的电力电子器件串联起来，如图 3-32 所示。

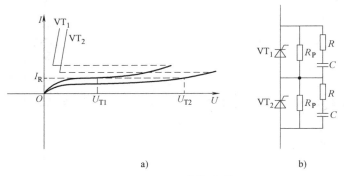

a)　　　　　　　　　　b)

图 3-32　晶闸管的串联

　　两个同型号的晶闸管串联后，在正、反向阻断时，各器件流过相同的漏电流，但由于器件特性的分散性，各器件所承受的电压却不相等。图 3-32a 表示出两个正向阻断特性不同的晶闸管，在同一漏电流 I_R 情况下，它们所承受的正向电压相差甚远。承受电压高的器件有可能超过额定电压而造成损坏，继后而使另外的器件也可能损坏。同理，反向时也是如此。这是因为器件静态不均压造成的，称此为静态不均压问题。

　　解决静态不均压问题，首先应当选择特性和参数比较一致的电力电子器件，此外可采用每个器件并联电阻来均压，如图 3-32b 中的 R_P。但 R_P 的数值过小会产生较大的损耗，R_P 数值一般按式（3-9）计算。

$$R_P \leqslant (0.1 \sim 0.25) U_R / I_{DRM} \tag{3-9}$$

式中，U_R 为晶闸管的额定电压；I_{DRM} 为晶闸管的断态重复峰值电流。

　　均压电阻的功率可按式（3-10）计算。

$$R_{RP} \geqslant K_{RP} (U_m / n_s)^2 / R_P \tag{3-10}$$

式中，U_m 为器件承受的正向峰值电压；n_s 为串联的器件数量；K_{RP} 为系数，单相取 0.25，三相取 0.45，直流取 1。

　　（2）动态均压　上述的均压电阻 R_P 只能在静态时起作用。而在动态过程中，瞬时电压的分配取决于各晶闸管的结电容、触发特性和开关时间等因素。开通时刻，开通器件瞬时承受高电压，而关断时先关断的器件瞬时承受反向电压。为了使各器件在开关过程中均压，应当在晶闸管两端并联电容 C。同时，为了防止器件导通瞬时电容放电引起 di/dt 过大而损坏晶闸管，应当在电容支路串入一个电阻，如图 3-32b 中的 R 和 C 所示。在动态过程中实现的均压称为动态均压。此外，动态均压还能在器件关断时起到过电压保护作用。动态均压的阻容值一般根据经验选取，见表 3-5。

表 3-5　动态均压的阻容经验数据

$I_{T(AV)}/A$	10	20	30	100	200
$C/\mu F$	0.1	0.15	0.2	0.25	0.5
R/Ω	100	80	40	20	10

　　均压电容的交流耐压值大于 U_m / n_s。

　　均压电阻的功率按照式（3-11）计算。

$$P_R = fC(U_m / n_S)^2 \times 10^{-6} \tag{3-11}$$

式中，f 为电源频率；P_R 为电阻的功率（W）。

　　晶闸管采取均压措施后，为保证更加安全，其必须降低额定值使用。选择晶闸管的额定电压，一般按式（3-12）计算。

$$U_R = \frac{(2 \sim 3) U_m}{(0.8 \sim 0.9) n_s} = (2.2 \sim 3.8) U_m / n_s \tag{3-12}$$

　　2. 器件的并联与均流

　　（1）静态均流　当单个器件的额定电流小于实际需要时，可以用多个同型号的电力电子器件并联起来，如图 3-33 所示。

　　两个同型号的晶闸管并联后，在开通时，各器件虽然管压降相同，但由于器件特性的分散性，各器件所流过的电流却不相等。正向阻断特性不同的晶闸管，在同一管压降 U_T 的情况下，它们所流过的电流相差甚远。流过电流大的器件有可能超过额定电流值造成损坏，继而另外的器件也可能损坏。这是因为静态不均流造成的，称此为静态不均流问题。

解决静态不均流问题，首先应当选择特性和参数比较一致的器件，此外可采用每个器件支路串联电阻的方法，如图 3-33a 所示。

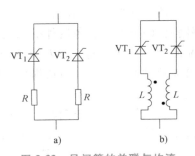

图 3-33　晶闸管的并联与均流

（2）动态均流　上述均流措施只能在静态时起作用。而在动态过程中，也会产生不均流问题，称此为动态不均流。解决方法是在器件支路中串入电感，如图 3-33b 所示。电路采用一个具有两个相同匝数流过相等的电流的均流扼流器。由于线圈极性相反，铁心内激磁安匝相互抵消，扼流器不起作用。当电流不等时，线圈相差的激磁安匝在两线圈中产生感应电动势，在两并联器件回路中形成环流。此环流正好使电流小的器件支路电流增大，而使电流大的支路电流减小，直到两回路电流相等为止，从而达到了均流的目的。

电感均流的优点是损耗小，适合大容量器件并联，同时电感能抑制 $\mathrm{d}i/\mathrm{d}t$ 上升率。缺点是体积大、笨重且制作不方便。

均流电抗器有空心、铁心或者套在晶闸管引线上的磁环等多种形式，其中应用空心电感最为普遍。因其接线简单，且有限制 $\mathrm{d}i/\mathrm{d}t$ 和 $\mathrm{d}u/\mathrm{d}t$ 的作用。

晶闸管并联与串联一样，也必须降低电流的额定值使用。选择晶闸管的额定电流，一般按式（3-13）计算。

$$I_{\mathrm{T(AV)}} = \frac{(1.5 \sim 2)I_{\mathrm{T}}}{(0.8 \sim 0.9)n_{\mathrm{P}}} = (1.7 \sim 2.5)\frac{I_{\mathrm{T}}}{n_{\mathrm{P}}} \qquad (3-13)$$

式中，I_{T} 为电路中流过的电流值；n_{P} 为并联器件数量。

晶闸管串、并联后，要求器件的开通时间和关断时间差别要小。要求触发脉冲前沿陡、幅值大，以便串、并联的晶闸管尽可能同时开通或者关断。在电力电子装置中，同时需要器件串、并联时，一般采取先串联、后并联的方式。

3.6　晶闸管的保护

在电力电子电路中，除了电力电子器件参数选择合适、触发驱动电路设计良好外，还必须采用合适的保护措施。

3.6.1　过电压的产生及过电压保护

1. 过电压产生的原因

过电压产生的原因有外部原因，也有内部原因。外部过电压包括操作过电压和雷击过电压；内部过电压包括换相过电压和关断过电压。

2. 过电压保护措施

为了防止过电压对电力电子装置造成损坏，必须采取有效的过电压保护措施。过电压保护措施一般采用器件限压和 RC 阻容吸收等方法。过电压保护的措施及配置位置如图 3-34 所示。

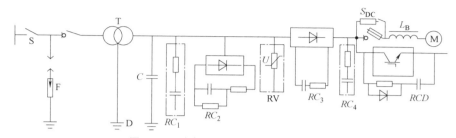

图 3-34 过电压保护的措施及配置位置

F—避雷器 D—变压器静电屏蔽层接地 C—静电感应过电压抑制电容 RC_1—阀侧浪涌过电压抑制用

RC 电路 RC_2—阀侧浪涌过电压抑制用反向阻断式 RC 电路 RV—压敏电阻过电压抑制器 RC_3—阀器件

换相过电压抑制用 RC 电路 RC_4—直流侧 RC 抑制电路 RCD—阀器件关断过电压抑制用 RCD 电路

电力电子装置可视具体情况采用其中的几种。在抑制外部过电压的措施中，通常采用 RC 过电压抑制电路，其典型连接方式如图 3-35 所示。

RC 过电压抑制电路可以接于变压器两侧或者电力电子电路的直流侧。当发生瞬时过电压时，利用电容两端电压不能突跳和储能的原理，对过电压加以限制。

3.6.2 过电流保护

电力电子装置在运行不正常或者出现故障时，可能发生过电流。过电流有过载和短路两种。由于电力电子器件的过载能力较差，因此对过电流必须采取保护措施。通常采用快速熔断器、直流快速断

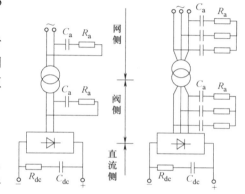

图 3-35 RC 过电压抑制电路典型连接方式

路器和过流继电器实现。各种过电流保护措施及配置位置如图 3-36 所示。一般电力电子装置中均同时采用几种过电流保护措施，以提高保护的可靠性和合理性。在选择各种保护措施时，应当注意相互协调。各种过电流保护选择整定的动作顺序是：电子保护电路首先动作，直流快速熔断器整定在电子保护电路动作之后，过电流继电器整定在过载时动作，快速熔断器做最后的短路保护。

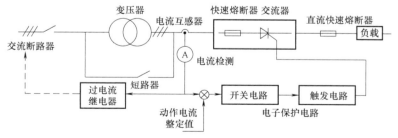

图 3-36 过电流保护措施及配置位置

采用快速熔断器过流保护是电力电子装置中最有效、最广泛的一种措施，而选用快速熔断器时，应当结合晶闸管和快速熔断器的特性来综合考虑。

3.7 电力电子器件的发热与散热

电力电子器件在电能变换过程中必然要产生功率损耗，即内损耗。内损耗会引起器件发热，温度上升。芯片温度高低与器件内损耗大小、芯片到环境的传热结构、材料、器件冷却方式和环境温度等因素有关。当发热和散热相等时，器件达到稳定温升，处于热均衡状态，即热稳态。器件的芯片温度不论在稳态，还是在瞬态，都不允许超过器件的最高允许工作温度，即结温，否则将引起器件电或热的不稳定而导致器件失效。因此计算电力电子器件的功率损耗和结温，采取必要的散热措施是十分重要的。

3.7.1 电力电子器件的发热

电力电子器件的发热主要因功率损耗引起。对任意波形的连续脉冲电压 $u(t)$、电流 $i(t)$，通过电力电子器件时，其平均功率损耗为

$$P = \frac{1}{T}\int_0^T u(t)i(t)\,\mathrm{d}t = f_\mathrm{s}\int_0^{1/f_\mathrm{s}} u(t)i(t)\,\mathrm{d}t \tag{3-14}$$

式中，T 为开关周期；f_s 为开关频率。

在电力电子器件实际应用中，平均功率损耗的计算比较复杂。一般来说，主要由开关损耗、通态损耗、断态漏电损耗和驱动损耗等成分构成。但就具体器件和具体的工作情况而言，有些损耗可以忽略。

1. 开关损耗

图 3-37 为阻性负载开通与关断过程的电压、电流及功率损耗波形。在开通过程，电流线性上升，电压线性下降；在关断过程，电流线性下降，电压线性上升。在一个开关周期内平均损耗为

$$
\begin{aligned}
P_\mathrm{s} &= \frac{1}{T}\left(\int_0^{t_\mathrm{on}} i_\mathrm{C} u_\mathrm{CE}\,\mathrm{d}t + \int_0^{t_\mathrm{off}} i_\mathrm{C} u_\mathrm{CE}\,\mathrm{d}t \right) \\
&= \frac{1}{T}\left[\int_0^{t_\mathrm{on}} I_\mathrm{C}\frac{t}{t_\mathrm{on}} U_\mathrm{d}\left(1-\frac{t}{t_\mathrm{on}}\right)\mathrm{d}t + \int_0^{t_\mathrm{off}} I_\mathrm{C}\left(1-\frac{t}{t_\mathrm{off}}\right) U_\mathrm{d}\frac{t}{t_\mathrm{off}}\mathrm{d}t \right] \\
&= \frac{1}{6T} I_\mathrm{C} U_\mathrm{d}(t_\mathrm{on}+t_\mathrm{off}) \\
&= \frac{1}{6} I_\mathrm{C} U_\mathrm{d}(t_\mathrm{on}+t_\mathrm{off})f_\mathrm{s}
\end{aligned}
\tag{3-15}
$$

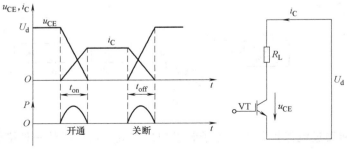

图 3-37　阻性负载开通与关断过程的电压、电流及功率损耗波形

图 3-38 所示为感性负载的开通与关断过程的电压、电流及功率损耗波形。为不失一般性，假定负载电流连续平滑，换流期间为恒值。在开通过程，电流基本呈线性上升，电压为电源电压 U_d；在关断过程，电流线性下降，电压为电源电压 U_d。在一个周期内的平均损耗为

$$
\begin{aligned}
P_s &= \frac{1}{T}\left(\int_0^{t_{on}} i_C u_{CE} dt + \int_0^{t_{off}} i_C u_{CE} dt\right) \\
&= \frac{1}{T}\left[\int_0^{t_{on}} I_C \frac{t}{t_{on}} U_d dt + \int_0^{t_{off}} I_C\left(1 - \frac{t}{t_{off}}\right) \times U_d dt\right] \\
&= \frac{1}{2T} I_C U_d(t_{on} + t_{off}) = \frac{1}{2} I_C U_d(t_{on} + t_{off}) f_s
\end{aligned}
\tag{3-16}
$$

式中，U_d 为断态时电压，即电源电压；I_C 为通态最大电流；T 为开关周期；f_s 为开关频率；t_{on} 和 t_{off} 分别为开通时间和关断时间。

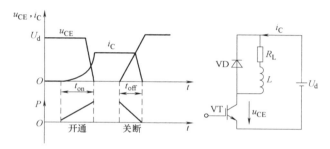

图 3-38　感性负载的开通与关断过程的电压、电流及功率损耗波形

2. 通态损耗

因为电力电子器件是非理想器件，导通期间有电压降，对于输出级为双极性的器件，假设其通态压降为 U_{on}，则当器件通过占空比为 D、幅值为 I_C 的矩形连续电流脉冲时的平均通态功耗为

$$
P_C = I_C U_{on} D \tag{3-17}
$$

对于输出级为单极性的器件，如 MOSFET，导通时压降大小用通态电阻 R_{DS} 来描述，若漏极电流为 I_{DS}，则平均通态功率损耗为

$$
P_C = D I_{DS}^2 R_{DS} \tag{3-18}
$$

3. 断态漏电损耗

在电力电子器件关断期间有微小的漏电流 I_{C0}，若断态电压 U_d 很高，仍会产生明显的断态功率损耗，其值为

$$
P_{C0} = I_{C0} U_d(1-D) \tag{3-19}
$$

一般情况下 P_{C0} 值较小，可以忽略不计。

4. 驱动损耗

驱动损耗是指器件开关过程中消耗在控制极上的功率。一般情况下，驱动损耗相对较小，可以忽略不计。只有在电流驱动型器件，如 GTR、GTO 等，在通态电流比较大的情况下必须考虑。GTO 在关断大电流时的控制极关断电流比较大，而 GTR 由于电流增益倍数比较小，为维持集电极电流所需要的基极电流 I_B 比较大，假设基极-发射极饱和压降为

$U_{\text{BE(sat)}}$，则驱动损耗为

$$P_{\text{D}} = DI_{\text{B}}U_{\text{BE(sat)}} \tag{3-20}$$

3.7.2　电力电子器件的散热

通常电力电子器件的主要发热部位在半导体芯片内部。内损耗产生的热量，首先通过热传导转移到管座和散热器上，然后经传导、对流和辐射等多种传热形式散发给空气或者水等吸热介质。在这些散热方式中，辐射散热的热量很少，通常只占总散失热量的1%左右。在利用空气散热的自然冷却和风冷方式中，对流是向空气散失热量的主要方式。当用水或其他吸热介质散热时，散热器与散热介质之间的热传导则是主要的散热方式。

1. 热阻和热路

当两点之间有温度差时，热能就会从高温点流向低温点。热能传输的基本方式是传导、对流和辐射。如图3-39所示为热传导传输示意图。设器件发热热源温度为 T_1、功率为 P，与热流传输方向垂直的两端面的面积为 A、两端面间的距离为 L、另一端面的温度为 T_2，假设 T_1 大于 T_2，热流由左边流入，并全部由另一端面输出，则在稳态散热过程中有

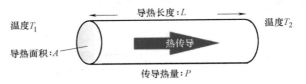

图 3-39　热传导传输示意图

$$P = \frac{KA}{L}(T_1 - T_2) = \frac{KA}{L}\Delta T \tag{3-21}$$

式中，K 是材料的热导率（W/cm·℃）；P 是热流功率，即器件功耗（W）；A 为端面面积（cm²）；ΔT 为热冷端温度差（℃）。

用电学模拟方法描述热量传输，将温差 ΔT 类同于电压，单位时间传输的热量 P 类同于电流，则热阻为

$$R_\theta = \frac{\Delta T}{P} = \frac{L}{KA} \tag{3-22}$$

其单位为℃/W。上式也表明导热材料的热阻与其热导率成反比关系。

散热设计的主要任务是根据器件的总耗散功率 P，设计一个具有适当热阻的散热方式和散热器，以确保器件的芯片温度不高于额定结温 T_{jmax}。根据式（3-22），当散热器环境温度为 T_a 时，从芯片到环境的总热阻为

$$R_{\theta\text{j-a}} = \frac{T_{\text{jmax}} - T_\text{a}}{P} \tag{3-23}$$

通常结温 T_{jmax} 是指芯片的平均温度。实际上电力电子器件芯片较大，温度分布是不均匀的。当器件因经受过载、浪涌及结构方面的问题，而造成芯片瞬时过热时，芯片上某个局部可能形成比最高允许结温高得多的热点，严重时会导致二次击穿。考虑到上述因素，器件的最高允许工作结温要降额使用；可靠性要求越高，最高允许工作结温越低。如对于高可靠性的商业设备，硅器件的最高工作结温取 130～150℃。

电力电子器件散热及等效热回路如图3-40所示。由图可见，芯片上内损耗产生的热能通过传导由芯片传到外壳的底座，再由外壳将少量的热量直接以对流和辐射的形式传到环境

中去，而大部分通过底座经绝缘垫片直接传到散热器，最后由散热器传到空气中去。由于热传输很复杂，要进行精确的计算是很困难的，在工程上允许一定的误差。图 3-40 中给出了等效热回路，图中忽略了外壳的热量直接以对流和辐射的形式传到环境中的部分。

由图 3-40 可知，从芯片到环境的总热阻由三部分组成，即芯片到管壳的结-壳热阻 $R_{\theta j-c}$、管壳到散热器的接触热阻 $R_{\theta c-s}$ 和散热器到环境的散热器热阻 $R_{\theta s-a}$。总热阻为

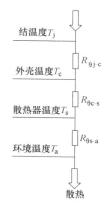

图 3-40 电力电子器件散热及等效热回路

$$R_{\theta j-a} = R_{\theta j-c} + R_{\theta c-s} + R_{\theta s-a} \qquad (3-24)$$

在实际小功率运用场合，一般都不装散热器，则总热阻为

$$R_{\theta j-a} = R_{\theta j-c} + R_{\theta c-a} \qquad (3-25)$$

式中，$R_{\theta c-a}$ 为从管壳向环境直接散热的热阻。

结-壳热阻 $R_{\theta j-c}$ 和管壳直接散热热阻 $R_{\theta c-a}$ 参数，由器件厂商直接提供，用户不可更改。

接触热阻 $R_{\theta c-s}$ 的大小与多种因素有关。一般取决于器件的封装形式、界面平整度、绝缘垫片和散热器安装压力。增加安装压力可减小接触热阻 $R_{\theta c-s}$。

散热器热阻 $R_{\theta s-a}$ 与散热器材料、形状、表面情况、功耗元件安装位置及冷却介质有关。一般来说，自然冷却和风冷却散热器表面经过黑化处理、竖直放置均可降低散热器热阻。强迫风冷是降低散热器热阻的一种有效方法，这时的热阻与风速、空气流动形式有关。使用一些液体作为散热介质的液冷方式，降低散热器热阻的效力更高，所用散热器体积更小，特别适用于特大功率散热情况。

根据式（3-23）和式（3-24），确保器件的芯片温度不高于额定结温，可求得散热器的热阻为

$$R_{\theta s-a} = \frac{T_{jmax} - T_a}{P} - (R_{\theta j-c} + R_{\theta c-a}) \qquad (3-26)$$

根据此式可选择适当的散热器。

以上只考虑器件在恒定平均功率下稳态热特性，对应热路是稳态热路。如果当器件工作在开关模式时，其峰值结温与平均结温有一定的差别。在电流脉冲的持续时间比较长、占空比比较低的情况下，峰值结温与平均结温非常接近，以上分析仍然有效。相反，在电流脉冲持续时间短、占空比比较低的情况下，峰值结温可能要高于平均结温，结温的高低很大程度上取决于电流脉冲的形状、持续时间和重复频率，因而上述稳态的热阻分析计算方法不能直接使用，需要使用瞬态热阻的概念。

瞬态热阻反映传热的热惯性，假设器件的脉冲耗散功率与在占空比为 1 时恒定平均功率相同，因热量传导瞬变过程中加热集中，热量散发不出来，相当于热阻增大，势必造成温升增大。由于瞬态热阻与稳态热阻有一定的关系，一般采用对稳态热阻增加一比例因子作为瞬态热阻，该比例因子与脉冲宽度和占空比有关，且小于 1。这样处理后仍可采用上述的稳态热阻与温差的关系计算方法。具体计算方法请参阅有关书籍。

2. 散热器设计

散热器设计的任务是根据选定器件的额定参数和工作特性，计算其典型工作状态中，为使结温不超过额定值所需要的接触热阻和散热器热阻，以便合理选用和安装散热器。散热器

的设计对不同类型的功率器件是相同的，不同之处在于器件的总耗散功率的计算方法不相同。

散热器有平板散热器、型材散热器、叉指型散热器和插片式铝板散热器等，外形如图 3-41 所示。这类散热器可参照 JB/T 8175—1999《电力半导体器件用型材散热体外形尺寸》规定选用。

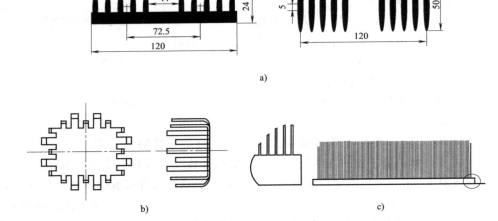

图 3-41　散热器外形图（单位：mm）
a) 型材散热器　b) 叉指型散热器　c) 插片式铝板散热器

下面举例说明散热器的设计计算。

例 3.2：某功率晶体管控制感性负载电流，电流幅值 $I_C = 20A$，频率 $f_s = 10kHz$，占空比 $D = 0.9$。该晶体管在通态和断态的集电极和发射极电压分别为 1V 和 100V，开通时间和关断时间分别为 $1\mu s$ 和 $2\mu s$，结-壳热阻 $R_{\theta j-c} = 0.7℃/W$。计算当 $T_a = 35℃$，$T_{jmax} = 125℃$ 时的散热器热阻。

解：（1）总功耗

$$P = P_C + P_s = U_{CE}I_C D + \frac{1}{2}U_{CEO}I_C(t_{on} + t_{off})f_s = 48W$$

（2）散热器热阻

由于频率和占空比比较大，热阻按稳态计算。对于理想的管壳到散热器的接触，接触热阻 $R_{\theta c-s}$ 可以忽略。若不忽略，可通过手册查到标准管壳及限定安装条件下的 $R_{\theta c-s}$。

$$R_{\theta s-a} = \frac{T_{jmax} - T_a}{P} - (R_{\theta j-c} + R_{\theta c-a}) = \frac{125-35}{48} - (0.7+0) \approx 1.18℃/W$$

根据此值，即可由散热器产品目录选择合适的散热器。

思考题与习题

3.1　晶闸管对触发脉冲有哪些要求？为什么必须满足这些要求？

3.2　一般晶闸管触发电路应当由哪些部分组成？各部分的作用是什么？

3.3　晶闸管的过电压、过电流保护一般都采用哪些措施？

3.4　缓冲电路的主要作用是什么？试说明 RCD 缓冲电路中各元器件的作用。

3.5　电力电子器件为什么要进行串、并联应用？此时应当注意什么问题？如何解决？

3.6　晶体管最高允许结温 180℃，在壳温为 25℃ 时，集电极最大允许功耗为 150W。

（1）此晶体管结-壳的热阻 $R_{\theta j-c}$ 为何值？

（2）壳温为 75℃ 时，允许最大内损耗为何值？

（3）若将此晶体管装在印制电路板上，散热面仅是封装本身（$R_{\theta c-a}=30℃/W$），环境温度为 25℃，内损耗为 5W，它的结温是多少？

3.7　一内损耗为 15W 的晶体管，壳到散热器之间的绝缘垫片热阻为 0.5℃/W，结到壳的热阻为 1.5℃/W，环境温度为 50℃。若将其装在一个热阻为 0.3℃/W 的公共散热器上，流入散热器的功率为 200W。问此时晶体管结温为何值？若将其装在单个散热器上，要使晶体管的结温不超过 130℃，要求散热器的热阻小于何值？

第4章

移相控制理论基础

4.1 移相控制数学基础

4.1.1 三角函数常用公式

三角函数我们已经在初等数学中学习过了，因此在本节中只列出常用的计算公式。但要注意的是符号有所改变。即当角度为 α 时，用 $\sin\alpha$ 表示其正弦，用 $\cos\alpha$ 表示余弦，用 $\tan\alpha$ 表示正切，用 $\cot\alpha$ 表示余切，用 $\sec\alpha$ 表示余弦的倒数 $1/\cos\alpha$，用 $\csc\alpha$ 表示正弦的倒数 $1/\sin\alpha$。

1. 任意角的概念与弧度制

1) 将沿 x 轴正向的射线，围绕原点旋转所形成的图形称为角。逆时针旋转为正角，顺时针旋转为负角，不旋转为零角。

2) 同终边的角可以表示为 $\{\alpha\,|\,\alpha=\beta+k\cdot360°\}$ $(k\in Z)$，则 x 轴上角：$\{\alpha\,|\,\alpha=k\cdot180°\}$ $(k\in Z)$；y 轴上角：$\{\alpha\,|\,\alpha=90°+k\cdot180°\}$ $(k\in Z)$。

第 I 象限角：$\{\alpha\,|\,0+k\cdot360°<\alpha<90°+k\cdot360°\}$ $(k\in Z)$；

第 II 象限角：$\{\alpha\,|\,90°+k\cdot360°<\alpha<180°+k\cdot360°\}$ $(k\in Z)$；

第 III 象限角：$\{\alpha\,|\,180°+k\cdot360°<\alpha<270°+k\cdot360°\}$ $(k\in Z)$；

第 IV 象限角：$\{\alpha\,|\,270°+k\cdot360°<\alpha<k\cdot360°\}$ $(k\in Z)$。

3) 第 I 象限角与锐角的区分：

第 I 象限角：$\{\alpha\,|\,0+k\cdot360°<\alpha<90°+k\cdot360°\}$ $(k\in Z)$；锐角：$\{\alpha\,|\,0<\alpha<90°\}$。

4) 若 α 为 II 象限角，则 $\alpha/2$ 为第几象限角？

因为 $\pi/2+2k\pi\leqslant\alpha\leqslant\pi+2k\pi$，$\pi/4+k\pi\leqslant\alpha/2\leqslant\pi/2+k\pi$，得 $k=0$，$\pi/4\leqslant\alpha\leqslant\pi/2$；或 $k=1$，$5\pi/4\leqslant\alpha\leqslant3\pi/2$。所以 $\alpha/2$ 在第 I、III 象限内。

5) 弧度制：弦长等于半径时所对应的圆心角称为 1 弧度，记为：1rad。

6) 角度与弧度的转化：$1°=\pi/180\approx0.01745\mathrm{rad}$，$1\mathrm{rad}=180°/\pi\approx57.30°=57°18'$。

7) 任意角的三角函数定义：设 α 是一个任意角，角 α 的终边上任意一点 $P(x,y)$，它与原点的距离为 $r(r=\sqrt{x^2+y^2})$，则角 α 的正弦、余弦、正切和余切分别定义为

$$\sin\alpha=y/r \tag{4-1}$$

$$\cos\alpha=x/r \tag{4-2}$$

$$\tan\alpha = y/x \tag{4-3}$$

$$\cot\alpha = x/y \tag{4-4}$$

（三角函数值在各象限的符号概括为：Ⅰ全正，Ⅱ正弦，Ⅲ正切，Ⅳ余弦）

8）特殊角的三角函数值见表 4-1。

表 4-1　特殊角的三角函数值

角度	0	30°	45°	60°	90°	120°	135°	150°	180°	270°	360°
弧度	0	$\pi/6$	$\pi/4$	$\pi/3$	$\pi/2$	$2\pi/3$	$3\pi/4$	$5\pi/6$	π	$3\pi/2$	2π
$\sin\alpha$	0	1/2	$\sqrt{2}/2$	$\sqrt{3}/2$	1	$\sqrt{3}/2$	$\sqrt{2}/2$	1/2	0	-1	0
$\cos\alpha$	1	$\sqrt{3}/2$	$\sqrt{2}/2$	1/2	0	$-1/2$	$-\sqrt{2}/2$	$-\sqrt{3}/2$	-1	0	1
$\tan\alpha$	0	$\sqrt{3}/3$	1	$\sqrt{3}$	∞	$-\sqrt{3}$	-1	$-\sqrt{3}/3$	0	$-\infty$	0
$\cot\alpha$	∞	$\sqrt{3}$	1	$\sqrt{3}/3$	0	$-\sqrt{3}/3$	-1	$-\sqrt{3}$	$-\infty$	0	∞

2. 同角三角函数的基本关系与诱导公式

（1）同角三角函数的基本关系

1）平方关系

$$\sin^2\alpha + \cos^2\alpha = 1 \tag{4-5}$$

$$1 + \tan^2\alpha = \sec^2\alpha \tag{4-6}$$

$$1 + \cot^2\alpha = \csc^2\alpha \tag{4-7}$$

注意，在利用同角三角函数的二次方关系时，若开二次方，要特别注意判断符号。

2）商数关系

$$\sin\alpha / \cos\alpha = \tan\alpha \tag{4-8}$$

$$\cos\alpha / \sin\alpha = \cot\alpha \tag{4-9}$$

3）倒数关系

$$\tan\alpha\cot\alpha = 1 \tag{4-10}$$

$$\sec\alpha\cos\alpha = 1 \tag{4-11}$$

$$\csc\alpha\sin\alpha = 1 \tag{4-12}$$

（2）诱导公式（见表 4-2）

表 4-2　诱导公式

角	sin	cos	tan	cot
$-\alpha$	$-\sin\alpha$	$\cos\alpha$	$-\tan\alpha$	$-\cot\alpha$
$\pi/2-\alpha$	$\cos\alpha$	$\sin\alpha$	$\cot\alpha$	$\tan\alpha$
$\pi/2+\alpha$	$\cos\alpha$	$-\sin\alpha$	$-\cot\alpha$	$-\tan\alpha$
$\pi-\alpha$	$\sin\alpha$	$-\cos\alpha$	$-\tan\alpha$	$-\cot\alpha$
$\pi+\alpha$	$-\sin\alpha$	$-\cos\alpha$	$\tan\alpha$	$\cot\alpha$
$3\pi/2-\alpha$	$-\cos\alpha$	$-\sin\alpha$	$\cot\alpha$	$\tan\alpha$
$3\pi/2+\alpha$	$-\cos\alpha$	$\sin\alpha$	$-\cot\alpha$	$-\tan\alpha$
$2\pi-\alpha$	$-\sin\alpha$	$\cos\alpha$	$-\tan\alpha$	$-\cot\alpha$
$2\pi+\alpha$	$\sin\alpha$	$\cos\alpha$	$\tan\alpha$	$\cot\alpha$

3. 倍角公式与半角公式

$$\sin2\alpha = 2\sin\alpha\cos\alpha$$

$$\cos2\alpha = \cos^2\alpha - \sin^2\alpha = 2\cos^2\alpha - 1 = 1 - 2\sin^2\alpha \tag{4-13}$$

$$\tan2\alpha = 2\tan\alpha/(1 - \tan^2\alpha)$$

$$\sin(\alpha/2) = \pm\sqrt{(1-\cos\alpha)/2}$$

$$\cos(\alpha/2) = \pm\sqrt{(1+\cos\alpha)/2} \tag{4-14}$$

$$\tan(\alpha/2) = \pm\sqrt{(1-\cos\alpha)/(1+\cos\alpha)}$$

4. 两角和差公式

$$\sin(\alpha+\beta) = \sin\alpha\cos\beta + \cos\alpha\sin\beta \tag{4-15}$$

$$\sin(\alpha-\beta) = \sin\alpha\cos\beta - \cos\alpha\sin\beta \tag{4-16}$$

$$\cos(\alpha+\beta) = \cos\alpha\cos\beta - \sin\alpha\sin\beta \tag{4-17}$$

$$\cos(\alpha-\beta) = \cos\alpha\cos\beta + \sin\alpha\sin\beta \tag{4-18}$$

5. 和差化积公式

$$\sin\alpha + \sin\beta = 2\sin\frac{\alpha+\beta}{2}\cos\frac{\alpha-\beta}{2}$$

$$\sin\alpha - \sin\beta = 2\cos\frac{\alpha+\beta}{2}\sin\frac{\alpha-\beta}{2} \tag{4-19}$$

$$\cos\alpha + \cos\beta = 2\cos\frac{\alpha+\beta}{2}\cos\frac{\alpha-\beta}{2}$$

$$\cos\alpha - \cos\beta = -2\sin\frac{\alpha+\beta}{2}\sin\frac{\alpha-\beta}{2}$$

$$\tan\alpha \pm \tan\beta = \frac{\sin(\alpha\pm\beta)}{\cos\alpha\cos\beta}$$

$$\cot\alpha \pm \cot\beta = \frac{\sin(\alpha\pm\beta)}{\sin\alpha\sin\beta} \tag{4-20}$$

$$\tan\alpha + \cot\beta = \frac{\cos(\alpha-\beta)}{\cos\alpha\sin\beta}$$

$$\tan\alpha - \cot\beta = \frac{\cos(\alpha+\beta)}{\cos\alpha\sin\beta}$$

6. 积化和差公式

$$\sin\alpha\sin\beta = \frac{1}{2}\left[\cos(\alpha-\beta) - \cos(\alpha+\beta)\right]$$

$$\cos\alpha\cos\beta = \frac{1}{2}\left[\cos(\alpha-\beta) + \cos(\alpha+\beta)\right]$$

$$\sin\alpha\cos\beta = \frac{1}{2}\left[\sin(\alpha+\beta) + \sin(\alpha-\beta)\right] \tag{4-21}$$

$$\cos\alpha\sin\beta = \frac{1}{2}\left[\sin(\alpha+\beta) - \sin(\alpha-\beta)\right]$$

4.1.2　三角函数的微积分公式

三角函数的微积分公式如下。

$$\begin{aligned}
& d\sin\alpha = \cos\alpha d\alpha \\
& d\cos\alpha = -\sin\alpha d\alpha \\
& d\tan\alpha = \sec^2\alpha d\alpha \\
& d\cot\alpha = -\csc^2\alpha d\alpha \\
& d\sec\alpha = \sec\alpha\tan\alpha d\alpha \\
& d\csc\alpha = -\csc\alpha\cot\alpha d\alpha
\end{aligned} \tag{4-22}$$

$$\begin{aligned}
& d\arcsin\alpha = d\alpha/\sqrt{1-\alpha^2} \\
& d\arccos\alpha = -d\alpha/\sqrt{1-\alpha^2} \\
& d\arctan\alpha = d\alpha/(1+\alpha^2) \\
& d\text{arccot}\alpha = -d\alpha/(1+\alpha^2)
\end{aligned} \tag{4-23}$$

$$\begin{aligned}
& \int\cos\alpha d\alpha = \sin\alpha + C \\
& \int\sin\alpha d\alpha = -\cos\alpha + C \\
& \int\sec^2\alpha d\alpha = \tan\alpha + C \\
& \int\csc^2\alpha d\alpha = -\cot\alpha + C \\
& \int\tan\alpha\sec\alpha d\alpha = \sec\alpha + C \\
& \int\cot\alpha\csc\alpha d\alpha = -\csc\alpha + C
\end{aligned} \tag{4-24}$$

$$\begin{aligned}
& \int\tan\alpha d\alpha = -\ln|\cos\alpha| + C \\
& \int\cot\alpha d\alpha = \ln|\sin\alpha| + C \\
& \int\sec\alpha d\alpha = \ln|\sec\alpha + \tan\alpha| + C \\
& \int\csc\alpha d\alpha = \ln|\csc\alpha - \cot\alpha| + C
\end{aligned} \tag{4-25}$$

4.1.3　单相正弦交流分析

交流电是指电流方向随时间做周期性变化的电流，在一个周期内的平均电流为零。不同于直流电，它的方向是会随着时间发生改变的，而直流电没有周期性变化。

通常交流电（AC）波形为正弦曲线，但实际上还有应用其他曲线的波形，如三角波、矩形脉冲等，如图 4-1 所示。生活中使用的市电是具有正弦波形的交流电，如图 4-2 所示。

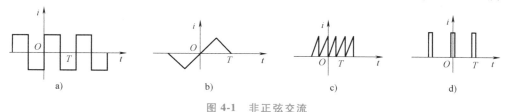

图 4-1　非正弦交流

a）方波　b）三角波　c）锯齿波　d）矩形脉冲

正弦交流电是随时间按照正弦函数规律变化的电压和电流。由于交流电的大小和方向都是随时间不断变化的，也就是说，每一瞬间电压（电动势）和电流的数值都不相同，所以在分析和计算交流电路时，必须标明它的正方向。

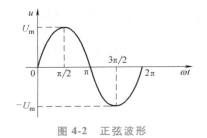

图 4-2　正弦波形

大小和方向随时间按正弦函数规律变化的电流或电压表示为

$$i = I_m \sin(\omega t + \alpha) \tag{4-26}$$

$$u = U_m \sin(\omega t + \alpha) \tag{4-27}$$

式中，i、u 为交流电电流、电压的瞬时值；I_m、U_m 为交流电电流、电压的最大值；ω 为交流电的角频率；α 为交流电的初相位。交流电比直流电有更普遍的应用价值。

正弦交流电的三要素：①最大值（I_m、U_m）；②角频率（ω）；③初相位，简称初相（α）。

交流电在实际使用中，如果用最大值来计算交流电的电功或电功率并不合适，因为毕竟在一个周期中只有两个瞬间达到这个最大值。为此人们通常用有效值来计算交流电的实际效应。

大小与方向均随时间按正弦规律做周期性变化的电流、电压、电动势叫作正弦交流电流、电压、电动势，在某一时刻 t 的瞬时值可用三角函数式（解析式）来表示，即

$$i(t) = I_m \sin(\omega t + ji_0) \tag{4-28}$$

$$u(t) = U_m \sin(\omega t + ju_0) \tag{4-29}$$

$$e(t) = E_m \sin(\omega t + je_0) \tag{4-30}$$

式中，I_m、U_m、E_m 分别叫作交流电流、电压、电动势的振幅（也叫作峰值或最大值）；ω 叫作交流电的角频率，单位为弧度/秒（rad/s），它表征正弦交流电流每秒内变化的电角度；ji_0、ju_0、je_0 分别叫作电流、电压、电动势的初相位或初相，单位为弧度（rad）或度（°）。

在单相不控整流电路和单相可控整流电路中，由于所采用的电力电子器件分别是整流二极管和晶闸管，它们都具有单向导电性，即只能由电力电子器件的阳极流向阴极，因此每个开关器件都只可能流过单相正弦交流电的半个周期，即如果在正弦交流的正幅值半周内，满足所述开关器件的正向导通条件，则此时的开关器件可能导通；如果在正弦交流的负幅值半周内，一定不满足开关器件的正向导通条件，则此时的开关器件一定不导通，称开关器件处于反向阻断状态。因而单相正弦交流整流电路中的正弦交流电压或正弦交流电流的过零点被称为自然换相点。

所谓自然换相点，是指对于整流二极管（或者控制角等于零时的晶闸管）等开关器件，长时间在控制极上加入正向控制信号时，只要阳极与阴极之间所加的正弦交流电压或电流过零点后，即可由原来的反向阻断状态立即转换为正向导通状态。

4.1.4　三相正弦交流分析

三相交流电是由三个频率相同、电势振幅相等、相位互差 120° 电角度的三相交流电路组成的电力系统，是三个相位差互为 120° 的对称正弦交流电的组合。它是由三相发电机三组对称的绕组产生的，每一绕组连同其外部回路称一相，分别记以 A、B、C。它们的组合称三相制，常以三相三线制和三相四线制方式，即三角形联结和星形联结供电。

三相制的主要优点是：在电力输送上节省导线；能产生旋转磁场，且为结构简单使用方便的异步电动机的发展和应用创造了条件。由于三相制不排除对单相负载的供电，因而三相交流电获得了最广泛的应用。

每根相线（火线）与中性线（零线）间的电压叫相电压，其有效值用 U_A、U_B、U_C 表示；两相线之间的电压叫线电压，其有效值用 U_{AB}、U_{BC}、U_{CA} 表示。因为三相交流电源的三个相电压相位互差 120°，则当三个相电源做星形联结时，其线电压等于相电压的 $\sqrt{3}$ 倍。通常电压是 220V 和 380V 就是三相四线制供电时的相电压和线电压（$380V = \sqrt{3} \times 220V$）。工程上讨论三相电源电压大小时，通常指的是电源的线电压。如三相四线制电源电压 380V，指的是线电压 380V。

在日常生活中，我们接触的负载，如电灯、电视机、电冰箱、电风扇等家用电器及单相电动机，它们工作时都是用两根导线接到电路中，这种负载都属于单相负载。在三相四线制供电时，多个单相负载应尽量均衡地分配接到三相电路中去，而不应把它们集中在三相电路中的一相里。如果三相电路中的每一相所接的负载的阻抗和性质都相同，就说三相电路中负载是对称的。在负载对称的条件下，因为各相电流间的相位彼此相差 120°，所以，在每一时刻流过中性线的电流之和为零，此时把中性线去掉，用三相三线制供电即可。但实际上，多个单相负载接到三相电路中构成的三相负载不可能完全对称，在这种情况下中性线就显得特别重要，而不是可有可无。有了中性线，每一相负载两端的电压总等于电源的相电压，不会因负载的不对称和负载的变化而变化，就如同电源的每一相单独对每一相的负载供电一样，各负载都能正常工作。若是在负载不对称的情况下又没有中性线，就会形成不对称负载的三相三线制供电。由于负载阻抗的不对称，相电流也不对称，负载相电压也自然不能对称。有的相电压可能超过负载的额定电压，负载可能被损坏（灯泡过亮烧毁）；有的相电压可能低些，负载不能正常工作（灯泡暗淡无光）。随着开灯、关灯等原因引起各相负载阻抗的变化。相电流和相电压都随之而变化，灯光忽暗忽亮，其他用电器也不能正常工作，甚至被损坏。可见，在三相四线制供电的线路中，中性线起到保证负载相电压对称不变的作用，对于不对称的三相负载，中性线不能去掉，不能在中性线上安装熔断器或开关。

三相交流电依次达到正最大值（或相应零值）的顺序称为相序（Phase Sequence），顺时针按 A→B→C 的次序循环的相序称为顺序或正序，按 A→C→B 的次序循环的相序称为逆序或负序，相序是由发电机转子的旋转方向决定的，通常都采用顺序。在并网发电时或用三相交流电驱动三相交流电动机时，都必须考虑相序的问题，否则会引起重大事故，为了防止接线错误，低压配电线路中规定用颜色区分各相，黄色表示 A 相，绿色表示 B 相，红色表示 C 相。工程上通用的相序是正序。

下面以正序三相交流电压为例，分析三相交流电压的自然换相点。为分析方便起见，设用三个整流二极管构成三相半波整流电路，如图 4-3 所示。

$$三相正弦交流电压设为 \qquad \begin{cases} u_A = U_m \sin\omega t \\ u_B = U_m \sin(\omega t + 120°) \\ u_C = U_m \sin(\omega t + 240°) \end{cases} \qquad (4\text{-}31)$$

以 B 相电压和相应的 VD_2 二极管为例进行分析。按照单相交流整流电路的分析，B 相二极管应该在 B 相电压过零点（t_0）时刻就开始导通，但是由于在 $t_0 \sim t_1$ 时间内，由于 A 相

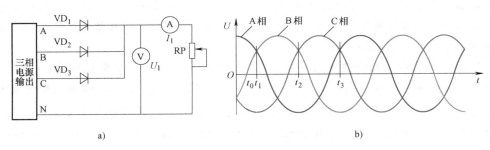

图 4-3　三相半波整流电路与三相电压波形图

a）三相半波整流电路　b）三相电压波形图

电压明显高于 B 相电压（即 $U_A > U_B$），则使 VD_1 导通，VD_2 的阳极接 U_B，阴极接 U_A，而 $U_A > U_B$，从而使 VD_2 处于反向阻断状态，也就是说，在此期间内，VD_2 不具备导通的条件。只有在 t_1 时刻，$U_A = U_B$，并且在 t_1 以后的时间内，VD_2 才具备导通条件，直到 t_2 时刻，由于 C 相电压高于 B 相电压，即 $U_B < U_C$，VD_2 才因此进入反向阻断状态。因此 B 相二极管 VD_2 的自然换相角并不是 t_0 时刻，而是迟后于 t_0 时刻30°的 t_1 时刻。

　　由此可见，三相交流电路的自然换相点并不是每相电压的过零点，而是从该相电压过零点往后延迟了30°的时刻。这一点应当在电路分析中时刻注意，并在调试时高度重视。

4.2　移相控制理论

4.2.1　移相控制理论概述

　　所谓移相就是通过改变触发电压相对于交流电压（或电流）的初相位的起始时刻，使晶闸管能在合适的时刻导通，这种触发相位的改变将会影响晶闸管的输出电压（或电流）。因此，移相控制就是通过改变开关管的控制角来改变开关器件的导通时间，进而达到控制输出电压的目的。

　　触发延迟角 α： 从自然换相点开始到发出触发脉冲致使晶闸管开始导通的时间为止所对应的电角度。

　　晶闸管的导通角 θ： 晶闸管开始导通起到相应的晶闸管因开始承受反向电压而关断的时间所对应的电角度。从以上的分析来看，晶闸管的导通角因不同的电路拓扑而不同。单相整流电路中晶闸管的最大导通角为180°，而三相整流电路中晶闸管的最大导通角只能是120°。

　　移相范围： 从自然换相点到晶闸管开始承受反向电压而反向阻断的时刻，这样一段时间所对应的电角度范围，称为移相范围。可见，单相正弦交流电压的整流电路的最大移相范围是180°，三相交流电压的整流电路的最大移相范围只有120°。

　　晶闸管的输出电压包括整流电路输出的直流平均输出电压、输出电压有效值或者输出瞬时电压值，或者说晶闸管整流电路的输出电压（包括直流平均输出电压、输出电压有效值和输出电压的瞬时值）都是触发延迟角的函数。下面将具体分析晶闸管整流电路的输出电压与触发延迟角 α 的相互关系。

4.2.2　单脉波波形的分析

所谓单脉波波形是指经变流器变换后的输出电流（或电压），在正弦交流的一个周期内只具有一个脉波的波形。如经过晶闸管或整流二极管构成的单相半波整流电路后，其整流输出电压波形如图 4-4 所示。

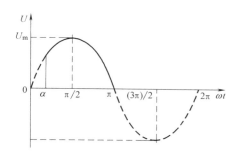

图 4-4　单脉波波形

1. 电阻性负载

对于电阻性负载，设单相工频正弦半波电压峰值为 U_m。输出电压波形的起点在触发延迟角 α，输出电压波形的终点在 π（即 180°），则输出电压在一个周期内的平均值为

$$U_d = \frac{1}{2\pi}\int_{\alpha}^{\pi} U_m \sin\omega t\, \mathrm{d}(\omega t) = \frac{-U_m}{2\pi}(\cos\pi - \cos\alpha) = \frac{-U_m}{2\pi}(-1 - \cos\alpha) = \frac{U_m}{2\pi}(1 + \cos\alpha)$$

(4-32)

同理，对于单相正弦交流电流，经过半波可控整流后，则其通态平均电流为

$$I_{T(AV)} = \frac{1}{2\pi}\int_{\alpha}^{\pi} I_m \sin\omega t\, \mathrm{d}(\omega t) = \frac{-I_m}{2\pi}(\cos\pi - \cos\alpha) = \frac{-I_m}{2\pi}(-1 - \cos\alpha) = \frac{I_m}{2\pi}(1 + \cos\alpha)$$

(4-33)

在电路理论中我们已经知道有效值即为方均根值。设单相工频正弦半波电压峰值为 U_m。输出电压波形的起点在触发延迟角 α，输出电压波形的终点在 π（即 180°），则输出电压在一个周期内的有效值为

$$U_o = \sqrt{\frac{U_m^2}{2\pi}\int_{\alpha}^{\pi}\sin^2\omega t\, \mathrm{d}(\omega t)} = \sqrt{\frac{U_m^2}{4\pi}\int_{\alpha}^{\pi}(1 - \cos2\omega t)\, \mathrm{d}(\omega t)} = \frac{U_m}{2}\sqrt{\frac{\pi - \alpha + \sin\alpha\cos\alpha}{\pi}}$$

(4-34)

同理，对于单相正弦交流电流，经过半波可控整流后，晶闸管通态电流有效值为：

$$I_o = \sqrt{\frac{I_m^2}{2\pi}\int_{\alpha}^{\pi}\sin^2\omega t\, \mathrm{d}(\omega t)} = \sqrt{\frac{I_m^2}{4\pi}\int_{\alpha}^{\pi}(1 - \cos2\omega t)\, \mathrm{d}(\omega t)} = \frac{I_m}{2}\sqrt{\frac{\pi - \alpha + \sin\alpha\cos\alpha}{\pi}}\quad(4\text{-}35)$$

定义：输出电流波形的有效值与其平均值之比称为波形系数 K_f。

以晶闸管通过的电流为例，则对于单相半波可控整流电路，有

$$K_f = I_o/I_d = \left(\frac{I_m}{2}\sqrt{\frac{\pi - \alpha + \sin\alpha\cos\alpha}{\pi}}\right)\bigg/\left[\frac{I_m}{2\pi}(1 + \cos\alpha)\right] = \frac{\sqrt{\pi}}{1 + \cos\alpha}\sqrt{\pi - \alpha + \sin\alpha\cos\alpha}$$

(4-36)

特例：对于不控型电力二极管器件，其导通不受控制，即 $\alpha = 0$，则对于单相半波整流电路有

$$I_d = \frac{1}{2\pi}\int_{0}^{\pi} I_m \sin\omega t\, \mathrm{d}(\omega t) = \frac{-I_m}{2\pi}(\cos\pi - \cos 0) = \frac{-I_m}{2\pi}(-1 - \cos 0) = \frac{I_m}{2\pi}(1 + 1) = \frac{I_m}{\pi}$$

$$I_o = \sqrt{\frac{I_m^2}{2\pi}\int_{0}^{\pi}\sin^2\omega t\, \mathrm{d}(\omega t)} = \sqrt{\frac{I_m^2}{4\pi}\int_{0}^{\pi}(1 - \cos2\omega t)\, \mathrm{d}(\omega t)} = \frac{I_m}{2}\sqrt{\frac{\pi + \sin 0\cos 0}{\pi}} = \frac{I_m}{2}$$

$$K_f = I_o / I_d = \frac{I_m}{2} \times \frac{\pi}{I_m} = \frac{\pi}{2} \approx 1.57$$

由式可知，额定电流为 100A 的晶闸管，其允许通过的电流有效值为 157A。

在实际电路中，由于晶闸管的热容量小，过载能力低，因此在实际选择时，一般取 1.5~2 倍安全系数，故在给定晶闸管的额定电流后，可计算出该晶闸管在通过任意波形时允许的电流平均值。

$$I_d = \frac{1.57 I_{T(AV)}}{(1.5 \sim 2) K_f} \tag{4-37}$$

例 4.1： 在单相半波整流电路中，晶闸管从 π/3 时刻开始导通。试计算该电流波形的平均值、有效值、波形系数。若取安全系数为 2，求额定电流为 100A 的晶闸管允许通过的平均值和最大值是多少？

解： 电流平均值：$I_{T(AV)} = \dfrac{1}{2\pi} \displaystyle\int_{\pi/3}^{\pi} I_m \sin\omega t\, d(\omega t) = \dfrac{3}{4\pi} I_m = 0.24 I_m$

电流有效值：$I = \sqrt{\dfrac{1}{2\pi} \displaystyle\int_{\pi/3}^{\pi} I_m^2 \sin^2\omega t\, d(\omega t)} = \sqrt{\dfrac{1}{6} + \dfrac{\sqrt{3}}{16\pi}}\, I_m = 0.46 I_m$

波形系数：$K_f = I/I_{T(AV)} = 0.46 I_m / 0.24 I_m = 1.92$

100A 的晶闸管允许通过的电流平均值为：$I_d = \dfrac{1.57 \times 100}{2 \times 1.92}\text{A} \approx 41\text{A}$

最大电流：$I_m = I_{T(AV)} / 0.24 = 41/0.24\text{A} = 171\text{A}$

2. 电感性负载

对于电感性负载，由于电感电流不能突变，特别是在通过电感的电流减小时，电感器将会产生一个自感电动势 $e_L(\omega t)$，该自感电动势会阻碍电感电流的减小，也就是说：在通过电感的电流变为零时，变换器的输出电压与电感电动势 $e_L(\omega t)$ 之和才能变为零，即此时变换器的输出电压可能会变成负电压。或者说：由于电感电动势的存在，并且其阻碍电感电流的减小，从而使得图 4-4 所示的电流波形不可能会在 π 处终止，因此，此时要考虑其真实的导通角 θ 了。

因此，此时的通态平均电流为

$$I_d = \frac{1}{2\pi R_L} \int_{\alpha}^{\alpha+\theta} U_m \sin\omega t\, d(\omega t) = \frac{-U_m}{2\pi R_L} [\cos(\alpha + \theta) - \cos\alpha] \tag{4-38}$$

由于电感很大，其电流基本平直，故电流的有效值为

$$I_o = \sqrt{\frac{1}{2\pi} \int_{\alpha}^{\alpha+\theta} I_d^2\, d(\omega t)} = \sqrt{\frac{I_d^2}{2\pi}\theta} = I_d \sqrt{\theta/2\pi} = \frac{-U_m}{2\pi R_L} [\cos(\alpha + \theta) - \cos\alpha] \sqrt{\theta/2\pi}$$

$$\tag{4-39}$$

所以

$$K_f = I_o / I_d = \sqrt{\theta/2\pi} \tag{4-40}$$

4.2.3 双脉波波形的分析

所谓双脉波波形，是指经过电流变换器转换后，其输出的电流波形在输入正弦波的一个周期内脉动两次，即对应地在交流电流的正半周脉动一次，然后在交流电流的负半周内脉动

一次，如此则有两个对应的脉波。这种波形一般发生在单相交流输入的双半波可控整流电路、单相桥式可控整流电路等。其电流脉动波形图如图 4-5 所示。

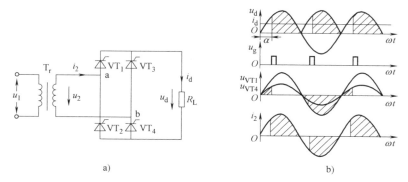

图 4-5　单相桥式可控整流电路及双脉波波形

a）单相桥式可控整流电路　b）双脉波波形

1. 纯电阻性负载

设单相工频正弦半波电压峰值为 U_m。经过晶闸管构成的单相全波（或双半波）整流电路后，其整流输出电压波形如图 4-5 所示。输出电压波形的起点在触发延迟角 α，输出电压波形的终点在 π（即 180°），则输出电压在一个周期内的平均值为

$$U_\mathrm{d} = \frac{1}{\pi}\int_\alpha^\pi U_\mathrm{m}\sin\omega t \mathrm{d}(\omega t) = \frac{-U_\mathrm{m}}{\pi}(\cos\pi - \cos\alpha) = \frac{-U_\mathrm{m}}{\pi}(-1-\cos\alpha) = \frac{U_\mathrm{m}}{\pi}(1+\cos\alpha)$$

$$(4\text{-}41)$$

输出电流平均值为

$$I_\mathrm{d} = U_\mathrm{d}/R_\mathrm{L} = \frac{U_\mathrm{m}}{\pi R_\mathrm{L}}(1+\cos\alpha) = \frac{I_\mathrm{m}}{\pi}(1+\cos\alpha) \qquad (4\text{-}42)$$

同理，对于单相正弦交流电流，经过全波（单相桥式或双半波）可控整流后，通过每只晶闸管的通态平均电流为

$$I_\mathrm{T(AV)} = \frac{1}{2\pi}\int_\alpha^\pi I_\mathrm{m}\sin\omega t \mathrm{d}(\omega t) = \frac{-I_\mathrm{m}}{2\pi}(\cos\pi - \cos\alpha) = \frac{-I_\mathrm{m}}{2\pi}(-1-\cos\alpha) = \frac{I_\mathrm{m}}{2\pi}(1+\cos\alpha)$$

$$(4\text{-}43)$$

输出电压波形的起点在触发延迟角 α，输出电压波形的终点在 π（即 180°），则输出电压在一个周期内的有效值为

$$U_\mathrm{o} = \sqrt{\frac{U_\mathrm{m}^2}{\pi}\int_\alpha^\pi \sin^2\omega t \mathrm{d}(\omega t)} = \sqrt{\frac{U_\mathrm{m}^2}{2\pi}\int_\alpha^\pi (1-\cos2\omega t)\mathrm{d}(\omega t)} = \frac{U_\mathrm{m}}{\sqrt{2}}\sqrt{\frac{\pi-\alpha+\sin\alpha\cos\alpha}{\pi}}$$

$$(4\text{-}44)$$

输出电流有效值为

$$I_\mathrm{o} = \sqrt{\frac{U_\mathrm{m}^2}{\pi R_\mathrm{L}}\int_\alpha^\pi \sin^2\omega t \mathrm{d}(\omega t)} = \sqrt{\frac{U_\mathrm{m}^2}{2\pi R_\mathrm{L}}\int_\alpha^\pi (1-\cos2\omega t)\mathrm{d}(\omega t)} = \frac{I_\mathrm{m}}{\sqrt{2}}\sqrt{\frac{\pi-\alpha+\sin\alpha\cos\alpha}{\pi}}$$

$$(4\text{-}45)$$

经过晶闸管的通态电流有效值为

$$I_T = \sqrt{\frac{I_m^2}{2\pi}\int_0^\pi \sin^2 \omega t \mathrm{d}(\omega t)} = \sqrt{\frac{I_m^2}{4\pi}\int_0^\pi (1 - \cos 2\omega t)\mathrm{d}(\omega t)} = \frac{I_m}{2} \tag{4-46}$$

单相全波（双半波、桥式）整流电路的波形系数为

$$K_f = I_o / I_d = \left(\frac{I_m}{\sqrt{2}}\sqrt{\frac{\pi - \alpha + \sin\alpha\cos\alpha}{\pi}}\right) \Big/ \left[\frac{I_m}{\pi}(1 + \cos\alpha)\right] \tag{4-47}$$

特例：对于采用不控型器件构成的单相全波（双半波、桥式）整流电路，其直流平均电压为

$$U_d = \frac{1}{\pi}\int_0^\pi U_m \sin\omega t \mathrm{d}(\omega t) = \frac{-U_m}{\pi}(\cos\pi - \cos 0) = \frac{-U_m}{\pi}(-1-1) = \frac{2U_m}{\pi} \tag{4-48}$$

而输出电流平均值为

$$I_d = \frac{1}{\pi}\int_0^\pi I_m \sin\omega t \mathrm{d}(\omega t) = \frac{-U_m}{\pi R_L}(\cos\pi - \cos 0) = \frac{-U_m}{\pi R_L}(-1-1) = \frac{2I_m}{\pi} \tag{4-49}$$

经过每个晶闸管的通态平均电流为

$$I_{T(AV)} = \frac{1}{2\pi}\int_0^\pi I_m \sin\omega t \mathrm{d}(\omega t) = \frac{-I_m}{2\pi}(\cos\pi - \cos 0) = \frac{-I_m}{2\pi}(-1-1) = \frac{I_m}{\pi} \tag{4-50}$$

输出电流有效值为

$$I_o = \sqrt{\frac{U_m^2}{\pi R_L}\int_0^\pi \sin^2 \omega t \mathrm{d}(\omega t)} = \sqrt{\frac{U_m^2}{2\pi R_L}\int_0^\pi (1 - \cos 2\omega t)\mathrm{d}(\omega t)} = \frac{I_m}{\sqrt{2}}\sqrt{\frac{\pi + \sin 0\cos 0}{\pi}} = \frac{I_m}{\sqrt{2}} \tag{4-51}$$

所以，对于电力二极管构成的单相全波（双半波或桥式）整流电路，其输出电流的波形系数为

$$K_f = I_o / I_d = \left(\frac{I_m}{\sqrt{2}}\right) \Big/ \left(\frac{2I_m}{\pi}\right) = \frac{I_m}{\sqrt{2}} \times \frac{\pi}{2I_m} = \frac{\pi}{2\sqrt{2}} \approx 1.11 \tag{4-52}$$

以上所得数据即为二极管不控整流电路的直流平均电压和通过每个二极管的通态平均电流。

2. 电感性负载

设单相工频正弦半波电压峰值为 U_m，经过晶闸管构成的单相全波（或双半波）整流电路后，输出电压波形的起点在触发延迟角 α，输出电压波形的终点却不可能在 π（即 180°），因为由于电感的存在，致使电流会有所延迟，用导通角 θ 来描述，则输出电压在一个周期内的平均值为

$$U_d = \frac{1}{\pi}\int_\alpha^{\alpha+\theta} U_m \sin\omega t \mathrm{d}(\omega t) = \frac{-U_m}{\pi}[\cos(\alpha + \theta) - \cos\alpha] \tag{4-53}$$

负载电流的平均值为

$$I_d = \frac{1}{\pi R_L}\int_\alpha^{\alpha+\theta} U_m \sin\omega t \mathrm{d}(\omega t) = \frac{-U_m}{\pi R_L}[\cos(\alpha + \theta) - \cos\alpha] = \frac{-I_m}{\pi}[\cos(\alpha + \theta) - \cos\alpha] \tag{4-54}$$

由于带有电感，使得电感电流必须用电压值来计算，则负载电流的有效值为

$$I_o = \sqrt{\frac{U_m^2}{\pi R_L}\int_\alpha^{\alpha+\theta}\sin^2\omega t\,\mathrm{d}(\omega t)} = \sqrt{\frac{U_m^2}{2\pi R_L}\int_\alpha^{\alpha+\theta}(1-\cos2\omega t)\,\mathrm{d}(\omega t)} = \frac{I_m}{\sqrt{2}}\sqrt{\frac{\theta+\sin2(\alpha+\theta)-\sin2\alpha}{\pi}}$$

（4-55）

所以，带电感性负载的单相交流全波（双半波或桥式）整流电路的电流输出波形系数为

$$K_f = I_o / I_d = \left(\frac{I_m}{\sqrt{2}}\sqrt{\frac{\theta+\sin2(\alpha+\theta)-\sin2\alpha}{\pi}}\right) \Big/ \left(\frac{-I_m}{\pi}\big[\cos(\alpha+\theta)-\cos\alpha\big]\right)$$

（4-56）

4.2.4　三脉波波形的分析

三脉波波形即为经过电流变换器转换以后，其输出的电流波形在输入的正弦交流一个周期内连续脉动 3 次。这样的变换器常见的有三相半波可控整流电路，特例电路有三相不控整流电路，如图 4-6 所示。

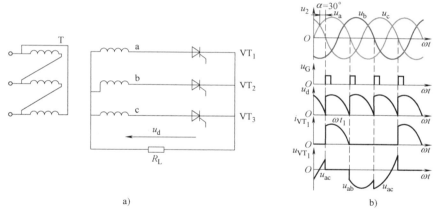

图 4-6　三相半波可控整流电路及三脉波波形

a）三相半波可控整流电路　b）三脉波波形

1. 电阻性负载

这是一个三相交流输入电路，根据上面的分析，已知它们的自然换相点滞后于电压过零点 30°，即两相电压的交点为它们的自然换相点。因为一个周期内输出电压（电流）脉动 3 次，所示它们的最大导通角只有 120°。也就是说，当触发延迟角 $\alpha \leqslant 30°$ 时，如果是电阻性负载，它们的波形是连续的；当 $\alpha = 30°$ 时，负载电流处于连续与断续之间的临界状态。

所以，此时的直流输出电压平均值为

$$U_d = \frac{3}{2\pi}\int_{\alpha+\pi/6}^{\alpha+5\pi/6}U_m\sin\omega t\,\mathrm{d}(\omega t) = \frac{-3U_m}{2\pi}\left[\cos\left(\alpha+\frac{5\pi}{6}\right)-\cos\left(\alpha+\frac{\pi}{6}\right)\right] = \frac{3\sqrt{3}\,U_m}{2\pi}\cos\alpha$$

（4-57）

则输出电流平均值为

$$I_d = \frac{3}{2\pi R_L}\int_{\alpha+\pi/6}^{\alpha+5\pi/6}U_m\sin\omega t\,\mathrm{d}(\omega t) = \frac{3I_m}{2\pi}\sin\left(\frac{2\pi}{3}\right)\cos\alpha = \frac{3\sqrt{3}\,I_m}{2\pi}\cos\alpha$$

（4-58）

负载电流有效值为

$$I_o = \sqrt{\frac{3}{2\pi}\int_{\alpha+\pi/6}^{\alpha+5\pi/6} I_m^2 \sin^2\omega t d(\omega t)} = I_m\sqrt{\frac{3}{4\pi}\left(\frac{2\pi}{3} + \frac{\sqrt{3}}{2}\cos2\alpha\right)} \qquad (4-59)$$

三脉波的波形系数为

$$K_f = I_o/I_d = I_m\sqrt{\frac{3}{4\pi}\left(\frac{2\pi}{3}+\frac{\sqrt{3}}{2}\cos2\alpha\right)}\Bigg/\frac{3\sqrt{3}}{2\pi}I_m\cos\alpha \qquad (4-60)$$

特例：当采用电力二极管构成三相半波整流电路时，则有 $\alpha = 0$，因而有输出电流平均值为

$$I_d = \frac{3}{2\pi R_L}\int_{\pi/6}^{5\pi/6} U_m\sin\omega t d(\omega t) = \frac{3\sqrt{3}I_m}{2\pi}\cos0 = \frac{3\sqrt{3}I_m}{2\pi} \qquad (4-61)$$

负载电流有效值为

$$I_o = \sqrt{\frac{3}{2\pi}\int_{\pi/6}^{5\pi/6} I_m^2 \sin^2\omega t d(\omega t)} = I_m\sqrt{\frac{3}{4\pi}\left(\frac{2\pi}{3} + \frac{\sqrt{3}}{2}\right)} = I_m\sqrt{\frac{1}{2} + \frac{3\sqrt{3}}{8\pi}} \qquad (4-62)$$

故有三脉波波形系数为

$$K_f = I_o/I_d = I_m\sqrt{\frac{1}{2}+\frac{3\sqrt{3}}{8\pi}}\Bigg/\frac{3\sqrt{3}}{2\pi}I_m \approx 1.0161$$

当触发延迟角 $\alpha \geq 30°$ 时，负载电流就会出现断续状态。为分析方便起见，不妨设控制角 $\alpha = 60°$，来分析其波形，如图4-7所示。因为负载电流断续，所以晶闸管的导通角小于 $120°$。

此时，输出电压平均值为

$$U_d = \frac{3}{2\pi}\int_{\pi/6+\alpha}^{\pi} U_m\sin\omega t d(\omega t) = \frac{3}{2\pi}U_m\left[1 + \cos\left(\frac{\pi}{6} + \alpha\right)\right] \qquad (4-63)$$

负载电流平均值为

$$I_d = U_d/R_L \qquad (4-64)$$

我们发现，随着触发延迟角 α 的变化，则输出电压平均值与交流电压有效值之比具有相应的关系，其对应关系如图4-8中曲线1所示。

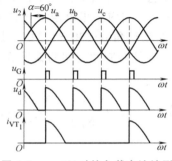

图 4-7 $\alpha = 60°$ 时的负载电流波形

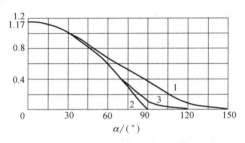

图 4-8 输出电压平均值与交流电压
有效值之比与控制角的关系

1—电阻性负载 2—电感性负载 3—阻感性负载

2. 阻感性负载

阻感性负载的特点是：由于阻感负载时，电感 L 很大，从而使输出电流波形近似平直。从图 4-9 可见，当触发延迟角 $\alpha \leqslant 30°$ 时，整流电压波形与电阻性负载时的波形相同，但其负载电流近似平直；当触发延迟角 $\alpha > 30°$ 时，在相电压过零时，晶闸管 VT_1 并不关断，直到下一个晶闸管 VT_2 的脉冲到来才换流，因此，u_d 波形中会出现负电压的部分。其负载电流虽然仍有脉动，但基本近似于平直。可见，阻感负载时的最大移相范围只有 $90°$。

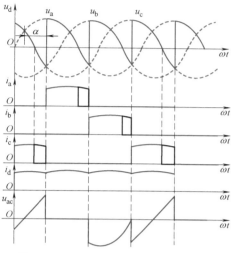

图 4-9　阻感性负载时的三脉波波形图

由于负载电流连续，直流输出电压平均值为

$$U_d = 1.17U_2\cos\alpha \tag{4-65}$$

U_d/U_2 与触发延迟角 α 成余弦关系。如图 4-8 所示，当负载中的电感量不是很大，U_d/U_2 与 α 的关系将介于曲线 1 和曲线 2 之间，曲线 3 给出了这种情况的一个例子。

此时，变压器二次电流即为晶闸管电流的有效值，为

$$I_2 = I_{VT} = I_d/\sqrt{3} = 0.577I_d \tag{4-66}$$

晶闸管的额定电流为

$$I_{VT(AV)} = I_{VT}/1.57 = 0.368I_d \tag{4-67}$$

4.2.5　六脉波波形的分析

六脉波是三相全波（或三相桥式）可控整流电路常见的整流输出电流波形，也分电阻性负载和阻感性负载进行分析。

1. 电阻性负载

在交流电源的一个周期内，晶闸管在正向阳极电压作用下不导通的电角度称为触发延迟角或移相角，用 α 表示；导通的电角度称为导通角，用 θ 表示。在三相可控整流电路中，触发延迟角的起点，不是在交流电压过零点处，而是在自然换流点（又称自然换相点），即三相相电压的交点。

（1）$\alpha = 0$　$\alpha = 0$ 时，晶闸管在自然换流点得到触发脉冲，波形如图 4-10 所示。

设从第一个自然换流点算起的电角度为 φ。在 $\varphi = 0$ 时，VT_1 和 VT_6 得到触发脉冲。由图 4-10 可看出，此时线电压的最大值为 u_{ab}，即 VT_1 的阳极电位最高、VT_6 的阴极电位最低，所以 VT_1 和 VT_6 导通。忽略 VT_1 和 VT_6 的导通压降，输出电压 $u_d = u_{ab}$。在此后 $60°$ 期间，VT_1 和 VT_6 保持导通，此输出保持 $60°$。

在 $\varphi = 60°$ 时，VT_1 和 VT_2 得到触发脉冲，由图 4-10 可看出，此时线电压的最大值变为 u_{ac}，所以 VT_1 保持导通，VT_2 导通，输出电压 $u_d = u_{bc}$。此输出保持 $60°$。

在 $\varphi = 120°$ 时，VT_3 和 VT_2 得到触发脉冲，由图 4-10 可看出，此时线电压的最大值变为 u_{bc}，所以 VT_3 导通，VT_2 保持导通，输出电压 $u_d = u_{ca}$。此输出保持 $60°$。

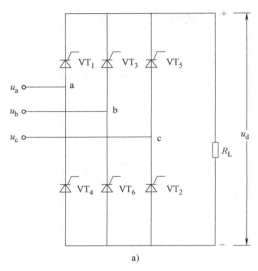

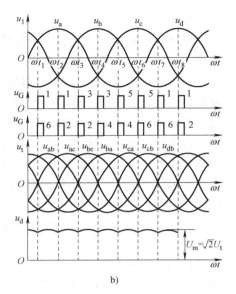

图 4-10　三相桥式整流电路与 $\alpha=0$ 时的六脉波波形

a) 三相桥式整流电路　b) $\alpha=0$ 时的六脉波波形

同理，此后输出电压依次等于 u_{ba}、u_{ca}、u_{cb}。此时的工作情况和输出电压波形与三相桥式不控整流电路完全一样，整流电路处于全导通状态。

当 $\alpha>0$ 时，晶闸管导通要推迟 α 角，但晶闸管的触发、导通顺序不变。

（2）$\alpha=60°$　$\alpha=60°$ 时，晶闸管在自然换流点之后 $60°$ 得到触发脉冲，波形如图 4-11 所示。

在 $\varphi=60°$ 时，VT_1 和 VT_6 得到触发脉冲，由图 4-11 可看出，此时线电压的最大值为 u_{ac}，由于 VT_2 没有得到触发脉冲不能导通，而 u_{ab} 大于零，所以 VT_1 和 VT_6 导通，输出电压 $u_d=u_{ab}$。此输出保持 $60°$。

在 $\varphi=120°$ 时，VT_1 和 VT_2 得到触发脉冲，由图 4-11 可看出，此时线电压的最大值变为 u_{bc}，由于 VT_3 没有得到触发脉冲不能导通，而 u_{ac} 大于零，所以 VT_1 保持导通，VT_2 导通，输出电压 $u_d=u_{ac}$。此输出保持 $60°$。

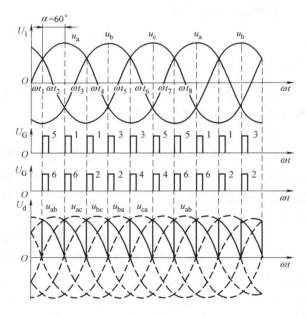

图 4-11　$\alpha=60°$ 时的六脉波波形

在 $\varphi=180°$ 时，VT_3 和 VT_2 得到触发脉冲，由图 4-11 可看出，此时线电压的最大值变为 u_{ba}，由于 VT_4 没有得到触发脉冲不能导通，而 u_{bc} 大于零，所以 VT_3 导通，VT_2 保持导通，输出电压 $u_d=u_{bc}$。此输出保持 $60°$。

同理，此后输出电压依次等于 u_{ba}、u_{ca}、u_{cb}。

α 在 0~60° 范围内，输出电压 u_d 的波形是连续的，晶闸管的导通角 $\theta = 120°$ 保持不变（不随 α 变化而变化）。

（3）$\alpha = 90°$　$\alpha = 90°$ 时，晶闸管在自然换流点之后 90° 得到触发脉冲，波形如图 4-12 所示。

在 $\varphi = 90°$ 时，VT$_1$ 和 VT$_6$ 得到触发脉冲，由图 4-12 可看出，此时线电压 u_{ab} 大于零，所以 VT$_1$ 和 VT$_6$ 导通，输出电压 $u_d = u_{ab}$。但经过了 30°，u_{ab} 变为零，VT$_1$ 和 VT$_6$ 截止，输出电压变为 0。

在 $\varphi = 150°$ 时，VT$_1$ 和 VT$_2$ 得到触发脉冲，由图 4-12 可看出，此时线电压 u_{ac} 大于零，所以 VT$_1$ 和 VT$_2$ 导通，输出电压 $u_d = u_{ac}$。但经过了 30°，u_{ac} 变为零，VT$_1$ 和 VT$_6$ 截止，输出电压变为 0。

在 $\varphi = 210°$ 时，VT$_3$ 和 VT$_2$ 得到触发脉冲，由图 4-12 可看出，此时线电压 u_{bc} 大于零，所以 VT$_3$ 和 VT$_2$ 导通，输出电压 $u_d = u_{bc}$。但经过了 30°，u_{bc} 变为零，VT$_3$ 和 VT$_2$ 截止，输出电压变为 0。

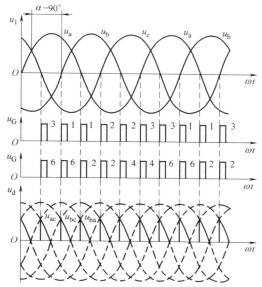

图 4-12　$\alpha = 90°$ 时的六脉波波形

当带阻感性负载或带电阻性负载且 $\alpha \leqslant 60°$ 时，整流电路的输出电压连续，因此直流输出电压平均值为

$$U_d = \frac{3}{\pi} \int_{\pi/3+\alpha}^{2\pi/3+\alpha} \sqrt{6}\,U_2 \sin\omega t\,\mathrm{d}(\omega t) = 2.34 U_2 \cos\alpha \tag{4-68}$$

带电阻性负载且 $\alpha > 60°$ 时，由于整流输出电压不连续，因而整流电压平均值为

$$U_d = \frac{3}{\pi} \int_{\pi/3=\alpha}^{\pi} \sqrt{6}\,U_2 \sin\omega t\,\mathrm{d}(\omega t) = 2.34 U_2 \left[1 + \cos\left(\frac{\pi}{3} + \alpha \right) \right] \tag{4-69}$$

输出直流电流平均值为

$$I_d = U_d / R_L$$

当整流变压器采用星形联结时，变压器二次电流波形为正负各宽 120°、前沿相差 180° 的矩形波，其有效值为

$$I_2 = \sqrt{\frac{1}{2\pi}\left[I_d^2 \times \frac{2\pi}{3} + (-I_d)^2 \times \frac{2\pi}{3} \right]} = \sqrt{\frac{2\pi}{3}}\,I_d = 0.816 I_d \tag{4-70}$$

2. 阻感性负载

阻感性负载的三相桥式整流电路如图 4-13 所示，波形如图 4-14 所示。

当 $0 \leqslant \alpha \leqslant 60°$ 时，输出电压 u_d 波形同电阻性负载时一样。

当 $\alpha > 60°$ 时，在线电压过零变负时，负载电感产生感应电动势维持电流的存在，所以原来导通的晶闸管不会截止，继续保持导通状态。此时输出电压 u_d 波形中有负电压。

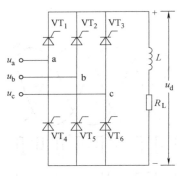

图 4-13　阻感性负载的
三相桥式整流电路

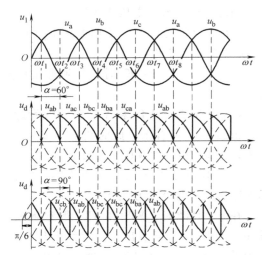

图 4-14　阻感性负载时的六脉波波形

当 $\alpha = 90°$ 时，如负载电感足够大，则输出电压 u_d 波形图中正向面积和负向面积接近相等，输出直流电压 u_d 近似为零。可见电感性负载的三相桥式全控整流电路在电感足够大时，最大有效移相范围只有 90°，晶闸管的导通角 θ 则保持 120° 不变。

由于电感的作用，负载电流 i_d 波形近似为水平直线，晶闸管电流近似为矩形波。

在实际应用中，三相桥式全控整流电路触发延迟角 α 的变化范围不宜宽（通常 $\alpha < 60°$），因为触发延迟角大会使输入功率因数小、输入电流谐波分量大，对电网产生比较严重的干扰。

4.2.6　不同脉波的波形系数变化规律

通过上述各种电路拓扑的分析，以不控型电力二极管器件构成的不控型整流电路为例，可以看出不同脉波的波形系数与电路拓扑结构的对应关系，见表 4-3。

表 4-3　不同脉波的波形系数与电路拓扑结构的对应关系

脉波数	单脉波	双脉波
波形	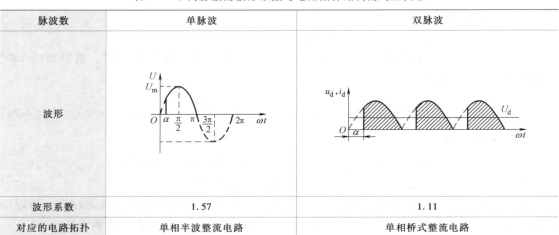	
波形系数	1.57	1.11
对应的电路拓扑	单相半波整流电路	单相桥式整流电路

（续）

脉波数	三脉波	六脉波
波形	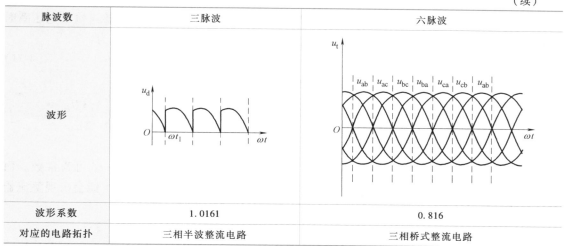	
波形系数	1.0161	0.816
对应的电路拓扑	三相半波整流电路	三相桥式整流电路

由表 4-3 可知，随着脉波数的增大，波形系数逐渐减小；而波形系数定义为输出电流有效值与输出直流平均电流之比，即 $K_f = I_o/I_d$，显然反映了输出波形脉动的程度。

由以上分析可见，无论哪种电路拓扑，它们的输出电压、输出电流平均值、输出电流有效值甚至连输出电压的瞬时值等，都是触发延迟角 α 的函数，这就告诉我们，通过改变触发延迟角 α 的大小，就能很好地控制整流电路的输出电压或输出电流，这为实现对电路输出参数的控制提供了良好的控制方案。所以说，电力电子技术是集电力学、电子学和控制科学于一体的学科。

4.3　整流电路的运行方式与控制角的关系

前面所介绍的都是常见的可控整流电路，在整流电路中，一般都是通过改变触发延迟角 α 的大小，以达到调节整流电路输出电压或输出电流的目的。为了很好地控制输出电压或输出电流，还必须仔细分析整流电压（或整流电流）与触发延迟角 α 之间的关系。为分析方便起见，不妨以三相半波可控整流电路（三脉波电路）为例来进行分析。

电路与波形如图 4-6 所示。在电阻性负载情况下，由于主电路中只由交流电压供电，不存在其他任何供电形式，因此，自然换相点完全是由三相交流电压的交点来决定的。由于晶闸管等电力电子器件的单向导电性，决定了通过晶闸管的电流的唯一方向，晶闸管电流绝对不可能反向流动。因此，电力电子器件的关断必然发生在自然换相点上。前面的讨论已经表明：当触发延迟角 $\alpha \leqslant 30°$ 时，输出电流必然连续，而当 $\alpha > 30°$ 时，则输出的负载电流将不连续，会出现明显的断续点。

那么，在阻感性负载下的情况会是如何呢？我们知道阻感性负载的特点是：由于阻感负载时，电感 L 很大，从而使输出电流波形近似平直。从图 4-6 可见，当触发延迟角 $\alpha \leqslant 30°$ 时，整流电压波形与电阻性负载时的波形相同，但其负载电流近似平直；当触发延迟角 $\alpha > 30°$ 时，在相电压过零时，晶闸管 VT_1 并不关断，直到下一个晶闸管 VT_3 的脉冲到来才换流，因此，u_d 波形中会出现负电压的部分。如果继续增大控制角，使得正弦交流正半周部分所包围的面积小于负半周部分所包围的面积，即使直流输出电压平均值为负值，此时整流电路是如何工作的呢？

在负载回路上，共有两个电压联合给负载供电：一个是整流器提供的整流输出电压瞬时值 u_d，另一个是由电感 L 所提供的自感电动势 e_L。因此，回路的电压方程为

$$u_d + e_L = u_{R_L} \tag{4-71}$$

式中，u_d 是整流器输出电压，其直流平均电压是触发延迟角 α 的函数。

$$U_d = \frac{3}{2\pi}\int_{\alpha+\pi/6}^{\alpha+5\pi/6} U_m \sin\omega t\, d(\omega t) = \frac{-3U_m}{2\pi}\left[\cos\left(\alpha+\frac{5\pi}{6}\right)-\cos\left(\alpha+\frac{\pi}{6}\right)\right] = \frac{3\sqrt{3}\,U_m}{2\pi}\cos\alpha$$

则其瞬时值也是触发延迟角 α 的函数。

为方便起见，设通过电感的电流呈线性变化，则电感 L 的自感电动势 e_L 可为常数。而晶闸管的单向导电性决定了通过晶闸管的电流只能朝单方向流动，这样就可能会出现整流器的输出直流平均电压 u_d 与电感 L 的自感电动势方向相反的情况，即

$$U_d = \frac{3}{2\pi}\int_{\alpha+\pi/6}^{\alpha+5\pi/6} U_m \sin\omega t\, d(\omega t) = \frac{-3U_m}{2\pi}\left[\cos\left(\alpha+\frac{5\pi}{6}\right)-\cos\left(\alpha+\frac{\pi}{6}\right)\right] = \frac{3\sqrt{3}\,U_m}{2\pi}\cos\alpha < 0$$

$$\tag{4-72}$$

要使整流输出电压小于零，从式（4-72）可见，唯一的方法是使触发延迟角 $\alpha > 90°$，也就是说，此时的整流电路并不起整流器作用，而是起逆变器作用了。所谓逆变，就是变换器（或变换电路）将直流电能转变成交流电能输出。逆变时，电路的输出电压反向，其电压值同样是触发延迟角 α 的函数。

通过上述分析，得到如下结论：

1）由于晶闸管的单向导电性，决定了通过晶闸管的电流不可能反向，即通过晶闸管的电流只能朝着唯一的方向流动。

2）整流电路既可以做整流器使用，也可以做逆变器使用。无论是做整流器还是做逆变器使用，其输出电压都是触发延迟角 α 的函数，即通过改变触发延迟角 α 的大小，可以使电路工作在整流状态或逆变状态，其输出电压值完全由触发延迟角 α 来控制。

3）要使整流电路工作在整流状态，只要触发延迟角 α 工作在 0～90°范围内，即 $0 \leqslant \alpha \leqslant 90°$；要使整流电路工作在逆变状态，只要触发延迟角 α 工作在大于 90°范围内，即 $\alpha > 90°$。所以，触发延迟角 α 的大小不仅可以调节输出电压（或输出负载电流）的大小，还可以改变系统的工作状态（整流状态或者逆变状态），因此，移相控制电路的核心是触发延迟角 α 的设置与调节问题。

思考题与习题

4.1 图 4-15 表示流过晶闸管的电流波形，各波形的电流最大值均为 I_m。试计算各波形的电流平均值 I_{d1}、I_{d2}、I_{d3}、I_{d4}、I_{d5} 和 I_{d6}，电流有效值 I_1、I_2、I_3、I_4、I_5 和 I_6，并计算它们的波形系数 K_{f1}、K_{f2}、K_{f3}、K_{f4}、K_{f5} 和 K_{f6}。

4.2 如题 4.1 中晶闸管的通态平均电流为 100A，考虑晶闸管的安全裕量为 2，问其允许通过的平均电流和最大值是多少？

4.3 图 4-16 所示为同步发电机单相半波自激电路，开始运行正常，突然出现发电机电压很低，经检查晶闸管、触发电路以及熔断器 FU 均正常，试问是何原因？

4.4 单相半波可控整流电路中，如果（1）晶闸管门极无触发脉冲；（2）晶闸管内部短路；（3）晶闸管内部断路；试分析上述 3 种情况下晶闸管阳-阴极间电压 u_T 与负载两端的电压 u_d 的波形。

4.5 三相半波可控整流电路电阻性负载，如果窄脉冲出现过早，即左移到自然换相点之前，会出现什么现象？画出负载侧 u_d 的波形。

4.6 现有单相半波、单相桥式、三相半波和三相桥式四种整流电路，负载电流 $I_d = 40A$，试确定串联在晶闸管中的熔断器电流的大小。

4.7 试分析如图 4-17 所示的三相桥式可控整流电路故障时 u_d 的波形，$\alpha = 60°$。

（1）熔断器 FU_1 熔断；

（2）熔断器 FU_2 熔断；

（3）熔断器 FU_2、FU_3 同时熔断。

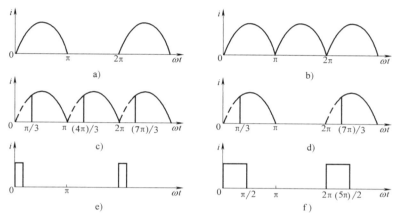

图 4-15 晶闸管的电流波形

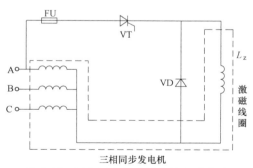

图 4-16 同步发电机单相半波自激电路

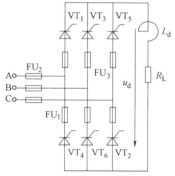

图 4-17 三相桥式可控整流电路

第5章

相控整流电路及有源逆变电路

5.1　相控整流电路

整流电路（Rectifying Circuit）是把交流电能转换为直流电能的电路。大多数整流电路由变压器、整流主电路、滤波器和控制、保护电路等组成，它在直流电动机的调速、发电机的励磁调节、电解、电镀等领域得到广泛应用。20世纪70年代以后，主电路大多由硅整流二极管和晶闸管组成。滤波器接在主电路与负载之间，用于滤除脉动直流电压中的交流成分。变压器设置与否视具体情况而定，其作用是实现交流输入电压与直流输出电压间的匹配以及交流电网与整流电路之间的电气隔离。

1. 整流电路的分类

（1）按主电路的组成器件可分为不控整流电路、半控整流电路和全控整流电路

1）不控整流电路完全由不控型二极管组成，其整流输出的直流电压和交流电源电压值的比是由电路拓扑结构确定的。

2）半控整流电路由半控型电力电子器件（晶闸管）和二极管混合组成，在这种电路中，负载电流的极性不能改变，但负载电压或负载电流的平均值可以调节。

3）在全控整流电路中，所有的整流元件都是可控型器件（如 SCR、GTR、GTO 等），其输出直流电压的平均值及极性可以通过控制元件的导通状况而得到调节，在这种电路中，功率既可以由电源向负载传送，也可以由负载反馈给电源，即所谓的有源逆变。

（2）按主电路结构可分为零式整流电路和桥式整流电路

1）零式整流电路指输入的交流电源带零点或中性点，其相应的整流电路又称半波整流电路。它的特点是所有整流元件的阴极（或阳极）都接到一个公共接点，向直流负载供电，负载的另一根线接到交流电源的零点。

2）桥式整流电路实际上是由两个半波整流电路串联而成，故又称全波整流电路。

（3）按电网交流输入相数可分为单相整流电路、三相整流电路和多相整流电路

1）对于小功率整流器常采用单相电源供电，单相整流电路分为半波整流、全波整流、桥式整流及倍压整流电路等。

2）三相整流电路是交流侧由三相电源供电，负载容量较大，或要求直流电压脉动较小，容易滤波。三相可控整流电路有三相半波可控整流电路（又称三相零式整流电路）、三相半控桥式整流电路、三相全控桥式整流电路。因为三相整流装置中三相电源与负载是平衡的，输出的直流电压和电流脉动小，对电网影响小，且控制滞后时间短。采用三相半波可控整流电路时，输出电压交变分量的最低频率是电网频率的 3 倍；采用三相全控桥式整流电路时，输出电压交变分量的最低频率是电网频率的 6 倍，交流分量与直流分量之比也较小，因此滤波器的电感量比同容量的单相或三相半波电路小得多。另外，晶闸管的额定电压值也较低。因此，这种电路适用于大功率变流装置。

3）多相整流电路。随着整流电路的功率进一步增大（如轧钢电动机功率达数兆瓦），为了减轻对电网的干扰，特别是减轻整流电路高次谐波对电网的影响，可采用十二相、十八相、二十四相乃至三十六相等多相整流电路。采用多相整流电路能改善交流侧功率因数，提高直流电压的脉动频率，使变压器初级电流的波形更接近正弦波，从而显著减少谐波的影响。理论上，随着相数的增加，可进一步削弱谐波的影响。多相整流常用在大功率整流系统，最常用的有双反星形中性点带平衡电抗器联结和三相桥式联结。

（4）按控制方式可分为相控式电路和斩波式电路（斩波器）

1）通过控制触发脉冲的相位来控制直流输出电压大小的方式称为相位控制方式，简称相控方式。

2）斩波器就是利用晶闸管和自关断器件来实现通断控制，将直流电源电压断续加到负载上，通过通、断的时间变化来改变负载电压平均值，亦称 PWM 变换器。它具有效率高、体积小、重量轻、成本低等优点，广泛应用于直流牵引的变速拖动中，如城市电车、地铁、蓄电池等。斩波器一般分降压斩波器，升压斩波器和复合斩波器三种。

（5）按引出方式可分为中点引出整流电路、桥式整流电路、带平衡电抗器整流电路、环形整流电路、十二相整流电路

1）中点引出整流电路：单相半波、单相全波、三相半波、三相全波等。

2）桥式整流电路：两脉波（单相）桥式，六脉波（三相）桥式。

3）带平衡电抗器整流电路：一次侧星形联结的六脉波带平衡电抗器电路（即双反星形带平衡电抗器电路），一次侧三角形联结的六脉波带平衡电抗器电路。

4）十二相整流电路：二次侧星、三角联结，桥式并联（带 $6f$ 平衡电抗器）单机组十二脉波整流电路；二次侧星、三角联结，桥式串联十二脉波整流电路；桥式并联等值十二脉波整流电路；双反星形带平衡电抗器等值十二脉波整流电路。

2. 相控整流电路的基本结构

采用相位控制方式以实现负载端直流电能控制的可控整流电路称相控整流电路。可控是因为整流元件使用具有可控制功能的晶闸管。在这种电路中，只要适当控制晶闸管触发导通的触发延迟角，就能够控制直流负载电压的平均值，故称为相控。

相控整流电路要求输出电压的可调控范围大，脉动小，对交流电源、器件导电性能都有严格要求，而且变压器也需要根据电路拓扑结构选择。

相控整流电路是一种应用最广的整流电路，相控整流电路由交流电源（工频电网或整流变压器）、整流电路、滤波电路（滤波器）、负载及触发控制电路构成，如图 5-1 所示。

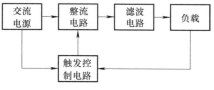

图 5-1　相控整流电路的基本结构

整流电路包括电力电子变换电路和保护电路等，电力电子变换电路从交流电源吸收电能，并将输入的交流电压转换成脉动的直流电压。保护电路的作用是在异常情况下保护主电路及其功率器件。

滤波电路的作用是为了使输出的电能连续，经滤波电路处理后向负载提供电压稳定（电容滤波）或电流稳定（电感滤波）的直流电能。

负载是各种工业生产设备，在研究和分析整流电路的工作原理时，负载可以等效为电阻性负载、电感性负载、电容性负载或反电动势负载等。

触发控制电路包括功率器件的触发（驱动）电路和控制电路。

一个整流电路在实际应用中，应当满足下述基本要求：

1）整流电压的可调范围大，输出的直流电压脉动小。

2）功率器件导电时间尽可能长，承受的正、反向电压较低。

3）变压器的利用率高，尽量防止直流磁化。

4）交流电源功率因数高，谐波电流小。

5.2　二极管不控整流电路

不控整流电路是由无控制功能的整流二极管组成的整流电路。当输入交流电压一定时，在负载上得到的直流电压是不能调节的。

5.2.1　单相半波不控整流电路

单相半波不控整流电路的拓扑结构如图 5-2 所示。它利用整流二极管 VD 的单向导电性把外加交流电压变为直流电压。因为二极管的开通和关断只需几微秒，对于 50Hz 的交流电源半周期而言，可以看作是瞬时完成。因而整流二极管可看成既无惯性又无损耗的理想开关器件，当电源变压器的一次侧加上正弦电压 u_1 时，其二次侧将感应交流电压 u_2。在 u_2 的正半周内，VD 受正向电压而导通，流过负载电流 i_d，同时在负载电阻 R_L 上产生电压 u_d；当 u_2 为负半周时，VD 承受反向电压而关断，电路中没有负载电流，因而也没有负载电压。

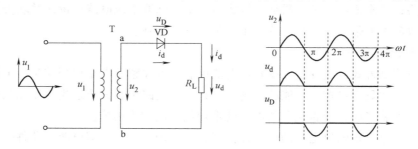

图 5-2　单相半波不控整流电路的拓扑结构

由图 5-2 可见，交流电压通过二极管整流所得到的直流电压 u_d 是脉动的。当负载需要供给平滑的直流电压时，通常在整流元件与负载之间接有滤波器。滤波器对负载脉动电流的直流分量无扼流作用，而对交流分量的感抗很大。这样，就能在负载上得到平直的直流电压 U_d，其数值等于脉动电压 u_d 的平均值。由于整流电路通常是由标准电网电压（如 220V，

380V）供电，而负载所需直流电压数值各不相同，因此在一般整流电路中需要用整流变压器把标准的电网电压变换为所需的交流电压。

因此，在电阻性负载下，单相半波不控整流电路的直流输出电压为

$$U_d = \frac{1}{2\pi}\int_0^\pi \sqrt{2}\,U_2 \sin\omega t\,d(\omega t) = \frac{\sqrt{2}\,U_2}{2\pi}(-\cos\omega t)\Big|_0^\pi = \frac{\sqrt{2}\,U_2}{\pi} = 0.45U_2 \qquad (5\text{-}1)$$

相应的直流输出电流为

$$I_d = U_d/R_L = 0.45U_2/R_L \qquad (5\text{-}2)$$

通过二极管的直流平均电流为

$$I_{VD} = I_d = 0.45U_2/R_L \qquad (5\text{-}3)$$

二极管 VD 所承受的最大反向峰值电压为

$$U_{RM} = \sqrt{2}\,U_2 \qquad (5\text{-}4)$$

5.2.2　单相桥式不控整流电路

1. 电路类型

单相桥式不控整流电路如图 5-3 所示。

桥式整流电路的特点是整流桥中有共阴极组和共阳极组电力二极管，它们都与负载相串联，因此适宜在高电压、小电流情况下运行。如果电源电压大小合适，可不用变压器。

2. 工作原理分析

单相桥式整流电路如图 5-4 所示，其中图 a、b、c 是它的三种不同画法。它是由电源变压器、四只电力二极管 $VD_1 \sim VD_4$ 和负载电阻 R_L 组成。四只电力二极管接成电桥形式，故称桥式整流。

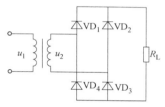

图 5-3　单相桥式不控
整流电路

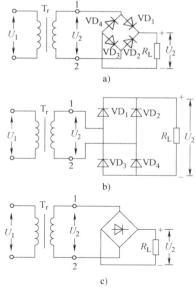

图 5-4　单相桥式整流电路

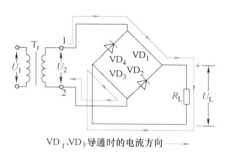

VD_1、VD_3 导通时的电流方向

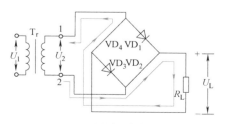

VD_2、VD_4 导通时的电流方向

图 5-5　单相桥式整流电路工作原理

单相桥式整流电路的工作原理如图 5-5 所示。在 u_2 的正半周，VD_1、VD_3 导通，VD_2、VD_4 截止，电流由 T_r 二次侧上端经 $VD_1 \rightarrow R_L \rightarrow VD_3$ 回到 T_r 二次侧下端，在负载 R_L 上得到一半波整流电压。

在 u_2 的负半周，VD_1、VD_3 截止，VD_2、VD_4 导通，电流由 T_r 二次侧的下端经 $VD_2 \rightarrow R_L \rightarrow VD_4$ 回到 T_r 二次侧上端，在负载 R_L 上得到另一半波整流电压。这样就在负载 R_L 上得到一个与全波整流相同的电压波形，其电流的计算与全波整流相同，即

$$U_d = \frac{1}{\pi} \int_0^\pi \sqrt{2} U_2 \sin\omega t \, d(\omega t) = 0.9U_2 \qquad (5-5)$$

$$I_d = 0.9U_2 / R_L \qquad (5-6)$$

流过每个二极管的直流平均电流为

$$I_{VD} = I_d / 2 = 0.45U_2 / R_L \qquad (5-7)$$

每个二极管所承受的最高反向电压为

$$U_{RM} = \sqrt{2} U_2 \qquad (5-8)$$

目前，小功率桥式整流电路的四只整流二极管，被接成桥路后封装成一个整流器件，称"硅桥"或"桥堆"，使用方便，整流电路也常简化为图 5-4c 的形式。

桥式整流电路克服了全波整流电路要求变压器二次侧有中心抽头和二极管承受反压大的缺点，但多用了两只二极管。在半导体器件发展快、成本较低的今天，此缺点并不突出，因而桥式整流电路在实际中应用较为广泛。

需要特别指出的是，二极管作为整流元件，要根据不同的整流方式和负载电流大小加以选择。如选择不当，或者不能安全工作，甚至烧坏管子；或者大材小用，造成浪费。

5.3 单相可控整流电路

5.3.1 电阻性负载的单相半波可控整流电路

单相半波可控整流电路的特点是结构简单，但输出脉动大，变压器二次电流中含有直流分量，易造成变压器铁心直流磁化。学习单相半波可控整流电路的目的在于利用其简单易学的模型特点，建立起可控整流电路的基本概念和正确的分析方法。

1. 电路结构及工作原理

在现实生产生活中，如电炉、电灯等都属于电阻性负载。电阻性负载的特点是：负载只消耗电能，而不能存储或释放能量；负载两端的电压和通过的电流总是成正比，且电流与电压同相位，它们的波形相同。

图 5-6 所示为电阻性负载单相半波可控整流电路（Single Phase Half Ware Controlled Rectifier）。图中 T 为电源变压器（Power Transformer），R_L 为电阻性负载。

设变压器二次绕组的交流电压 $u_2 = \sqrt{2} U_2 \sin\omega t$，式中 U_2 为二次电压有效值。u_2 的波形如图 5-6 所示。

1）正半周 u_2 瞬时极性 a(+)，b(−)，VT 正偏而导通，触发控制角设为 α，晶闸管和负载上有电流流过。若正向压降 U_{VT} 忽略不计，则在 VT 导通期内，$u_d = u_2$；在 VT 关断截止

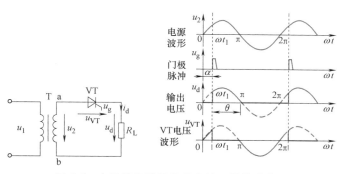

图 5-6　电阻性负载的单相半波可控整流电路

时，$u_d = 0$。此时，晶闸管上承受的电压为 $u_{VT} = u_2$。

2）负半周 u_2 瞬时极性 a(-)，b(+)，VT 反偏而截止，$I_F \approx 0$，$u_{VT} = u_2$。

负载 R_L 上电压和电流波形中 u_d 是 u_2 在正半周期内，当晶闸管 VT 导通时的波形，故称半波可控整流电路。u_d、i_R 为单向脉动直流电压和电流。

2. 直流电压、电流计算

负载上的直流输出电压是指一个周期内脉动电压的平均值。

$$U_d = \frac{1}{2\pi}\int_\alpha^\pi \sqrt{2}U_2\sin\omega t d(\omega t) = \frac{\sqrt{2}}{2\pi}U_2(1 + \cos\alpha) \tag{5-9}$$

输出电压的相对值定义为其平均值与交流电压有效值之比，即

$$\frac{U_d}{U_2} = \frac{\sqrt{2}}{\pi}\left(\frac{1+\cos\alpha}{2}\right) = 0.225(1+\cos\alpha) \tag{5-10}$$

输出直流电流的平均值为

$$I_d = U_d / R_L = \frac{\sqrt{2}U_2}{2\pi R_L}(1+\cos\alpha) \tag{5-11}$$

在单相半波可控整流电路中，电阻性负载时负载电流的有效值就是变压器二次电流的有效值 I_2，它是晶闸管、导线截面等元件选择的依据，其值为输出脉动电流 i_d 在一个周期内的方均根值，即

$$I_2 = \sqrt{\frac{1}{T}\int_0^T i_d^2 dt} = \sqrt{\frac{1}{2\pi}\int_\alpha^\pi \left(\frac{\sqrt{2}U_2}{R_L}\sin\omega t\right)^2 d(\omega t)} = \frac{U_2}{R_L}\sqrt{\frac{1}{4\pi}\sin2\alpha + \frac{\pi-\alpha}{2\pi}} \tag{5-12}$$

元件电压是指晶闸管阳极、阴极之间的电压，在单相半波可控整流电阻性负载的电路中，晶闸管元件的电压波形如图 5-6 所示。从 $\omega t = 0$ 到触发延迟角 α 期间，元件没有触发导通，处于正向阻断状态，承受正向电压，$u_{VT} = u_2$；当 $\omega t = \alpha$ 到 π 期间，元件处于导通状态，而理想元件的通态电压等于零，即 $u_{VT} = 0$；当 $\omega t = \pi$ 到 $\omega t = 2\pi + \alpha$ 期间，元件处于阻断状态，$u_{VT} = u_2$，晶闸管元件所承受的反向峰值电压为

$$U_{RM} = \sqrt{2}U_2 \tag{5-13}$$

纹波因数 γ 是一个表示整流输出直流电压或直流电流接近理想直流平直程度的物理量，电压纹波因数 γ_u 定义为负载电压的交流成分有效值与负载电压的直流分量（即平均值）之比，即

$$\gamma_{\mathrm{u}} = \sqrt{\left(\frac{U}{U_{\mathrm{d}}}\right)^2 - 1} \tag{5-14}$$

其中

$$U = \sqrt{\frac{1}{2\pi}\int_{\alpha}^{\pi}\left(\sqrt{2}\,U_2\sin\omega t\right)^2\mathrm{d}(\omega t)} = U_2\sqrt{\frac{1}{4\pi}\sin2\alpha + \frac{\pi-\alpha}{2\pi}} \tag{5-15}$$

式中，U_{d} 为输出直流电压平均值；U 为输出直流电压的有效值。

由此可见，当输出电压为理想的直流时，$U_{\mathrm{d}} = U$，则纹波因数 $\gamma_{\mathrm{u}} = 0$；输出直流电压脉动越大，则交流分量越大，γ_{u} 也就越大。并且得

$$\gamma_{\mathrm{u}} = \sqrt{\frac{\dfrac{\pi}{2}\sin2\alpha + \pi(\pi-\alpha)}{(1+\cos\alpha)^2} - 1} \tag{5-16}$$

晶闸管在一个周期内导通的这段区间称为元件的导通角，用 θ 表示。单相半波可控整流电路，电阻性负载时，$\theta = \pi - \alpha$。

5.3.2 电感性负载的单相半波可控整流电路

1. 工作原理及波形

图 5-7 为电感性负载的单相半波可控整流电路。

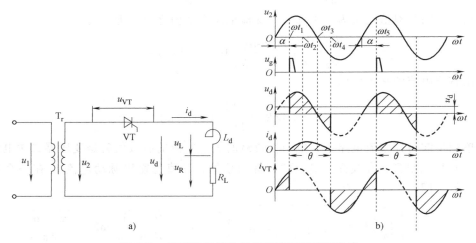

图 5-7　电感性负载的单相半波可控整流电路

当 $\omega t = 0$ 到触发延迟角 α 期间，由于晶闸管 VT 门极没有信号，晶闸管处于正向阻断状态，输出电压、电流都等于零。

当 $\omega t = \alpha$ 的 ωt_1 时刻，VT 门极有了信号 u_{g}，晶闸管被触发导通，电源电压 u_2 施加到负载上，输出电压 $u_{\mathrm{d}} = u_2$。

在 u_{d} 的作用下，由于电感 L_{d} 的存在，负载电流即输出电流 i_{d} 只能从零开始按指数规律慢慢上升，在 $\omega t_1 \sim \omega t_2$ 的范围内，输出电流 i_{d} 从零开始增大到最大值。在 i_{d} 增长过程中，电感 L_{d} 上的电压为 $u_{\mathrm{L}} = L_{\mathrm{d}}\mathrm{d}i_{\mathrm{d}}/\mathrm{d}t$，其极性是上正下负，并力图限制电流增大，电源提供的能量一部分供给负载电阻，一部分为电感 L_{d} 的储能，但作用在晶闸管的阳-阴极之间的电压仍

大于零，使晶闸管 VT 导通。在 $\omega t_2 \sim \omega t_3$ 期间，负载电流从最大值开始下降，由于 $u_d = u_2 < i_d R_L$ 时电感的电压改变方向，电感 L_d 释放能量，企图维持电流不变，当 $\omega t_3 = \pi$ 时，交流电压 u_2 过零，由于有电感电压的存在，晶闸管阳-阴极之间的电压（$u_2 + u_L$）仍大于零，晶闸管会继续导通，电感的磁能释放变成 R_L 上的热能，同时一部分磁能变成交流送回电网，电感 L_d 的储能全部释放完后，这时晶闸管在 u_2 反压作用下而截止。待下一个周期的正半周，即 $\omega t = 2\pi + \alpha$ 时，晶闸管再次被触发导通，如此循环，其输出电压、电流及元件的电压波形如图 5-7 所示。

当 $\omega t = \alpha$，元件被触发导通，电源电压 u_2 加到负载上，这时电路的模型为

$$u_d = L_d \mathrm{d}i_d / \mathrm{d}t + i_d R_L = u_2 = \sqrt{2}\, U_2 \sin\omega t \tag{5-17}$$

由此得电流为

$$i_d = A \mathrm{e}^{-\frac{\omega t}{\tan\varphi}} + \frac{\sqrt{2}\, U_2}{|Z|} \sin(\omega t - \varphi) \tag{5-18}$$

常数 A 由初始条件确定。当 $\omega t = \alpha$ 时，$i_d = 0$，由此可解得

$$A = -\frac{\sqrt{2}\, U_2}{|Z|} \sin(\alpha - \varphi)\, \mathrm{e}^{\alpha/\tan\varphi}$$

故得

$$i_d = \frac{\sqrt{2}\, U_2}{|Z|} \sin(\omega t - \varphi) - \frac{\sqrt{2}\, U_2}{|Z|} \sin(\alpha - \varphi)\, \mathrm{e}^{\frac{\alpha - \omega t}{\tan\varphi}} \tag{5-19}$$

式中，$|Z|$ 为阻抗模，$|Z| = \sqrt{(\omega L_d)^2 + R_L^2}$；$\varphi$ 为负载阻抗角，$\varphi = \arctan(\omega L_d / R_L)$。

设元件的导通角为 θ，当 $\omega t = \omega t_4 = \alpha + \theta$ 时，输出电流 i_d 又等于零，故

$$i_d(\alpha + \theta) = \frac{\sqrt{2}\, U_2}{|Z|} \big[\sin(\theta + \alpha - \varphi) - \sin(\alpha - \varphi)\, \mathrm{e}^{-\theta/\tan\varphi} \big] = 0 \tag{5-20}$$

所以

$$\sin(\theta + \alpha - \varphi) - \sin(\alpha - \varphi)\, \mathrm{e}^{-\theta/\tan\varphi} = 0 \tag{5-21}$$

对于给定的控制角 α 和阻抗角 φ，就可求得元件的导通角 θ。若是 $\omega L_d \gg R_L$，$\varphi = \arctan(\omega L_d / R_L)$ 趋近于 $\pi/2$ 时，则 $\mathrm{e}^{-\theta/\tan\varphi} = 1$，由此得显式解为

$$\sin(\theta + \alpha - \varphi) - \sin(\alpha - \varphi)\, \mathrm{e}^{-\theta/\tan\varphi} = \sin(\theta + \alpha - \varphi) - \sin(\alpha - \varphi) = 2\cos\frac{2\alpha - \varphi + \theta}{2} \sin\frac{\theta}{2} = 0 \tag{5-22}$$

$$\theta = \pi - 2\alpha + 2\arctan(\omega L_d / R_L) \tag{5-23}$$

这就说明元件的导通角 θ 与触发延迟角 α 及阻抗角 φ 有关。在 $\varphi = \arctan(\omega L_d / R_L)$ 一定的条件下，当 α 增大时，θ 减小；当 α 减小时，θ 增大。这是因为当 α 增大时，正半周元件的导通时间减小，电感 L_d 储存的磁能也减小，那么在负半周释放磁能维持元件继续导通的能力弱了，元件的导通角减小；反之，α 角减小，正半周期元件的导通时间长，i_d 大，L_d 储存的磁能也增加，这样负半周释放的磁能维持元件导通的能力强，元件的导通角 θ 增大。当 R_L 相对可以忽略时，阻抗角 $\varphi = \arctan(\omega L_d / R_L) = \pi/2$，元件在正负半周的导通时间是相等的，因此元件的导通角为：$\theta = 2(\pi - \alpha)$。

2. 输出电压与电流的计算

根据图 5-7 的波形，可以求得输出电压 u_d 的平均值为

$$U_d = \frac{1}{T}\int_0^T u_d dt = \frac{1}{2\pi}\int_\alpha^{\alpha+\theta}\sqrt{2}U_2\sin\omega td(\omega t) = \frac{\sqrt{2}U_2}{2\pi}[\cos\alpha - \cos(\alpha+\theta)] = \frac{\sqrt{2}U_2}{\pi}\cos\varphi\cos(\alpha-\varphi)$$

$$(5\text{-}24)$$

即输出电压的平均值 U_d 是触发延迟角 α 和阻抗角 φ 的函数。随 φ 的增加而降低，当 $\varphi = \tan^{-1}(\omega L_d/R_L) = \pi/2$ 时，U_d 恒等于零，说明电感 L_d 在正半周储能，在负半周把储存的能量全部馈送回电网。

输出电流的平均值为

$$I_d = \frac{1}{T}\int_0^T i_d dt = \frac{1}{2\pi}\int_\alpha^{\alpha+\theta}\frac{\sqrt{2}U_2}{|Z|}\left[\sin(\omega t-\varphi) - \sin(\alpha-\varphi)e^{\frac{\alpha-\omega t}{\tan\varphi}}\right]d(\omega t)$$

$$= \frac{\sqrt{2}U_2}{2\pi|Z|}\left[\cos(\alpha-\varphi) - \cos(\alpha-\varphi+\theta) + \sin(\alpha-\varphi)\tan\varphi(e^{-\theta/\tan\varphi}-1)\right] \quad (5\text{-}25)$$

这是一个超越方程，必须根据给定的触发延迟角和阻抗角求得元件的导通角，再代入此式求得输出电流的平均值。

为了进一步求得显式，当 $\omega L_d \gg R_L$，$\varphi = \tan^{-1}(\omega L_d/R_L) = \pi/2$ 时，用台劳公式可以证明：$\tan(e^{-\theta/\tan\varphi}-1) = -\theta$。因而有

$$I_d = \frac{\sqrt{2}U_2}{2\pi|Z|}\left[\cos(\alpha-\varphi) - \cos(\alpha-\varphi+\theta) - \theta\sin(\alpha-\varphi)\right] = \frac{\sqrt{2}U_2}{2\pi|Z|}\left[2\cos(\alpha-\varphi) - (\pi+2\varphi-2\alpha)\sin(\alpha-\varphi)\right]$$

当 R_L 很小，$\omega L_d/R_L$ 足够大时，阻抗角 $\varphi = \tan^{-1}(\omega L_d/R_L) \approx \pi/2$，输出电压在正、负半周期内对称，其平均值总为零。当 $\varphi = \tan^{-1}(\omega L_d/R_L) = \pi/2$，输出电流的平均值为

$$I_d = \frac{\sqrt{2}U_2}{2\pi\omega L_d}[2\sin\alpha + 2(\pi-\alpha)\cos\alpha] \quad (5\text{-}26)$$

在除了 $\alpha=\pi$ 外的任意触发延迟角下，输出平均电流 I_d 都为大于零的正值。当 $\alpha=\pi$ 时，导通角 $\theta=0$，元件不导通，所以 u_d、i_d 都为零。

3. 带续流二极管的电感性负载的单相半波可控整流电路

为了提高整流器输出电压的平均值，减小变压器的发热损耗，可按图 5-8 所示极性在电感性负载两端并联一个功率二极管 VD，称为续流二极管。

在输出直流电压 u_d 为正的区域内，续流二极管 VD 承受反向阳极电压而阻断，负载电流 i_d 由晶闸管提供；电源电压 u_2 过零后，电感 L_d 的感应电压使二极管 VD 导通续流，负载电流 i_d 通过续流二极管形成回路。由于 VD 的存在，在电源电压 u_2 的负半周通过 VD 给晶闸管阳极、阴极之间施加反向电压，使晶闸管处于反向阻断状态，输出电压 u_d 的波形和电阻性负载时完全相同。电源电压 u_2 的正半周，在 $\omega t=\pi-\alpha$ 期间，输出电压 $u_d=u_2$，在 u_d 的作用下，负载电流要上升，电感 L_d 的储能增加，在 $\pi \leqslant \omega t \leqslant 2\pi+\alpha$ 期间，续流二极管 VD 导通，电感 L_d 的储能一部分损耗在负载电阻和续流二极管上，负载电流是下降的。输出电压 $u_d=u_L+u_R$，而 $u_R=R_L i_d$，由此可以得到电感 L_d 上的电压 $u_L=u_d-u_R$，其波形如图 5-8 所示。电流波形连续与否，与阻抗角和触发延迟角都有关系。

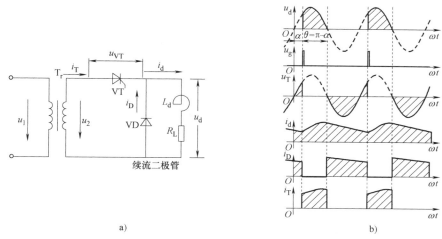

图 5-8　带续流二极管的电感性负载的单相半波可控整流电路

5.3.3　电阻性负载的单相桥式整流电路

图 5-9 为电阻性负载的单相桥式全控整流电路，共用了四个晶闸管，其负载是电阻。桥式整流电路工作特点是整流元件必须成对导通以构成回路。

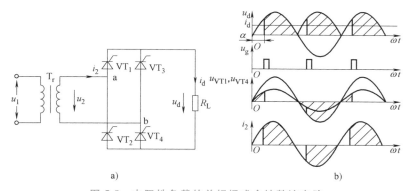

图 5-9　电阻性负载的单相桥式全控整流电路

1. 工作原理

在电源电压 u_2 为正半周期的 $\omega t = 0 \sim \pi$ 的区间内，a 点为正，b 点为负，晶闸管对 VT_1、VT_4 承受正向阳极电压，当 $\omega t = \alpha$ 时，VT_1 与 VT_4 被触发导通，电源电压 u_2 加到负载电阻上，电流沿 a→VT_1→R_L→VT_4→b 流通，同时 u_2 反向施加到晶闸管 VT_2、VT_3 上，使其承受反向阳极电压而处于阻断状态。晶闸管对 VT_1、VT_4 一直要导通到 $\omega t = \pi$ 为止，此时因电源电压过零，晶闸管阳极电流也下降为零而关断。在 $\omega t = \pi$ 到 2π 的 u_2 负半周期内，b 点为正，a 点为负，晶闸管对 VT_2、VT_3 承受正向阳极电压。到 $\omega t = \pi + \alpha$ 时，触发导通 VT_2、VT_3，电源电压 u_2 沿正半周期的方向施加到负载电阻上，即整流电流沿 b→VT_3→R_L→VT_2→a 流通，使负载电阻上得到与正半周期相同的电压和电流。VT_2、VT_3 导通时，电源电压 u_2 反向施加于 VT_1、VT_4 上，使其承受反向阳极电压而处于阻断状态。晶闸管对 VT_2、VT_3 一直要导通到 $\omega t = 2\pi$ 为止，此时电源电压 u_2 再次过零，晶闸管阳极电流也下降到零而关断。晶闸管对 VT_1、VT_4 和 VT_2、VT_3 在对应的时刻不断相互交替导通、关断，周而复始地循环，其电压、电流波形如图 5-9 所示。

尽管输入整流电路的电压 u_2 是交变的，但负载上正负两个半波内均有相同方向的电流流过，从而使直流输出电压、电流 u_d 和 i_d 的脉动程度较单相半波电路得到了明显的改善，一个交流周期内脉动了两次。由于半导体器件的单向导电性，晶闸管中的电流均是单向脉动的，但桥式整流电路正、负半周期均能工作，使变压器二次绕组在正、负半周均有大小相等、方向相反的电流流过，从而改善了变压器的工作状态，并提高了变压器的有效利用率。

2. 电压与电流的计算

由于该电路的直流输出电压 u_d 在一个周期内有两个完全相同的波形，故直流输出电压的平均值为

$$U_d = \frac{1}{T}\int_0^T u_d dt = \frac{1}{\pi}\int_\alpha^\pi \sqrt{2}\,U_2 \sin\omega t\, d(\omega t) = \frac{\sqrt{2}\,U_2}{\pi}(1+\cos\alpha) \tag{5-27}$$

可见，单相桥式全控整流电路的直流输出电压平均值是单相半波可控整流电路直流输出电压平均值的两倍。当 $\alpha = 0$ 时，晶闸管的导通角 $\theta = \pi$，相当于二极管不控整流电路，$U_d = 2\sqrt{2}\,U_2/\pi$ 为最大值；当 $\alpha = \pi$ 时，晶闸管不导通，$\theta = 0$，$U_d = 0$，所以，这种电路带电阻负载的移相范围为 180°。

U_d 随触发延迟角 α 的变化规律常用下式表示：

$$\frac{U_d}{U_2} = \frac{\sqrt{2}}{\pi}(1+\cos\alpha) \tag{5-28}$$

输出电压 u_d 的有效值为

$$U = \sqrt{\frac{1}{T}\int_0^T u_d^2 dt} = \sqrt{\frac{1}{\pi}\int_\alpha^\pi (\sqrt{2}\,U_2\sin\omega t)^2 d(\omega t)} = U_2\sqrt{\frac{1}{2\pi}\sin2\alpha + \frac{\pi-\alpha}{\pi}} \tag{5-29}$$

输出电流的平均值为

$$I_d = \frac{U_d}{R_L} = \frac{\sqrt{2}\,U_2}{\pi R_L}(1+\cos\alpha) \tag{5-30}$$

直流电流的有效值就是变压器二次绕组电流的有效值，它应等于负载电流瞬时值 i_d 在一个周期内的方均根值，即

$$I_2 = \sqrt{\frac{1}{T}\int_0^T i_0^2 dt} = \sqrt{\frac{1}{\pi}\int_\alpha^\pi \left(\frac{\sqrt{2}\,U_2}{R_L}\sin\omega t\right)^2 d(\omega t)} = \frac{U_2}{R_L}\sqrt{\frac{1}{2\pi}\sin2\alpha + \frac{\pi-\alpha}{\pi}} \tag{5-31}$$

直流电流有效值与平均值之比为

$$\frac{I_2}{I_d} = \frac{\sqrt{\pi\sin2\alpha + 2\pi(\pi-\alpha)}}{2(1+\cos\alpha)} \tag{5-32}$$

当 $\alpha = 0$ 时，晶闸管的导通角为 180°，$I_2 = 1.11 I_d$，与单相半波可控整流电路相比较，在输出相同直流平均电流 I_d 时，其电流有效值 I_2 要小 $\sqrt{2}$ 倍。

晶闸管对 VT_1、VT_4 和 VT_2、VT_3 轮流导通，向负载供电，因此，流过每个晶闸管的平均电流为直流平均电流 I_d 的一半，即

$$I_{VT(AV)} = I_d/2 = \frac{U_2}{\sqrt{2}\,\pi R_L}(1+\cos\alpha) \tag{5-33}$$

晶闸管电流的有效值是选择元件的依据，其值是元件瞬时电流的方均根值，即

$$I_{\mathrm{T}} = \sqrt{\frac{1}{2\pi}\int_{\alpha}^{\pi}\left(\frac{\sqrt{2}\,U_2}{R_{\mathrm{L}}}\sin\omega t\right)^2\mathrm{d}(\omega t)} = \frac{U_2}{\sqrt{2}\,R_{\mathrm{L}}}\sqrt{\frac{1}{2\pi}\sin2\alpha + \frac{\pi-\alpha}{\pi}} = \frac{I_2}{\sqrt{2}} \qquad (5\text{-}34)$$

因为 $\gamma_{\mathrm{u}} = \sqrt{(U/U_0)^2-1}$，则得单相桥式整流电路在电阻性负载时的电压纹波因数为

$$\gamma_{\mathrm{u}} = \sqrt{\frac{\pi\sin2\alpha+2\pi(\pi-\alpha)}{4(1+\cos\alpha)^2}-1} \qquad (5\text{-}35)$$

当 $\alpha=0$ 时，$\gamma_{\mathrm{u}}=0.483$，比单相半波整流时的 $\gamma_{\mathrm{u}}=1.21$ 要小很多。

元件电压与导通角：在 $\alpha\leqslant\omega t\leqslant\pi$ 期间，晶闸管对 $\mathrm{VT_1}$、$\mathrm{VT_4}$ 是导通的，其元件电压 $u_{\mathrm{T1}}=u_{\mathrm{T4}}=0$，当 $\mathrm{VT_1}$、$\mathrm{VT_4}$ 关断时，其 u_{T1}、u_{T4} 的大小与另一对晶闸管和 $\mathrm{VT_2}$、$\mathrm{VT_3}$ 的工作状态有关。在 $\mathrm{VT_2}$、$\mathrm{VT_3}$ 截止时，假设两管漏电阻相等，则 $\mathrm{VT_1}$、$\mathrm{VT_4}$ 各自分担了所阻断的正向电压的 $1/2$；当 $\mathrm{VT_2}$、$\mathrm{VT_3}$ 导通时，$\mathrm{VT_1}$、$\mathrm{VT_4}$ 都承受全部反向阳极电压。晶闸管承受的最大反向峰值电压为电源电压 u_2 的电压峰值，即 $u_{\mathrm{Tm}}=\sqrt{2}\,U_2$，而最大的正向峰值电压为电源电压 u_2 峰值的一半，即 $U_2/\sqrt{2}$。元件的导通角为

$$\theta = \pi-\alpha \qquad (5\text{-}36)$$

5.3.4　电感性负载的单相全控整流电路

1. 工作原理

电感性负载的单相全控整流电路如图 5-10 所示，假设 $\omega L_{\mathrm{d}}/R_{\mathrm{L}}$ 趋近于无穷大，得到其稳态工作波形。

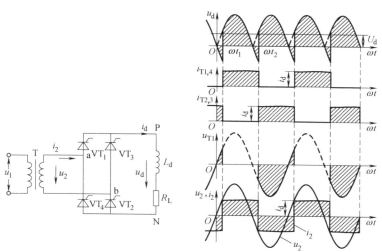

图 5-10　电感性负载的单相全控整流电路

在 $\omega t=0\sim\pi$ 的电源电压 u_2 的正半周期，a 点电位为正，b 点电位为负，晶闸管对 $\mathrm{VT_1}$、$\mathrm{VT_2}$ 承受正向阳极电压，当 $\omega t=\alpha$ 时，触发导通 $\mathrm{VT_1}$、$\mathrm{VT_2}$，输出电流从变压器二次侧沿 a→$\mathrm{VT_1}$→L_{d}→R_{L}→$\mathrm{VT_2}$→b 回到变压器二次侧构成通路，同时使晶闸管 $\mathrm{VT_3}$、$\mathrm{VT_4}$ 承受反向阳极电压而阻断。在 $\omega t=\pi$ 时，u_2 过零进入负半周期，由于电感 L_{d} 的作用，晶闸管对 $\mathrm{VT_1}$、$\mathrm{VT_2}$ 仍然承受正向电压而继续导通，输出电压 u_{d} 的波形同样也出现了负的部分。

在 u_2 的负半周期，a 点为负，b 点为正，当 $\omega t = \pi + \alpha$ 时，VT$_3$、VT$_4$ 有了触发信号而被触发导通。VT$_3$、VT$_4$ 导通后，输出点 P 的电位等于 b 点的电位，N 点的电位等于 a 点的电位，这样晶闸管对 VT$_1$、VT$_2$ 在反向电压作用下而被关断，VT$_1$、VT$_2$ 中的电流立刻转移到了 VT$_3$、VT$_4$ 中，因此回路电流在负载电路中的方向不变，而在变压器二次绕组中改变了方向，由于假设是理想元件，晶闸管 VT$_1$、VT$_2$ 中的电流转移到 VT$_3$、VT$_4$ 中的过程称为换流，是突然完成的，同时由于 $\omega L_d / R_L$ 足够大，电流纹波可以忽略不计，因此输出电流 i_d 是恒定的直流 I_d。

2. 输出电压、电流的计算

由于 $\omega L_d / R_L$ 趋向于无穷大，负载电流是连续的，则输出直流电压的平均值为

$$U_d = \frac{1}{T}\int_0^T u_d \mathrm{d}t = \frac{1}{\pi}\int_\alpha^{\pi+\alpha} \sqrt{2}\,U_2 \sin\omega t \mathrm{d}(\omega t) = \frac{2\sqrt{2}\,U_2}{\pi}\cos\alpha \tag{5-37}$$

由于电流纹波可以不计，i_d 为一恒定的直流，因此直流输出电流的平均值 I_d 和有效值 I_2 是相等的，这个有效值就是变压器二次绕组电流的有效值，即 $I_2 = I_d$。

由于两晶闸管对轮流导通，在一个正弦周期内各导通 180°，故流过晶闸管臂上的电流为幅值 I_d，宽度为 180° 的矩形波电流，从而可以求得其平均值为

$$I_{VT(AV)} = \frac{1}{2\pi}\int_\alpha^{\pi+\alpha} I_d \mathrm{d}(\omega t) = \frac{I_d}{2} \tag{5-38}$$

晶闸管电流的有效值为

$$I_T = \sqrt{\frac{1}{2\pi}\int_\alpha^{\pi+\alpha} I_d^2 \mathrm{d}(\omega t)} = \frac{I_d}{\sqrt{2}} \tag{5-39}$$

由于 $\omega L_d \gg R_L$，电流是连续的，每对晶闸管必须导通到另一对管触发导通为止，所以每个元件的导通角为 $\theta = \pi$。而在元件导通的 180° 内元件电压为零，元件截止的时间，一定是另一对晶闸管导通的时间，所以元件截止时都承受电源电压 u_2，其波形随控制角 α 而变化。

从回路来看，$u_d = u_L + u_R$，所以电感上的电压 $u_L = u_d - u_R = u_d - i_d R_L$，另一方面，电感电压 $u_L = L_d \mathrm{d}i_d / \mathrm{d}t$，但由于电感足够大，电流的纹波可以忽略不计，因此电阻 R_L 上的压降 $u_R = I_d R_L$ 为一恒定的直流分量，u_d 是 u_2 随 α 变化的波形，因此 $u_d - u_R = u_d - I_d R_L$ 的畸变分量全部都降落在电感 L_d 上，当 $u_d - I_d R_L > 0$ 时，这时 u_L 是左正右负为正值，电感储存的磁能增加；而 $u_d - I_d R_L < 0$ 时，u_L 是右正左负为负值，这时电感释放磁场能量，维持电流不变，在 u_d 小于 $I_d R_L$ 到 u_d 过零，即 $\omega t = \theta_1 \sim \pi$ 的这段区间内，电感释放的磁能变成负载电阻的热能损耗，而维持电流不变，在 $\omega t = \pi \sim (\pi + \alpha)$ 的这段区间内，电流 I_d 的方向与 u_2 的方向相反，因此，L_d 中释放的磁场能量除了供给负载电阻外，还有一部分是以电能的形式反馈到电源了。在这段反馈能量的时间里，整流器实际是做逆变状态运行。

输出电压的平均值 $U_d = (2\sqrt{2}\,U_2/\pi)\cos\alpha$ 是触发延迟角 α 的余弦函数，当 $\alpha = \pi/2$ 时，输出电压 u_d 的波形是正负对称的，输出电压的平均值 $U_d = 0$。尽管有局部的逆变工作状态，但在 $\alpha = \pi/2$ 之前，整流器仍然是工作在整流状态；当 $\alpha > \pi/2$ 时，$U_d < 0$，这时整流器工作于逆变状态。在某些负载或操作控制中，需要整流电路工作于逆变状态。

5.3.5 带续流二极管电感性负载的单相桥式全控整流电路

带续流二极管电感性负载的单相桥式全控整流电路如图 5-11 所示。

在 u_2 正半波的（$0 \sim \alpha$）区间，晶闸管 VT_1、VT_4 承受正压，但无触发脉冲处于关断状态。假设电路已工作在稳定状态，则在 $0 \sim \alpha$ 区间由于电感释放能量，电流经续流二极管续流。

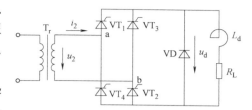

图 5-11　带续流二极管电感性负载的单相桥式全控整流电路

在 u_2 正半波的 $\omega t = \alpha$ 时刻及以后，在 $\omega t = \alpha$ 处触发晶闸管 VT_1、VT_4 使其导通，电流沿 a→VT_1→L_d→R_L→VT_4→b→T_r 流通，此时负载上有输出电压（$u_d = u_2$）和电流。电源电压反向加到晶闸管 VT_2、VT_3 上，使其承受反压而处于关断状态。同时二极管也受反向电压而处于关断状态。

在 u_2 负半波的 $[\pi \sim (\pi + \alpha)]$ 区间，当 $\omega t = \pi$ 时，电源电压自然过零，电感释放能量，电流经续流二极管续流。u_2 过零变负时，负载电流经续流二极管，使桥路直流输出只有 1V 左右的压降，迫使晶闸管串联电路中的电流减小到维持电流以下，使晶闸管关断。在电压负半波，晶闸管 VT_2、VT_3 承受正压，因无触发脉冲，VT_2、VT_3 处于关断状态。

在 u_2 负半波的 $\omega t = \pi + \alpha$ 时刻及以后，在 $\omega t = \pi + \alpha$ 处触发晶闸管 VT_2、VT_3 使其导通，电流沿 b→VT_3→L_d→R_L→VT_2→a→T_r 流通，电源电压沿正半周期的方向施加到负载上，负载上有输出电压 $u_d = -u_2$ 和电流。此时电源电压反向加到 VT_1、VT_4 上，使其承受反压而变为关断状态。此后重复此过程。

5.3.6　带反电势负载的单相桥式全控整流电路

1. 电路的结构与工作原理

带反电势负载的单相桥式全控整流电路如图 5-12 所示。当整流电压的瞬时值 u_d 小于反电势 E 时，晶闸管承受反压而关断，这使得晶闸管导通角减小。晶闸管导通时，$u_d = u_2$；晶闸管关断时，$u_d = E$。与电阻负载相比，晶闸管提前了电角度 δ 停止导通，δ 称作停止导通角。

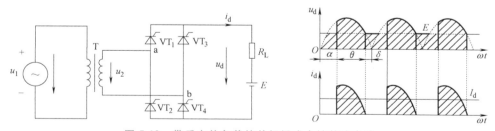

图 5-12　带反电势负载的单相桥式全控整流电路

若 $\alpha < \delta$ 时，触发脉冲到来时，晶闸管承受负电压，不可能导通。为了使晶闸管可靠导通，要求触发脉冲有足够的宽度，保证当晶闸管开始承受正电压时，触发脉冲仍然存在。这样，相当于触发角被推迟，即 $\alpha = \delta$。

2. 基本数量关系

整流电路带反电动势负载时，只有当输出电压大于反电动势时，才有输出电流。对窄脉冲触发电路来说，有一个最小触发延迟角 α_{min} 的限制。当触发延迟角 $\alpha < \alpha_{min}$，因电源电压小于反电动势，所以晶闸管不可能导通；当 $\omega t = \alpha \geqslant Q_{min}$ 时，触发 VT_1、VT_4，此时由于电源

电压 u_2 大于反电动势 E，所以 VT_1、VT_4 导通，电源电压加于反电动势负载上，在忽略管压降时，u_2 与 E 的差值即为回路电阻 R_L 上的压降，所以负载电流 i_d 与该电阻上的压降成正比。当 u_2 的正半波下降到等于 E 时，负载电流等于零，此时 VT_1、VT_4 停止导通。当 ωt 增加时，$u_2 < E$，VT_1、VT_4 开始承受反向电压。从 VT_1、VT_4 停止导通到 $\omega t = \pi$ 这段时间所对应的电角度称为停止导通角，用 δ 表示，即

$$\delta = \alpha_{min} = \sin^{-1}(E/U_{max}) \tag{5-40}$$

式中，U_{max} 为电源电压的幅值。

晶闸管的导通角为

$$\theta = \pi - \alpha - \delta \tag{5-41}$$

整流输出电压的直流平均值为

$$U_d = E + \frac{1}{\pi} \int_{\alpha}^{\pi-\delta} (\sqrt{2}U_2 \sin\omega t - E) \, d(\omega t) \tag{5-42}$$

对于宽脉冲触发电路，在 $\alpha < \delta$ 时，同样使整流电路工作，因为在 $\omega t = \delta$ 时，触发脉冲还没有消失，所以晶闸管在 $\omega t = \delta$ 时被触发，这种情况下的负载直流电压平均值为

$$U_d = E + \frac{1}{\pi} \int_{\delta}^{\pi-\delta} (\sqrt{2}U_2 \sin\omega t - E) \, d(\omega t) \tag{5-43}$$

5.3.7 单相桥式半控整流电路

在整流电路中，晶闸管的作用是控制元件的导通，同时给电流形成通路，使电能的变换成为可控的。在单相桥式电路中，如用两个晶闸管和两个功率二极管构成单相桥式半控整流电路，同样可以达到传输电能可控的目的。单相桥式半控整流电路带电阻性负载时的工作原理、基本关系与全控整流电路完全相同，不再讨论。但当负载是电感性负载时，则其工作原理有所不同，并有可能出现失控现象。

图 5-13 是带电感性负载的单相桥式半控整流电路。

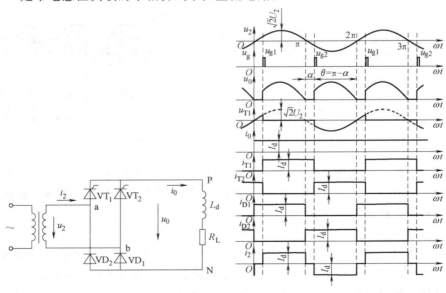

图 5-13　带电感性负载的单相桥式半控整流电路

1. 工作原理

假设负载电感足够大，$\omega L_d \gg R_L$，直流电流的纹波可以忽略不计的条件下，得到稳态工作波形。

在分析单相桥式半控整流电路时，要注意晶闸管与整流二极管在导通条件上的区别，晶闸管 VT_1、VT_2 具有正向阻断能力，承受正向阳极电压时，只有当门极有触发信号才会导通，而整流二极管没有正向阻断能力，只要阳极、阴极之间出现正向电压，就会导通。因此，电路中的二极管 VD_1、VD_2 在电源电压 u_2 过零使阳极、阴极之间的电压变正时会立即导通。整流二极管 VD_1、VD_2 采用的是共阳极接法，在电路工作时，阴极电位最低的二极管最先导通，而另一只二极管则通过导通的二极管承受反压而截止。

在 $\omega t = 0 \sim \pi$ 的 u_2 正半周期，a 点电位为正，b 点为负，二极管 VD_1 先导通，VD_1 导通后，N 点电位等于 b 点电位，VD_2 承受反压而截止。u_2 通过 VD_1、负载正向施加到晶闸管 VT_1 上，在 $\omega t = \alpha$ 时，VT_1 被触发导通，电流沿 a→VT_1→L_d→R_L→VD_1→b 回到变压器二次侧而构成通路。当 $\omega t = \pi$ 时，u_2 过零变负，由于电感的续流作用，VT_1 要继续维持导通，但此时 a 点电位为负，b 点为正，因此二极管 VD_2 导通，N 点的电位等于 a 点电位为负，使 VD_1 承受反向电压而关断，VD_1 的电流立即转换到 VD_2 中，由于 VD_1 和 VT_1 同时导通，使直流侧发生短路，直流电流 i_d 不经过变压器二次绕组而经 VT_1、VD_1 和负载继续流通，一直延续到晶闸管 VT_2 被触发导通为止。

在 u_2 的负半周，a 点电位为负，b 点为正，在 $\omega t = \pi + \alpha$ 时，触发导通晶闸管 VT_2，VT_2 导通后，P 点电位等于 b 点电位而高于 a 点电位，使晶闸管 VT_1 承受反压而被关断，这时回路中的电流是从 b→VT_2→L_d→R_L→VD_2→a 回到变压器二次绕组。当 $\omega t = 2\pi$ 时，u_2 过零变正，由于电感的续流作用，VT_2 要继续导通，而此时 a 点电位为正，b 点为负，二极管 VD_1、VD_2 换流，使 VD_2 关断，VD_1 导通，由于 VD_2、VT_2 同时导通，使直流回路短路，输出电流 i_d 不经过变压器二次绕组续流，这一续流过程一直延伸到晶闸管 VT_1 再次导通为止。如此周而复始得到图 5-13 所示的波形。

从上述情况可知，整流二极管 VD_1、VD_2 同时起到整流、续流的双重作用，使得负载电压的波形和电阻性负载时完全相同。经过晶闸管的电流 i_{T1}、i_{T2} 和整流二极管的电流 i_{D1}、i_{D2} 一样，都是宽度为 180° 的矩形波，且与触发延迟角 α 的大小无关，但在时间上相差一个 α 角的相移。在 α 电角度的范围内，电流 i_d 不经过变压器次级绕组，所以变压器次级绕组电流 i_2 的宽度为 $\pi - \alpha$，是正负对称的交变矩形波。

2. 失控现象及其预防

单相半控桥式整流电路工作时，有时会发生输出电压无法控制的失控现象。在失控状态下，晶闸管一直导通，而两个整流二极管轮流导通。如前所述，晶闸管 VT_1 和 VT_2 的换流是依赖后导通的晶闸管来关断先导通的晶闸管。在正常工作中，如果发生触发脉冲消失，或者触发延迟角突然增大到 $\alpha = \pi$ 时（相当于触发脉冲消失），尚未导通的晶闸管不可能再导通，亦不可能用它去关断导通的晶闸管，而先导通的晶闸管将依赖于整流二极管的续流作用而继续导通。

如图 5-14 所示，当晶闸管 VT_1 正在导通时发生了脉冲消失，它工作到 u_2 变负的半周期时，由于大电感的作用，直流电流将通过晶闸管 VT_1 和二极管 VD_1 进行续流，由于 $\omega L_d \gg R_L$，电感的储能会使续流过程维持到 u_2 的下一个正半周期开始的时刻，即 VT_1 在整个负半周期内保持导通，当 u_2 进入到下一个正半周期后，VT_1 又承受正向阳极电压而继续导通，二极管 VD_1 向 VD_2 换流。由此可见，即使触发脉冲消失，VT_1 能一直维持导通，直流电压的波形完全取决于二极管 VD_2、VD_1 的轮流导通状态；正半周期，VD_2、VT_1 导通，输出电压 u_d 为 u_2 正弦半波；负半周期，VD_1、VT_1 导通，电感 L_d 续流，输出电压 $u_d = 0$，这时直流输出电压 u_d 已经完全失控。

为了防止这种失控现象，如图 5-15 所示在负载上并联一个续流二极管。正常工作时，晶闸管 VT_1 与二极管 VD_2、晶闸管 VT_2 与二极管 VD_1 是成对导通的，但该电路的导通期为 $\pi - \alpha$。当电源电压 u_2 下降到零时，负载电流经续流二极管续流，使整流输出电压 $u_d = 0$，迫使晶闸管和二极管串联电路中的电流减小到晶闸管的维持导通电流以下，晶闸管自行关断，因此，在 α、$\pi \sim (\pi + \alpha)$、$2\pi \sim (2\pi + \alpha)$ ……，即 α 期间，整流电路的晶闸管和二极管都是截止的，输出电压和电流都为零，负载电流通过续流二极管 VD_F 续流。当 VT_1 导通期间，触发信号消失，在 u_2 由正过零变负时，由于负载通过 VD_F 续流，VT_1 和 VD_1 在 α 期间自动关断了，输出电压 $u_d = 0$，直到电感 L_d 中的储能变成电阻 R_L 的热能损耗完后，负载回路中的电流也为零，整流器停止工作。这样，失控现象就不会延续。

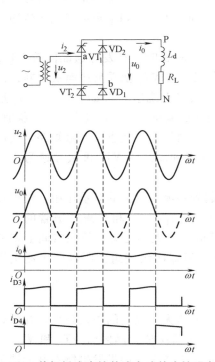

图 5-14 单相桥式半控整流电路的失控现象

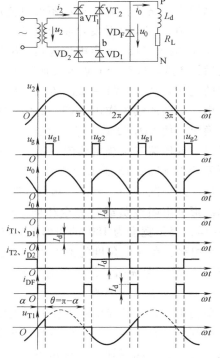

图 5-15 带续流二极管的单相桥式半控整流电路

3. 数量关系

输出电压 u_d 的平均值 U_d 为

$$U_d = \frac{1}{T} \int_0^T u_d \mathrm{d}t = \frac{1}{\pi} \int_\alpha^\pi \sqrt{2} U_2 \sin\omega t \mathrm{d}(\omega t) = \frac{\sqrt{2} U_2}{\pi}(1 + \cos\alpha) \tag{5-44}$$

晶闸管及整流二极管的电流平均值和有效值为

$$I_{T(AV)} = I_{VD(AV)} = \frac{\pi - \alpha}{2\pi} I_d \tag{5-45}$$

$$I_T = I_{VD} = \sqrt{\frac{\pi - \alpha}{2\pi}} I_d \tag{5-46}$$

续流二极管的电流平均值和有效值为

$$I_{DF(AV)} = \frac{\alpha}{\pi} I_d \tag{5-47}$$

$$I_{DF} = \sqrt{\frac{\alpha}{\pi}} I_d \tag{5-48}$$

变压器二次绕组的电流有效值为

$$I_2 = \sqrt{\frac{1}{T} \int_0^T i_2^2 dt} = \sqrt{\frac{2}{2\pi} \int_\alpha^\pi I_d^2 d(\omega t)} = \sqrt{\frac{\pi - \alpha}{\pi}} I_d \tag{5-49}$$

5.4　三相半波可控整流电路

单相可控整流电路虽然结构简单，控制和调整方便，但由于控制容量不能做得很大，电压脉动较大，所以在工业应用中往往受到限制。而三相可控整流电路的控制容量可以很大，因此在工业应用中几乎都采用三相可控整流电路。三相可控整流电路的类型很多，有三相半波（或三相零式）、三相桥式全控、三相桥式半控、双反星形等，但三相半波和三相桥式全控整流电路是最基本的组成形式。

在三相电路的分析中，仍然先假设各元件都是理想的，而三相电源是对称的，且三相对称电压为

$$\begin{cases} u_U = \sqrt{2} U_2 \sin \omega t \\ u_V = \sqrt{2} U_2 \sin(\omega t - 2\pi/3) \\ u_W = \sqrt{2} U_2 \sin(\omega t - 4\pi/3) \end{cases} \tag{5-50}$$

根据前面对触发延迟角 α 的定义，在三相系统中，三相相电压的交点就是 α 的起点，同时在三相系统中定义为自然换相点（又称自然换流点），如图 5-16 中的 R、A、S、B、T、C 6 个相电压的交点称为自然换相点，也就是 α 的零点。很明显，在时间坐标上方的三个交点 R、S、T 是整流器共阴极连接组的 3 个自然换相点，位于时间坐标下方的 3 个交点 A、B、C 是共阳极连接组的 3 个自然换相点。

5.4.1　电阻性负载的三相半波可控整流电路

1. 工作原理

三相可控整流电路的运行特性、各部分的波形、基本数量关系等，不仅与负载性质有关，而且与触发延迟角 α 也有很大的关系。下面按不同的触发延迟角 α 进行分析。

（1）$\alpha = 0$ 时的工作原理　图 5-16 电路中 3 个晶闸管 VT_1、VT_3、VT_5 是共阴极连接法，时间坐标上方的 3 个自然换流点 R、S、T 就是触发延迟角 α 的零点。

在 $\omega t = \pi/6$ 的 R 点，它是相电压 u_U 与 u_W 的交点，在 R 点的左侧，$u_W > u_U$，在 R 的右

侧，$u_W < u_U$，且 u_U 趋向于正的最高，即在 R 点之后，晶闸管 VT_1 的阳极电位 u_U 最高，如果这时 VT_1 的控制极加上触发信号，VT_1 就能被触发导通。$\alpha=0$，刚好是在 R 点时，VT_1 的控制极被施加触发信号而导通。VT_1 导通后，输出点 P 的电位等于 u_U，高于 u_W 和 u_V，因此晶闸管 VT_3、VT_2 都是承受反向电压而截止，输出电压 $u_d = u_U$ 施加到负载电阻 R_L 上，电流从变压器的 U 相绕组输出端经过 VT_1、R_L 到变压器的二次侧中点，回到 U 相绕组的零端形成回路。晶闸管 VT_1 从 R 点导通开始经过 $2\pi/3$ 到了 u_U 与 u_V 的交点 S 时，在 S 点的右侧 $u_V > u_U$，且 V 相电压趋向于最大正值，晶闸管 VT_3 承受正向电压，此时 VT_2 的控制信号也到达，VT_2 被触发导通，VT_2 导通后，输出点 P 的电位等于 u_V，高于 u_U，晶闸管 VT_1 电流立刻转移到 VT_2 而使 VT_1 被关断，输出电压 $u_d = u_V$ 加到负载电阻 R_L 上，这时，通过变压器 V 相绕组构成电流回路。晶闸管 VT_3 从 S 点导通开始经过 $2\pi/3$ 到了 u_W 与 u_V 的交点 T 时，u_W 电压趋向最大正值，同时 VT_3 的触发信号是在 T 点时刻到来，所以晶闸管 VT_3 被触发导通，VT_3 导通后，因为 $u_W > u_V$，所以 VT_2 与 VT_3 换流，VT_3 从 T 点导通开始经过 $2\pi/3$ 到了 u_W 与 u_U 的交点 R 之后，又回到了 VT_1 导通，VT_3 与 VT_1 换流的过程。由此可见，在 $\alpha=0$ 时，3 个晶闸管在各对应的自然换流点被触发导通和换流，即每隔 120° 就有两个元件换流，其导通顺序为 $VT_1 \rightarrow VT_2 \rightarrow VT_3 \rightarrow VT_1$，依此循环，其输出电压 u_d 为各相电压的正包络线，如图 5-16 所示。

电阻负载时，负载电流 i_d 的波形与输出电压 u_d 的波形相同。在三相半波可控整流电路中，变压器二次绕组中的电流与晶闸管中的电流完全相同，如 U 相绕组中的电流 i_U 与 VT_1 元件中的电流 i_{T1} 完全相同，如图 5-16 所示。

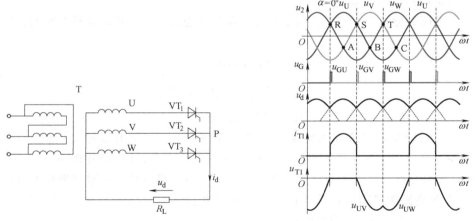

图 5-16　电阻负载时的三相半波可控整流电路（$\alpha=0$ 时）

晶闸管元件的电压，以 VT_1 电压 u_{T1} 为例来进行研究：在 R 与 S 点之间，VT_1 是被触发导通的，因此 $u_{T1} = 0$；在 S 与 T 点之间，VT_2 导通，u_V 加在 VT_1 的阴极，而 VT_1 的阳极总是施加 U 相电压 u_U，因此在此期间 VT_1 电压 $u_{T1} = u_U - u_V = u_{UV}$；在 T 点与 R 点之间，$VT_3$ 导通，u_W 加在 VT_1 的阴极，因此，VT_1 电压 $u_{T1} = u_U - u_W = u_{UW}$。由此可以得出，在开关元件导通的 120° 内，开关元件的管压降为零；开关元件不导通时，开关元件的电压是由同一联结组的另外两个晶闸管的导通状态来决定的，即由该相与另外两相的两个线电压来决定的。如 VT_1，阳极连接于 U 相，不导通时，VT_1 电压是 u_{UV}、u_{UW} 两个线电压，即当 VT_2 导通时，$u_{T1} = u_{UV}$；VT_3 导通时，$u_{T1} = u_{UW}$。依此规律，可以容易地找出 VT_2、VT_3 的电压。图 5-16 中表示了 $\alpha = 0$ 时 VT_1 的电压 u_{T1} 的波形。

（2）$\alpha \leqslant 30°$ 时的工作原理　图 5-17 表示的是触发延迟角 $\alpha = 30°$ 时各部分稳态工作的波形。

从图中可以看出，$\alpha \neq 0$ 时，各元件的触发信号从各对应的自然换相点推迟了一个 α 电角度，即各对应的元件导通换流点由各自然换流点推迟了一个 α 电角度，如 VT_1 的触发导通点由 R 点推迟了 α 电角度后到达了 R′点，同样，VT_2 的触发导通点推迟了 α 电角度后到达了 S′点，VT_3 的触发导通点推迟到了 T′点。

当 $\omega t < \pi/6 + \alpha$ 时，尽管 U 相电压 u_U 处于正的最大值，但由于 U 相元件 VT_1 的触发信号还未到达，因此，VT_1 不能开通，而已经导通的 W 相元件 VT_3 会因承受正向电压而继续导通，输出电压 $u_d = u_W$。

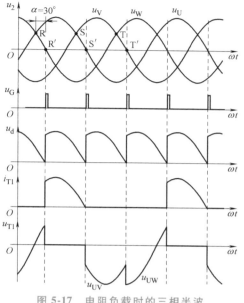

图 5-17　电阻负载时的三相半波
可控整流电路（$\alpha = 30°$ 时）

当 $\omega t = \pi/6 + \alpha$ 的 R′点时，VT_1 收到触发信号而被触发导通。VT_1 导通后，输出电压 u_d 要从 u_W 变到 u_U，由于此时 $u_W = 0$，因此输出电压 u_d 由零突跳到较高的 u_U 值。VT_1 从 R′导通后，直到 S 点时，由于 VT_2 的触发信号推迟到了 S′点，因此 VT_1 在正向阳极电压作用下会一直导通到 S′点，此时 VT_2 的控制信号到了，VT_2 被触发导通，VT_1 被关断，输出电压 $u_d = u_V$，因此在 S′换流点，输出电压 u_d 又有一次跳变。VT_2 导通到 T′点，VT_3 被触发导通，VT_2 关断，输出电压 $u_d = u_W$，直到 R′点，VT_1 被触发导通，VT_3 被关断，3 个晶闸管就这样周而复始地轮流导通，输出电压 u_0 仍为三相电压各在 $120°$ 的一段包络线，如图 5-17 所示。可以看出，当 $\alpha = 30°$ 时，负载电阻上的输出电压 u_d 开始出现过零点，负载电流处于临界连续状态。在 $\alpha = 30°$ 的情况下，每个晶闸管的导通角 θ 仍为 $2\pi/3$，晶闸管 VT_1 承受的反向电压仍然是在线电压 u_{UV}、u_{UW} 上。但由于 $\alpha = 30°$ 时，晶闸管上的电压波形与 $\alpha = 0$ 的波形有所不同，除了承受反向阳极电压外，晶闸管开始承受正向阻断电压，如图 5-17 中的 u_{T1}，在 $\omega t = \pi/6 + \alpha$ 期间承受正的线电压 u_{UW}。

（3）$\alpha > 30°$ 时的工作原理　图 5-18 所示是 $\alpha = 60°$ 时的稳态工作波形。

当 $\alpha > 30°$ 时，各元件的触发信号从各对应的自然换相点推迟了一个 α 角度，到了 R′、S′、T′点，即各元件的换相点从对应的自然换相点推迟了一个 α 角度，到了 R′、S′、T′点。

在 $\omega t = \pi/6 + \alpha$ 期间，尽管 u_U 处于最大正向值，VT_1 承受正向阳极电压，但由于 $\alpha = 60°$，VT_1 没有触发信号不可能导通，因此，已导通的 VT_3 沿着 W 相电压 u_W 继续导通到 $\omega t = \pi/3$ 时，即 u_W 由等于零变为负值时，由于晶闸管电流不可逆，因此在负的 u_W 作用下，VT_3 在 $\omega t = \pi/3$ 被关断，输出电压电流都为零，直到 $\omega t = \pi/6 + \alpha = \pi/2$ 的 R′时，VT_1 的触发信号已到，VT_1 被触发导通，输出电压 u_d 从零跳变到 u_U 的幅值。VT_1 导通过了 $\pi/2$，即 $\omega t = \pi$ 时，u_U 变负，VT_1 被关断，在 $\pi \leqslant \omega t \leqslant \pi + \pi/6$ 之间，输出电压 u_d 和 i_d 都为零。当 $\omega t = 7\pi/6$ 的 S′点时，VT_2 被触发导通，输出电压 $u_d = u_V$，VT_2 导通 $\pi/2$ 之后，即 $\omega t = 10\pi/6 = 5\pi/3$ 时，

u_V 变负，VT_2 被关断，在 $\omega t = 5\pi/3$ 到 $\omega t = 11\pi/6$ 的 T′点之间，输出电压 u_d 和输出电流 i_d 都为零。在 $\omega t = 11\pi/6$ 的 T′点时，VT_3 被触发导通，输出电压 $u_d = u_W$，直到 R′点，VT_1 导通，依此循环，周而复始。

很明显，在这种电流不连续的工况下，各晶闸管的关断不像电流连续时那样，依靠下一个晶闸管的导通换流，而是由电源电压自然过零而关断。这样每一个晶闸管的导通角 $\theta = 150° - \alpha < 120°$，且随着触发延迟角 α 的增加，导通角 θ 随之减小，直流平均电压 U_d 也随之减小，当 $\alpha = 150°$ 时，$\theta = 0$，$U_d = 0$。电流不连续的角叫断流角，以 θ_μ 表示，通常 $\theta_\mu = \alpha - \pi/6$，并且断流角 θ_μ 随触发延迟角 α 增大而加大。

由于电流不连续，使晶闸管元件电压与电流连续时有着较大的区别，以 VT_1 为例，一个交流周期内，当 $\omega t = 0 \sim \pi/3$ 期间，VT_3 导通，VT_1 电压为线电压 u_{UW}，即 $u_{T1} = u_{UW}$；在 $\omega t = \pi/3 \sim (\pi/6 + \alpha)$

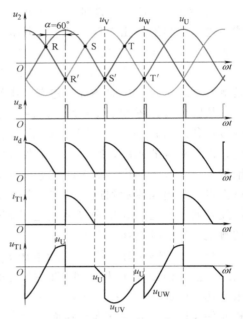

图 5-18　电阻负载时的三相半波可控整流电路（$\alpha = 60°$ 时）

（即 $\pi/2$）时，VT_3 关断，这时 3 个晶闸管都不导通，输出电压 $u_d = 0$，VT_1 承受它所接相的相电压 u_U，此期间 u_U 为正，即 $u_{T1} = u_U$ 是正向阻断电压；在 $\omega t = \pi/2 \sim \pi$ 期间的导通角 θ 之内，VT_1 是导通的，$u_{T1} = 0$；在 $\omega t = \pi \sim (\pi + \pi/6)$ 期间，VT_1 关断，这时 3 个晶闸管都不导通，VT_1 承受的电压 $u_{T1} = u_U$，在 $\omega t = 7\pi/6 \sim 5\pi/6$ 期间，VT_2 导通，$u_d = u_V$，此时 VT_1 承受的电压为 U、V 两相的线电压 u_{UV}，在 $\omega t = 5\pi/3 \sim 11\pi/6$ 期间，整流器没有元件导通，VT_1 又只承受 U 相的相电压，即 $u_{T1} = u_U$；在 $\omega t = 11\pi/6 \sim 14\pi/6$ 期间，VT_3 导通，此时 VT_1 所承受的电压为 U、W 两相的线电压，即 $u_{T1} = u_{UW}$。依此循环，其 u_{T1} 的波形看起来很复杂，其规律可以概括如下。

1）元件导通时，元件电压为零（因为已假设为理想元件）。

2）元件关断时，当整流器没有元件导通出现断续时，即在断流角 θ_μ 内，元件承受的电压就是元件所在相的相电压；当有元件导通时，元件所承受的电压就等于元件相和导通元件相的两相线电压。

通过对电阻性负载的三相半波可控整流电路在不同触发延迟角 α 的工作状态的分析，可以得出电阻性负载三相半波可控整流电路的工作特点如下。

1）当 $\alpha \leqslant 30°$ 时，输出直流电流连续，每个元件的导通角 $\theta = 120°$；$\alpha = 0$ 时，输出直流电压平均值为最大。$\alpha = 30°$ 是临界连续工作状况。

2）当 $\alpha > 30°$ 时，输出直流电流断续，各晶闸管的导通时间小于 1/3 周期，导通角 $\theta = 150° - \alpha$；当 $\alpha = 150°$ 时，$\theta = 0$，输出直流电压为零。

3）断流角 $\theta_\mu = \alpha = \pi/6$，随触发延迟角 α 的增大而增大。

2. 数量关系

（1）直流输出电压 u_0 的平均值 U_d　一个交流周期，输出电压 u_d 为 3 个完全相同的波形，因此可以计算 1/3 周期内的平均值，得到输出直流电压的平均值 U_d。但由于直流电流连续与否影响到电压波形，所以分别按 $\alpha \leqslant 30°$ 和 $\alpha > 30°$ 两种不同工况处理。

当 $\alpha \leqslant 30°$ 时，VT_1 在 $\omega t = (\pi/6+\alpha) \sim (5\pi/6+\alpha)$ 期间导通，则按此期间计算的平均直流电压为

$$U_d = \frac{1}{T}\int_0^T u_d dt = \frac{3}{2\pi}\int_{\frac{\pi}{6}+\alpha}^{\frac{5}{6}\pi+\alpha} u_U d(\omega t) = \frac{3}{2\pi}\int_{\frac{\pi}{6}+\alpha}^{\frac{5}{6}\pi+\alpha}\sqrt{2}U_2\sin\omega t d(\omega t) = \frac{3\sqrt{2}}{2\pi}\sqrt{3}U_2\cos\alpha \quad (5-51)$$

当 $\alpha > 30°$ 时，直流电流出现断续，VT_1 在 $\omega t = (\pi/6+\alpha) \sim \pi$ 期间内导通，在 u_U 过零变负时关断，因此：

$$U_d = \frac{3}{2\pi}\int_{\frac{\pi}{6}+\alpha}^{\pi}\sqrt{2}U_2\sin\omega t d(\omega t) = \frac{3\sqrt{2}}{2\pi}U_2\left[1+\cos\left(\frac{\pi}{6}+\alpha\right)\right] \quad (5-52)$$

该式说明，当触发延迟角 $\alpha = 150°$ 时，$U_0 = 0$。

（2）直流输出电流的平均值 I_d

当 $\alpha \leqslant 30°$ 时，有

$$I_d = \frac{U_d}{R_L} = \frac{3\sqrt{6}U_2}{2\pi R_L}\cos\alpha \quad (5-53)$$

当 $\alpha > 30°$ 时，有

$$I_d = \frac{U_d}{R_L} = \frac{3\sqrt{2}U_2}{2\pi R_L}\left[1+\cos\left(\frac{\pi}{6}+\alpha\right)\right] \quad (5-54)$$

（3）晶闸管电流 由于 3 个晶闸管是轮流导通的，共同分担负载电流，故晶闸管的平均电流 $I_{Ta} = I_0/3$。晶闸管电流的有效值 I_{Te} 直接依赖着电流波形，因此，应当按负载电流连续与否来进行区分。

当 $\alpha \leqslant 30°$ 时，有

$$I_{Te} = \sqrt{\frac{1}{2\pi}\int_{\frac{\pi}{6}+\alpha}^{\frac{5\pi}{6}+\alpha}\left(\frac{\sqrt{2}U_2\sin\omega t}{R_L}\right)^2 d(\omega t)} = \frac{U_2}{R_L}\sqrt{\frac{1}{2\pi}\left(\frac{2}{3}\pi+\frac{\sqrt{3}}{2}\cos 2\alpha\right)} \quad (5-55)$$

当 $\alpha > 30°$ 时，有

$$I_{Te} = \sqrt{\frac{1}{2\pi}\int_{\frac{\pi}{6}+\alpha}^{\pi}\left(\frac{\sqrt{2}U_2\sin\omega t}{R_L}\right)^2 d(\omega t)} = \frac{U_2}{R_L}\sqrt{\frac{1}{2\pi}\left(\frac{5}{6}\pi-\alpha+\frac{\sqrt{3}}{4}\cos 2\alpha+\frac{1}{4}\sin 2\alpha\right)} \quad (5-56)$$

由原理电路可见，变压器二次绕组与晶闸管相串联，晶闸管电流的有效值就是变压器二次绕组电流的有效值，故须注意的是：在恒流控制系统中，当电源电压升高或负载电阻 R_L 变得很小时，移相控制会使触发延迟角 α 增大，在这种情况下，晶闸管、变压器二次绕组的电流有效值都将增大，此外，半波整流电路中，变压器二次绕组电流包含有直流分量，这会引起变压器的直流磁化，降低变压器的利用率。

（4）晶闸管电压 晶闸管承受的最大反向电压 U_{TRM} 为线电压，即

$$U_{TRM} = \sqrt{2}\sqrt{3}U_2 = 2.45U_2 \quad (5-57)$$

晶闸管承受的最大正向电压 U_{pm} 为晶闸管不导通时阳、阴极电压差，即相电压峰值 $U_{pm} = \sqrt{2}U_2$。

5.4.2 电感性负载的三相半波可控整流电路

1. 工作原理

电感性负载时的三相半波可控整流电路如图 5-19 所示。假设负载电感足够大，直流电流 i_d 基本连续，且纹波可以忽略不计，这样输出直流电流为幅值为 I_d 的平滑直流。

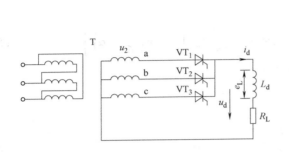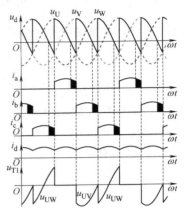

图 5-19 电感性负载时的三相半波可控整流电路

当 $\alpha \le 30°$ 时：直流输出电压 u_d 的波形与电阻性负载时的波形相同；

当 $\alpha > 30°$ 时：由于负载电感 L_d 的作用，使得交流电压过零变负时，晶闸管不会关断，要继续导通到另一晶闸管触发导通为止，这样，输出电压 u_d 和输出电流 i_d 是连续的，u_d 的波形中出现负值部分，各晶闸管的导通角 $\theta = 120°$。尽管输出电压 u_d 脉动很大，甚至出现较大的负值，但 u_d 的脉动变化可由大电感 L_d 来吸收，使得负载电阻上的电压 $u_R = u_d - u_L = I_d R_L$ 为一恒定的直流电压。

（1）**输出直流电压的平均值 U_d** 由于直流电压 u_d 的波形是连续的，所以平均值为

$$U_d = \frac{1}{T}\int_0^T u_d dt = \frac{3}{2\pi}\int_{\frac{\pi}{6}+\alpha}^{\frac{5}{6}\pi+\alpha}\sqrt{2}\,U_2\sin\omega t\,\mathrm{d}(\omega t) = \frac{3\sqrt{6}}{2\pi}U_2\cos\alpha \tag{5-58}$$

该式说明：在控制角 $\alpha = 0°$ 时，输出直流电压的平均值最大，$U_{dm} = 1.17U_2$，当 $\alpha = 90°$ 时，$U_d = 0$。

（2）**晶闸管电流** 由于晶闸管电流为 120°宽的矩形波，所以晶闸管电流的平均值为

$$I_{Ta} = I_e/3 \tag{5-59}$$

晶闸管和变压器二次绕组的电流有效值为

$$I_{Te} = \sqrt{\frac{1}{2\pi}\int_0^{2\pi/3} I_d^2 \mathrm{d}(\omega t)} = \sqrt{\frac{1}{2}}I_d \tag{5-60}$$

（3）**晶闸管电压 u_T** 由于大电感的作用，输出电流连续，每个元件的导通角 $\theta = 120°$，因此晶闸管电压在 120°导通期间内为零，而在不导通时，晶闸管电压总是分别由两个元件的导通情况来决定的，即在这两个元件所承受的线电压曲线上。其最大正、反向峰值电压均为线电压的峰值。

5.4.3　有续流二极管的三相半波可控整流电路

对于前述大电感负载时的三相半波可控整流电路，当 $\alpha>30°$ 时，输出电压出现负的波形，这样就降低了直流输出电压的平均值。如果在电感性负载上反并联一个续流二极管 VD，如图 5-20 所示，则在 $\alpha\leqslant30°$ 时，续流二极管因承受反向电压而不导通，因而对整流电路的工作和输出特性无影响；而在当 $\alpha>30°$ 时，输出电压 u_d 小于零时，续流二极管导通，使负载两端电压（即输出电压）$u_d\approx0$，因而晶闸管只导通到本相交流电压的过零点为止，在晶闸管关断期间，续流二极管导通，负载电感的储能通过续流二极管释放形成续流。这样直流输出电压 u_d 的波形和电阻负载时一样，而负载电流和大电感负载时一样，是恒定连续的直流，所不同的是在此电路中，负载电流是由 3 只晶闸管和 1 只续流二极管轮流导通供给的。

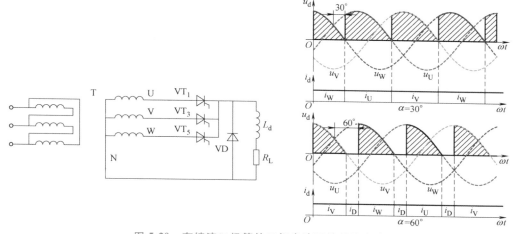

图 5-20　有续流二极管的三相半波可控整流电路

从图 5-20 中可见：续流二极管从（$\alpha-30°$）到 α 这一区域是导通的，晶闸管的导通角 $\theta=150°-\alpha$。而续流二极管一个周期导通 3 次，每次导通角度为（$\alpha-30°$）。在这种条件下，可以得到晶闸管中的电流平均值为

$$I_{Ta}=\frac{150°-\alpha}{360°}I_d \tag{5-61}$$

晶闸管电流的有效值为

$$I_{Te}=\sqrt{\frac{150°-\alpha}{360°}}I_d \tag{5-62}$$

续流二极管中的电流平均值为

$$I_{DFa}=\frac{3(\alpha-30°)}{360°}I_d=\frac{\alpha-30°}{120°}I_d \tag{5-63}$$

续流二极管电流的有效值为

$$I_{DFe}=\sqrt{\frac{\alpha-30°}{120°}}I_d \tag{5-64}$$

5.4.4 共阳极连接的三相半波可控整流电路

图 5-21 中所示是共阳极连接的三相半波可控整流电路，与图 5-19 所示的共阴极组连接的三相半波可控整流电路相比较，其工作原理在于：三相电压负半周的 3 个交点是它的 3 个元件的自然换流点，因此整流输出电压 u_d 是时间坐标下方的三相电压的包络线，其平均值 U_d 是小于零的。因为是共阳极连接，所以 3 个晶闸管只有在当它的阴极电压为最大负值，或者说，它所连接的相电压为最大负值时才有可能被触发导通。例如，图中 $\omega t = 0 \sim$ A 点之间，U 相电压 u_U 为最大负值，只有与 U 相连接的 VT$_4$ 才有可能被触发导通，A 点与 B 点之间 u_V 相电压为最大负值，只有 VT$_6$ 才有被触发导通的可能，而 B 点与 C 点之间，W 相电压 u_W 最负，只有 VT$_2$ 才有被触发导通的可能，过了 C 点又恢复到 A 点的情况，只有 VT$_6$ 才有被触发导通的可能。

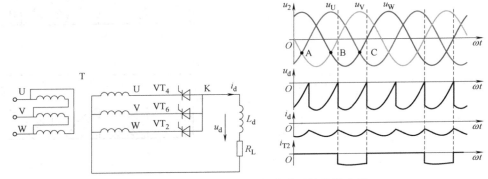

图 5-21　共阳极连接的三相半波可控整流电路

图 5-21 是电感性负载的原理电路，假设触发延迟角 $\alpha = 0$ 时，各元件的触发信号是从各对应的自然换流点施加的。假如，在自然换流点 A，u_V 与 u_U 相交，u_V 趋向为最大负值，刚好 VT$_6$ 的触发信号到了，因此 VT$_6$ 被触发导通，输出电压 $u_d = u_V$ 是小于零的，即 u_V 施加到负载上，负载电流 i_d 从变压器二次侧中点 N 经过负载，VT$_6$ 流到变压器的 V 相绕组，实际电流的正向与图中假定的输出电流 i_d 正向相反，自然 u_d 也是负的。VT$_6$ 导通的过程一直要延续到 120° 之后的 u_W 与 u_V 的交点 B，此时 VT$_2$ 有了触发信号，所以 VT$_2$ 被触发导通。VT$_2$ 导通后，输出点 N 的电位等于 u_W，这样先导通的 VT$_6$ 在反向电压 u_{VW} 作用下而关断，输出电压 $u_d = u_W$ 是小于零的。VT$_2$ 导通的过程一直要延续到 120° 之后的 u_U 与 u_W 的交点 C，此时，u_U 趋于最负，同时 VT$_4$ 有了控制极信号，VT$_4$ 被触发导通，VT$_4$ 导通后，输出点 N 的电位等于 u_V，这样先导通的 VT$_2$ 在反向电压 u_{VW} 的作用下被关断，输出电压 $u_d = u_V$ 同样是小于零的，VT$_6$ 导通的过程同样要延续到 120° 之后的 u_V 与 u_U 的交点 A，恢复到 VT$_4$ 导通的过程。如此循环，周而复始，其输出电压 u_d 如图 5-21 所示的三相电压负半周的包络线。

5.5　三相桥式全控整流电路

图 5-22 所示是三相桥式全控整流电路，在讨论它的工作原理时，习惯于把共阴极连接

组称为上组，共阳极连接组称为下组。为讨论三相桥式全控整流电路的理想工作状态，首先对理想工作状态做如下假设，即所谓的理想工作条件。

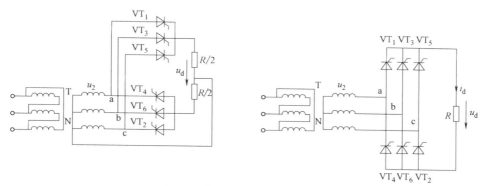

图 5-22　三相桥式全控整流电路

1）理想变压器，即变压器的漏抗、绕组电阻和励磁电流都可忽略。

2）晶闸管元件是理想的。

3）电感性负载时，直流电感足够大，且电感的电阻可以忽略不计，直流输出电流的纹波可以忽略不计，电阻性负载时其电感等于零，即纯电阻性负载。

4）三相电源是对称系统，且有

$$\begin{cases} u_U = \sqrt{2}\,U_2 \sin\omega t \\ u_V = \sqrt{2}\,U_2 \sin(\omega t - 2\pi/3) \\ u_W = \sqrt{2}\,U_2 \sin(\omega t - 4\pi/3) \end{cases}$$

5.5.1　大电感负载在 $\alpha=0$ 时的理想工作状态

1. 工作原理

图 5-23 为三相桥式全控整流电路，设 L_d 足够大，而负载为纯电阻，L_d 和 R_L 构成整流器的大电感负载。由假设 4），电源电压的波形如图所示。在三相可控整流电路中，其工作原理主要研究在电源和负载之间如何建立电流通路。由三相半波可控整流电路可知，$\alpha=0$ 时，各晶闸管门极控制脉冲的分布为各自间隔 $\pi/3$，且分别对应于各自然换流点，即图中各相电压的交点 R、S、T 和 A、B、C 各点。

根据晶闸管导通的条件，在任意瞬间，上下两组中各有一个元件导通，其余元件均处于阻断状态。这是由于在任意瞬间，上下两组中仅有一个元件具有门极脉冲，且在任意瞬间，共阴极组元件的阳极电位必有一个处于最高，共阳极组元件的阴极电位必有一个处于最低。如图 5-23 中，$\omega t = \theta_1$，即 R 点时，有 $u_{g1} > 0$，R 点的右侧 u_U 处于最大正值，此时 VT_1 处于导通状态，而 VT_1 一旦导通，根据假设 2）应有 $u_{T1} = 0$，即 VT_3、VT_5 的阴极电压为 u_U，由于此时 $u_U > u_V$、$u_U > u_W$，故 VT_3、VT_5 都处于反向阻断状态。由于共阴极组是 VT_1 导通，$u_p = u_U$；共阳极组是 VT_6 导通，$u_N = u_V$，于是输出电压 $u_d = u_p - u_N = u_U - u_V = u_{UV}$，即线电压 u_{UV} 经 VT_1 和 VT_6 加到负载端，并沿此构成导电回路，建立负载电流 i_d，按照电路定律，对于这一时间区域，应有

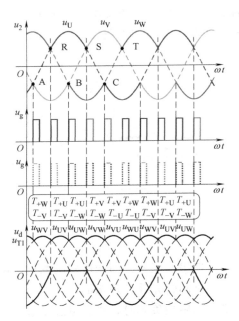

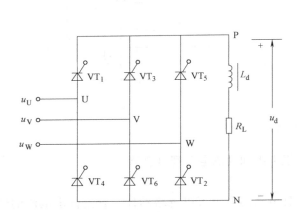

图 5-23 大电感负载时 ($\alpha = 0$) 三相桥式全控整流电路

$$u_{UV} = u_d = L_d(di_d/dt) + u_R$$

上述情况将持续到 $\omega t = \theta_1 + \pi/3 = \theta_2$ 时为止。当 $\omega t = \theta_2$，即 B 点时，VT_2 有了控制极信号 u_{g2}，B 点右侧是 u_W 处于最大负值，因为 VT_6 导通时 N 点电位为 u_V，而现在 u_W 比 u_V 更小，VT_2 电压 u_{T2} 为 $u_{T2} = u_V - u_W$，所以 $u_{T2} = u_{VW} > 0$，VT_2 的两个导通条件都已经满足，故 VT_2 由阻断状态转为导通状态。VT_2 一旦导通后，$u_{T2} = 0$，使 $u_N = u_W$，故 $u_{T6} = u_N - u_V = u_{WV} < 0$，$VT_6$ 在反向电压作用下立即关断，电路改由线电压 u_{UW} 经 VT_1、VT_2 向负载供电，即在自然换流点 B，下组导通元件由 VT_6 转换为 VT_2，但共阴极组中因 u_U 仍高于 u_V 与 u_W，VT_1 仍处于导通状态，输出电压 $u_d = u_p - u_N = u_U - u_W = u_{UW}$。此种状态持续到 u_N 与 u_V 的交点 S 点时，u_V 处于最大正值，VT_1 与 VT_3 换流，VT_3 导通，而 VT_1 关断，输出电压 $u_d = u_{VW}$。此后每 $\pi/3$ 重复以上现象，上下两组中元件各按 $VT_1 \rightarrow VT_3 \rightarrow VT_5 \rightarrow VT_1$ 和 $VT_2 \rightarrow VT_4 \rightarrow VT_6 \rightarrow VT_2$ 的次序轮流导通。同一组中相邻两元件每隔 $2\pi/3$ 产生换相（流），即每个元件的导通角为 $2\pi/3$。在 $\alpha = 0$ 的情况下，元件的换流发生在 R、S、T 和 A、B、C 各自然换相（流）点。这样每隔 $\pi/3$ 电路产生一次换相（流），并按 $R \rightarrow B \rightarrow S \rightarrow C \rightarrow T \rightarrow A \rightarrow R$ 的次序在共阴、共阳极两组中轮流进行，而共阴、共阳极两组元件按 $VT_1 \rightarrow VT_2 \rightarrow VT_3 \rightarrow VT_4 \rightarrow VT_5 \rightarrow VT_6 \rightarrow VT_1$ 的次序依次触发导通，输出电压为每 $\pi/3$ 为一段的线电压的包络线，如图 5-23 所示的波形，由于 $\alpha = 0$，输出电压 u_d 的波形没有畸变式的跳变。

2. 数量关系

（1）输出电压的平均值 U_d 由于 $\alpha = 0$ 时输出电压 u_d 的波形为一个交流周期中 6 个以各自然换流点为交界的宽度为 $\pi/3$ 的线电压的包络波，所以只要计算在 $R \rightarrow B$ 点之间的线电压的平均值，就可以得到输出电压 u_d 的平均值 U_d，即

$$U_{d} = \frac{1}{T} \int_{0}^{T} u_{d} dt = \frac{3}{\pi} \int_{\pi/6}^{\pi/2} u_{UV} d(\omega t) = \frac{3\sqrt{6}}{\pi} U_{2} \tag{5-65}$$

（2）**输出电流**　由于假设 ωL 足够大，以致电流的纹波可以忽略不计，因此输出电流为一平滑的直流，其平均值为

$$I_{d} = U_{d}/R_{L} = \frac{3\sqrt{6}}{\pi R_{L}} U_{2} \tag{5-66}$$

（3）**晶闸管电流与网侧相电流**　由于每个晶闸管元件的导通角为 $2\pi/3$，导通后元件电流 i_{T} 就等于直流输出电流 I_{d}，因此元件电流为每一交流周期中只有 $2\pi/3$ 的矩形波，其平均值为

$$I_{Ta} = \frac{1}{T} \int_{0}^{T} i_{T} dt = \frac{1}{2\pi} \int_{\pi/6}^{\frac{2\pi}{3}+\frac{\pi}{6}} I_{d} d(\omega t) = I_{d}/3 \tag{5-67}$$

元件电流的有效值为

$$I_{Te} = \sqrt{\frac{1}{T} \int_{0}^{T} i_{T}^{2} dt} = I_{d}/\sqrt{3} \tag{5-68}$$

网侧电路，如 U 相电流 i_{U}，正半周为 i_{T1}，负半周为 i_{T4}，正、负半周各为 120° 的矩形波，平均值为零，其有效值为

$$I_{e} = \sqrt{\frac{1}{T} \int_{0}^{T} i_{A}^{2} dt} = \sqrt{\frac{1}{\pi} \int_{\pi/6}^{\frac{5}{6}\pi} I_{d}^{2} d(\omega t)} = \sqrt{\frac{2}{3}} I_{d} \tag{5-69}$$

（4）**晶闸管电压**　晶闸管导通时，根据假设，理想元件的 $u_{T}=0$，元件截止时，元件的电压与同组中相邻元件的导通状态有关。以 VT$_1$ 为例，在 R→S 点的 $2\pi/3$ 期间，元件是导通的，$u_{T1}=0$，在 S→T 之间，VT$_3$ 导通，$u_{p}=u_{V}$，VT$_1$ 的阳极电压是 u_{U}，而此期间 VT$_1$ 的阴极电压是 u_{V}，所以 $u_{T1}=u_{U}-u_{V}=u_{UV}$；在 T→R 点之间，VT$_5$ 导通，$u_{p}=u_{W}$，因此 VT$_1$ 承受电压是 $u_{T1}=u_{U}-u_{W}=u_{UW}$。由此可见，VT$_1$ 在截止期间，其元件电压总是在与之相邻的两个线电压 u_{UV} 和 u_{UW} 上，同理可以确定其他元件的电压，例如，VT$_2$ 在 B→C 之间是导通的，$u_{T2}=0$；在 C→A 之间是 VT$_4$ 导通，$u_{N}=u_{U}$，VT$_2$ 的阴极是连接在 W 相，所以此时 VT$_2$ 电压 $u_{T2}=u_{N}-u_{W}=u_{UW}$；在 A→B 之间，VT$_6$ 导通，$u_{N}=u_{V}$，所以在此期间 VT$_2$ 电压 $u_{T2}=u_{VW}$。依此类推，就可以得到每个元件的电压波形。在 $\alpha=0°$ 的情况下，换流都在自然换流点进行，元件不承受正向电压，一个周期中有 $4\pi/3$ 时间是承受反向电压，其反向电压的峰值为线电压的幅值，即

$$u_{Tm} = \sqrt{3}\sqrt{2} U_{2} = \sqrt{6} U_{2} \tag{5-70}$$

5.5.2　大电感负载在 $\alpha>0$ 时的理想工作状态

1. 工作原理

因为触发延迟角 α 是从各自然换相（流）点算起的，所以各元件的触发脉冲分布起点是受 α 控制的，即从各对应的自然换流点推迟了 α 角度，因此各对应的元件的换流点也推迟了 α 角度，即 R 点推迟到了 R′点，A 点推迟到了 A′点，如此类推。可得到 $\alpha=0$ 时的各实际的换流点为 R′→B′→S′→C′→T′→A′→R′ 与对应的各自然换相（流）点在时间上推迟了 α 角度，如图 5-24 所示。

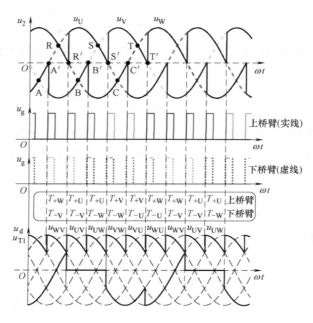

图 5-24　大电感负载时（$\alpha = 30°$）
三相桥式全控整流电路

在 R 点右侧虽然有 $u_U > u_W$，但 $u_{g1} = 0$，VT_1 不能导通，仍处于正向阻断状态，因而 VT_5 继续处于导通状态。下组元件中 VT_6 导通，输出电压为 $u_0 = u_{WV}$，直到 $\omega t = \pi/6 + \alpha$，即 R′点时，$u_{g1} > 0$，因为此时 $u_W = 0$，$u_U > 0$ 为正，VT_1 的阳极、阴极之间的电压 $u_{T1} = u_U - u_W = u_{UW} > 0$，所以 VT_1 被触发导通。VT_1 一旦导通，$u_{T1} = 0$，由于此时 $u_U > u_W$，故 VT_1 在反向电压下立即关断，输出点电压 u_p 由原来的 u_W 变为 u_U，即在 $\alpha = 30°$ 时由 $u_W = 0$ 跳变到正的 u_U，输出电压 u_0 从原来的线电压 u_{WV} 跳变到 u_{UV}。此种情况持续到 $\omega t = \pi/6 + \alpha + \pi/3$ 时，即到达 B′点时，$u_{g2} > 0$，此时 $u_V = 0$，u_W 为最大负值，VT_2 的阳极电压因 VT_6 导通而等于 u_V，而阴极电压为 u_W，所以 $u_{T2} = u_V - u_W = -u_W > 0$，即 VT_2 承受正电压而被触发导通。VT_2 一旦导通，$u_{T2} = 0$，$u_N = u_W < u_V$，所以 VT_6 在反向电压作用下被立即关断，此时，上组元件仍为 VT_1 导通，所以输出电压 $u_d = u_p - u_N = u_U - u_W = u_{UW}$，即输出电压 u_d 从原来的线电压 U_{UV} 跳变到 u_{UW}。如此类推，输出电压 u_d 的波形如图 5-24 所示。由于换相（流）点的后移，u_d 的波形发生畸变，在换流点出现跳变。

2. 数量关系

（1）输出电压 u_d 的平均值 U_d　大电感负载，$\alpha \neq 0$ 时，尽管各对应的换流点在时间上推迟了 α 电角度，但输出电压 u_d 在一个周期内仍由 6 个相同的波形构成，按前述方法进行计算。仍取 R′→A′之间的 u_d 波形进行积分，积分上限为 $\pi/6 + \alpha + \pi/3$，积分下限为 $\pi/6 + \alpha$，故有

$$U_d = \frac{1}{T}\int_0^T u_d \mathrm{d}t = \frac{3}{\pi}\int_{\pi/6+\alpha}^{\pi/2+\alpha} u_{UV}\mathrm{d}(\omega t) = \frac{3\sqrt{6}}{\pi}U_2\cos\alpha \qquad (5-71)$$

当 $\alpha = 0$ 时，有

$$U_d = \frac{3\sqrt{6}}{\pi} U_2 \cos\alpha = 2.34 U_2 = U_{dm} \tag{5-72}$$

U_{dm} 代表了三相全控整流电路的输出直流电压的最大值。从上式可以看出：输出直流电压的平均值 U_d 是触发延迟角 α 的函数，改变 α 的值就可以调节直流输出电压的大小。当 $\alpha =$ 90°时，输出直流电压 u_d 的波形中包含了负值，且正负波形完全对称，因而 $U_d = 0$。

（2）元件电压　图 5-24 中画出了在 $\alpha = 30°$ 时 VT_1 的电压 u_{T1} 波形，这个波形可以直接由线电压 u_{UV} 和 u_{UW} 来确定。在 $\alpha + \pi/6 \leqslant \omega t \leqslant 5\pi/6 + \alpha$ 的区间，VT_1 导通，$u_{T1} = 0$；在 $5\pi/6 + \alpha \leqslant \omega t \leqslant 9\pi/6 + \alpha$ 的区间，上组 VT_3 导通，$u_p = u_V$，元件电压 $u_{T1} = u_{UV}$；而在 $9\pi/6 + \alpha \leqslant \omega t \leqslant 13\pi/6 + \alpha$ 的区间，上组是 VT_5 导通，$u_p = u_W$，元件电压 $u_{T1} = u_{UW}$。由此可见，VT_1 的端电压 u_{T1} 是在线电压 u_{UV} 和 u_{UW} 上确定的。根据同样的道理，在 $\alpha = 30°$ 时，一个交流周期中，元件承受正向电压的时间为 $\pi/(6\omega)$ s，承受反向电压的时间为 $7\pi/(6\omega)$ s，而最高反向电压值为线电压幅值：$U_{RM} = \sqrt{6} U_2$。

图 5-25 画出了 $\alpha = 90°$ 时的 u_{T1} 波形，同样也是由线电压 u_{UV} 和 u_{UW} 直接确定的。但随着 α 的增大，u_{T1} 也相应地变化，其正向阻断电压增高到线电压的幅值，即 $\sqrt{6} U_2$，反向作用的时间减小到 $\pi/(2\omega)$ s，反向峰值电压仍然是 $\sqrt{6} U_2$。

（3）元件电流与变压器二次绕组电流　在假设电感足够大，电流连续且纹波可以忽略

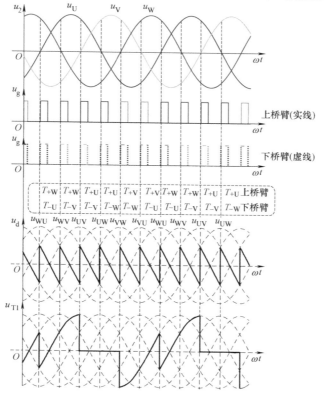

图 5-25　大电感负载时（$\alpha = 90°$）
三相桥式全控整流电路波形图

不计的条件下，负载电感 L 承受了输出电压瞬时值的变化，因此负载电阻上的压降就等于输出电压 u_d 的平均值，这样可得到整流器的输出电流平均值 I_d 为

$$I_d = U_d / R_L = \frac{3\sqrt{6}}{\pi R_L} U_2 \cos\alpha \tag{5-73}$$

元件电流的平均值为

$$I_{Ta} = \frac{1}{T}\int_0^T i_T dt = \frac{1}{2\pi}\int_{\pi/6+\alpha}^{5\pi/6+\alpha} I_d d(\omega t) = \frac{I_d}{3} \tag{5-74}$$

元件电流的有效值 I_{Te} 为

$$I_{Te} = \sqrt{\frac{1}{T}\int_0^T i_T^2 dt} = \frac{I_d}{\sqrt{3}} \tag{5-75}$$

交流侧相电流有效值 I_e 为

$$I_e = \sqrt{\frac{1}{T}\int_0^T i^2 dt} = \sqrt{\frac{1}{\pi}\int_{\pi/6+\alpha}^{5\pi/6+\alpha} I_d^2 d(\omega t)} = \sqrt{\frac{2}{3}} I_d \tag{5-76}$$

可见，整流器输出电压、电流，元件电流和变压器二次相电流都是触发延迟角 α 的余弦函数。

5.5.3 纯电阻性负载时的工作状态

根据假设 3），这是一种极端状态。讨论电流连续与不连续两种情况。纯电阻负载时，控制极信号脉冲宽度设为 120°电角度。

1. 电流连续时的情况（$0<\alpha \leqslant \pi/3$）

电阻负载下，在图 5-26 所示电路中，输出回路应有 $u_d = i_d R_L$。

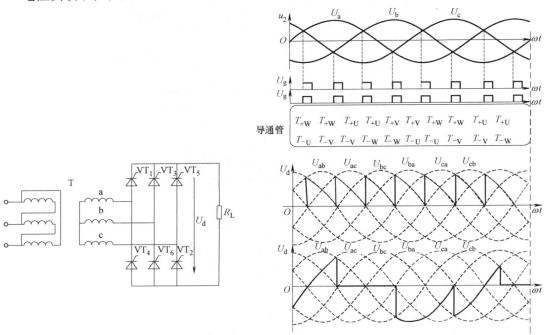

图 5-26 电阻性负载在电流连续时（$0<\alpha \leqslant \pi/3$）三相桥式全控整流电路

若输出电压 u_d 是连续的，则输出的负载电流 i_d 必然也是连续的，且电流 i_d 与电压 u_d 的波形一致。图 5-26 所示的是三相全控桥式整流器在触发延迟角 $\alpha = \pi/3$ 时的 u_d 波形。从图 5-26 中可见：

1）$\alpha = \pi/3$ 是电阻负载时电流连续的临界状态。

2）在 $0 < \alpha \leqslant \pi/3$ 区间，输出电压 u_d 的波形与 $L = \infty$ 时相同，因而输出电压 u_d 的平均值同样为

$$U_d = \frac{3\sqrt{6}}{\pi}U_2\cos\alpha = U_{dm}\cos\alpha \tag{5-77}$$

输出电流的平均值为

$$I_d = \frac{U_d}{R_L} = \frac{3\sqrt{6}}{\pi R_L}U_2\cos\alpha \tag{5-78}$$

3）由于 $L = 0$，输出电流中谐波含量明显增加。

2. 电流为断续的情况（$\alpha > \pi/3$）

当 $\alpha > \pi/3$ 时，电流出现断续，如图 5-27 所示。

当 $\omega t = 5\pi/6$ 时，输出电压 $u_d = u_{UV} = 0$，VT_1、VT_6 中电流已经下降为零，此时 VT_6 的阴极电压是 u_V，阳极通过负载电阻接 u_U（VT_1 导通），但由于过了 $\omega t = 5\pi/6$ 时，$u_V > u_U$ 且都为正值，所以输出电压 $u_{UV} < 0$，因此尽管 VT_1、VT_6 还有触发信号，也因承受反压而被关断，故在 $5\pi/6 \leqslant \omega t \leqslant 5\pi/6 + \theta_\mu = \pi$ 的这段时间，VT_2 的控制信号 $u_{g2} = 0$，这样下桥臂没有元件导通，输出电流没有通路，$u_d = 0$，$i_d = 0$，这种情况一直维持到 $5\omega t = 5\pi/6 + \theta_\mu = \pi$ 时，$u_{g2} > 0$（上组的 $u_{g1} > 0$，VT_1 仍导通），此时 u_W 为最大负值，因此，VT_1、VT_2 开始导通，整流器重新又有了电流回路，输出电压 $u_d = u_{UW}$ 加在负载电阻 R_L 上建立电流。同样 VT_2 导通 $\pi/6$ 之后，u_{UW} 过零变负，负载电流又为零，由于 $u_{g3} = 0$，VT_3 不导通，VT_1、VT_2 在 u_{UW}

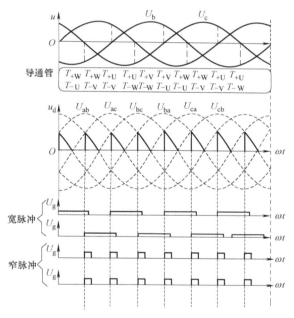

图 5-27 电阻性负载在电流断续时（$\alpha > \pi/3$）三相桥式全控整流电路

反压作用下被关断，又过了一个电流断续的区间 θ_u 之后，$u_{g3} > 0$，VT_3 导通（VT_2 仍有触发信号），所以 VT_3、VT_2 导通，$u_d = u_{VW}$，又重新建立了负载电流。

如此类推，其输出电压 u_d 的波形如图 5-27 所示，输出电压的表达式为

$$u_d = \begin{cases} u_{UV} = \sqrt{6}\,U_2\sin(\omega t + \pi/6), & \pi/6 + \alpha < \omega t < \pi/6 + \alpha + \theta_0 \\ 0, & \pi/6 + \alpha + \theta_0 < \omega t < \pi/3 + \alpha + \theta_u \end{cases} \tag{5-79}$$

式中，θ_0 为输出电压每次脉动中负载电流持续的电角度。

直流电压 u_d 的平均值 U_d 为

$$U_d = \frac{3}{\pi} \int_{\pi/6+\alpha}^{\pi/6+\alpha+\theta_0} \sqrt{6} U_2 \sin(\omega t + \pi/6) d(\omega t) = \frac{3\sqrt{6}}{\pi} U_2 [\cos(\pi/3 + \alpha) + 1] \qquad (5-80)$$

由图 5-27 可知：

1) 在电流出现断续时，所有工作循环中每个元件实际上是导通两次，所以元件在一个工作循环中的导通角 $\theta = 2\theta_0$。显然 θ 值随着触发延迟角 α 的增大而减小，且有 $\theta = 2\theta_0 = 2(2\pi/3-\alpha)|_{\alpha \geq \pi/3}$。

2) 当 $\alpha = 2\pi/3$ 时，$U_0 = 0$，$\theta = 0$，即输出电压和导通角都等于零。因此，在纯电阻负载下，最大移相角为 $\alpha = 2\pi/3$。

3) 比较纯电阻负载与大电感负载两种情况下的输出电压平均值可知，在控制角相等的条件下，纯电阻负载时的输出电压平均值高于电感性负载时的输出电压平均值。

5.5.4 三相桥式全控整流电路的换流过程分析

在前述的理想条件 1) 中，由于假设理想的电源变压器和交流侧没有任何电感，因此元件状态的改变都是瞬间完成的，开关元件的电流变化率 $di/dt = \infty$。实际上电源变压器的漏抗是不能忽略的，元件电流变化率无穷大也是不允许的，元件的开通和关断都有一个时间的过渡过程，因此应当对理想变压器做出适当的修正。设变压器每相漏电感都相等，各相交流侧引线电感也相等，并将变压器的漏电感与引线电感用一个集中参数 L_c 代表，其他仍为理想的，且 $L_c \ll L$。这样就可得到考虑交流电感时的三相桥式全控整流电路，如图 5-28 所示。

1. 换流过程分析

研究如图 5-28 所示电路中 VT_5 与 VT_1 的换流过程。

换流前是 VT_5、VT_6 均导通，输出电压 $u_d = u_{WV}$，输出电流 $i_d = I_d$。当 $\omega t = \pi/6+\alpha$ 时，VT_1 被触发导通，VT_5 与 VT_1 开始换流。由于有交流电抗，元件电流不能突变，此时 i_{T5} 由导通时流过的直流电流 I_d 逐渐下降，而 i_{T1} 从零开始逐渐上升，这样上组元件 VT_5 与 VT_1 同时导通换流，下组元件始终是 VT_6 导通，其等效电路如图 5-29a 所示，这种情况一直要维持到 $i_{T5} = 0$、$i_{T1} = I_d$ 换流结束为止。中间经历的时间称为换流时间 μ。在换流期间，换流压降只存在于参与换流的两相交流电感 L_c 上，如现在考虑的只有 U、W 两相电感上有压降，而 V 相中的电流 I_d 不变，电感 L_c 中没有压降，这样可将电路进一步简化为图 5-29b。从简化电路可以看出

$$\begin{cases} u_{LCU} - u_{LCW} = L_c di_{T1}/dt - L_c di_{T5}/dt = u_U - u_W \\ i_{T1} + i_{T5} = I_d \\ di_{t1} dt = -di_{T5}/dt \end{cases} \qquad (5-81)$$

由此得到 U、W 两相电感 L_c 上的压降为

$$u_{LCU} = L_c di_{T1} dt = u_{UW}/2 \qquad (5-82)$$

$$u_{LCW} = L_c di_{T5}/dt = -u_{UW}/2 \qquad (5-83)$$

直流母线上 P 点的电位为

$$u_p = u_U - u_{Lca} = u_U - u_{UW}/2 = (u_U + u_W)/2 \qquad (5-84)$$

由上面式（5-82）~式（5-84）可以得到：

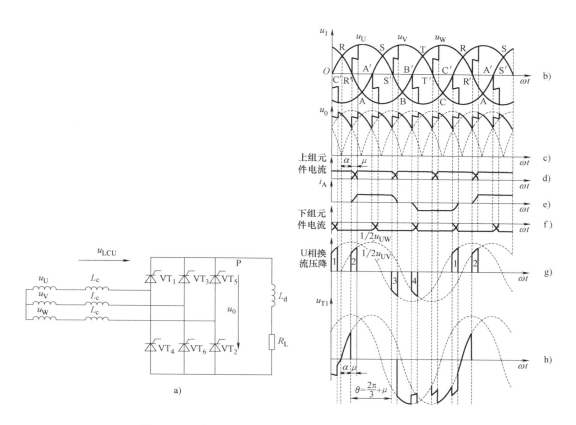

图 5-28   三相桥式全控整流电路 VT_5 与 VT_1 的换流过程

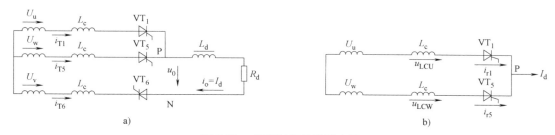

图 5-29   换流过程的等效电路

1）换流电感上的压降等于参与换流的两相线电压的 1/2。

2）换流期间输出点的电位等于参与换流的两相电压的算术平均值。

从式（5-84）可以看出，在 VT_1 被触发导通瞬间，P 点电位从原来的 u_W 上升到 $(u_W + u_U)/2$。在换流期间整流器的输出电压 $u_d = u_p - u_N = (u_U + u_W)/2 - u_V = (u_{UV} + u_{WV})/2$，由于此时的 u_{UV} 与 u_{WV} 都为大于零的正数值，所以 $u_d \neq 0$，如图 5-28 所示。

U、W 两相交流电感上的压降瞬时值为

$$u_{LCU} = u_{UW}/2 = \frac{\sqrt{6}}{2}U_2\sin(\omega t - \pi/6) = -\frac{\sqrt{6}}{2}U_2\cos(\omega t + \pi/3) \qquad (5\text{-}85)$$

$$u_{LCW} = \frac{\sqrt{6}}{2}U_2\cos(\omega t + \pi/3) \qquad (5\text{-}86)$$

按照同样的道理分析与各相电感有关的各换流过程和换流压降。在一个交流周期内，U相有 4 次换流与换流压降：

1） R→R′点，VT_5→VT_1 换流，换流压降 $u_{Lc} = u_{UW}/2$。

2） S→S′点，VT_1→VT_3 换流，换流压降 $u_{Lc} = u_{UV}/2$。

3） B→B′点，VT_2→VT_4 换流，换流压降 $u_{Lc} = u_{UW}/2$。

4） C→C′点，VT_4→VT_6 换流，换流压降 $u_{Lc} = u_{UV}/2$。

由上所述，一个周期内 U 相的 4 次换流，交流电抗上的压降幅值包络线为 $u_{UW}/2$ 和 $u_{UV}/2$。由此可以得到图 5-28 所示的波形，4 个换流压降的相位是由触发延迟角 α 确定的。换流 1） 和 3） 分别对应于 VT_4 和 VT_1 向 VT_6 和 VT_3 换流，故其压降幅值由 $u_{UV}/2$ 决定；换流 2） 和 4） 分别对应于 VT_5 和 VT_2 向 VT_1 和 VT_4 换流，故其压降幅值由 $u_{UW}/2$ 决定。极性为正时，其瞬时值方向与所设定的正方向一致，为负时则相反，但其作用总是企图阻止电流的变化。单个换流压降的面积代表每次换流等效电感中磁链数的变化量，在图中用面积 S_A 表示，以换流 2） 为例：

$$S_A = \int_{\alpha+\pi/6}^{\alpha+\mu+\pi/6} u_{LCU} d(\omega t) = \int_{\alpha+\pi/6}^{\alpha+\mu+\pi/6} L_C \frac{di_{T1}}{dt} d(\omega t) = \int_0^{I_d} L_C di_{T1} = L_C I_d \tag{5-87}$$

式 （5-87） 说明，换流面积 S_A 取决于等效电感 L_C 和直流电流 I_d 的数值。式中正值表示为了阻止电流 i_{T1} （即 i_U） 的上升，电感 L_C 储存能量，换流压降的极性与假定正向相同，磁链数增加。考虑到式 （5-85），换流 2） 的面积 S_A 又可写为

$$S_A = \frac{1}{\omega} \int_{\alpha+\pi/6}^{\alpha+\mu+\pi/6} \left[-\frac{\sqrt{6}}{2} U_2 \cos\left(\omega t + \frac{\pi}{3}\right) \right] d(\omega t) = \frac{\sqrt{6} U_2}{2\omega} [\cos\alpha - \cos(\alpha + \mu)] \tag{5-88}$$

式 （5-88） 说明换流面积 S_A 的大小取决于 U_2、α 和 μ 的数值，这与式 （5-87） 是一致的，因为 U_2 和 α 的数值决定了 I_d 的大小，而 μ 的数值与 L_C 有关。由式 （5-87） 和式 （5-88） 可得

$$\cos\alpha - \cos(\alpha + \mu) = \frac{2\omega L_C}{\sqrt{6} U_2} I_d \tag{5-89}$$

2. 交流电感对输出电压平均值的影响

有了交流电感 L_C 以后，输出电压 u_d 的波形会发生畸变，在换流期间 μ 内，输出电压 u_d 比没有 L_C 时损失了一部分，现根据 u_d 的波形，求得输出电压 u_d 的平均值 U_d 为

$$U_d = \frac{3}{\pi} \left[\int_{\pi/6+\alpha}^{\pi/2+\alpha} u_{UV} d(\omega t) - \int_{\pi/6+\alpha}^{\pi/6+\alpha+\mu} u_{UW} d(\omega t) \right]$$

$$= \frac{3\sqrt{6}}{\pi} U_2 \left[\int_{\pi/6+\alpha}^{\pi/2+\alpha} \sin\left(\omega t + \frac{\pi}{6}\right) d(\omega t) - \frac{1}{2} \int_{\pi/6+\alpha}^{\pi/6+\alpha+\mu} \sin\left(\omega t - \frac{\pi}{6}\right) d(\omega t) \right]$$

$$= \frac{3\sqrt{6}}{\pi} U_2 \left\{ \cos\alpha - \frac{1}{2} [\cos\alpha - \cos(\alpha + \mu)] \right\} \tag{5-90}$$

式中，右边第一项是没有交流电感时理想的输出电压平均值；右边第二项是换流电压降。显然，有了交流电感后，输出直流电压的平均值降低了。

将式 （5-89） 代入式 （5-90），得

$$U_{d} = \frac{3\sqrt{6}}{\pi} U_{2} \cos\alpha - \frac{3\omega L_{C}}{\pi} I_{d} = U_{d}(\alpha) - \frac{3X_{C}}{\pi} I_{d} \tag{5-91}$$

式中，$U_{d} = \frac{3\sqrt{6}}{\pi} U_{2} \cos\alpha$ 为没有交流电感时的输出直流平均电压值；$X_{C} = \omega L_{C}$ 为整流电路的等效内电抗。

式（5-91）是有交流电感时整流器的输出特性。对于不同的触发延迟角 α，则 $U_{d}(\alpha)$ 是不同的。由此可见，交流电感对直流输出电压的调节作用是：当 L_{C} 越大时，输出电压 $U_{d}(\alpha)$ 就越低。

3. 交流电感对元件电流变化率的影响

很明显，有了交流电感 L_{C} 后，元件状态的转变都不是瞬间完成的。如图 5-27 所示，在 VT_{5} 与 VT_{1} 换流期间 μ 内，i_{T1} 是逐渐上升的，而 i_{T5} 是逐渐下降的。其变化的规律可以根据式（5-82）和式（5-85）求得

$$u_{LCU} = \frac{1}{2} u_{UW} = L_{C} \frac{\mathrm{d}i_{T1}}{\mathrm{d}t} = -\frac{\sqrt{6} U_{2}}{2} \cos\left(\omega t + \frac{\pi}{3}\right) \tag{5-92}$$

$$\frac{\mathrm{d}i_{T1}}{\mathrm{d}t} = -\frac{\sqrt{6} U_{2}}{2\omega L_{C}} \cos\left(\omega t + \frac{\pi}{3}\right)$$

$$i_{T1} = -\frac{\sqrt{6} U_{2}}{2\omega L_{C}} \sin\left(\omega t + \frac{\pi}{3}\right) + K \tag{5-93}$$

式中，K 为积分常数，可根据初值确定。当 $\omega t = \pi/6 + \alpha$ 时，$i_{T1} = 0$，则得 $K = \frac{\sqrt{6} U_{2}}{2\omega L_{C}} \cos\alpha$。

所以

$$i_{T1} = \frac{\sqrt{6} U_{2}}{2\omega L_{C}} \left[\cos\alpha - \sin(\omega t + \pi/3)\right] \tag{5-94}$$

同理，由

$$\frac{\mathrm{d}i_{T5}}{\mathrm{d}t} = \frac{\sqrt{6} U_{2}}{2L_{C}} \cos(\omega t + \pi/3), \quad i_{T5}\big|_{\omega t = \pi/6 + \alpha} = I_{d}$$

可得

$$i_{T5} = I_{d} - \frac{\sqrt{6} U_{2}}{2L_{C}} \left[\cos\alpha - \sin(\omega t + \pi/3)\right] \tag{5-95}$$

式（5-94）和式（5-95）都是在 $\pi/6 + \alpha < \omega t < \pi/6 + \alpha + \mu$，即 μ 期间内成立。因为 U_{2} 和 ω 是电网参数，一般是恒定的，当触发延迟角 α 一定时，L_{C} 越大，换流电流越小，换流角度 μ 越大。

电流的变化率为

$$\frac{\mathrm{d}i_{T1}}{\mathrm{d}t} = -\frac{\mathrm{d}i_{T5}}{\mathrm{d}t} = -\frac{\sqrt{6} U_{2}}{2L_{C}} \cos(\omega t + \pi/3) \tag{5-96}$$

当 $\omega t + \pi/3 = \pi$，即 $\alpha = 90°$ 时，$\mathrm{d}i_{T1}/\mathrm{d}t$ 的最大值为

$$(\mathrm{d}i_{T1}/\mathrm{d}t)_{m} = \sqrt{6} U_{2}/(2L_{C}) \tag{5-97}$$

由此可见，交流电感 L_C 是限制电流变化率的。为了使整流元件能安全工作，线路的最大电流变化率也不应超过元件能够承受的临界电流变化率 di_s/dt，即

$$(di_{T1}/dt)_m = \sqrt{6}\,U_2/(2L_C) < di_s/dt \tag{5-98}$$

由此可得

$$L_C > \sqrt{6}\,U_2/(2di_s/dt) \tag{5-99}$$

当电源变压器的二次侧等效电感 $L_C = L_T + L_S$ 比较小时，以致不能满足式（5-99）的要求时，要求在整流桥交流侧外接一定的电感 L_0，此时交流侧总的等值电感为 $L_C = L_T + L_S + L_0$。式中，L_T 为变压器每相电感；L_0 为每相外接电感；L_S 为引线电感，一般以 $1\mu H/m$ 计及。

5.6 有源逆变电路

图 5-26 所示的三相全控桥式整流电路，它既可以工作于整流状态（$\alpha < 90°$），又可以工作于逆变状态（$\alpha > 90°$）。逆变工作状态运行时，是将直流电能转变为交流电能。根据输出交流电能的去向，逆变器电路可分为有源逆变电路和无源逆变电路两大类，简称为有源逆变和无源逆变。有源逆变是将直流电能转换为交流电能输送给交流电网。本节讨论的是利用交流电网线电压换流的、由三相桥式全控整流电路构成的有源逆变电路。

5.6.1 电源间能量传输的条件

图 5-30a 所示是由两个直流电源构成的电路，由于有非线性元件二极管 VD，电路的电流只能按照图中所标方向流动，即电源 A 的电动势 E_1 大于电源 B 的电动势 E_2，此时 E_1 与 I 的方向相同，电源 A 输出功率，E_2 与 I 的方向相反，电源 B 吸收功率。如果要改变电源 A、B 间功率传输的方向，即电源 B 输出功率，电源 A 吸收功率，则由于 VD 的存在，尽管 $E_2 > E_1$，电路仍无电流流过，为此必须改变各电源的极性，如图 5-30b 所示。这时由于 $E_2 > E_1$，则电路中流过电流 I，且 E_2 与 I 方向相同，电源 B 输出功率，电源 A 吸收功率。

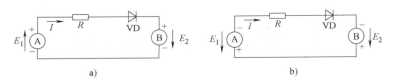

a)   b)

图 5-30   电源间的能量传输

5.6.2 利用三相桥式全控整流电路构成的有源逆变电路

图 5-31a 是采用三相桥式全控整流电路构成的有源逆变电路，与三相全控桥式整流电路一样，L_d 是足够大的，能维持直流电流为一个恒定值，而负载为一特殊的电源 E_d。在 $\alpha = 0 \sim 90°$ 的范围内，E_d 为一电动势电源，其极性与 I_d 的方向相反，此时，作为整流状态运行的桥式整流器的负载接收功率；当 $\alpha = 90°$ 时，$E_d = 0$，相应的 U_0 也为零；当 $\alpha > 90°$ 时，U_0 为负，E_d 也变为负，电流 I_d 方向不变，则 E_d 与 I_d 的方向相同，此时 E_d 输出功率，通过有源逆变送回电网。显然，有了这样的直流电源 E_d，只要 $\alpha > 90°$，电路就能在有源逆变工作状态运行。同时还假设，与逆变电路连接的三相电网是恒压恒频的对称系统；各相交流侧的

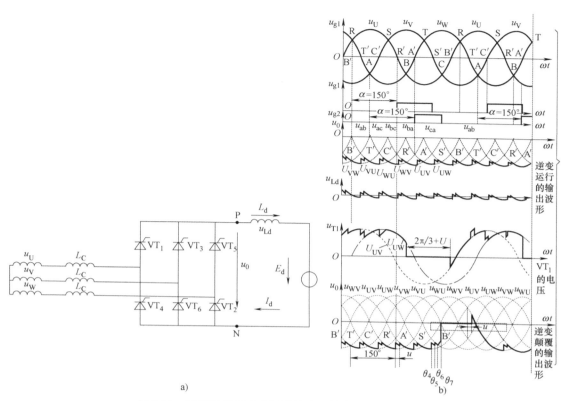

图 5-31　利用三相桥式全控整流电路构成的有源逆变电路

等效电感相等，即 $L_{CU} = L_{CV} = L_{CW} = L_C$。

1. 工作原理

电网线电压和相电压分布和各晶闸管的控制极脉冲分布如图 5-31b 所示。为了简化，图 5-31 中只给出了 u_{g1}、u_{g2} 的波形。u_{g1}、u_{g2} 从各自然换流点后移了 150° 的电角度，即 R→R′，A→A′，如此类推，对应的各换流点都从各自然换流点推迟了 $\alpha = 150°$ 的电角度。

在 $\omega t < \pi/6 + \alpha$ 即 θ_1 的区间，VT_5 与 VT_6 导通，输出电压 $u_0 = u_{WV} < 0$；当 $\omega t < \pi/6 + \alpha$ 即 R′ 点时，$u_{g1} > 0$，此时 VT_1 的阳极电压为 $u_U = 0$，阴极由于 VT_5 而 $u_W < 0$，此时 VT_1 电压 $u_{T1} = u_U - u_W = -u_W > 0$，因此 VT_1 具备了导通的条件而被触发导通，VT_1 和 VT_5 开始换流，经过 μ 角度后换流结束，$\mu_0 = \mu_{UV} < 0$。

经过 $\pi/3$ 之后，当 $\omega t = \pi/2 + \alpha$（即 A′ 点）时，$u_{g2} > 0$，此时 $u_W = 0$，但 VT_2 的阳极因 VT_6 导通而等于 u_V，此时 $u_V > 0$，所以 VT_2 电压 $u_{T2} = u_V - u_W = u_V > 0$，$VT_2$ 满足导通条件而被触发导通，VT_6 换流到 VT_2，经过 μ 之后换流结束，输出电压 $u_0 = u_{UW} < 0$。同理，可以分析其他区间的电路工作过程，并可以得到以下结论。

1）各元件的工作情况和前述整流器一样，在非换流期间，上、下元件组各有一个元件导通，在换流的 μ 期间内，电路中 3 个元件导通，如在 $\pi/6 + \alpha < \omega t < \pi/6 + \alpha + \mu$ 期间，上组 VT_1 与 VT_5 导通换流，下组的 VT_6 同时导通。

2）每隔 $\pi/3$ 电路中出现一次元件换流，并按 R′→A′→S′→B′→T′→C′→R′ 的次序轮番进行，每个元件的导通角 $\theta = 120° + \mu$。

3）由于控制极脉冲分布为 $\alpha=150°$，各元件均在线电压的负半波内导通，故三相桥式全控整流器按逆变工作状态运行，其输出电压 u_0 的瞬时值为负，其 u_0 的波形如图 5-31 所示。

2. 数量关系

（1）输出电压 u_0 的平均值 U_0　从上述分析可知，有源逆变电路的工作规律与整流时相同，当忽略换流过程时，其整流器直流侧的平均电压 U_0 可以直接用式（5-100）求得

$$U_0=\frac{3\sqrt{6}\,U_2}{\pi}\cos\alpha=U_{0m}\cos\alpha \tag{5-100}$$

当换流区间为 μ 时，可求得输出电压 u_0 的平均值，即

$$U_0=\frac{3}{\pi}\int_{\pi/6+\alpha}^{\pi/2+\alpha}u_{UV}\mathrm{d}(\omega t)-\frac{3}{\pi}\int_{\pi/6+\alpha}^{\pi/6+\alpha+\mu}\frac{1}{2}u_{UW}\mathrm{d}(\omega t)$$

$$=\frac{3\sqrt{6}\,U_2}{\pi}\left[\int_{\pi/6+\alpha}^{\pi/2+\alpha}\sin\left(\omega t+\frac{\pi}{6}\right)-\int_{\pi/6+\alpha}^{\pi/6+\alpha+\mu}\frac{1}{2}\sin\left(\omega t-\frac{\pi}{6}\right)\right]\mathrm{d}(\omega t)$$

$$=\frac{3\sqrt{6}\,U_2}{2\pi}\left[\cos\alpha+\cos(\alpha+\mu)\right] \tag{5-101}$$

式（5-101）进一步说明了有源逆变工作状态的规律与整流状态是相同的，只是触发延迟角 α 的数值范围不同而已。由此可见，改变 α（$\alpha>90°$）的数值可以调节逆变电压和电流 I_d 的数值，但应注意的是，不管是整流还是逆变工作状态，电流的方向总是不变的，因此，在逆变状态运行时，u_0、U_0、u_d 都是负值。由于 L_d 足够大，I_d 趋于平滑，其交流纹波可以忽略不计，即 $i_d=I_d$，因此 E_d 中不包含交流分量，近似为直流电压，但输出电压 u_0 中包含有纹波分量，只是 u_0 中脉动分量与直流电感 L_d 的电压 $u_L=L\mathrm{d}i_d/\mathrm{d}t$ 相平衡。u_L 的平均值为零，例如，当 $\theta_1<\omega t<\theta_2$ 的区间，$|u_0|<|E_d|$，i_d 有上升的趋势，故此 $u_L>0$，其作用是阻止电流的增加；当 $\theta_2<\omega t<\theta_3$ 时，$|u_0|>|E_d|$，i_d 有下降的趋势，故此 $u_L<0$，阻止电流的下降，其结果是维持 i_d 恒定。由此可见，在逆变电路中，电感 L_d 的作用一方面是保证电流恒定，另一方面是维持电压的平衡，这是图 5-31 所示电路逆变运行时不可缺少的条件。

（2）晶闸管电压　在逆变工作状态运行时，晶闸管端电压的波形如图 5-31 中的 u_{T1} 所示。由图可见，与整流状态基本相同，在 VT_1 导通期间，$u_{T1}=0$，在 VT_1 阻断期间，u_{T1} 随线电压 u_{UV} 和 u_{UW} 变化。但与整流状态不同的是，由于触发延迟角 α 很大，元件大部分时间处于正向阻断状态，反向阻断期随 α 增大而减小。设元件反压角为 δ，则有 $\delta=\beta-\mu=\pi-\alpha-\mu$，式中，$\beta$ 称为逆变角，$\beta=180°-\alpha$。

反压时间为

$$t_\delta=\frac{\delta}{\omega}=\frac{\beta-\mu}{\omega}=t_\beta-t_\mu \tag{5-102}$$

为了保证逆变器元件能可靠关断，应有 $t_\delta>t_q$，t_q 为线路提供给元件的关断时间，通常 $t_q\geq t_{off}$。因反压时间 t_δ 随触发延迟角 α 的增大而减小，为此必须限制 α 的最大值，一般取 $\alpha_{max}=150°$。

5.6.3　逆变状态的颠覆现象

逆变颠覆（或称逆变失败），是指上述逆变状态由于各种原因而受到破坏的现象。这时

主电路可能出现短路电流, 应尽量设法防止。引起逆变颠覆的原因很多, 主要有:

1) 晶闸管承受的反压时间 t_δ 太短, 以致 $t_\delta < t_q$, 元件反压期间不能恢复正向阻断能力, 当重加正向电压时, 再次处于导通状态。

2) 误触发。因逆变工作状态时, 元件大部分时间都处于正向阻断, 如其门极侵入干扰信号, 便产生误导通。

下面以 $t_\delta < t_q$ 为例, 阐明逆变颠覆的过程。

在图 5-31 中, 在 $\theta_4 < \omega t < \theta_5$ 区间, VT_1、VT_3 换流, 经 μ 换流期后, 换流结束, $i_{T3} = I_d$, $i_{T1} = 0$, VT_1 进入反向阻断状态, $u_0 = u_{VW} < 0$, 若 $t_\delta < t_q$ (VT_1 的关断时间), 在 $\omega t = \theta_6$ 时, VT_1 重加正向电压时再次导通, 此时 $u_U > u_V$, 所以 VT_3 向 VT_1 换流, 线电压 u_{UV} 再次沿 VT_1、VT_3 短路, 由于 $u_{UV} > 0$, 故 i_{T3} 下降, 而 i_{T1} 再次上升。与此同时, 在 $\omega t = \theta_7$ 时, 有 $u_{g4} > 0$, VT_4 的阳极电压 $u_W > 0$, 而阴极电压 $u_U = 0$, $u_{WU} > 0$, 所以 VT_4 转为导通, VT_2、VT_4 换流, 这样 VT_1、VT_4 同时处于导通状态, 整流器输出的直流侧处于短路, 输出电压 $u_0 = 0$, 电源 E_d 供给的短路电流沿 VT_1、VT_4 流通。整流器交流侧由于 VT_1、VT_3 和 VT_2、VT_4 同时处于换流, 三相桥中同时有 4 个元件导通, 而呈三相短路。这种三相短路状态一直持续到 $i_{T3} = 0$ 或 $i_{T2} = 0$ 时为止。而直流侧短路将一直持续到 $u_{g6} > 0$, VT_6 导通, VT_4 与 VT_6 换流结束为止。这是因为直流侧短路持续, 过了 $\pi/3$ 到达 T′ 点时, 本应 VT_3 与 VT_5 换流, 由于 VT_3 被截止, VT_1 导通, 因此 VT_5 的阴极电压为 $u_U > 0$, 而阳极电压 $u_W = 0$, VT_5 不具备触发导通的条件。所以过了 T′ 点之后仍然是 VT_1、VT_4 导通, 直流侧短路, 直到又过了 60° 到达 C′ 点, VT_6 有了触发信号, VT_6 的阳极电压为 $u_U > 0$, 阴极电压为 $u_V = 0$, 所以 VT_6 满足导通条件而被触发导通, VT_4 换流到 VT_6, 当换流结束时, 共阳极组的 VT_6 导通, 共阴极组的 VT_1 导通, 输出直流电压 $u_0 = u_{UV}$, 直流侧短路结束。

在 $\omega t = \theta_6$ 时逆变颠覆开始, 直流输出电压 $u_0 = u_p - u_N = (u_U + u_V)/2 - u_W = u_{UW} - u_{UV}/2$, 如图 5-31 中的点画线所示。在 θ_7 时刻直流侧短路, $u_0 = 0$, 过了 120° 到达 C′ 点之后, $u_0 = u_{UV}$, 从正到负再过 120° 到 A′ 点时, VT_6 与 VT_2 换流, 逆变电路又进入逆变状态运行, 再过 60° 到 S′ 点, VT_1 换流到 VT_3, 如果 VT_1 元件只是偶然一次故障, 则电路就恢复了正常运行, 若是元件性能下降, 关断能力没有了, 则到 S′ 点之后又会再次出现逆变失败现象, 以至损坏元件。

同理, 当元件误触发时, 也会有直流侧和交流侧短路的现象出现。由此可见, 处于逆变工作状态时, 对控制极的触发电路的可靠性提出了更高的要求。

5.6.4 整流桥拉入逆变状态运行的特殊应用

有源逆变最常用于直流输电的变流站和电动机的调速制动。在直流输电中, 一般变流站阀体既可以作整流状态运行, 又可以作逆变状态运行, 使电力系统的潮流可逆。电动机调速中通过有源逆变将动能或位能转变成电能反馈回电网, 实现电动机的制动运行。当然新能源开发也必须使用逆变器。以上这些都是传统的整流器作为有源逆变状态运行, 但有源逆变运行还有一些特殊的用途。例如, 直流输电的直流输电线发生短路时, 如果将整流站拉入逆变状态运行, 立即可消除短路大电流, 无须开关跳闸, 因而不会产生操作过电压危害整流元件等器件; 整流桥带大电感负载时, 在正常运行的拉闸和跳闸过程中, 由于电感中的储能, 不可避免地要产生过渡过程的过电压, 如果将整流站拉入逆变运行, 将电感中储存的能量以电能的形式反馈给电网，则逆变状态的晶闸管就会自动"熄火"，脱离电网，这样就没有过渡过程的过电压出现。例如，大型同步发电机的励磁系统，当励磁绕组需要灭磁时，如果突然拉入逆变状态运行，励磁绕组的储能以电能的形式反馈回电网，当磁场能量没有了，电流也就为零，这比"灭磁开关"操作或励磁绕组短路灭磁都快得多，也安全得多。

下面用拉入逆变状态运行来保护整流桥直流侧短路的例子说明有源逆变状态运行的特殊应用。

1. 整流桥拉入逆变运行的物理过程

如图 5-32 所示，电路在整流状态工作时向负载输送直流电能。

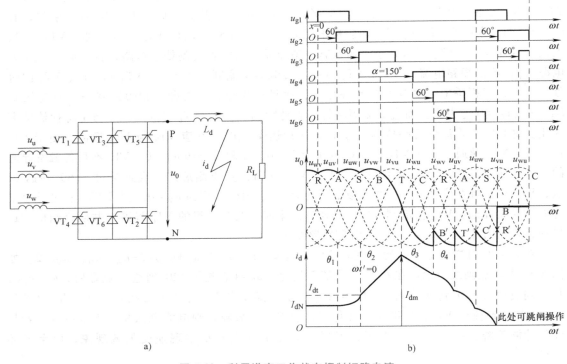

图 5-32 利用逆变工作状态抑制短路电流

由于某种原因，负载发生短路，这时电路中将流过短路电流。若在短路发生时，自动将触发延迟角 α 增加到 $\alpha > 90°$ 运行，则整流桥转为逆变运行，此时整流装置不仅不从电网吸取能量，反而将原来储存在电感 L 中的磁场能量以电能的形式送回电网，短路电流被抑制。这是一种简单而有效的保护措施。为了简便，假设：

1）交流侧电感 $L_U = L_V = L_W = 0$。

2）短路之前为额定运行状态，即 $I_d = I_{dN}$，$\alpha = 0$。

3）短路保护动作的整定电流为 I_{dt}，逆变时 $\alpha = 150°$。

设在转换点 A 的 θ_1 时刻，直流侧发生短路，i_d 增大，至转换点 S 时，$\omega t = \theta_2$，i_d 增加到保护动作电流值 I_{dt}，保护动作，但 VT₁ 与 VT₃ 已经换流，直流侧输出电压为 u_{VW}，到 B 点，由于保护动作 VT₄ 的触发信号被推迟了 150°，VT₄ 不导通，VT₂ 继续开通，u_0 仍然按 u_{VW}下降，到 $\omega t = \theta_3$ 时，$u_0 = u_{VW} = 0$，短路电流 i_d 达到最大值 I_{dm}。之后 $u_0 < 0$，i_d 下降，直到 ωt

$=\theta_4$，$u_{g4}>0$，VT_4 导通，VT_2 与 VT_4 换流完毕，输出电压 $u_0=u_{VU}<0$，电路已经进入逆变状态运行，L 中储存的磁场能量以电能的形式送回电网。电流 i_d 继续下降，在很大的负电压作用下，i_d 很快下降为零，由于 u_0 变负，而晶闸管中的电流不能反流，因此在 $\omega t=\theta_5$ 时，$i_d=0$ 之后，晶闸管中就没有电流了，已经导通的 VT_5、VT_6 都转为断态，整流器自动脱离电网。如图 5-32 所示，从短路开始到整流器脱离电网只有一个周波左右的时间，除触发延迟角变化外，没有其他操作过电压，设计好短路电流最大值 I_{dm} 可使元件安然无恙。

2. 被抑制的短路电流分析

为计算方便起见，以保护动作点为新的坐标原点，即 $\omega t=0$ 时，$i_d=I_{dt}$，此时的 $U_0=U'_{0m}\sin\theta_0$，根据图 5-32 可得到电路的方程式为

$$u_0=Ldi_d/dt=U'_{0m}\sin(\omega t'+\theta_0) \tag{5-103}$$

式中，$\theta_0=\theta_2-\theta_1$。

将式（5-103）两边积分，得到

$$i_d(\omega t')=-\frac{U'_{0m}}{\omega L}\cos(\omega t'+\theta_0)+K \tag{5-104}$$

当 $\omega t'=0$ 时，$i_d(0)=I_{dt}$，可求得

$$K=I_{dt}+\frac{U'_{0m}}{\omega L}\cos\theta_0$$

代入式（5-104）得

$$i_d=I_{dt}+\frac{U'_{0m}}{\omega L}\left[\cos\theta_0-\cos(\omega t'+\theta_0)\right] \tag{5-105}$$

式（5-105）说明短路电流的数值与短路发生的时刻有关。考虑最严重的情况是 $\alpha=0$，$\theta_0=\pi/3$，$U'_{0m}=\sqrt{3}\,U_{\phi m}$（线电压的最大值）。这时，$i_d$ 可写成

$$i_d=I_{dt}+\frac{\sqrt{3}\,U_{\phi m}}{\omega L}\left[\frac{1}{2}-\cos(\omega t'+\pi/3)\right] \tag{5-106}$$

当 $\omega t'=2\pi/3$ 时，短路电流出现最大值为

$$I_{dm}=I_{dt}+\frac{3\sqrt{3}\,U_{\phi m}}{2\omega L}=I_{dt}+\frac{3\sqrt{6}\,U_2}{2\omega L} \tag{5-107}$$

式（5-107）说明短路电流最大值与直流电感 L 有关，L 越大，短路电流就越小，但 L 越大，磁场能量越大，抑制过程越长。由前面的分析可知，若 $\theta_0<\pi/3$，则短路电流最大值要小，抑制过程也快得多了。因此可以根据具体条件设计 L 与整定电流 I_{dt}，使 I_{dm} 符合元件和系统安全运行的要求。

5.7　负载性质对整流器的影响和整流器的功率因数

在三相桥式可控整流电路中，我们已经讨论了 $L=0$ 和 $L=\infty$ 的两种极端的负载情况。在 $L=\infty$ 的这种情况下，输出直流电流的纹波可以忽略，元件的导通角 $\theta=2\pi/3$。但实际上，无论是从技术上还是经济上，在整流装置中配置电感量为无限大的滤波电抗器是不可能的，也是没有必要的。即使 L 趋近于无穷大，要电流连续也是有限的，受触发延迟角 α 和负载电阻

R_d 的限制，所以 L 的实际数值是以整流电路的输出量能够满足一定要求为限度，这些要求视具体的负载或应用场合而定，最常见的是输出电流连续或其脉动度低于某一水平。因此一种最常见的负载形式就是 L 为有限值时的负载。

5.7.1　有限电感负载时的工作状况

1. 负载电流连续的情况

电路的波形如图 5-33 所示，由图可见，在 $\theta_1 < \omega t < \theta_2$ 之间，电路中有 VT_1、VT_6 导通，输出电压 $u_0 = u_{UV}$。根据整流器电路可以列出下列方程

$$u_0 = L\frac{\mathrm{d}i_0}{\mathrm{d}t} + R_L i_0 = u_{UV} = \sqrt{3}\sqrt{2}\, U_2 \sin\left(\omega t + \frac{\pi}{6}\right) \tag{5-108}$$

由于 $u_0 > R_L i_0$，即电感 L 上的压降 $L\mathrm{d}i_0/\mathrm{d}t = u_L > 0$。负载电流 i_0 处于增长阶段，L 的端电压 $L\mathrm{d}i_0/\mathrm{d}t = u_L$ 力图阻止电流的增长，电路中能量的传输情况是：整流电路从交流电网吸取的能量一部分消耗在负载电阻 R_L 上，另一部分转化为磁场能量储存在电感 L 中。

在 $\theta_2 < \omega t < \theta_3$ 区间，$u_0 < R_L i_0$，由于 u_{UV} 下降，整流电路提供的能量减小，因而 i_0 下降，电感 L 的端电压反向，力图阻止电流减小，原来储存于 L 中的磁场能量这时会释放出来，使整流电路维持能量平衡。

在 $\theta_3 < \omega t < \theta_4$ 区间，$u_0 = u_{UV} < 0$，整流桥瞬时输出功率为负值（$p_0 = u_0 i_0$），这说明整流电路在此区间不但不提供能量，反而从负载电路中吸取能量并经整流器逆变成交流电能反馈回电网，L 继续释放磁能以维持负载和电网能量的要求。由于 L 数值较大，磁能较多，即在 $\theta_1 < \omega t < \theta_2$ 区间 L 储存的磁场能量足够多。因此当 $\omega t = \theta_4^-$ 时，$i_0 = I_{0m}$。当 $\omega t = \theta_4^+$ 时，即在 A′点，有 $u_{g2} > 0$，电路转换为 VT_1、VT_2 导通，输出电压 $u_0 = u_{UW} > R_L i_0$，i_0 再次从 I_{0min} 增长。如此循环，得到如图 5-33 所示的波形。

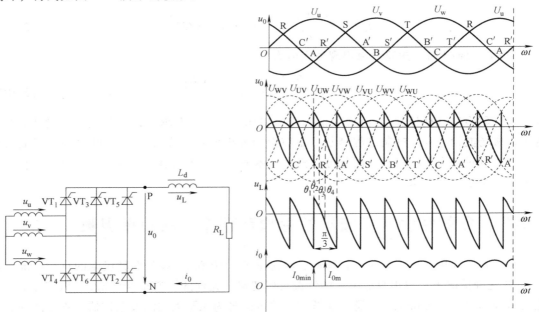

图 5-33　有限电感负载的三相桥式整流器（电流连续时）

比较图 5-23 和图 5-33 可见，当 L 为有限值时，负载电流（即整流器输出电流 i_0）出现脉动，但电流仍然保持连续。元件的导通角 $\theta = 2\pi/3$，输出电压 u_0 的平均值和负载电流的平均值仍为

$$U_0 = \frac{3\sqrt{6}}{\pi} U_2 \cos\alpha$$

$$I_0 = U_0/R_L = \frac{3\sqrt{6}}{\pi R_L} U_2 \cos\alpha$$

由式（5-108）可以求得电流 i_0 为

$$i_0 = A e^{-\frac{\omega t}{\tan\varphi}} + \frac{\sqrt{6}\, U_2}{|Z|} \sin\left(\omega t + \pi/6 - \varphi\right) \tag{5-109}$$

式中，$\varphi = \tan^{-1}(\omega L/R_L)$ 称为负载阻抗角；$|Z| = \sqrt{(\omega L)^2 + R_L^2}$ 称为阻抗模。

积分常系数 A 由电路的初始值决定，当 $\omega t = \pi/6 + \alpha$ 时，$i_0 = I_{0\min}$，代入上式，得

$$i_0 = I_{0\min} = A e^{-\frac{\pi/6+\alpha}{\tan\varphi}} + \frac{\sqrt{6}\, U_2}{|Z|} \sin\left(\alpha - \varphi + \frac{\pi}{3}\right)$$

$$A = \left[I_{0\min} - \frac{\sqrt{6}\, U_2}{|Z|} \sin\left(\alpha - \varphi + \frac{\pi}{3}\right) \right] e^{\frac{\pi/6+\alpha}{\tan\varphi}}$$

$$i_0 = \left[I_{0\min} - \frac{\sqrt{6}\, U_2}{|Z|} \sin\left(\alpha - \varphi + \frac{\pi}{3}\right) \right] e^{\frac{\pi/6+\alpha-\omega t}{\tan\varphi}} + \frac{\sqrt{6}\, U_2}{|Z|} \sin\left(\omega t + \frac{\pi}{6} - \varphi\right) \tag{5-110}$$

由于电流连续，元件的导通角 $\theta = 2\pi/3$，因此当 $\omega t = \pi/6 + \alpha + \pi/3$ 时，$i_0 = I_{0\min}$，代入上式得

$$I_{0\min} = \left[I_{0\min} - \frac{\sqrt{6}\, U_2}{|Z|} \sin\left(\alpha - \varphi + \pi/3\right) \right] e^{-\frac{\pi/3}{\tan\varphi}} + \frac{\sqrt{6}\, U_2}{|Z|} \sin\left(\alpha - \varphi + 2\pi/3\right)$$

$$I_{0\min}\left(1 - e^{-\frac{\pi/3}{\tan\varphi}}\right) = \frac{\sqrt{6}\, U_2}{|Z|} \left[\sin\left(\alpha + 2\pi/3 - \varphi\right) - \sin\left(\alpha - \varphi + \pi/3\right) e^{\frac{\pi/3}{\tan\varphi}} \right] \tag{5-111}$$

假设 $I_{0m} = \dfrac{\sqrt{6}\, U_2}{|Z|}$，代入式（5-111），得

$$\frac{I_{0\min}}{I_{0m}} = \frac{\sin\left(\alpha + \dfrac{2\pi}{3} - \varphi\right) - \sin\left(\alpha - \varphi + \dfrac{\pi}{3}\right) e^{\frac{\pi/3}{\tan\varphi}}}{1 - e^{-\frac{\pi/3}{\tan\varphi}}} = K'\left[\sin\left(\alpha + \frac{2\pi}{3} - \varphi\right) - \sin\left(\alpha - \varphi + \frac{\pi}{3}\right) e^{\frac{\pi/3}{\tan\varphi}} \right] \tag{5-112}$$

式中，$K' = 1/\left(1 - e^{-\frac{\pi/3}{\tan\varphi}}\right)$。

此式为超越方程，可以根据应用场合对电流脉动的要求确定 $I_{0\min}/I_{0m}$，对于给定阻抗角 $\varphi = \tan^{-1}(\omega L/R_L)$，用计算机可以求得维持电流连续所对应的最大触发延迟角 $\alpha_{\max}$；或者是已经给定 $\alpha_{\max}$ 时，求得维持电流连续所对应的最小电感 L 的数值。在临界连续的情况下，$I_{0\min} = 0$，即当 $\omega t = \pi/6 + \alpha$ 和 $\omega t = \pi/6 + \alpha + \pi/3$ 时，i_0 都等于零。可得

$$\sin\left(\alpha + 2\pi/3 - \varphi\right) - \sin\left(\alpha - \varphi + \pi/3\right) e^{-\frac{\pi/3}{\tan\varphi}} = 0$$

$$\sin(\alpha-\varphi+\pi/3)+\sqrt{3}\cos(\alpha-\varphi+\pi/3)=2\sin(\alpha-\varphi+\pi/3)\,\mathrm{e}^{-\frac{\pi/3}{\tan\varphi}}$$

$$\tan(\alpha-\varphi+\pi/3)=\sqrt{3}/(2\mathrm{e}^{-\frac{\pi/3}{\tan\varphi}}-1) \tag{5-113}$$

由此式用计算机求解可得到对于给定负载的阻抗角 $\varphi=\tan^{-1}(\omega L/R_\mathrm{L})$ 时维持电流连续的最大触发延迟角 α_max。当 $\omega L\gg R_\mathrm{L}$ 时，$\varphi=\tan^{-1}(\omega L/R_\mathrm{L})=\pi/2$，$\tan\varphi=\infty$，代入式（5-113）得到

$$\tan(\alpha-\pi/2+\pi/3)=\sqrt{3}$$

$$\alpha_\mathrm{max}=\pi/2 \tag{5-114}$$

式（5-114）说明，当 $\omega L\gg R_\mathrm{L}$ 即 $\varphi=\pi/2$ 的条件下，维持临界电流连续的最大触发延迟角 α_max 为 $\pi/2$。同时可以推导，负载电阻 R_L 小到可以忽略的情况，即 $\alpha<\pi/2$ 为电流连续区，$\alpha>\pi/2$ 为电流断续区。实际上 $\omega L/R_\mathrm{L}$ 只能是一个有限值，因此为了维持电流连续，$I_\mathrm{0min}\geqslant 0$，则最大触发延迟角 $\alpha_\mathrm{max}<\pi/2$。阻抗角 $\varphi=\tan^{-1}(\omega L/R_\mathrm{L})$ 越小，则维持电流连续的 α_max 也越小。

2. 输出电流不连续的情况

当 $\omega t=\pi/6+\alpha$ 时，$\mathrm{VT_5}$ 与 $\mathrm{VT_1}$ 换流后，$\mathrm{VT_1}$、$\mathrm{VT_6}$ 导通，$u_0=u_\mathrm{UV}$，i_0 增长，$L\mathrm{d}i_0/\mathrm{d}t>0$，电感储能，当 $\theta_2<\omega t<\theta_3$ 时，$u_0<R_\mathrm{L}i_0$，电感电动势反向，L_d 释放磁能以维持负载的需求，当 $\omega t=\theta_3$ 时，$u_0=u_\mathrm{UV}$ 为负，这时开始，L_d 释放的磁能一部分供给负载 R_L，一部分通过整流器逆变送回电网。若 L_d 中的磁能 $LI_\mathrm{0m}^2/2$ 不多，以至于在 A′点之前的 θ_4 便全部释放完，则负载电流便出现断续，如图 5-34 所示。

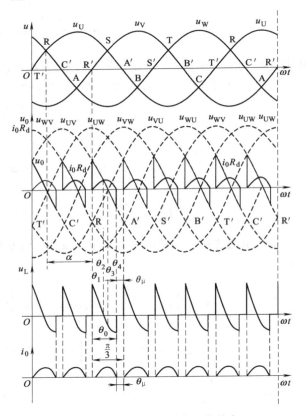

图 5-34 电流断续时的工作状态

每次脉冲中，电流 i_0 的底部宽度 $\theta_0=\pi/3-\theta_\mu$，$\theta_\mu$ 为断流角，磁能 $LI_\mathrm{0m}^2/2$ 越小，断流角 θ_μ 越大。在电流断续的条件下，直流输出电压 u_0 为

$$u_0=\begin{cases}u_\mathrm{UV}=\sqrt{6}\,U_2\sin(\omega t+\pi/6),\ (\pi/6+\alpha)<\omega t<(\pi/6+\alpha+\theta_0)\\ 0,\ (\pi/6+\alpha+\theta_0)<\omega t<(\pi/6+\alpha+\theta_0+\theta_\mu)\end{cases} \tag{5-115}$$

输出电压的平均值为

$$U_0=\frac{3}{\pi}\int_{\pi/6+\alpha}^{\pi/6+\alpha+\theta_0}\sqrt{6}\,U_2\sin\left(\omega t+\frac{\pi}{6}\right)\mathrm{d}(\omega t)=\frac{3\sqrt{6}\,U_2}{\pi}\left[\cos\left(\frac{\pi}{3}+\alpha\right)-\cos\left(\alpha+\theta_0+\frac{\pi}{3}\right)\right] \tag{5-116}$$

若把 $\theta_0 = \pi/3$（$\theta_\mu = 0$）代入上式，则得

$$U_0 = \frac{3\sqrt{6}\,U_2}{\pi}\cos\alpha$$

式（5-116）表明：直流平均电压 U_0 除了与 α 有关外，还与 θ_0 有关，因此必须对给定的 α 求出相应的 θ_0 才能求出 U_0。下面讨论求 θ_0 的方法与过程。根据图 5-34 所示的波形，有

$$u_0 = L\mathrm{d}i_0/\mathrm{d}t + R_\mathrm{L}i_0 = u_{\mathrm{UV}} = \sqrt{6}\,U_2\sin(\omega t + \pi/6) \tag{5-117}$$

解得电流为

$$i_0 = A\mathrm{e}^{-\frac{\omega t}{\tan\varphi}} + \frac{\sqrt{6}\,U_2}{|Z|}\sin(\omega t - \varphi + \pi/6)$$

积分常数 A 由初始值确定，当 $\omega t = \pi/6 + \alpha$ 时，$i_0 = 0$ 代入上式，得

$$A = -\frac{\sqrt{6}\,U_2}{|Z|}\sin(\pi/3 + \alpha - \varphi)\mathrm{e}^{\frac{\pi/6 + \alpha - \omega t}{\tan\varphi}}$$

所以

$$i_0 = \frac{\sqrt{6}\,U_2}{|Z|}\left[\sin\left(\omega t - \varphi + \frac{\pi}{6}\right) - \sin\left(\alpha - \varphi + \frac{\pi}{3}\right)\mathrm{e}^{\frac{\pi/6 + \alpha - \omega t}{\tan\varphi}}\right] \tag{5-118}$$

当 $\omega t = \pi/6 + \alpha + \theta_0$ 时，$i_0 = 0$，代入上式得

$$i_0 = \frac{\sqrt{6}\,U_2}{|Z|}\left[\sin\left(\alpha + \theta_0 - \varphi + \frac{\pi}{3}\right) - \sin\left(\alpha - \varphi + \frac{\pi}{3}\right)\mathrm{e}^{-\frac{\theta_0}{\tan\varphi}}\right] = 0$$

即

$$\sin(\alpha + \theta_0 - \varphi + \pi/3) - \sin(\alpha - \varphi + \pi/3)\mathrm{e}^{-\frac{\theta_0}{\tan\varphi}} = 0$$

所以

$$\tan(\alpha - \varphi + \pi/3) = \sin\theta_0 / \left(\mathrm{e}^{-\frac{\theta_0}{\tan\varphi}} - \cos\theta_0\right) \tag{5-119}$$

利用式（5-119），对于给定的触发延迟角 α 和阻抗角 φ，可以确定出导电角 θ_0。若负载电流为连续的，则 $\theta_0 = \pi/3$，代入上式得

$$\tan(\alpha - \varphi + \pi/3) = \sin(\pi/3) / \left[\mathrm{e}^{-\frac{\pi/3}{\tan\varphi}} - \cos(\pi/3)\right] \tag{5-120}$$

实际上，式（5-120）与式（5-113）是完全一样的。

5.7.2　反电动势负载（$0 < L < \infty$）时的工作状况

反电动势负载一般是蓄电池或电动机这一类负载。同样也有电流连续和不连续的工况出现，一般应用中都是需要电流连续，特别是直流电动机负载更是如此。

1. 蓄电池负载

对于电流连续的情况，则输出电压平均值和电流平均值为

$$\begin{cases} U_0 = \dfrac{3\sqrt{6}\,U_2}{\pi}\cos\alpha \\[2mm] I_0 = (U_0 - E_\mathrm{d})/R_\mathrm{L} \end{cases} \tag{5-121}$$

式中，E_d 为蓄电池电动势。

对于电流出现断续的情况，与前面图 5-34 的波形基本相同，不同的是在断流角 $\theta_\mu = \pi/3 - \theta_0$ 的区间，其输出电压 $u_0 \neq 0$ 而是 $u_0 = E_d$（蓄电池电动势）。这样，式（5-89）的形式为

$$u_0 = \begin{cases} u_{AB} = \sqrt{6}\,U_2\sin(\omega t + \pi/6)\,, & (\pi/6 + \alpha) < \omega t < (\pi/6 + \alpha + \theta_0) \\ E_d\,, & (\pi/6 + \alpha + \theta_0) < \omega t < (\pi/6 + \alpha + \theta_0 + \theta_\mu) \end{cases}$$

其平均值为

$$U_0 = \frac{3}{\pi}\int_{\pi/6+\alpha}^{\pi/6+\alpha+\pi/3} u_0 \mathrm{d}(\omega t) = \frac{\pi}{3}\int_{\pi/6+\alpha}^{\pi/6+\alpha+\theta_0} u_{UV}\mathrm{d}(\omega t) + \frac{3}{\pi}\int_{\pi/6+\alpha+\theta_0}^{\pi/6+\alpha+\theta_0+\theta_\mu} E_d \mathrm{d}(\omega t)$$

$$= \frac{3\sqrt{6}\,U_2}{\pi}\left[\cos\left(\alpha + \frac{\pi}{3}\right) - \cos\left(\alpha + \theta_0 + \frac{\pi}{3}\right)\right] + \frac{3E_d}{\pi}\theta_\mu$$

而 $\theta_\mu = \pi/3 - \theta_0$，代入上式得

$$U_0 = \frac{3\sqrt{6}\,U_2}{\pi}\left[\cos\left(\alpha + \frac{\pi}{3}\right) - \cos\left(\alpha + \theta_0 + \frac{\pi}{3}\right)\right] + E_d - \frac{3E_d}{\pi}\theta_0$$

$$= \frac{3\sqrt{6}\,U_2}{\pi}\left[\cos\left(\alpha + \frac{\pi}{3}\right) - \cos\left(\alpha + \theta_0 + \frac{\pi}{3}\right) - \varepsilon\theta_0\right] + E_d \tag{5-122}$$

式中

$$\varepsilon = E_d / (\sqrt{6}\,U_2) \tag{5-123}$$

当 $E_d = 0$，$\varepsilon = 0$，式（5-122）可简化为（5-116）；当 $E_d = 0$、$\varepsilon = 0$、$\theta_0 = 2\pi/3 - \alpha$ 时，式（5-122）可简化为式（5-52）；当 $E_d = 0$、$\varepsilon = 0$、$\theta_0 = \pi/3$ 时，式（5-122）可简化为式（5-71）。对于给定的 E_d，可按式（5-123）求出参变量 ε，并按感性负载下相仿的方法给定触发延迟角 α，方可求出相应的导电角 θ_0，再求出平均电压 U_0。

2. 电动机负载

由于回路的电阻（包括电枢电阻在内）R_L 相对来说是小的，因而可以忽略不计。

根据图 5-35，并假设在 R′点 VT_1 与 VT_6 导通的导电角内，则电路方程为

$$u_0 = u_{UV} = \sqrt{6}\,U_2\sin(\omega t + \pi/6) = L\mathrm{d}i_0/\mathrm{d}t + E_d$$

解得电流为

$$i_0 = \frac{\sqrt{6}\,U_2}{\omega L}\left[-\cos(\omega t + \pi/6)\right] - \frac{E_d}{\omega L}\omega t + C$$

积分常数 C 可以由初始条件确定，当 $\omega t = \pi/6 + \alpha$ 时，$i_0 = 0$，代入上式得

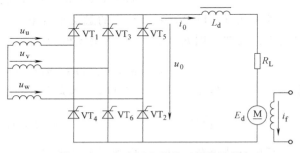

图 5-35　电动机负载的三相整流器

$$C = \frac{\sqrt{6}\,U_2}{\omega L}\cos(\pi/3 + \alpha) + \frac{E_d}{\omega L}(\pi/6 + \alpha)$$

故

$$i_0 = \frac{\sqrt{6}\,U_2}{\omega L}\left[\cos(\pi/3 + \alpha) - \cos(\omega t + \pi/6)\right] + \frac{E_d}{\omega L}(\pi/6 + \alpha - \omega t) \tag{5-124}$$

设导电角为 θ_0。当 $\omega t = \pi/6 + \alpha + \theta_0$ 时，i_0 又降为零。将 $\omega t = \pi/6 + \alpha + \theta_0$ 代入式（5-124）

得电动机反电动势为

$$E_{\mathrm{d}} = \frac{2\sqrt{6}\,U_2}{\theta_0}\sin(\pi/3 + \alpha + \theta_0/2)\sin(\theta_0/2) \tag{5-125}$$

输出电流的平均值为

$$I_0 = \frac{6}{2\pi}\int_{\pi/6+\alpha}^{\frac{\pi}{6}+\alpha+\theta_0} i_0 \mathrm{d}(\omega t) = \frac{3}{\pi}\int_{\pi/6+\alpha}^{\frac{\pi}{6}=\alpha+\theta_0}\left\{\frac{\sqrt{6}U_2}{\omega L}\left[\cos\left(\frac{\pi}{3}+\alpha\right) - \cos\left(\omega t + \frac{\pi}{6}\right)\right] + \frac{E_{\mathrm{d}}}{\omega L}\left(\frac{\pi}{6} + \alpha - \omega t\right)\right\}\mathrm{d}(\omega t)$$

$$= \frac{3\sqrt{6}\,U_2}{\pi\omega L}\left[\theta_0\cos\left(\frac{\pi}{3}+\alpha\right) - \sin\left(\alpha + \theta_0 + \frac{\pi}{3}\right) + \sin\left(\alpha + \frac{\pi}{3}\right)\right] + \frac{3E_{\mathrm{d}}}{\pi\omega L}\left(\frac{-\theta_0}{2}\right)\theta_0$$

$$= \frac{3\sqrt{6}\,U_2}{\pi\omega L}\left\{\cos(\pi/3 + \alpha + \theta_0/2)(\theta_0\cos\theta_0/2) - 2\sin\theta_0/2\right\}$$

$$\tag{5-126}$$

当导电角 $\theta_0 = \pi/3$ 时，电流出现连续，代入式（5-126）求得临界连续电流为

$$I_{0\mathrm{k}} = \frac{3\sqrt{6}\,U_2}{\pi\omega L}\left\{(-\sin\alpha)\left(\frac{\sqrt{3}\,\pi}{3\times 2} - \frac{2}{2}\right)\right\} = 0.693\times 10^{-3}\frac{U_2}{L_{\mathrm{d}}}\sin\alpha \tag{5-127}$$

式（5-127）是三相桥式整流电路的电流临界连续状态方程，也是使电流连续的最小平均值，在一定的 L_{d} 和 α 下，如果 $I_0 < I_{0\mathrm{k}}$，电流就会断续。从式中可以看出，L_{d} 越大，$I_{0\mathrm{k}}$ 越小，这是因为 L_{d} 越大，储能越多，虽然电流小些，但仍然维持电流连续。同样可以看出，$I_{0\mathrm{k}}$ 与 α 有关，α 越大，临界电流值 $I_{0\mathrm{k}}$ 越大，这是因为 α 越大，越需要 L_{d} 中的储能大，才能维持电流连续。当 U_2 和 α 一定时，保持电流连续的 $I_{0\mathrm{k}}$ 与电感量 L_{d} 成反比。工程中常规定触发延迟角 $\alpha = \pi/2$ 时最小临界电流为电动机额定电流 I_{dN} 的 $5\% \sim 10\%$，即

$$I_{0\mathrm{k}} = (5\% \sim 10\%)I_{\mathrm{dN}}$$

与此相应的电感量为

$$L_{\mathrm{d}} = 0.693\times 10^{-3}\frac{U_2}{I_{0\mathrm{k}}}\sin\left(\frac{\pi}{2}\right)\mathrm{H} = 0.693\frac{U_2}{(0.05\sim 0.1)I_{\mathrm{dN}}}\mathrm{mH} \tag{5-128}$$

5.7.3　整流电路的功率因数

对可控整流电路来说，其功率因数与负载性质无直接关系，主要取决于调整率的大小——输出整流电压越低，则功率因数也越小。这是因为输出电压越低，触发延迟角 α 越大，因而电流滞后于电压的角度也越大的缘故。同时为了反映负载的影响，我们把整流器的功率因数定义为整流器的有功功率与从电网吸收的视在功率之比，即

$$\begin{cases} \cos\varphi = P/S \\ P = UI \\ S = U_2 I_2 \end{cases} \tag{5-129}$$

式中，P 为整流器的有功功率；S 为从电网吸收的视在功率；U 为整流器输出电压有效值；I 为整流器输出电流有效值；U_2 为电源变压器二次相电压有效值；I_2 为电源变压器二次相电流有效值。

据此定义计算各整流电路的功率因数。

1. 单相半波可控整流电路的功率因数

电阻负载时，$I_2 = I$，可得

$$\cos\varphi = P/S = UI/(U_2 I_2) = \sqrt{\frac{1}{4\pi}\sin 2\alpha + \frac{\pi - \alpha}{2\pi}} \tag{5-130}$$

当 $\alpha = 0$ 时，$\cos\varphi = 0.707$，即最大功率因数也小于 1。

电感性负载带续流二极管时，如 $\omega L_d \gg R_d$，输出电压看成恒定不变，即 $I = I_0$，负载上的有功功率即为输出的直流功率，为

$$P = U_0 I_0$$

变压器二次电流有效值为

$$I_2 = \sqrt{\frac{1}{2\pi}\int_\alpha^\pi I_0^2 \mathrm{d}(\omega t)} = I_0\sqrt{\frac{\pi - \alpha}{2\pi}} \tag{5-131}$$

可求得功率因数为

$$\cos\varphi = P/S = \frac{1 + \cos\alpha}{\sqrt{\pi(\pi - \alpha)}} \tag{5-132}$$

当 $\alpha = 0$ 时，$\cos\varphi = 0.637$。因为电感负载时电路电流中存在的交流分量大，故功率因数相对较低。

2. 单相桥式全控整流电路的功率因数

在大电感负载时，根据式（5-37）可得

$$\cos\varphi = \frac{U_0 I_0}{U_2 I_2} = \frac{\frac{2\sqrt{2}}{\pi}U_2 I_0 \cos\alpha}{U_2 I_0} = \frac{2\sqrt{2}}{\pi}\cos\alpha \tag{5-133}$$

3. 三相半波可控整流电路的功率因数

电感负载时，根据式（5-58）和式（5-60），可求得的功率因数为

$$\cos\varphi = \frac{\sqrt{3}\sqrt{6}}{2\pi}\cos\alpha = 0.6752\cos\alpha \tag{5-134}$$

4. 三相桥式全控整流电路的功率因数

若负载为理想条件下的电感负载，则根据式（5-71）和式（5-76），可求得的功率因数为

$$\cos\varphi = \frac{U_0 I_0}{m U_2 I_2} = \frac{\frac{3\sqrt{6}}{\pi}U_2 I_0 \cos\alpha}{3 U_2\sqrt{2/3}I_0} = \frac{3}{\pi}\cos\alpha \tag{5-135}$$

考虑换流重叠角 μ 的电感负载时，根据式（5-84），同时利用式（5-76）对 I_2 做适当修正，即 $I_2 = K\sqrt{2/3}I_0$，K 为考虑重叠角时的修正系数，$K \geqslant 1$，求得的功率因数为

$$\cos\varphi = \frac{\frac{3\sqrt{6}}{\pi}U_2 I_0 \cos(\alpha + \mu/2)\cos(\mu/2)}{3 U_2 K I_0 \sqrt{2/3}} = \frac{3}{K\pi}\cos(\mu/2)\cos(\alpha + \mu/2) \tag{5-136}$$

当 $\mu = 0$ 时，$K = 1$，$\cos\varphi = (3\cos\alpha)/\pi$，与式（5-135）一致。考虑换流重叠角之后，功率因数降低了，这是因为换流压降使输出电压降低的缘故。

由此可以得出：

1）整流电路的功率因数并不等于触发延迟角 α 的余弦函数，即 $\cos\varphi \neq \cos\alpha$；但随着 α 的增大，功率因数是降低的。

2）整流电路的功率因数与整流主电路的形式有关。从相数来看，相数越多（m 越大），功率因数越高。同时还与主电路的结构形式有关。例如，在单相整流电路中，单相半波可控整流的功率因数很低，但单相桥式全波整流电路的功率因数较高。三相电路中，三相桥式全控整流电路的功率因数最高。

5.8　相控整流器的工程设计

5.8.1　相控整流电路的设计流程

1. 整流器主电路拓扑结构的选择

整流电路的选择应当根据用户的电源情况及装置的容量来确定。一般情况下，装置的容量在 5kW 以下时多采用单相桥式整流电路，装置容量在 5kW 以上，额定直流电压又较高时，多采用三相桥式整流电路。但对于低电压、大电流的整流器，多采用双反星形整流电路。

整流电路选择的主要原则如下。

1）整流器开关元件的电流容量和电压容量必须得到充分利用。

2）整流器直流侧的纹波越小越好，以减小整流直流电压的脉动分量，从而可以完全省去或减小平波电抗器的容量。

3）应当使整流器引起的网侧谐波电流，特别是幅值较高的低次谐波电流越小越好，以保证整流器有较高的功率因数和减小对电网的干扰。

4）整流变压器的容量应当得到充分利用，要求变压器的等值容量 S 尽可能接近直流容量 P，并避免产生磁通的直流分量。

2. 整流变压器的参数计算

在整流电路中，整流变压器处于交流电网和整流电路之间，其主要作用如下。

1）变换电压。在一般情况下，整流主电路所要求的电压与电网电压并不一致，需要用变压器进行电压变换或电压匹配。

2）抑制干扰。变压器具有一定的阻抗，能够削弱网侧电路的谐波分量，即从线路方面阻拦阀侧畸变侵入电网。

3）故障隔离。由于变压器的存在，使整流电路与电网之间只有磁的联系，一旦整流电路产生故障，不会直接涉及电网。

变压器的参数计算是指：根据已经确定的电路形式、负载条件、直流输出电压 U_0 和电流 I_0（或 I_d）来计算变压器二次相电压有效值 U_2，相电流有效值 I_2 和一次电流有效值 I_1，变压器二次容量 S_2 和一次容量 S_1 等，这些是变压器结构设计所需的基本数据。假定整流器为三相桥式全控整流电路，负载为大电感负载，其一次侧电网电压为三相 U_1 系统。

（1）二次相电压有效值 U_2 的计算　　按照以上假定条件，可得一个理想的二次相电压，即

$$U_2 = \frac{\pi}{3\sqrt{6}\cos\alpha}U_0 \tag{5-137}$$

考虑到实际电路中交流电抗 L_C、电网波动和整流器内阻等因素，上式可改写成

$$U_2 = K_0 K_1 K_2 U_{0N} K_3 \tag{5-138}$$

式中，$K_0 = \pi/(3\sqrt{6}) = 0.4275$；$K_1 = 1.12$ 为电网波动系数；$K_2 = 1/\cos\alpha_{min}$，α_{min} 为最小触发延迟角，为了在额定负载下仍然能够进行电压调节，不能按触发延迟角 $\alpha_{min} = 0$ 进行计算，一般规定取 $\alpha_{min} = 15° \sim 30°$；$U_{0N}$ 为整流器额定输出电压，相对于额定电流 I_{0N} 时负载要求的电压；K_3 为考虑其他因素影响的安全系数，$K_3 = 1.1 \sim 1.2$，当桥臂上串联的元件数较多时，取大值。

（2）二次相电流有效值 I_2 的计算　在上述负载条件下，不计换流重叠过程的影响，对三相桥式整流电路，有

$$I_2 = \sqrt{\frac{2}{3}} I_0 = 0.816 I_d \tag{5-139}$$

（3）一次相电流有效值 I_1 的计算　假设变压器励磁电流可以忽略不计，变压器的联结方式为 Yy1，则根据磁动势平衡原理，应当有

$$\begin{cases} I_1 N_1 = I_2 N_2 \\ I_1 = \dfrac{N_2}{N_1} I_2 = \dfrac{I_2}{K} \\ K = \dfrac{N_1}{N_2} = \dfrac{U_1}{U_2} \end{cases} \tag{5-140}$$

式中，K 为变压器的电压比；N_1、N_2 分别为变压器一次、二次绕组的匝数。

一般整流变压器的一次侧为三角形联结，二次侧为星形联结。因此一次电压 U_1 既是相电压，又是线电压。$K = U_1/U_2 = N_1/N_2$，按上式计算的 I_1 即为相电流，其线电流为 $\sqrt{3} I_1$。

（4）二次容量 S_2 和一次容量 S_1 的计算

$$S_2 = 3 U_2 I_2 \tag{5-141}$$
$$S_1 = 3 U_1 I_1$$

代入得到

$$S_1/S_2 = (U_1 I_1)/(U_2 I_2) = 1$$

对于非三相桥式电路，式（5-141）并不适用，以三相零式整流电路为例来说明，如图 5-36 所示。

图 5-36 所示为三相零式整流电路和网侧电流波形，为简单起见，设变压器的电压比 $K = 1$，由图 5-36 可见，一次电流 i_1 和二次电流 i_2 的有效值分别为

$$I_2 = \sqrt{\frac{1}{2\pi} I_d^2 \frac{2\pi}{3}} = \sqrt{\frac{1}{3}} I_d = 0.578 I_d \tag{5-142}$$

$$I_1 = \sqrt{\frac{1}{2\pi}\left[\left(\frac{2}{3} I_d^2\right)\frac{2\pi}{3} + \left(\frac{1}{3} I_d\right)^2 \frac{4\pi}{3}\right]} = \frac{\sqrt{2}}{3} I_d = 0.472 I_d \tag{5-143}$$

$$I_1/I_2 = \frac{\sqrt{2}/3}{\sqrt{1/3}} = \sqrt{2/3} = 0.816 \tag{5-144}$$

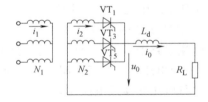

图 5-36　三相零式整流电路和网侧电流波形

上式表明，在零式电路中二次电流含有直流分量，该直流分量又无法反映到一次侧，因而 $I_2 > I_1$，$S_2 > S_1$，即只有当 i_2 中无直流分量时才有 $S_1 = S_2$（如三相桥式电路）。当 $S_1 \neq S_2$ 时，如何选择变压器的容量呢？若按 S_1 选择，变压器二次侧将过载，若按 S_2 选择，变压器一次侧将欠载，工程中常按平均容量 S 计算，即

$$S = (S_1 + S_2)/2 \tag{5-145}$$

3. 电抗器的参数计算

电抗器应当根据整流电路的负载及其电抗器的作用分别对待。整流电路中的电感可分为滤波和限制环流两大类。整流器输出回路串入电感 L_d 的作用，主要是平滑滤波、维持电流连续、抑制谐波分量和限制短路电流。在电路处于有源逆变工作状态时，L_d 还起着维持电压平衡的作用。主电路不一样，电感 L_d 的计算也不一样。

（1）反电动势负载维持电流连续所需的电抗器设计　对于三相桥式全控整流电路，通常按式（5-146）来计算，即

$$L_d \geqslant 0.693 \times \frac{U_2}{(0.05 \sim 0.1) I_{dN}} \tag{5-146}$$

（2）为限制短路电流所需的电抗器设计　首先计算 L，即

$$I_{dm} = I_{dt} + 1.5 \times \frac{\sqrt{6}\, U_2}{\omega L} \tag{5-147}$$

这是整流桥当 R_L 突然短路、$\alpha = 0$ 时的最严重的最大短路电流的峰值。保护动作时的短路电流 I_{dt}，平时称作保护整定值，一般取

$$I_{dt} = K_d I_{dN} \tag{5-148}$$

式中，K_d 称为整定系数，与系统的过载倍数有关，如果系统没有过载倍数的要求，则取 $K_d = 1.2$；若系统要求过载倍数为 B，则取 $K_d = 1.1B$。

为了保障整流桥晶闸管元件的安全，希望短路电流的峰值 $I_{dm} \leqslant 3K_d I_{dN}$，这样可以推得为限制短路电流所需的电感计算式为

$$L_d \geqslant \frac{1.5\sqrt{6}\, U_2}{\omega(I_{dm} - I_{dt})} = 5.847 \times \frac{U_2}{K_d I_{dN}}\ \mathrm{mH} \tag{5-149}$$

很明显，L_d 串入电路后，正常运行时一般作滤波和维持电流连续用；负载 R_L 发生突然短路时，L_d 作为限制短路电流用。为了两者兼顾，计算结果取数值较大者。

（3）一般负载作滤波与维持电流连续的电抗器设计

因为

$$\frac{I_{0\min}}{I_{0m}} = \frac{\sin(\alpha - \varphi + 2\pi/3) - \sin(\alpha - \varphi + \pi/3)\, e^{-\frac{\pi/3}{\tan\varphi}}}{1 - e^{-\frac{\pi/3}{\tan\varphi}}} \tag{5-150}$$

由应用场合确定 $I_{0\min}/I_{0m}$ 值后，用计算机可以求出给定的阻抗角 $\varphi = \tan^{-1}(\omega L/R_L)$ 时维持电流脉动所要求的最大触发延迟角 $\alpha_{\max}$。或者反过来，由给定的最大控制角 $\alpha_{\max}$ 和电流脉动系数 $I_{0\min}/I_{0m}$，可以求得对应的 $\tan\varphi$ 值，并由此可求得最小的电感量 $L_{\min}$。

同时可求得维持电流临界连续时的最大触发延迟角 $\alpha_{\max}$ 或者最小电感量 $L_{\min}$。在工程

计算中也可用比较简单的方法，例如，在电流临界连续的条件下，如果取 $(\omega L)/R_L = 4$，即 $\tan\varphi = (\omega L)/R_L = \tan 75° \approx 4$ 时，代入得

$$\tan(\alpha - \varphi + \pi/3) = \frac{\sqrt{3}}{2e^{-\frac{\pi/3}{\tan\varphi}} - 1} \tag{5-151}$$

可求得对应的 $\alpha \approx 88°$，已经接近极限值 $\pi/2$ 了。若再增大阻抗角，即增大电抗值，已经没有意义了，因为在 φ 的极限值 $\pi/2$ 的条件下，维持电流临界连续的控制角的极限值也只有 $90°$，即 $a_{max} = \pi/2$，所以再增大电抗理论上也意义不大，实际上会使电感的体积和成本大大增加，因此，对于一般负载，建议

$$L_d = 4R_L/\omega = 12.73R_L \text{mH}$$

式中，R_L 为负载的电阻值（Ω）。

对于单相桥式全控整流电路，为保证电流连续，平波电抗器的最小值为

$$L_d = 2\sqrt{2}U_2/\pi\omega I_{dmin} = 2.87U_2/I_{dmin} \text{mH}$$

对于三相半波可控整流电路，保证电流连续的最小电感值为

$$L_d = 1.46U_2/I_{dmin} \text{mH}$$

对于三相桥式全控整流电路，保证电流连续的最小电感值为

$$L_d = 0.693U_2/I_{dmin} \text{mH}$$

由上所述，计算的电感量 L_d 都是没有考虑回路中变压器的漏感、引线电感和负载电感的影响，然而回路中的这些电感对于滤波、限制短路电流和维持电流连续都是有助于 L_d 的，所以上述各计算结果就可以作为整流电路串接的电感量了。

4. 选用冷却系统方案

冷却系统的设计包括发热计算和冷却系统的选用。

5. 晶闸管的参数选择与计算

（1）晶闸管电压容量的选择　由前面的分析可知，晶闸管在三相桥式电路中必须承受的最高电压为 $U_{Tm} = \sqrt{6}U_2$，元件的正反向重复峰值电压必须满足

$$U_{drm} = U_{rrm} = K_u\sqrt{6}U_2 \tag{5-152}$$

式中，K_u 为计及电网波动、过电压等的安全系数，一般取 $K_u = 2 \sim 2.5$。

如在 380V 整流电路中，$U_2 = 220V$，取 $K_u = 2.2$，则元件的额定电压选 1200V。

（2）晶闸管电流容量的选择　流经元件的电流波形取决于电源相数、电路结构、负载性质和控制方式等，对于电感负载的三相桥式电路，其平均值按 $I_{Ta} = I_0/3$ 计算，但该电流值不能用以选择晶闸管的电流容量。必须做波形修正和根据有效值相等的原则来选择元件的电流容量。

在三相桥式大电感负载的条件下，通过元件的电流波形为 1/3 占空比的矩形波，其有效值按有效值相等的原则，有

$$I_{Te} = I_0/\sqrt{3} = 1.57I'_{Ta} \tag{5-153}$$

$$I'_{\text{Ta}} = \frac{I_0}{1.57\sqrt{3}} \tag{5-154}$$

而元件的电流容量必须满足

$$I_{\text{Ta}} = K_i I'_{\text{Ta}} = K_i I_0 / (1.57\sqrt{3}) \tag{5-155}$$

式中，K_i 为电流的安全系数，在一般工频运行条件下，取 $K_i = 1.2 \sim 1.5$。

必须指出的是，在恒电流或定电流控制中，如果某些原因使得触发延迟角 α 增大，而元件的导通角 θ 减小时，则一定要用最小导通角下的元件电流波形的有效值相等的原则来选择元件的电流容量。

此外，在一些高电压和大电流的场合，可采用晶闸管串、并联的方式来提高晶闸管的容量，但晶闸管串、并联后，其电压、电流的选择与单个元件的选择有所不同，通常应按 $(0.8 \sim 0.9)$ 的减容系数来选择晶闸管。

6. 相控整流器保护电路的设计

保护系统是整流器装置的重要组成部分，其功能是在线检测装置各点的电流、电压参数时，及时发现并切除故障，防止故障的进一步扩大。保护系统主要包括过电压、过电流和负载短路保护，以及抑制电压、电流上升率等。其设计主要包括以下内容：

1）相控整流器的串、并联设计。

2）相控整流器的保护设计。

3）相控整流器的缓冲电路设计。

7. 触发驱动电路的选择与设计

1）触发驱动电路的要求。

2）触发驱动电路的驱动问题。

3）触发驱动电路的同步问题。

4）触发驱动电路的设计。

5）确定电压、电流的检测方式。

6）电压调节器的设计。

5.8.2　设计举例

本设计仅对电参数进行设计，略去了冷却、保护、故障检测和结构布置的设计过程。下面是直流电动机用相控整流器的主要设计内容。

1. 设计要求

（1）与负载有关的参数

1）额定负载电压 $U_d = 220\text{V}$。

2）额定负载电流 $I_d = 25\text{A}$，要求起动电流限制在 60A，并且当负载电流降至 3A 时，电流仍然连续。

（2）整流器的电源参数

1）电网频率为工频 50Hz。

2）电网额定电压 $U_1 = 380\text{V}$。

3）电网电压波动±10%。

2. 整流器主电路设计

负载功率计算：$P_d = U_d I_d = 220 \times 25 \text{kW} = 5.5 \text{kW}$。

因为 $P_d > 5 \text{kW}$，所以采用三相桥式全控整流电路且带整流变压器。

3. 晶闸管的选择

（1）电流参数的选取 因为电动机在起动过程中电流为60A，即起动电流最大，故以电动机的起动电流作为晶闸管电流参数选取的依据。

晶闸管电流有效值：$I_{VT} = I_d / \sqrt{3} = 0.577 \times 60 \text{A} = 34.6 \text{A}$。

晶闸管电流通态平均电流：$I_{VT(AV)} = I_{VT} / 1.57 = 34.6 / 1.57 \text{A} = 22.04 \text{A}$。

取安全裕量为2，则选取晶闸管额定电流值：$I = 2 I_{VT(AV)} = 44.08 \text{A} \approx 45 \text{A}$。

（2）电压参数的选取 在三相桥式全控整流电路中，晶闸管承受的电压最大值为 $\sqrt{6} U_2$，其中 U_2 为变压器二次相电压有效值。

由 $U_d = 2.34 U_2 \cos\alpha$ 可得出 $U_2 = U_d / 2.34 \cos\alpha$，其中 $U_d = 220 \text{V}$。为换流可靠，取 $\alpha_{min} = 30°$，则 $U_{2min} = U_d / 2.34 \cos 30° = 220 / (2.34 \times 0.866) = 108.6 \text{V}$。

由于电网电压波动 ±10%，同样 U_2 也存在 ±10% 的波动，则 $U_2 = U_{2min} / 0.9 \approx 120 \text{V}$。

晶闸管承受的电压最大值为 $\sqrt{6} U_2 = \sqrt{6} \times 120 = 294 \text{V}$。

取安全裕量为2，则晶闸管的额定电压值为 588V。

因此，可以选取 50A，700V 的晶闸管，型号为 KP50-700。

4. 变压器的设计

（1）变压器二次容量的计算

由设计要求可知，$I_d = 25 \text{A}$ 的变压器相电流有效值为：$I_2 = \sqrt{2/3} I_d = \sqrt{2/3} \times 25 \text{A} = 20.4 \text{A}$。

变压器二次容量：$S_2 = 3 I_2 U_2 = 3 \times 20.4 \times 120 = 7.344 \text{kV} \cdot \text{A}$。

因为电路为三相桥式全控整流电路，所以 $S_1 = S_2 = 7.344 \text{kV} \cdot \text{A}$，取 $S = 7.5 \text{kV} \cdot \text{A}$。

（2）变压器一次电流的计算

$I_1 = U_2 I_2 / U_1 = 120 \times 20.4 / 380 \text{A} = 6.44 \text{A}$，因此，取 $I_1 = 7 \text{A}$，$U_1 = 380 \text{V}$，$I_2 = 21 \text{A}$，$U_2 = 120 \text{V}$，$S = 7.5 \text{kV} \cdot \text{A}$。

5. 平波电抗器的设计

$$L_d = \frac{0.693 U_2}{I_{dmin}} = 0.693 \times \frac{120}{3} \text{mH} = 27.72 \text{mH}$$

$$I_L = I_d = 25 \text{A}$$

思考题与习题

5.1 具有续流二极管的单相半波相控整流电路，$U_2 = 220 \text{V}$，$R = 7.5 \Omega$，L 值极大，当触发延迟角 α 分别为 30° 和 60° 时，要求：

（1）画出 u_d，i_d，i_2 的波形；

（2）计算整流输出平均电压 U_d、输出电流 I_d、变压器二次电流有效值 I_2；

（3）计算晶闸管和续流二极管的电流平均值和有效值；

（4）考虑安全裕量，确定晶闸管的额定电压和额定电流。

5.2　单相半波可控整流电路中，如晶闸管：①不加触发脉冲；②SCR 内部短路；③SCR 内部断路。试分析元件两端与负载的电压波形。

5.3　具有变压器中心抽头的单相全波可控整流电路，问该变压器还有直流磁化问题吗？试说明：

（1）晶闸管承受的最大反向电压为 $2\sqrt{2}\,U_2$；

（2）当负载是电阻或电感时，其输出电压和电流的波形与单相全控桥时相同。

5.4　单相桥式全控整流电路，$U_2 = 100\text{V}$，$R = 2\Omega$，L 值极大，当 $\alpha = 30°$ 时，要求：

（1）画出 u_d，i_d，i_2 的波形；

（2）计算整流输出平均电压 U_d、输出电流 I_d、变压器二次电流有效值 I_2；

（3）考虑安全裕量，确定晶闸管的额定电压和额定电流。

5.5　单相桥式半控整流电路，电阻性负载，画出整流二极管在一周期内承受的电压波形。

5.6　单相桥式全控整流电路，$U_2 = 100\text{V}$，$R = 2\Omega$，L 值极大，反电动势 $E = 60\text{V}$，当 $\alpha = 30°$ 时，要求：

（1）画出 u_d，i_d，i_2 的波形；

（2）计算整流输出平均电压 U_d、输出电流 I_d、变压器二次电流有效值 I_2；

（3）考虑安全裕量，确定晶闸管的额定电压和额定电流。

5.7　在三相半波整流电路中，如果 a 相的触发脉冲消失，试绘出在电阻性负载和电感性负载下整流电压 u_d 的波形。

5.8　三相半波整流电路的共阴极接法与共阳极接法，a、b 两相的自然换相点是同一点吗？如果不是，它们在相位上差多少度？

5.9　三相半波可控整流电路，$U_2 = 100\text{V}$，$R = 5\Omega$，L 值极大，当 $\alpha = 60°$ 时，要求：

（1）画出 u_d，i_d，i_{VT1} 的波形；

（2）计算 U_d，I_d，I_{dVT}，I_{VT}。

5.10　在三相桥式全控整流电路中，电阻负载，如果有一个晶闸管不能导通，此时的整流电压 u_d 波形如何？如果有一个晶闸管被击穿而短路，其他晶闸管受什么影响？

5.11　三相桥式全控整流电路，$U_2 = 100\text{V}$，$R = 5\Omega$，L 值极大，当 $\alpha = 60°$ 时，要求：

（1）画出 u_d，i_d，i_{VT1} 的波形；

（2）计算 U_d，I_d，I_{dVT}，I_{VT}。

5.12　单相桥式全控整流电路，反电动势阻感负载，$R = 1\Omega$，$L = \infty$，$E = 40\text{V}$，$U_2 = 100\text{V}$，$L_{\text{B}} = 0.5\text{mH}$，当 $\alpha = 60°$ 时，求 U_d，I_d，γ 的数值，并画出整流电压 u_d 的波形。

5.13　三相半波可控整流电路，反电动势阻感负载，$R = 1\Omega$，$L = \infty$，$U_2 = 100\text{V}$，$L_{\text{B}} = 1\text{mH}$，当 $\alpha = 30°$，$E = 50\text{V}$ 时，求 U_d，I_d，γ 的数值，并画出 u_d，i_{VT1}，i_{VT2} 的波形。

5.14　三相桥式不控整流电路，阻感负载，$R = 5\Omega$，$L = \infty$，$U_2 = 220\text{V}$，$X_{\text{B}} = 0.3\Omega$，求 U_d，I_d，I_{VD}，I_2，γ，并画出 u_d，i_{VD}，i_2 的波形。

5.15　三相桥式全控整流电路，反电动势阻感负载，$E = 200\text{V}$，$R = 1\Omega$，$L = \infty$，$U_2 = 220\text{V}$，$\alpha = 60°$，当 $L_{\text{B}} = 0$，$L_{\text{B}} = 1\text{mH}$ 情况下，分别求 U_d，I_d，γ 的值，并分别画出 u_d，i_T 的波形。

5.16　使变流器工作于有源逆变状态的条件是什么？

5.17　什么是逆变失败？如何防止逆变失败？

5.18　在单相桥式全控整流电路和三相桥式全控整流电路中，当负载分别为电阻性负载或电感性负载时，要求的晶闸管移相范围分别是多少？

第2篇

全控型器件及脉冲
控制变流器

第6章

全控型电力电子器件

6.1 电力双极型晶体管

电力双极型晶体管（GTR）是一种耐高压、能承受大电流的双极性晶体管，也称为 BJT，简称为电力晶体管。它与晶闸管不同，具有线性放大特性，但在电力电子应用中却工作在开关状态，从而减小功耗。GTR 可通过基极控制其开通和关断，是典型的自关断器件。

6.1.1 GTR 的结构及工作原理

GTR 有与一般双极型晶体管相似的结构、工作原理和特性。它们都是 3 层半导体，两个 PN 结的三端器件，有 PNP 和 NPN 这两种类型，但 GTR 多采用 NPN 型。GTR 的内部结构、电气符号和基本工作原理如图 6-1 所示。

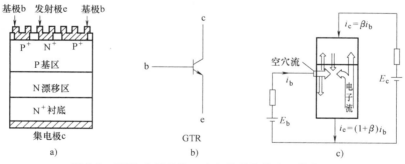

图 6-1　GTR 内部结构、电气符号和基本工作原理

a）内部结构　b）电气符号　c）基本工作原理

在应用中，GTR 一般采用共发射极接法，如图 6-1c 所示。集电极电流 i_c 与基极电流 i_b 的比值为

$$\beta = i_c / i_b \tag{6-1}$$

式中，β 称为 GTR 的电流放大系数，它反映出 GTR 基极电流对集电极电流的控制能力。单管 GTR 的电流放大系数很小，通常只有 10 左右。

在考虑集电极和发射极之间的漏电流时，有

$$i_c = \beta i_b + I_{ceo} \tag{6-2}$$

6.1.2 GTR 的类型

目前常用的 GTR 有单管 GTR、达林顿 GTR 和 GTR 模块这 3 种类型。

1. 单管 GTR

NPN 三重扩散台面型结构是单管 GTR 的典型结构，这种结构可靠性高，能改善器件的二次击穿特性，易于提高耐压能力，并易于散出内部热量。

2. 达林顿 GTR

达林顿结构的 GTR 是由两个或多个晶体管复合而成的，可以是 NPN 型，也可以是 PNP 型，其性质取决于驱动管，它与普通复合晶体管相似。达林顿结构的 GTR 电流放大倍数很大，可以达到几十至几千倍。虽然达林顿结构大大提高了电流放大倍数，但其饱和管压降却增加了，增大了导通损耗，同时降低了管子的工作速度。

3. GTR 模块

目前作为大功率的开关应用还是 GTR 模块，它是将 GTR 管芯及为了改善性能的元件组装成一个单元，然后根据不同的用途将几个单元电路构成模块，集成在同一硅片上。这样，大大增强了融入集成度和工作的可靠性，并提高了性价比，同时也实现了小型轻量化。目前生产的 GTR 模块，可将多达 6 个相互绝缘的单元电路制在同一个模块内，便于组成三相桥式电路。

6.1.3　GTR 的特性

1. 静态特性

静态特性可分为输入特性和输出特性。输入特性与二极管的伏安特性相似，在此仅介绍其共射极电路的输出特性。GTR 共射极电路的输出特性曲线如图 6-2 所示。由图 6-2 明显看出，静态特性分为 3 个区域，即人们所熟悉的截止区、放大区及饱和区。当集电结和发射结处于反偏状态，或集电结处于反偏状态、发射结处于零偏状态时，管子工作在截止区；当发射结处于正偏状态、集电结处于反偏状态时，管子工作在放大区；当发射结和集电结都处于正偏状态时，管子工作在饱和区。GTR 在电力电子电路中，需要工作在开关状态，因此它是在饱和区和截止区之间交替工作。

2. 动态特性

GTR 是用基极电流控制集电极电流的器件。其开关过程的瞬时变化，就能反映出其动态特性。GTR 的动态特性曲线如图 6-3 所示。

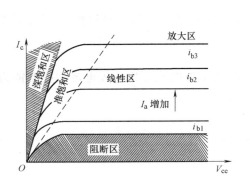

图 6-2　GTR 共射极电路的输出特性曲线

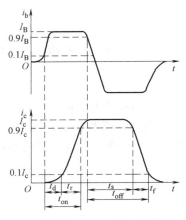

图 6-3　GTR 的动态特性曲线

由于管子结电容和储存电荷的存在，开关过程不是瞬时完成的。GTR 开通时需要经过延时时间和上升时间，二者之和为开通时间；关断时需要经过储存时间和下降时间，二者之和为关断时间。

实际应用中，在开通 GTR 时，加大驱动电流 i_b 和其上升率，可减小 t_d（延时时间）和 t_r（上升时间），但电流也不能太大，否则会由于过饱和而增大 t_s（储存时间）。在关断 GTR 时，加反向基极电压可加速存储电荷的消散，减小 t_s，但反向电压不能太大，以免使发射结击穿。

为了提高 GTR 的开关速度，可选用结电容比较小的快速开关管，还可用加速电容来改善 GTR 的开关特性。在 GTR 的基极电阻两端并联一个电容，利用换流瞬间其上电压不能突变的特性，改善其开关特性。

6.1.4　GTR 的主要参数

1. 电压参数

（1）最高电压额定值　最高集电极电压额定值是指集电极的击穿电压值，它不仅因器件不同而不同，而且会因外电路接法不同而不同。击穿电压有：

1）BU_{CBO} 为发射极开路时，集电极-基极的击穿电压。

2）BU_{CEO} 为基极开路时，集电极-发射极的击穿电压。

3）BU_{CES} 为基极-射极短路时，集电极-发射极的击穿电压。

4）BU_{CER} 为基极-发射极间并联电阻时，基极-发射极的击穿电压。并联电阻越小，其值越高。

5）BU_{CEX} 为基极-发射极施加反偏压时，集电极-发射极的击穿电压。

各种不同接法时的击穿电压的关系为：$BU_{CBO} > BU_{CEX} > BU_{CES} > BU_{CER} > BU_{CEO}$。

为了保证器件工作安全，GTR 的最高工作电压 U_{CEM} 应比最小击穿电压 BU_{CEO} 低。

（2）饱和压降 U_{CES}　处于深度饱和区的集电极电压称为饱和压降，在大功率应用中它是一项重要指标，因为它关系到器件导通的功率损耗。单个 GTR 的饱和压降一般不超过 1～1.5V，它随着集电极最大电流额定值 I_{CM} 的增加而增大。

2. 电流参数

（1）集电极连续直流电流额定值 I_C　集电极连续直流电流额定值是指只要保证结温不超过允许的最高结温，晶体管允许连续通过的直流电流值。

（2）集电极最大电流额定值 I_{CM}　集电极最大电流额定值是指在最高允许结温下，不造成器件损坏的最大电流。超过该额定值必将导致晶体管内部结构的烧毁。实际使用中，可以利用热容量限制调节占空比来增大连续电流，但不能超过峰值额定电流。

（3）基极电流最大允许值 I_{BM}　基极电流最大允许值比集电极最大电流额定值要小很多，通常 $I_{BM} = (1/10 \sim 1/2)I_{CM}$，而基极-发射极间的最大电压额定值通常只有几伏。

3. 其他参数

（1）最高结温 T_{JM}　最高结温是指在正常工作时不损坏器件所允许的最高温度。它由器件所用的半导体材料、制造工艺、封装方式及可靠性要求来决定。塑封器件一般为 120～150℃，金属封装为 150～170℃。为了充分利用器件功率而又不超过允许结温，GTR 使用时必须选配合适的散热器。

（2）**最大额定功耗 P_{CM}**　最大额定功耗是指 GTR 在最高允许结温时，所对应的耗散功率。它受结温的限制，其大小主要由集电结工作电压和集电极电流的乘积决定。一般是在环境温度为 25℃ 时测定，如果环境温度高于 25℃，允许的 P_{CM} 值应当减小。由于这部分功耗全部变成热量使器件结温升高，因此散热条件对 GTR 的安全可靠十分重要，如果散热条件不好，器件就会因温度过高而烧毁；相反，如果散热条件越好，在给定的范围内允许的功耗也会越高。

4. 二次击穿与安全工作区

（1）**二次击穿现象**　二次击穿是 GTR 突然损坏的主要原因之一，成为影响其是否安全可靠使用的一个重要因素。前述的集电极-发射极击穿电压值 BU_{CEO} 是一次击穿电压值，一次击穿时集电极电流急剧增加，如果有外加电阻限制电流的增长时，则一般不会引起 GTR 特性变坏。但不加以限制，就会导致破坏性的二次击穿。二次击穿是指器件发生一次击穿后，集电极电流急剧增加，在某电压电流点将产生向低阻抗高速移动的负阻现象。一旦发生二次击穿，就会使器件受到永久性损坏。

（2）**安全工作区（SOA）**　GTR 在运行中受电压、电流、功率损耗和二次击穿等额定值的限制。为了使 GTR 安全可靠地运行，必须使其工作在安全工作范围内。安全工作区是由 GTR 的二次击穿功率 P_{SB}、集射极最高电压 U_{CEM}、集电极最大电流 I_{CM} 和集电极最大耗散功率 P_{CM} 等参数限制的区域，如图 6-4 中所示。

安全工作区是在一定的温度下得出的，如环境温度 25℃ 或管子壳温 75℃ 等。使用时，如果超出上述指定的温度值，则允许功耗和二次击穿耐压值等都必须降低额定值使用。

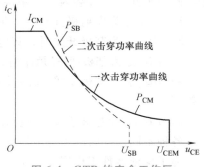

图 6-4　GTR 的安全工作区

6.2　电力场效应晶体管

电力场效应晶体管（Power MOSFET）是一种单极型的电压控制器件，不但有自关断能力，而且有驱动功率小、开关速度高、无二次击穿、安全工作区宽等特点。由于其易于驱动和开关频率可高达 500kHz，特别适用于高频化电力电子装置，如应用于 DC-DC 变换、开关电源、便携式电子设备、航空航天以及汽车等电子电器设备中。但因为其电流、热容量小，耐压低，一般只适用于小功率电力电子装置。

6.2.1　Power MOSFET 的结构及工作原理

电力场效应晶体管种类和结构有许多种，按导电沟道可分为 P 沟道和 N 沟道两种，同时又有耗尽型和增强型之分。在电力电子装置中，主要应用的是 N 沟道增强型器件。

电力场效应晶体管的导电原理与小功率绝缘栅 MOS 管相同，但结构有很大的区别。小功率绝缘栅 MOS 管是一次扩散形成的器件，导电沟道平行于芯片表面，横向导电。电力场效应晶体管大多采用垂直导电结构，提高了器件的耐电压和耐电流能力。按垂直导电结构的不同，又可分为利用 V 形槽实现垂直导电的 VVMOSFET 和具有垂直导电双扩散 MOS 结构的 VDMOSFET

（Vertical Double-diffused MOSFET）两种。

电力场效应晶体管采用多单元集成结构，一个器件由成千上万个小的 MOSFET 组成。N 沟道增强型双扩散电力场效应晶体管一个单元的剖面图，如图 6-5a 所示，电气符号如图 6-5b 所示。

电力场效应晶体管有 3 个端子：漏极 D、源极 S 和栅极 G。当漏极接电源正，源极接电源负时，栅极和源极之间

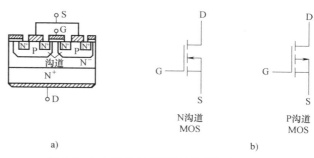

图 6-5　电力场效应晶体管的结构与电气符号

电压为零，沟道不导电，管子处于截止状态。如果在栅极和源极之间加一正向电压 U_{GS}，并且使 U_{GS} 大于或者等于管子的开启电压 U_T，则管子开通，在漏极、源极之间将流过电流 I_D。U_{GS} 超过 U_T 越大，导电能力越强，漏极电流越大。

6.2.2　Power MOSFET 的静态特性和主要参数

Power MOSFET 静态特性主要指输出特性和转移特性，与静态特性对应的主要参数有漏极击穿电压、漏极额定电压、漏极额定电流和栅极开启电压等。

1. 静态特性

（1）输出特性　输出特性就是漏极的伏安特性。特性曲线如图 6-6a 所示。由图可见，输出特性分为截止、饱和与非饱和 3 个区域。这里的饱和、非饱和概念与 GTR 不同。饱和是指漏极电流 I_D 不随漏源电压 U_{DS} 的增加而增加，也就是基本保持不变；非饱和是指在 U_{GS} 一定时，I_D 随漏源电压 U_{DS} 的增加呈线性关系变化。

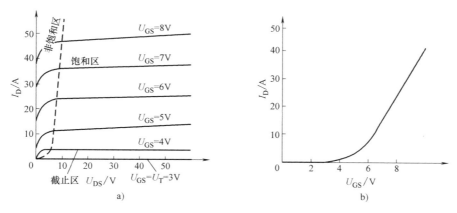

图 6-6　电力场效应管的输出特性与转移特性

（2）转移特性　转移特性表示漏极电流 I_D 与栅源之间电压 U_{GS} 的转移特性关系曲线，如图 6-6b 所示。转移特性可表示器件的放大能力，并且是与 GTR 中的电流增益 β 相似。由于 Power MOSFET 是压控型器件，因此用跨导这一参数来表示。跨导定义为

$$g_m = \Delta I_D / \Delta U_{GS} \tag{6-3}$$

式中，只有当 $U_{GS} = U_T$（U_T 为开启电压）时才会出现导电沟道，产生漏极电流 I_D。

2. 主要参数

（1）漏极击穿电压 BU_D　BU_D 是不使器件击穿的极限参数，它大于漏极电压额定值。BU_D 随结温的升高而升高，这点正好与 GTR 和 GTO 相反。

（2）漏极额定电压 U_D　U_D 是器件的标称额定值。

（3）漏极电流 I_D 和 I_{DM}　I_D 是漏极直流电流的额定参数；I_{DM} 是漏极脉冲电流幅值。

（4）栅极开启电压 U_T　U_T 又称阈值电压，是开通 Power MOSFET 的栅源电压，它为转移特性的特性曲线与横轴的交点。施加的栅源电压不能太大，否则将击穿器件。

（5）跨导 g_m　g_m 是表征 Power MOSFET 栅极控制能力的参数。

6.2.3　Power MOSFET 的动态特性和主要参数

1. 动态特性

动态特性主要描述输入量与输出量之间的时间关系，它影响器件的开关过程。由于该器件为单极型器件，靠多数载流子导电，因此开关速度快、时间短，一般在纳秒数量级。Power MOSFET 的动态特性如图 6-7 所示。

Power MOSFET 的动态特性用图 6-7a 所示电路测试。图中，u_p 为矩形脉冲电压信号源；R_S 为信号源内阻；R_G 为栅极电阻；R_L 为漏极负载电阻；R_F 用以检测漏极电流。Power MOSFET 的开关过程波形如图 6-7b 所示。

Power MOSFET 的开通过程：由于 Power MOSFET 有输入电容，因此当脉冲电压 u_p 的上升沿到来

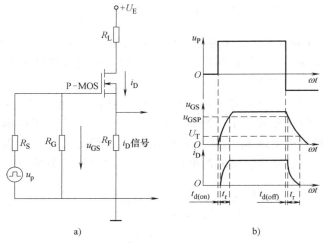

图 6-7　Power MOSFET 的动态特性

时，输入电容有一个充电过程，栅极电压 u_{GS} 按指数曲线上升。当 u_{GS} 上升到开启电压 U_T 时，开始形成导电沟道并出现漏极电流 i_D。从 u_p 前沿时刻到 $u_{GS} = U_T$，且开始出现 i_D 的时刻，这段时间称为开通延迟时间 $t_{d(on)}$。此后，i_D 随 u_{GS} 的上升而上升，u_{GS} 从开启电压 U_T 上升到 Power MOSFET 临近饱和区的栅极电压 u_{GSP}，这段时间称为上升时间 t_r。这样 Power MOSFET 的开通时间为

$$t_{on} = t_{d(on)} + t_r \tag{6-4}$$

Power MOSFET 的关断过程：当 u_p 信号电压下降到零时，栅极输入电容上储存的电荷通过电阻 R_S 和 R_G 放电，使栅极电压按指数曲线下降，当下降到 u_{GSP} 时，i_D 才开始减小，这段时间称为关断延迟时间 $t_{d(off)}$。此后，输入电容继续放电，u_{GS} 继续下降，i_D 也继续下降，到 $u_{GS} < U_T$ 时导电沟道消失，$i_D = 0$ 这段时间称为下降时间 t_f。这样 Power MOSFET 的关断时间为

$$t_{off} = t_{d(off)} + t_f \tag{6-5}$$

从上述分析可知，要提高器件的开关速度，则必须减小开关时间。在输入电容一定的情

况下，可以通过降低驱动电路的内阻 R_S 来加快开关速度。

电力场效应晶体管是压控型器件，在静态时几乎不输入电流。但在开关过程中，需要对输入电容进行充放电，故仍需要一定的驱动功率。工作速度越快，需要的驱动功率越大。

2. 动态参数

（1）极间电容　Power MOSFET 的 3 个电极之间分别存在极间电容 C_{GS}、C_{GD}、C_{DS}，通常生产厂家提供的是漏源极断路时的输入电容 C_{iss}、共源极输出电容 C_{oss}，反向转移电容 C_{rss}。它们之间的关系为

$$C_{iss} = C_{GS} + C_{GD} \tag{6-6}$$
$$C_{oss} = C_{GD} + C_{DS} \tag{6-7}$$
$$C_{rss} = C_{GD} \tag{6-8}$$

前面提到的输入电容可以近似地用 C_{iss} 来代替。

（2）漏源电压上升率　器件的动态特性还受漏源电压上升率的限制，过高的 du/dt 可能导致电路性能变差，甚至引起器件损坏。

6.2.4　Power MOSFET 的安全工作区

1. 正向偏置安全工作区

Power MOSFET 正向偏置安全工作区如图 6-8 所示。它是由最大漏源极电压极限线 Ⅰ、最大漏极电流极限线 Ⅱ、漏源通态电阻线 Ⅲ 和最大功耗限制线 Ⅳ 等四条边界极限所包围的区域。图中示出了四种情况：直流 DC、脉宽 10ms、脉宽 1ms、脉宽 10μs。它与 GTR 安全工作区相比，有两个明显的区别：①因无二次击穿，所以不存在二次击穿功率 P_{SB} 的限制线；②因为它的通态电阻较大，导通功耗也较大，所以不仅受最大漏极电流的限制，而且还受通态电阻的限制。

2. 开关安全工作区

开关安全工作区为器件工作的极限范围。Power MOSFET 的开关安全工作区如图 6-9 所示，它是由最大峰值电流 I_{DM}、最小漏极击穿电压 BU_{DS} 和最大结温 T_{JM} 决定的，超出该区域，器件将损坏。

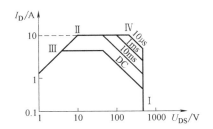

图 6-8　Power MOSFET 的正向偏置安全工作区

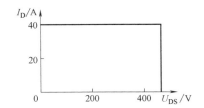

图 6-9　Power MOSFET 的开关安全工作区

3. 转换安全工作区

因电力场效应晶体管工作频率高，经常处于转换过程中，而器件中又存在寄生等效二极管，它影响到管子的转换问题。为限制寄生二极管的反向恢复电荷的数值，有时还需定义转换安全工作区。

Power MOSFET 器件在实际应用中，安全工作区应当留有一定的富裕度。

6.3 绝缘栅双极型晶体管

GTR 是电流型控制器件,虽然通流能力很强、通态压降低,但开关速度低、所需驱动功率大、驱动电路复杂。而电力场效应晶体管是单极型控制器件,其开关速度快、输入阻抗高、热稳定性好、驱动功率小、驱动电路简单,但通流能力低、通态压降大。将上述两种类型的器件相互结合,取长补短,构成一种新型复合型器件,即绝缘栅双极型晶体管(IG-BT)。IGBT 集中了 GTR 和电力场效应晶体管各自具有的优点,即电压控制、输入阻抗高、开关速度快、饱和压降低、损耗小、电压电流容量大、抗浪涌电流能力强、无二次击穿现象、安全工作区宽等。近年来,开发的 IGBT 变流装置工作频率可达 50~100kHz。

6.3.1 IGBT 的结构及工作原理

IGBT 也是一种三端器件,它们分别是栅极 G、集电极 C 和发射极 E,其内部结构、等效电路和电气符号等如图 6-10 所示。

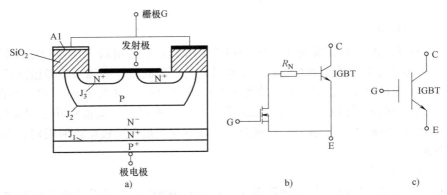

图 6-10 IGBT 的内部结构、等效电路和电气符号
a) 内部结构 b) 等效电路 c) 电气符号

由图 6-10a 可知,它相当于用一个 MOSFET 驱动的厚基区 PNP 晶体管。从简化等效电路可以看出,IGBT 等效于一个 N 沟道的 MOSFET 和一个 PNP 型晶体管构成的复合管,导电以 GTR 为主。图中的 R_N 是 GTR 厚基区内的调制电阻。

IGBT 的开通和关断均由栅极电压控制。当栅极加正电压时,N 沟道场效应晶体管导通,并为晶体管提供基极电流,使得 IGBT 开通。当栅极加反向电压时,场效应晶体管导电沟道消失,PNP 型晶体管基极电流被切断,IGBT 关断。

6.3.2 IGBT 的基本特性

1. IGBT 的静态特性

IGBT 的静态特性主要包括转移特性和输出伏安特性,如图 6-11 所示。

图 6-11a 为 IGBT 的转移特性曲线,它表示输入电压 U_{GE} 与输出电流 I_C 之间的关系。由图中可以看出,栅-射电压 U_{GE} 小于开启电压 $U_{GE(th)}$ 时,IGBT 处于关断状态。当电压 U_{GE} 接近开启电压 $U_{GE(th)}$ 时,集电极开始出现电流 I_C,但很小。当电压 U_{GE} 大于开启电压

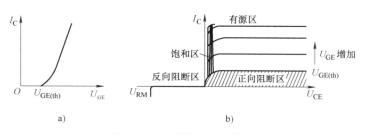

图 6-11　IGBT 的静态特性

a）转移特性　b）输出特性

$U_{GE(th)}$ 时，在大部分范围内，I_C 与 U_{GE} 呈线性变化关系。由于 U_{GE} 对 I_C 具有控制作用，所以最大栅极电压受最大集电极电流 I_{CM} 的限制，其典型值为 15V。

图 6-11b 为 IGBT 的输出特性曲线，它表示以 U_{GE} 为参变量时，集电极电流 I_C 与 U_{CE} 之间的关系。此特性与 GTR 的输出特性相似，不同之处是参变量，GTR 为基极电流 I_b，而 IGBT 为栅-射电源 U_{GE}。IGBT 的输出特性分 3 个区域，即正向阻断区、有源区和饱和区。当 $U_{CE}<0$ 时，器件呈现反向阻断特性，一般只流过微小的反向电流。在电力电子电路中，IGBT 工作在开关状态，因此是在正向阻断区和饱和区之间交替转换。

2. IGBT 的动态特性

IGBT 的动态特性如图 6-12 所示。

IGBT 的开通过程与 Power MOSFET 相似，因为 IGBT 在开通过程中，大部分时间作为 MOSFET 来运行。IGBT 的开通过程：从栅极电压 U_{GE} 的前沿上升至其幅值的 10% 时刻开始，到栅源电压到达开启电压 $U_{GE(th)}$、集电极电流 I_C 上升至其幅值的 10% 时刻止，这段时间称为开通延迟时间 $t_{d(on)}$。此后，从 $10\%I_{CM}$ 开始到达 $90\%I_{CM}$ 这段时间，称为电流的上升时间 t_r。IGBT 的开通时间为开通延迟时间和电流上升时间之和，即

$$t_{on} = t_{d(on)} + t_r \qquad (6-9)$$

开通时，集射极间电压 U_{GE} 下降的过程如下：在 IGBT 开通时，首先 IGBT 中的 MOSFET 要有一个电压下降过程，这段时间称为电压下降第一段时间 t_{fV1}。在 MOSFET 电压下降时，致使 IGBT 中的 PNP

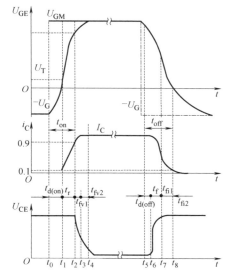

图 6-12　IGBT 的动态特性

晶体管也有一个电压下降过程，此段时间称为电压下降第二段时间 t_{fV2}。由于 U_{CE} 下降时，IGBT 中的 MOSFET 的栅漏极电容增大，并且 IGBT 中的 PNP 晶体管需由放大状态转移到饱和状态，因此 t_{fV2} 时间较长。

IGBT 的关断过程：从栅极电压下降沿到其幅值的 90% 时刻起，至集电极电流下降到 $90\%I_{CM}$ 止，这段时间称为关断延迟时间 $t_{d(off)}$。集电极电流从 $90\%I_{CM}$ 开始到达 $10\%I_{CM}$ 这段时间，称为电流的下降时间 t_f。两者之和称为关断时间 $t_{off} = t_{d(off)} + t_f$。仔细分析可知，电流下降时间由两部分组成：一部分是 IGBT 内部的 MOSFET 关断过程时间 t_{fi1}；另一部分是

IGBT 内部的 PNP 晶体管关断过程时间 t_{fi2}。

6.3.3 擎住效应和安全工作区

1. 擎住效应

由于 IGBT 复合器件内有一个寄生晶体管存在，当 IGBT 集电极电流 I_C 大到一定程度，可使寄生晶体管导通，从而其栅极对器件失去控制作用，这就是所谓的擎住效应。IGBT 发生擎住效应后，集电极电流过大，产生过高的功耗导致器件损坏。

擎住现象有静态和动态之分。通常集电极电流大于某个临界值 I_{CM} 后产生的擎住现象，称为静态擎住。IGBT 在关断过程中产生的擎住现象，称为动态擎住。由于动态擎住时所允许的集电极电流比静态擎住时小，所以器件的 I_{CM} 应按动态擎住所允许的数值来确定。为避免发生擎住现象，应用时应保证集电极电流不超过 I_{CM}，或增大栅极电阻，减缓 IGBT 的关断速度。总之，使用 IGBT 时必须避免引起擎住效应，以确保器件的安全。

2. 安全工作区

IGBT 开通和关断时，均具有较宽的安全工作区。

IGBT 开通时对应的安全工作区，称为正向偏置安全工作区（FBSOA），如图 6-13a 所示。它是由避免动态擎住而确定的最大集电极电流 I_{CM}、最大允许集电极电压 U_{CEM} 和最大允许功耗三条极限线所限定的区域。FBSOA 与 IGBT 的导通时间密切相关，它随导通时间的增加而逐渐减小，直流工作时安全工作区最小。

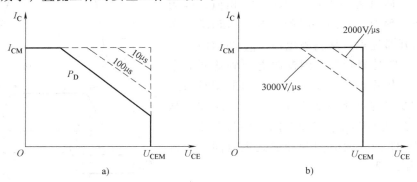

图 6-13 IGBT 的安全工作区

a）正向偏置安全工作区　b）反向偏置安全工作区

IGBT 关断时所对应的安全工作区，称为反向偏置安全工作区（RBSOA），如图 6-13b 所示。RBSOA 与 FBSOA 稍有不同，RBSOA 随 IGBT 关断时所加 dU_{CE}/dt 的变化而变化。电压上升率 dU_{CE}/dt 越大，安全工作区越小。一般可以通过适当选择栅射极电压 U_{GE} 和栅极驱动电阻来控制 dU_{CE}/dt，避免擎住效应，扩大安全工作区。

6.4 其他新型电力电子器件

6.4.1 静电感应晶体管

静电感应晶体管（SIT）是一种结型场效应晶体管，单极型压控器件。它具有输入阻抗高、输出功率大、开关特性好、热稳定性好和抗辐射能力强等特点。SIT 在结构设计上采用多单元集成技术，因而可制成高压大功率器件。它不仅能工作在开关状态，作为大功率电流开关，也可以作为功率放大器，用于大功率中频发射机、长波电台、差转机、高频感应加热装置和雷达等方面。目前，SIT 的产品已经达到电压 1500V、电流 300A、耗散功率 3kW、截止频率 30~50MHz。

SIT 内部由成百上千个小单元并联而成，它的内部结构和电气符号如图 6-14 所示。SIT 外部有三个电极，分别为栅极 G、源极 S 和漏极 D。当栅源极之间的电压 $U_{GS}=0$ 时，SIT 导通。当栅源极之间反偏压时，SIT 关断。对应于 SIT 关断时的栅源极之间电压，称为夹断电压，用 U_P 来表示。

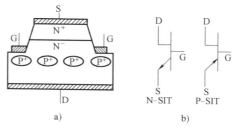

由于 SIT 的栅极和漏极电压都能通过电场控制漏极电流，类似于静电感应现象，故将其称为静电感应晶体管。

图 6-14　SIT 的内部结构和电气符号

6.4.2　静电感应晶闸管

静电感应晶闸管（SITH）又称为场控晶闸管（FCT）。因其结构是在 SIT 的结构基础上增加了一个 PN 结，在内部多了一个三极管，两个晶体管构成一个晶闸管，因此也称为双极静电感应晶闸管（BSITH）。由于它比 SIT 多一个具有注入功能的 PN 结，所以属于两种载流子导电的双极型器件。SITH 有 3 个电极，即门极 G、阳极 A 和阴极 K。SITH 的内部结构与电气符号如图 6-15 所示。

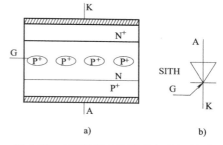

SITH 的许多特性与 SCR 和 GTO 类似，但相比之下，它具有通态电阻小、通态压降低、开关速度快、损耗小和开通的电流增益大等优点。但 SITH

图 6-15　SITH 的内部结构与电气符号

制造工艺较复杂，电流关断增益较小，因此有待于再开发。目前，SITH 的产品容量已有以下几种：1000A/2500V、2200A/450V、400A/4500V、2500A/4000V。

SITH 有正常开通和正常关断两种类型，正常开通型类似于 SIT，即 $U_{GK}=0$ 时器件开通，$U_{GK}<0$ 时器件关断。

6.4.3　MOS 控制晶闸管

MOS 控制晶闸管（MCT）是由 MOSFET 和晶闸管（SCR）复合而成的一种电力电子器件，它的输入极由 MOS 管控制，故属于场控器件。其驱动电路比 GTO 的驱动电路简单，通态压降与 SCR 相当，比 IGBT 和 GTR 都低。MCT 的内部结构、等效电路和电气符号如图 6-16 所示。

MCT 具有高电压、大电流、高输入阻抗、低驱动功率、低通态压降、开关速度快和开关损耗小等特点。另外，MCT 承受 di/dt 和 du/dt 的能力极高，可使其保护电路得以简化。20 世纪 80 年代末成为器件研究的热点之一。有人预计它将取代 SCR 和 GTR，与 IGBT 争夺市场。目前，MCT 的容量已达到 2000A/5000V。

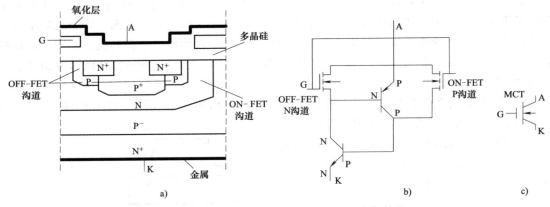

图 6-16　MCT 的内部结构、等效电路和电气符号

6.4.4　集成门极换流晶闸管

集成门极换流晶闸管（IGCT）是 20 世纪 90 年代后期出现的新型电力电子器件。它的结构与逆导型 GTO 类似，不同之处是在原基础上增加了特殊的环状门极和一个低引线电感的门极驱动器，这样使得开关速度大大加快。

IGCT 的内部结构与电气符号如图 6-17 所示。

IGCT 具有高电压、大电流、高开关速度、功耗低、结构紧凑、开关能力强、可靠性高和不需复杂的缓冲保护电路等优点。目前，4000A/4500V 的 IGCT 已研制成功，可能取代 GTO 在大功率场合的应用地位。

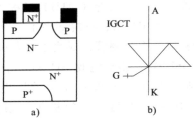

图 6-17　IGCT 的内部结构与电气符号

6.4.5　功率集成电路

多年来，在电力电子器件研制和开发过程中的共同趋势是功率集成化。所谓功率集成化，是指按典型的电力电子电路所需的拓扑结构，将多个同类型或者不同类型的电力电子器件集成封装在一起。功率集成电路最常见的拓扑结构有并联、串联、单相桥和三相桥等。功率集成化可以减小电力电子装置的体积，降低成本，提高可靠性，有利于电力电子电路的研制与开发。另外，更重要的是可减小线路电感，使得高频电路对保护和缓冲电路的要求降低。

如果将电力电子器件与控制系统所要求的控制逻辑、监测、保护、驱动和自诊断等电路集成在同一芯片上，就构成了功率集成电路（PIC）。功率集成电路是微电子技术和电力电子技术结合的产物，是机与电的关键接口，它的出现是电力电子技术的第二次革命。

功率集成电路可以分为两类：一类是高压集成电路（HVIC）；另一类是智能功率集成电路（SPIC）。

1）高压集成电路是横向高耐压电力电子器件（承受高压的两个电极都从芯片的同一表面引出）与控制电路的单片集成，如各种多单元集成的电力电子开关以及大功率集成放大器等。

2）智能功率集成电路大多是纵向功率器件（管芯背面作为主电极，通常它是集电极或漏极）与逻辑或模拟控制电路、传感器电路和保护电路的单片集成。智能功率集成电路可分为两大类：模拟型和开关型。

① 智能功率运算放大器，它可以在电力电子设备中作调节器、跟随器、比较器和加法器，还可以作为功率驱动器等。常见的智能功率运算放大器有以下几种。

PA03 具有很好的小信号放大功能，输出功率大，内部有温度跟踪偏置电路，完善的保护功能，体积小，输出峰值功率可达 2kW，可以用于电机驱动、可编程电源、机器人驱动控制等场合。

LM12 内有输入级保护、过热保护、欠压保护、输出电流限制以及动态安全区保护等，可用于测速发电机伺服控制系统。

LM6171 是一种双通道、超保真音频放大器。每个通道可输出功率 20W，内有自动高温保护、低压保护、过电压保护等电路及哑音和休闲功能，广泛应用于立体声放大等场合。

X9430 是将模拟、数字电路及锁存电路集成在一个芯片上，使增益、偏移及功耗可编程。通过串行外围接口，写入控制字对其进行编程，其参数储存在具有记忆功能的存储器中，即使掉电也可存数据。片内有 16 字节 E^2PROM，可用于精密放大场合。

② 智能功率开关集成电路，是指器件内部集成有防短路、过载、超温等保护及控制逻辑、传感和检测等功能的集成电路。这种电路已经进入汽车工业、电机智能控制、音响及家用电器等电力电子设备中。智能功率开关集成电路实现了集成电路功率化，功率器件集成化和智能化，使功率与信息控制统一在一个器件内，成为机电一体化系统中弱电与强电的接口。常见的智能功率开关集成电路有以下几种。

TOPS 是美国生产的三端 PWM 智能开关集成电路，有 3 个引出端，内有高压 MOSFET 输出开关管，CMOS PWM 控制电路，脉冲前沿中断检测电路，欠压、封锁、输出过电压及关机-自恢复等各种保护电路。由于功率开关和保护电路集成在一起，因此效率高。它所需要的外部元件非常少，就能完成开关电源的全部功能，可用于开关电源和斩波器。

TLE4203 H 桥功率开关驱动器，内含欠电压、过热关断和防止输出端对电源或对地短路等保护，可用于半桥逆变器和直流电机调速等。

BTS250 是德国西门子公司的产品，内含负载开路、短路、芯片过热、过电流、过电压和欠电压等保护，允许承受电压大于 50V，电流为 25A，可用于斩波电路和开关电源。

6.4.6　智能功率模块

智能功率模块（IPM）又称智能功率集成电路，它是具有某种特殊功能的变换器集成模块。IPM 一般指将 IGBT 或 MOSFET 功率器件及辅助器件、保护电路、驱动电路集成在一个芯片上封装的电路。常见的智能功率模块有以下几种。

1）我国银河高科技公司生产的 MSJ-DJKZ 系列智能电机控制模块，内部采用单片机控制移相调压方案，用于三相交流电动机的软起动，可实现电动机的平滑起动，减小了起动电流，避免了对电网的冲击，减小了起动配电容量。具有全电压、电压斜率、电压阶跃和限流 4 种起动方式供用户选择。起动初始电压可编程，保证电动机最大起动转矩，避免电动机过热。制动有软停车和自由停车两种方式供用户选择。可以实现过电流、过热和断相保护。例如 MSJ-DJKZ-350 型，通态电流 280A，阻态电压 V_{RRM} 为 1200~2200V，通态电流上升率 di/dt 大于或等于 100A/μs，断态电压上升率 du/dt 大于或等于 500V/μs。

2）我国泰普电力研究所专利产品 IPM-4M 型全桥式高频开关电源功率模块，将开关电源的辅助电源电路、控制电路、驱动电路、保护电路及全桥功率电路集成在一起，构成高性能的 PWM 电流型 DC/AC 开关电源功率模块。使用该模块会使计算、设计、实验、调试及制作开关电源产品的过程快而简单，并且模块内具有极限保护功能。模块有 9 个引脚，分别是：①电源输入正端，范围 20～500V；②、③分别是功率调制波输出正、负端，对应接高频变压器两端；④电源输入负端；⑤全桥脉冲电流取样输出端，④、⑤间每并联一个 0.1Ω 的电阻，可使最大工作电流增加 4A；⑥频率调整端，悬空，输出标称频率 150kHz；⑥、④脚间接 100kΩ 电位器，调整电位器可使输出频率在标称频率范围内改变；⑦光耦反馈脉冲宽度调制地端，接输出地端；⑧光耦反馈脉宽调制信号输入端，接输出电压反馈取样点；⑨电流检测信号隔离输出端，在⑦、⑨引脚间接微调电位器，引脚⑧接电位器中间滑动端，可以改变②脚输出或电流整定。

IPM-4M 模块还可用于高频开关稳压电源、DC/DC 变换器、通信电源、可调荧光灯镇流器、高频感应加热器、超声波清洗器及单相电动机调速等。

3）日本三菱电机公司推出的智能功率模块 IPM 是较先进的集成功率器件。因采用了能连续监测功率器件的电流，且具有电流传感功能的 IGBT 芯片，从而实现了高效、安全的过载和短路保护；同时还具有过热、欠压锁定保护电路，可使系统的可靠性得到进一步提高。目前，已经应用于电动机变频调速装置及中频、中功率的电力电子变换器中。PM×CT×060 就是其中一种变频式空调器用智能功率模块，采用带电流传感器的 IGBT 芯片，内部集成有驱动电路，具有过热、过电流、短路、欠电压锁定等保护功能；额定电流为 15～75A，额定电压为 600V，饱和压降低、体积小，能满足 0.75～5.0kW 电动机驱动要求，特别适用于变频式空调的逆变系统。PM 系列是由 IGBT 功率开关构成的三相逆变部分和再生制动部分的智能功率模块，内部含栅极驱动及保护电路，可实现欠电压、过电流、桥路短路、过热等保护；额定电压为 600～1200V，额定电流为 10～300A，可用于变频调速和逆变电源等领域。

4）美国生产的 VI-HAM 谐波衰减及功率因数校正模块有 9 个引脚，内含全波整流、高频零电流开关升压变换器及保护电路等，具有过热关断、短路、输出过电压、输入浪涌电流限制以及输入瞬变浪涌过电压等保护。

5）MIG20J06L 是日本东芝公司开发的低频运行的智能功率模块，内含 IGBT 功率器件、栅极驱动控制、故障检测和保护电路。内置电流传感器用来监测 IGBT 的主电路，内部故障保护电路用来检测过电流、短路、过热和控制电源欠电压等故障，用于防止因系统相互干扰或过载发生时造成的芯片损坏。它所采取的故障检测方式和关断方式可使功率芯片的容量得到最大限度的利用，而不会降低可靠性。如有任何一种故障发生，内部电路立即会封锁驱动信号，并向外送出一个"故障"信号。其内置的续流二极管具有快速而软的反向恢复特性，可较好地抑制电磁干扰。该模块可以与单片机接口，实现微机控制，特别适用于变频空调器和其他变频调速控制场合。该模块工作电源电压为 +15V。

思考题与习题

6.1 试说明 SCR、GTO、Power MOSFET、IGBT 各自的优缺点。

6.2 使用 Power MOSFET 应该注意什么问题？

6.3 电力电子器件有哪几种分类方法？每种类型的电力电子器件中又有哪些器件？

第7章

全控型器件的驱动电路与保护电路

7.1 驱动电路的基本要求

驱动电路（Drive Circuit）位于主电路与控制电路之间，用来对控制电路的信号进行放大的中间电路（即放大控制电路的信号使其能够驱动功率器件）。

驱动电路的作用是将控制电路输出的 PWM 脉冲放大到足以驱动功率开关器件，即具有功率放大作用。驱动电路的基本任务就是将信息电子电路传来的信号按照其控制目标的要求，转换为加在电力电子器件控制端和公共端之间，可以使其开通或关断的信号。对半控型器件只需提供开通控制信号，对全控型器件则既要提供开通控制信号，又要提供关断控制信号，以保证器件按要求可靠导通或关断。

优良的驱动电路对变换器性能的影响：

1）可以提高系统的可靠性。

2）可以提高变换效率（开关器件开关、导通损耗）。

3）可以减小开关器件应力（开、关过程中）。

4）可以降低 EMI/EMC。

驱动电路的基本要求如下。

（1）驱动电路要采取隔离措施　驱动电路次级与主电路有耦合关系，而驱动初级是与控制电路连在一起，主电路是一次电路，控制电路是低电压电子电路，一次电路和电子电路之间要加强绝缘，实现绝缘要求，一般采取变压器电磁隔离和光电耦合隔离等措施，如图 7-1 所示。

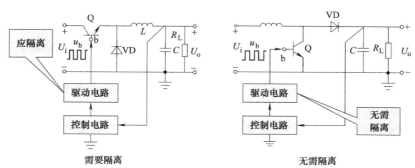

图 7-1　驱动电路的隔离

驱动电路采取隔离措施的条件：

控制参考地与驱动信号参考地（e 极）同——驱动电路无须隔离；

控制参考地与驱动信号参考地（e极）不同——驱动电路应隔离。

驱动电路隔离技术一般使用光电耦合器或隔离变压器（光耦合或磁耦合）。由于MOS-FET的工作频率及输入阻抗高，容易被干扰，故驱动电路应具有良好的电气隔离性能，以实现主电路与控制电路之间的隔离，使之具有较强的抗干扰能力，避免功率级电路对控制信号的干扰。

光耦隔离驱动可分为电磁隔离与光电隔离。采用脉冲变压器实现电路的电磁隔离，是一种电路简单可靠，又具有电气隔离作用的电路，但其对脉冲的宽度有较大限制，若脉冲过宽，磁饱和效应可能使一次绕组的电流突然增大，甚至使其烧毁；若脉冲过窄，为驱动栅极关断所存储的能量可能不够。光电隔离，是利用光耦合器将控制信号回路和驱动回路隔离开。该驱动电路输出阻抗较小，解决了栅极驱动源低阻抗的问题，但由于光耦合器响应速度较慢，因而其开关延迟时间较长，限制了使用频率。

（2）双极型晶体管驱动电路的要求 最佳驱动电流波形如图7-2所示。

1）开通时：基极电流有快速上升沿和过冲——加速开通，减小开通损耗。

2）导通期间：足够的基极电流，使晶体管任意负载饱和导通——低导通损耗；关断前调整基极电流，使晶体管处于临界饱和导通——减小 t_s，关断快。

3）关断瞬时：足够、反向基极电流——迅速抽出基区剩余载流子，减小 t_s；反偏截止电压，使 i_C 迅速下降，减小 t_f。

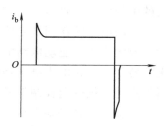

图7-2 最佳驱动电流波形

恒流驱动电路即基极电流恒定，功率管饱和导通。恒流驱动优点是电路简单，缺点是轻载时深度饱和，关断时间长。

7.2　GTR的驱动电路和保护电路

1. GTR驱动电路的设计要求

GTR基极驱动方式直接影响其工作状态，可以使某些特性参数得到改善或变坏，例如，过驱动可加速器件开通，减少开通损耗，但对器件关断不利，增加了关断损耗。驱动电路有无快速保护功能，则是GTR在过电压、过电流后是否损坏的重要条件。GTR的热容量小，过载能力差，采用快速熔断器和过电流继电器是根本无法保护GTR的。因此，不再用切断主电路的方法，而是采用快速切断基极控制信号的方法进行保护。这就将保护措施转换成如何及时准确地检测故障状态和如何快速可靠地封锁基极驱动信号这两个方面。

（1）设计基极驱动电路应考虑的因素 设计基极驱动电路必须考虑的3个方面：优化驱动特性、驱动方式和自动快速保护功能。

1）优化驱动特性。优化驱动特性就是以理想的基极驱动电流波形去控制器件的开关过程，保证较高的开关速度，减少开关损耗。优化的基极驱动电流波形与GTO门极驱动电流波形相似。

2）驱动方式。驱动方式是指驱动电路与主电路之间的连接方式，它有直接和隔离两种驱动方式，直接驱动方式分为简单驱动、推挽驱动、抗饱和驱动等形式；隔离驱动方式分为光电隔离和电磁隔离形式。

　　3）自动快速保护功能。在故障情况下，为了实现快速自动切断基极驱动信号以免 GTR 遭到损坏，必须采用快速保护措施。保护的类型一般有抗饱和、退饱和、过电流、过电压、过热和脉冲限制等。

　　（2）基极驱动电路　GTR 的基极驱动电路有恒流驱动电路、抗饱和驱动电路、固定反偏互补驱动电路、比例驱动电路、集成化驱动电路等多种形式。恒流驱动电路是指其使 GTR 的基极电流保持恒定，不随集电极电流变化而变化。抗饱和驱动电路也称为贝克钳位电路，其作用是让 GTR 开通时处于准饱和状态，使其不进入放大区和深度饱和区，关断时，施加一定的负基极电流有利于减小关断时间和关断损耗。固定反偏互补驱动电路是由具有正、负双电源供电的互补输出电路构成的，当电路输出为正时，GTR 导通；当电路输出为负时，发射结反偏，基区中的过剩载流子被迅速抽出，GTR 迅速关断。比例驱动电路是使 GTR 的基极电流正比于集电极电流的变化，保证在不同负载情况下，器件的饱和深度基本相同。集成化驱动电路克服了上述电路元件多、电路复杂、稳定性差、使用不方便等缺点，具有代表性的器件是 THOMSON 公司的 UAA4003 和三菱公司的 M5725BL。

　　GTR 的驱动电路种类很多，下面介绍一种分立元件 GTR 的驱动电路，如图 7-3 所示。

　　电路由电气隔离和晶体管放大电路两部分构成。电路中的二极管 VD$_2$ 和电位补偿二极管 VD$_3$ 组成贝克钳位抗饱和电路，可使 GTR 导通时处于临界饱和状态。当负载轻时，如果 VT$_5$ 发射极电流全部注入 GTR，会使 GTR 过饱和，关断时退饱和时间延长。有了贝克钳位电路后，当 GTR 过饱和使得集电极电位低于基极电位时，VD$_2$

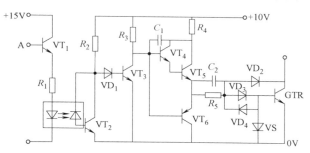

图 7-3　一种分立元件 GTR 驱动电路

就会自动导通，使得多余的驱动电流流入集电极，维持 $U_{be} \approx 0$。这样，就使得 GTR 导通时始终处于临界饱和。图中的 C_2 为加速开通过程的电容，开通时，R_5 被 C_2 短路。这样就可以实现驱动电流的过冲，同时增加前沿的陡度，加快开通。另外，在 VT$_5$ 导通时，C_2 充电，充电的极性为左正右负，为 GTR 的关断做准备。当 VT$_5$ 截止 VT$_6$ 导通时，C_2 上的充电电压为 GTR 管的发射结施加反电压，从而使 GTR 迅速关断。

　　GTR 集成驱动电路种类也很多，下面简单介绍几种。

　　HL202 是国产双列直插、20 引脚 GTR 集成驱动电路，内有微分变压器实现信号隔离，贝克钳位电路退饱和、欠电压保护。工作电源电压为 +8 ~ +10V 和 -7 ~ -5.5V，最大输出电流大于 2.5A，可以驱动 100A 以下的 GTR。

　　UAA4003 是双列直插、16 引脚 GTR 集成驱动电路，可以对被驱动的 GTR 实现最优驱动和完善保护，保证 GTR 运行于临界饱和的理想状态，自身具有 PWM 脉冲形成单元，特别适用于直流斩波器系统。

　　M57215BL 是双列直插、8 引脚 GTR 集成驱动电路，单电源自生负偏压工作，可以驱动 50A/1000V 以下的 GTR 模块一个单元；外加功率放大可以驱动 75 ~ 400A 的 GTR 模块。

　　2. GTR 的保护电路

　　GTR 的保护电路应包括对器件的过电压保护、过电流保护、过热保护、安全区外运行状态保护以及过大的 $\mathrm{d}i/\mathrm{d}t$ 和 $\mathrm{d}u/\mathrm{d}t$ 的保护。为防止 GTR 的损坏，这些保护必须快速动作，而且这些保护都是在准确检测的基础上完成的。过电压、过电流保护相对简单，可以利用压敏电阻、热敏电阻来实现保护。而对于 $\mathrm{d}i/\mathrm{d}t$ 和 $\mathrm{d}u/\mathrm{d}t$ 的限制保护，可通过缓冲电路来实现；过电流保护可根据基极或集电极电压特性来实现。下面介绍两种保护电路的监测及工作原理。

过电流的出现是由于 GTR 处于过载或短路故障而引起的，此时随着集电极电流的急剧增加，其基极电压 U_{BE} 和集电极电压 U_{CE} 均发生相应的变化。在基极电流和结温一定时，U_{BE} 随 I_{C} 正比变化，监测 U_{BE} 再与给定的基准值进行比较，就可发出切除驱动基极信号的命令，实现过载和过流保护。与此类似，利用 U_{CE} 也可达到过流保护的目的。但 U_{CE} 的变化比 U_{BE} 缓慢，且受温度影响较大。

由于 U_{BE} 随 I_{C} 的变化快，因此监测 U_{BE} 适于短路过流保护，而监测 U_{CE} 适用于过载保护。过流保护的基极电压特性和电压监测电路，如图 7-4 所示。

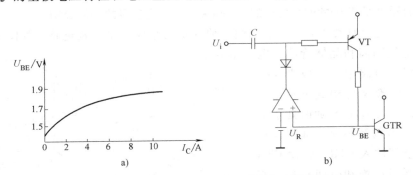

图 7-4 GTR 的过流保护基极电压特性与电压监测电路
a）基极电压特性 b）电压监测电路

由图 7-4a 明显可以看出，GTR 的电压 U_{BE} 随 I_{C} 正比变化。图 7-4b 电路随时监测 U_{BE} 的变化，同时与基准电压值 U_{R} 进行比较。在正常情况下，$U_{\mathrm{BE}}<U_{\mathrm{R}}$，比较器输出低电平保证驱动管 VT 和 GTR 导通。当主电路发生短路故障时，U_{BE} 线性上升，一旦 $U_{\mathrm{BE}}>U_{\mathrm{R}}$，比较器立即输出高电平使驱动管 VT 截止，迅速关断已经短路过流的 GTR，实现过流保护。

过载保护的集电极电压特性和电压监测电路如图 7-5 所示。当负载过流或由于基极驱动

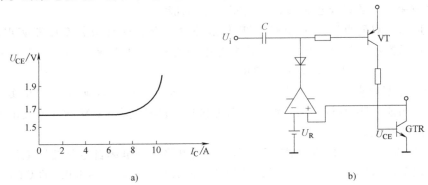

图 7-5 GTR 的过载保护集电极电压特性和电压监测电路
a）集电极电压特性 b）电压监测电路

电流不足时，均引起 GTR 退出饱和区进入线性放大区，致使 U_{CE} 迅速增大，功耗猛增，使器件烧坏。图 7-5b 电路随时监测 U_{CE} 的变化，当 $U_{CE}>U_R$ 时，保护电路动作使 GTR 关断。电路中电容 C 起加速强制开通作用。

7.3　Power MOSFET 的驱动电路和保护电路

1. Power MOSFET 的驱动电路

Power MOSFET 是单极型压控器件，开关速度快。但存在极间电容，器件功率越大，极间电容也越大。为提高其开关速度，要求驱动电路必须有足够高的输出电压、较高的电压上升率和较小的输出电阻，另外还需要一定的栅极驱动电流。

开通时，栅极电流可由下式计算：

$$I_{Gon} = \frac{C_{iSS}u_{GS}}{t_r} = \frac{(C_{GS}+C_{GD})u_{GS}}{t_r} \tag{7-1}$$

关断时，栅极电流可由下式计算：

$$I_{Goff} = \frac{C_{GD}u_{DS}}{t_f} \tag{7-2}$$

式（7-1）是选取开通驱动元件的主要依据，式（7-2）是选取关断驱动元件的主要依据。

为了满足对电力场效应晶体管驱动信号的要求，一般采用双电源供电，其输出与器件之间可采用直接耦合或隔离耦合。

电力场效应晶体管的一种分立元件驱动电路如图 7-6 所示。

电路由输入光电隔离和信号放大两部分组成。当输入信号 u_i 为零时，光电耦合器截止，运算放大器 A 输出低电平，晶体管 VT$_3$ 导通，驱动电路输出负 20V 驱动电压，使电力场效应晶体管关断。当输入信号 u_i 为正时，光耦导通，运算放大器 A 输出高电平，晶体管 VT$_2$ 导通，驱动电路约输出正 20V 电压，使电力场效应晶体管开通。

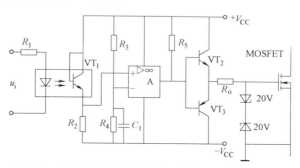

图 7-6　电力场效应晶体管的一种分立元件驱动电路

MOSFET 的集成驱动电路种类很多，下面简单介绍其中几种。

IR230 是美国生产的 28 引脚集成驱动电路，可以驱动电压不高于 600V 电路中的 MOSFET，内含过电流、过电压和欠电压保护，输出可以直接驱动 6 个 MOSFET 或 IGBT。单电源供电，最大 20V。广泛应用于三相 MOSFET 和 IGBT 的逆变器控制电路中。

IR2237/2137 是美国生产的集成驱动电路，可以驱动 600V 及 1200V 线路的 MOSFET。其保护性能和抑制电磁干扰能力更强，并具有软起动功能，采用三相栅极驱动器集成电路，能在线间短路及接地故障时，利用软停机功能抑制短路造成的过高峰值电压。利用非饱和检测技术，可以感应出 MOSFET 和 IGBT 的短路状态。此外，内部的软停机功能，经过三相同步处理，即使发生因短路引起的快速电流断开现象，也不会出现过高的瞬变浪涌过电压，同时配有多种集成电路保护功能。当故障发生时，可输出故障信号。

TLP250 是日本生产的双列直插 8 引脚集成驱动电路，内含一个光发射二极管和一个集成光检测器，具有输入、输出隔离，开关时间短，输入电流小、输出电流大等特点，适用于驱动 MOSFET 或 IGBT。

2. 电力场效应晶体管的保护措施

电力场效应晶体管的绝缘层易被击穿是它的致命弱点，栅源电压一般不得超过 ±20V。因此，在应用时必须采取相应的保护措施，通常有以下几种。

（1）**防静电击穿** 电力场效应晶体管具有极高的输入阻抗，因此在静电较弱的场合易被静电击穿。为此应注意：

1）储存时，应放在具有屏蔽性能的容器中，取用时工作人员要通过腕带良好接地。

2）在器件接入电路时，工作台和烙铁必须良好接地，且烙铁应当断电焊接。

3）测试器件时，仪器和工作台都必须良好接地。

（2）**防偶然性振荡损坏** 当输入电路某些参数不合适时，可能引起振荡而造成器件损坏。为此，可在栅极输入电路中串入电阻。

（3）**防栅极过电压** 可在栅源之间并联电阻或约 20V 的稳压二极管。

（4）**防漏极过电流** 过载或短路都会引起过大的电流冲击，超过 I_{DM} 极限值，必须采用快速保护电路使器件迅速断开主电路。

7.4 IGBT 的驱动电路

1. 驱动电路的基本要求

IGBT 的栅极驱动性能直接影响它的静态和动态特性。为此，IGBT 对驱动电路有以下基本要求。

（1）**要有较陡的脉冲上升沿和下降沿** 在 IGBT 开通时，很陡的栅极电压加到栅极和发射极之间，可使 IGBT 快速开通，从而减小开通损耗。在 IGBT 关断时，驱动电压下降沿很陡，且在栅射极之间施加一适当的反电压，可使 IGBT 快速关断，减小关断损耗。为保证触发脉冲上升沿和下降沿都很陡，驱动电路在有合适的正、反向驱动电压的同时，还要有低阻抗输出特性。

（2）**要有足够大的驱动功率** IGBT 导通后，为使 IGBT 始终处于饱和状态，甚至在瞬时过载时，也能保证其不退出饱和区，驱动电路必须有足够大的驱动功率提供。

（3）**要有合适的正向驱动电压 U_{GE}** 当正向驱动电压 U_{GE} 增加时，IGBT 的通态压降 U_{CE} 和开通损耗下降。但在负载短路过程中，IGBT 集电极电流随 U_{GE} 的增加而增加，同时也使 IGBT 承受短路损坏的脉冲宽度变窄，因此 U_{GE} 要选择合适的值，一般取为 +12～+15V。

（4）**要有合适的反偏压** IGBT 关断时，栅射极之间加反向偏压可使 IGBT 迅速关断，但其数值不能过高，否则将造成栅射极反向击穿。反偏压一般取值为 -10～-2V。

（5）**驱动电路与控制电路之间最好进行电气隔离** 驱动电路要有完善的保护功能，抗干扰性能好。驱动电路到 IGBT 模块间的引线尽量短，且采用双绞线或同轴电缆屏蔽线，以避免引起干扰。

2. 驱动电路

在满足上述驱动要求的前提下，可以设计出各种各样的驱动电路。下面介绍其中的几种。

（1）**适用于高频小功率场合的驱动电路**　一种适用于高频小功率场合的 IGBT 驱动电路如图 7-7 所示。图中电路由晶体管、电阻、电容和脉冲变压器等元件构成，其中脉冲变压器起隔离作用，电容 C 起隔直作用，电阻 R_2 对 VT$_1$ 和 VT$_2$ 起限流作用。

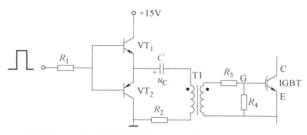

图 7-7　一种适用于高频小功率的 IGBT 驱动电路

当正向控制信号从 R_1 输入时，晶体管 VT$_1$ 导通，电容 C_1 充电极性为上正下负，当脉冲变压器二次侧感应产生正向电压，使 IGBT 开通。选合适的变压器变比，可以得到满足驱动要求的栅极驱动电压。

当控制信号为零时，VT$_2$ 导通，电容 C 经变压器放电。由于电容的容量较大，所以放电期间，电容上所充的电压基本保持不变，这时变压器输出反向的方波脉冲，使 IGBT 关断。

这种驱动电路不需要独立的驱动电源，使驱动电路变得简单，有利于小型化。

（2）**适用于中大功率场合的驱动电路**　一种适用于中大功率场合的 IGBT 驱动电路如图 7-8 所示。这是一种采用光电耦合隔离的 IGBT 驱动电路。驱动电源由正 V_{CC} 和负 V_{EE} 提供。其工作原理如下。

当控制信号为正时，光耦 VP 导通，使 VT$_1$、VT$_2$、VT$_3$ 导通，VT$_4$ 截止。正电压 V_{CC} 经 VT$_3$ 和 R_G 加于 IGBT 的栅射极之间，使 IGBT 处于饱和导通状态。

当控制信号为零时，光耦截止，VT$_1$、VT$_2$、VT$_3$ 也截止，VT$_4$ 导通，

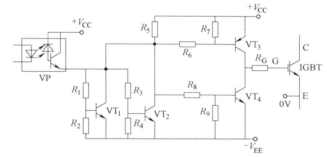

图 7-8　一种适用于中大功率场合的 IGBT 驱动电路

负电压 V_{EE} 经过 VT$_4$ 和 R_G 加于 IGBT 的栅射极之间，使 IGBT 处于截止状态。

值得注意的是，采用光耦隔离时，光耦两侧电源不能共地。

（3）**IGBT 专用集成模块驱动电路**　目前，许多 IGBT 生产厂家为了解决 IGBT 的可靠性问题，专门研制生产了与 IGBT 配套的混合集成栅极驱动电路。比较典型的有日本三菱公司的 M57918L、富士公司的 EXB 系列、美国摩托罗拉公司的 MPD 系列。这些专用驱动电路抗干扰能力强、集成化程度高、工作速度快以及保护功能完善，可实现 IGBT 的最优驱动控制。这些混合集成栅极驱动电路内部都具有退饱和检测和保护环节，当发生过流时，能快速响应而关断 IGBT，并向外部电路输出故障信号。

1）日本三菱公司的 M57918L 专用集成栅极驱动电路，输入信号电流为 16mA，输出电压 +15V 和 -10V，输出最大脉冲电流为 +2A 和 -2A。M57918L 的原理和应用接线如图 7-9 所示。

M57918L 各引脚功能如下：

1 为检测端，用于过流保护检测；

4 为驱动器正电源端，+15V；

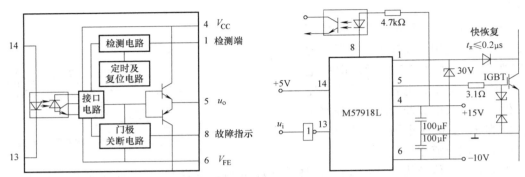

图 7-9　M57918L 的原理和应用接线

5 为驱动器输出；

6 为驱动器负电源端，−10V；

8 为故障指示，故障时输出故障指示信号；

13 为控制信号输入端（−）；

14 为控制信号输入端（＋）；

其他引脚不用。图中的 3.1Ω 电阻是 IGBT 栅极电阻；集电极上的二极管为快速恢复二极管，用于实现故障快速保护；栅极的两个稳压二极管用于限制栅极电压，防止栅射极之间电压过高造成击穿。

2）日本富士公司的 EXB 系列 IGBT 集成驱动芯片，EXB850/851 是标准型，它是单列直插 16 引脚集成电路，专为驱动 150A/600V 及 75A/1200V 的 IGBT 设计的厚膜集成电路，驱动信号延迟 ≤4μs，最高工作频率达 15kHz；EXB840/841 为高速型，驱动信号延迟 ≤1μs，最高工作频率为 40~50kHz。EXB 系列芯片有如下功能：

片内有能隔离 2500V 的光耦，可用于 IGBT 主回路为 380V 的变流装置中。

片内有过流检测和低速过流切断电路。当通过 IGBT 的电流超过内部设定值时，低速过流切断电路以不使 IGBT 损坏的较慢速度关断 IGBT。其原因是防止由于快速断流，引起 IG-BT 集电极电压变化的速率过快，致使 IGBT 损坏。

片内还能检测 IGBT 集射极之间的电压降，从而实现对 IGBT 的欠饱和保护功能。

芯片由 20V 单电源供电，片内自动将其转变为正 15V 和负 5V 电源，以便驱动 IGBT 开通或关断。

EXB 系列集成驱动芯片内部结构如图 7-10 所示，其内部各引脚功能如下：

1 为用于接反偏电源的滤波电容器；

2 为正电源，+20V；

3 为驱动输出；

4 为用于接外部电容，防止过流保护误动作；

5 为过流保护输出；

6 为集电极电压监测；

9 为电源地；

14 为驱动信号输入（−）；

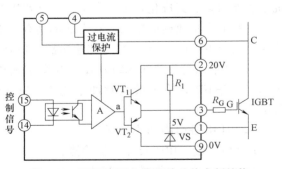

图 7-10　EXB 系列集成驱动芯片内部结构

15 为驱动信号输入（+）；

其他引脚不用。由 EXB850 组成的驱动电路如图 7-11 所示。

3）陕西高科电力电子公司生产的 HL403 是单列直插 17 引脚 IGBT 集成驱动电路，在外加功率放大单元后，可直接驱动 600A 和 1200V 的 IGBT，具有抗干扰能力强、响应速度快、隔离电压高等特点。另外，还具有先降栅压、后软关断的双重短路保护功能。工作电

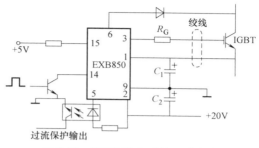

图 7-11　EXB850 组成的驱动电路

源电压：V_{CC}：$+15 \sim +18V$；$V_{EE} = -12 \sim -10V$（推荐工作电源电压：V_{CC}：$+15V$；V_{EE}：$-10V$）；正向输出电流 2A，反向输出电流 2A。

思考题与习题

7.1　设计 GTR 基极驱动电路时，应当考虑哪些方面的问题？如何防止 GTR 的过电压和过电流？

7.2　驱动电路中的隔离有哪些方法？试分别阐述。

7.3　电力场效应晶体管为什么要重点防击穿？应当采取哪些保护措施？

7.4　IGBT 的驱动电路有哪些要求？有哪些驱动电路的方案？它们各有什么特点？

7.5　试述 GTR 驱动电路中贝克钳位电路抗饱和电路的工作原理，并分别指出 VD_2 和 VD_3 的作用。

第 8 章

脉冲宽度调制技术

8.1 PWM 的基本原理

脉冲宽度调制（PWM）就是通过控制半导体开关元件的导通与关断时间比，对脉冲宽度进行调制的技术，也就是通过对一系列脉冲的宽度进行调制，来等效地获得所需的波形（含形状和幅值）。

在采样控制理论中，有一个重要的冲量等效原理：大小、波形不相同的窄脉冲作用在具有惯性的环节上时，只要它们的冲量对时间的积分相等，其作用效果基本相同。这里所说的效果基本相同，是指惯性环节的输出响应波形基本相同。如果把各输出波形用傅里叶变换来分析，则其低频段非常接近，仅在高频段略有差异。例

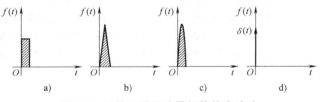

图 8-1　形状不同而冲量相等的窄脉冲

如，图 8-1a、b、c 所示的 3 个窄脉冲形状不同，但它们的面积（冲量）都等于 1，当它们分别加在具有惯性的同一环节上时，其输出响应基本相同。当窄脉冲变为图 8-1d 的单位脉冲函数 $\delta(t)$ 时，环节的响应即为该环节的脉冲过渡函数。

分别将如图 8-1 所示的电压窄脉冲加在如图 8-2a 所示的电路（一阶惯性环节 RL 电路）上，其输出电流 $i(t)$ 对不同窄脉冲的响应波形如图 8-2b 所示。从波形可以看出，在 $i(t)$ 的上升段，脉冲波形形状不同，$i(t)$ 的形状也略有不同；但其下降段则几乎完全相同。脉冲越窄，各 $i(t)$ 响应波形的差异越小。如果周期性地施加上述脉冲，则响应 $i(t)$ 也是周期性的。用傅里叶级

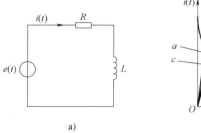
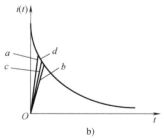

图 8-2　冲量相等的各种窄脉冲的响应波形

数分解后可以看出，各 $i(t)$ 在低频段的特性将非常接近，仅在高频段有所不同。上述原理可以称为面积等效原理，它是 PWM 控制技术的重要理论基础。

用一系列等幅不等宽的脉冲来代替一个正弦半波，正弦半波的 N 等分看成 N 个相连的脉冲序列，它们宽度相等，但幅值不等；或用矩形脉冲序列代替，矩形脉冲序列等幅而不等

宽，若它们的中点重合，面积（冲量）相等，则宽度按正弦规律变化。这就是正弦波脉冲宽度调制（SPWM）。

PWM 的一个优点是从处理器到被控系统信号都是数字形式的，通过这种模数转换，可使噪声影响降到最低。

对噪声抵抗能力的增强是 PWM 相对于模拟控制的一个优点，而且也是在某些时候将 PWM 应用于通信的主要原因。从模拟信号转向 PWM 可以极大地延长通信距离。

由于 PWM 可以同时实现变频变压，从而具有抑制谐波的特点，因此在交流传动及其他能量变换系统中得到广泛应用。PWM 控制技术大致可以分为三类：

1）正弦 PWM（包括电压、电流或磁通的正弦为目标的各种 PWM 方案等）。正弦 PWM 已为人们所熟知，旨在改善输出电压、电流波形、降低电源系统谐波。多重 PWM 技术在大功率变频器中有其独特的优势。

2）优化 PWM。优化 PWM 所追求的是实现电流谐波畸变率（THD）最小、电压利用率最高、效率最优、转矩脉动最小以及其他特定优化目标。

3）随机 PWM。

随着电子技术的发展，出现了多种 PWM 技术，包括相电压控制 PWM、脉宽 PWM 法、随机 PWM、SPWM 法、线电压控制 PWM 等。其中，脉宽 PWM 法就是把每一脉冲宽度均相等的脉冲列作为 PWM 波形，通过改变脉冲列的周期可以调频，改变脉冲的宽度或占空比可以调压，采用适当控制方法即可使电压与频率协调变化。可以通过调整 PWM 的周期、PWM 的占空比而达到控制充电电流的目的。

8.2　PWM 的工作模式

8.2.1　单极性 PWM 模式

从调制脉冲的极性看，PWM 又可分为单极性与双极性控制模式两种。产生单极性 PWM 模式的基本原理如图 8-3 所示。首先由同极性的三角波载波信号 u_t 与调制信号 u_r 比较，如图 8-3a 所示，产生单极性的 PWM 脉冲如图 8-3b 所示；然后将单极性的 PWM 脉冲信号与图 8-3c 所示的倒相信号 U_I 相乘，从而得到正负半波对称的 PWM 脉冲信号 U_d，如图 8-3d 所示。

8.2.2　双极性 PWM 模式

双极性 PWM 控制模式采用的是正负交变的双极性三角载波 u_t 与调制波 u_r，如图 8-4 所示，可通

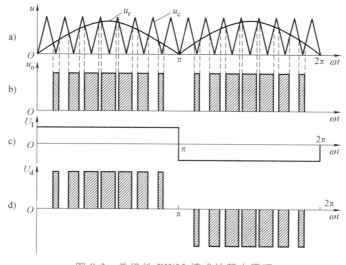

图 8-3　单极性 PWM 模式的基本原理

过 u_c 与 u_r 的比较直接得到双极性的 PWM 脉冲，而不需要倒相电路。

除以上两种从不同的原理角度对调制方法进行的分类外，近些年采用集成电路直接进行脉宽调制的方式被更多的用户所接受。信号调理领域经常需要面对模拟量信号的传输、采集、控制等问题，传统的信号链电路包括模数转换器（ADC）、数模转换器（DAC）、运算放大器（Op Amp）、比较器（Comparator）等，它们扮演模拟信号处理的主要角

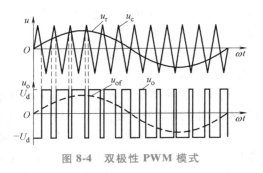

图 8-4　双极性 PWM 模式

色。信号链芯片的功能基础而强大，经过精心的设计后能形成多种多样信号处理电路，但即便如此，在很多应用领域依然存在瓶颈和制约，无法达到理想的电路性能和指标。所以在信号链领域渴望出现更多创新的模拟电路处理技术和芯片产品。一种新型的模拟信号处理专用芯片实现了模拟信号向 PWM 信号高精度转换功能，称其为 APC（Analog to PWM Convertor）。

8.3　正弦波脉冲宽度调制技术

正弦波脉宽调制的控制思想，是利用逆变器的开关元件，由控制线路按一定的规律控制开关元件的通断，从而在逆变器的输出端获得一组等幅、等距而不等宽的脉冲序列，其脉宽基本上按正弦分布，以此脉冲序列来等效正弦电压波形。用 PWM 波代替正弦波如图 8-5 所示。

实用的 PWM 逆变装置由三部分组成：直流电源、中间滤波环节和逆变电路。其中直流电源是不可控整流电路，没有调压功能；中间滤波环节通常都是采用电容（电感）滤波；而逆变电路采用脉宽调制的方法，就可以在把直流变成交流的同时，既能调压，又能调频。PWM 逆变电路的实质是依靠调节脉冲宽度来改变输出电压，通过改变调制周期达到改变输出频率的目的。

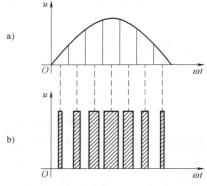

图 8-5　用 PWM 波代替正弦波

脉冲宽度调制的方法很多，分类方法也没有统一，较常见的分类方法如下。

1）根据调制脉冲的极性，可分为单极性和双极性调制两种。

2）根据载频信号和基准信号的频率之间的关系，可分为同步调制和异步调制两种。

3）根据基准信号的不同，可分为矩形波脉冲宽度调制和正弦波脉冲宽度调制等。其中矩形波脉宽调制法的特点是输出脉冲序列是等宽的，只能控制一定次数的谐波；正弦波脉冲宽度调制的特点是输出脉冲序列是不等宽的，宽度按正弦规律变化，故输出电压的波形接近正弦波。

正弦波脉宽调制是采用正弦波与三角波相交的方案，确定各分段矩形脉冲的宽度。通常采用等腰三角形作为载波，因为等腰三角形上、下宽度与高度成线性关系，且左、右对称，当它与任何一个平缓变化的调制信号波相交时，如在交点时刻控制电路中开关器件的通断，

就可以得到宽度正比于信号波幅值的脉冲，这正好符合 PWM 控制的要求。当调制信号波为正弦波时，所得到的就是 SPWM 波形。

8.3.1　单相单极性 SPWM

图 8-6 为单相桥式 PWM 逆变电路，负载为感性，IGBT 作为开关器件。对 IGBT 的控制方法是：

在正半周期，使 VT_2 和 VT_3 一直处于截止状态，而使 VT_1 一直保持导通，VT_4 交替通断。当 VT_1 和 VT_4 都导通时，负载上所加的电压为直流电源电压 U_d。VT_4 关断时，由于感性负载中的电流不能突变，负载电流将通过二极管 VD_3 续流，负载上所加电压为零。如负载电流较大，则直到使 VT_4 再一次导通之前，VD_3 一直持续导通；如负载电流较快地衰减到零，则在

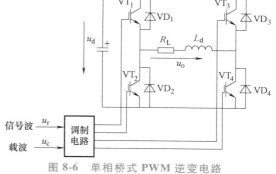

图 8-6　单相桥式 PWM 逆变电路

VT_4 再次导通前，负载电压也一直为零。这样输出到负载上的电压 u_o 就有两种电平：0 和 U_d。

在负半周期，使 VT_1 和 VT_4 一直处于截止，而使 VT_2 保持导通，VT_3 交替通断。当 VT_2 和 VT_3 都导通时，负载上加有 $-U_d$，当 VT_3 关断时，VD_4 续流，负载电压为零。因此，在负载上可得到 3 种电平：$\pm U_d$ 和 0。

控制 VT_4 或 VT_3 通断的方法如图 8-7 所示。调制信号波 u_r 为正弦波，载波信号 u_c 为三角波。u_c 在 u_r 的正半周为正极性的三角波，在 u_r 的负半周为负极性的三角波。在 u_r 和 u_c 的交点时刻，控制 IGBT 管 VT_4 或 VT_3 的通断。在 u_r 的正半周，VT_1 保持导通，VT_2 保持关断，当 $u_r>u_c$ 时，使 VT_4 导通，VT_3 关断，负载电压 u_o 就等于 U_d；当 $u_r<u_c$ 时，使 VT_4 关断，VT_3 导通，$u_o=0$。在 u_r 的负半周，VT_1 关断，VT_2 保持导通，当 $u_r<u_c$ 时，使 VT_3 导通，VT_4 关断，$u_o=-U_d$；当 $u_r>u_c$ 时，使 VT_3 关断，VT_4 导通，$u_o=0$。这样，就得到了 SPWM 波形 u_o。图 8-7 中 u_{o1} 表示 u_o 中的基波分量。像这种在 u_r 的 1/2 个周期内三

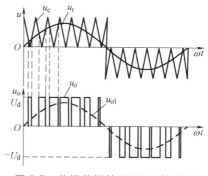

图 8-7　单相单极性 SPWM 的波形

角波载波只在一个方向变化，所得到的输出电压的 PWM 波形也只在一个方向变化的控制方式，称为单极性 SPWM 控制方式。

8.3.2　单相双极性 SPWM

和单极性 SPWM 控制方式不同的是双极性 SPWM 控制方式。图 8-6 所示的单相桥式 PWM 逆变电路在采用双极性控制方式时的波形如图 8-8 所示。在双极性方式中 u_r 的 1/2 个周期内，三角载波是在正、负两个方向变化的，所得到的 PWM 波形也是在两个方向变化的。在 u_c 的一个周期内，输出的 PWM 波形只有两种电平：$\pm U_d$，仍然在调制信号 u_r 和载

波信号 u_c 的交点时刻控制各开关器件的通断。

在 u_r 的正、负半周，对各开关器件的控制规律相同。当 $u_r > u_c$ 时，给 VT_1 和 VT_4 以导通驱动信号，给 VT_2 和 VT_3 以关断信号，输出电压 $u_o = U_d$。当 $u_r < u_c$ 时，给 VT_2 和 VT_3 以导通信号，给 VT_1 和 VT_4 以关断信号，输出电压 $u_o = -U_d$。可以看出，同一半桥上、下两个桥臂 IGBT 的驱动信号极性相反，处于互补工作方式。在感性负载的情况下，若 VT_1 和 VT_4 处于导通状态时，给 VT_1

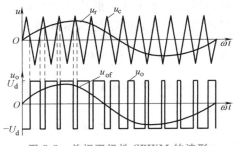

图 8-8　单相双极性 SPWM 的波形

和 VT_4 以关断信号，而给 VT_2 和 VT_3 以开通信号后，则 VT_1 和 VT_4 立即关断。因感性负载电流不能突变，VT_2 和 VT_3 并不能立即导通，二极管 VD_2 和 VD_3 导通续流。当感性负载电流较大时，直到下一次 VT_1 和 VT_4 重新导通前，负载电流方向始终未变，VD_2 和 VD_3 持续导通，而 VT_2 和 VT_3 始终未开通；当负载电流较小时，在负载电流下降到零之前，VD_2 和 VD_3 续流，之后 VT_2 和 VT_3 开通，负载电流反向。不论 VD_2 和 VD_3 导通，还是 VT_2 和 VT_3 开通，负载电压都是 $-U_d$。从 VT_2 和 VT_3 开通向 VT_1 和 VT_4 开通切换时，VD_1 和 VD_4 的续流情况和上述情况类似。

8.3.3　三相双极性 SPWM

图 8-9 所示为三相桥式 PWM 逆变电路及其波形，其采用双极性控制方式。U、V、W 三相的 SPWM 控制共用一个三角载波 u_c，三相调制信号 u_{rU}、u_{rV}、u_{rW} 的相位依次相差 120°，U、V、W 各相 IGBT 器件的控制规律相同。现以 U 相为例说明如下。

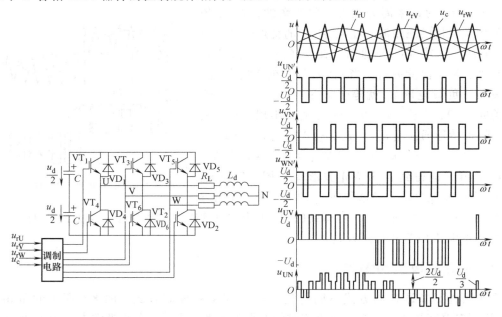

图 8-9　三相桥式 PWM 逆变电路及其波形

当 $u_{rU} > u_c$ 时，给 VT_1 导通信号，给 VT_4 关断信号，则 U 相相对于直流电源假想中点 N′

的输出电压 $u_{UN'} = U_d/2$。当 $u_{rU} < u_c$ 时，给 VT$_4$ 导通信号，给 VT$_1$ 关断信号，则 $u_{UN'} = -U_d/2$。VT$_1$ 和 VT$_4$ 的驱动信号始终是互补的。由于感性负载电流的方向和大小的影响，控制过程中，当给 VT$_1$ 加导通信号时，可能是 VT$_1$ 导通，也可能是二极管 VD$_1$ 续流导通。V 相和 W 相的控制方式和 U 相相同。$u_{UN'}$、$u_{VN'}$ 和 $u_{WN'}$ 的波形如图 8-9 所示。线电压 u_{UV} 的波形可由 $u_{UN'} - u_{VN'}$ 得到。可以看出，逆变器的输出线电压 SPWM 波由 3 种电平构成：$\pm U_d$ 和 0。由于控制信号 u_{rU}、u_{rV}、u_{rW} 为三相对称电压，每一瞬时有的相为正，有的相为负，在公用一个载波信号的情况下，这个载波只能是双极性的，不能采用单极性控制。

在双极性 SPWM 控制方式中，同一相上、下两个臂的驱动信号是互补的。但实际上，为了防止上、下两个臂直通而造成短路，在给一个臂施加关断信号后，再延迟 Δt 时间，才能给另一个臂施加导通信号。延迟时间的长短取决于开关器件的关断时间。但这个延迟时间对输出的 PWM 波形将带来不良影响，使其与正弦波产生偏离。

8.4　SPWM 的实现方案

8.4.1　计算法和调制法

通常获得 SPWM 波的方法有两种：计算法和调制法。

计算法：根据正弦波频率、幅值和半周期内的脉冲数，准确计算出 SPWM 波各脉冲宽度和间隔，据此控制逆变电路开关器件的通断，就可得到所需的 SPWM 波形。计算法较烦琐，当输出正弦波的频率、幅值或相位发生变化时，计算结果都要随着发生变化。

调制法：把希望输出的波形（正弦波形）作为调制信号，把接受调制的信号作为载波（一般采用三角波或锯齿波），通过信号波的调制得到所期望的 SPWM 波形。

8.4.2　异步调制和同步调制

在 PWM 逆变电路中，载波频率 f_c 与调制信号频率 f_r 之比，称为载波比。根据载波和信号波是否同步及载波比的变化情况，PWM 有异步调制和同步调制两种控制方式。

1. 异步调制

载波信号和调制信号不保持同步关系的调制方式，称为异步调制。在异步调制方式中，调制信号频率 f_r 变化时，通常保持载波频率 f_c 固定不变，因而载波比是变化的。这样，在调制信号的 1/2 个周期内，输出脉冲的个数不固定，脉冲相位也不固定，正、负 1/2 周期的脉冲不对称，同时，1/2 周期内，前后 1/4 周期的脉冲也不对称。三相异步调制 SPWM 逆变电压波形当调制信号频率较低时，载波比较大，1/2 周期内的脉冲数较多，正、负 1/2 周期脉冲不对称的 1/2 周期内前后 1/4 周期脉冲不对称的影响都较小，输出脉冲的不对称影响就变大，还会出现脉冲跳动。同时，输出波形和正弦波之间的差异也变大，电路输出特性变坏。对于三相 PWM 逆变电路来说，三相输出的对称性也变差。因此，在采用异步调制方式时，希望尽量提高载波频率，以使在调制信号频率较高时仍能保持较大的载波比，以改善输出特性。

2. 同步调制

载波比等于常数，即在变频时使载波信号和调制信号保持同步的调制方式称为同步调制。在基本同步调制方式中，调制信号频率变化时，载波比不变。调制信号 1/2 个周期内输出的脉冲数是固定的，脉冲相位也是固定的。在三相 PWM 逆变电路中，通常共用一个三角波载波信号，且取载波比为 3 的整数倍，以使三相输出波形严格对称。同时，为了使一相的波形正、负 1/2 周期对称，载波比应取为奇数。

当逆变电路输出频率很低时，因为在 1/2 周期内输出脉冲的数目是固定的，所以由 PWM 调制而产生的谐波频率也相应降低。这种频率较低的谐波通常不易滤除，如果负载为电动机，就会产生较大的转矩脉动和噪声，给电动机的正常工作带来不利影响。

为了克服上述缺点，通常都采用分段同步调制的方法，即把逆变电路的输出频率范围划分成若干个频段。每个频段内都保持载波比恒定，不同频段的载波比不同。在输出频率的高频段采用较低的载波比，以使载波频率不致过高；在输出频率的低频段采用较高的载波比，以使载波频率不致过低，而对负载产生不利影响。各频段的载波比应该都取 3 的整数倍，且为奇数。

分段同步调制时，在不同的频率段内，载波频率的变化范围应该保持一致，f_C 在 2kHz 以上。最高载波频率可以使输出波形更接近正弦波，但载波频率的提高受到功率开关器件允许的最高频率的限制。

8.4.3 自然采样法和规则采样法

1. 自然采样法

按照 SPWM 控制的基本原理，在正弦波和三角波的自然交点时刻，控制功率开关器件的通断，这种生成 SPWM 波形的方法，称为自然采样法。

由于正弦波在不同相位角时其值不同，因而与三角波相交所得的脉冲宽度也不同。另外，当正弦波频率变化或者幅值变化时，各脉冲的宽度也相应变化，要准确生成 SPWM 波形，就应准确地计算出正弦波和三角波的交点。

图 8-10 中取三角波的相邻两个峰值之间为一个周期，为了简化计算，可设三角波峰值为标幺值为 1，正弦调制波为 $u_r = M\sin\omega_r$，式中，M 为调制系数；ω_r 为正弦调制信号的角频率。从图 8-11 可以看出，在三角载波的一个周期 T_C 中，其下降段和上升段各与正弦调制波有一个交点，图中的交点分别为 A 和 B。这里以正弦波上升段的过零为时间起始点，并设 A 和 B 所对应的时刻分别为 t_A 和 t_B。

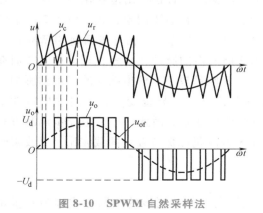

图 8-10　SPWM 自然采样法

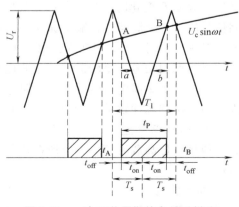

图 8-11　一个开关周期的自然采样法

如图 8-11 所示，在同步调制方法中，使正弦调制波上升段的过零点和三角波下降过零点重合，并把该时刻作为坐标原点。同时，把该点所在的三角波周期作为正弦调制波内的第一个三角波周期，则第 n 个周期的三角波方程可表示为

$$u_C = \begin{cases} 1 - \dfrac{4}{T_C}\left[t - \left(n - \dfrac{5}{4}\right)T_C\right], & \left(n - \dfrac{5}{4}\right)T_C \leqslant T \leqslant \left(n - \dfrac{3}{4}\right)T_C \\ -1 + \dfrac{4}{T_C}\left[t - \left(n - \dfrac{3}{4}\right)T_C\right], & \left(n - \dfrac{3}{4}\right)T_C \leqslant T \leqslant \left(n - \dfrac{1}{4}\right)T_C \end{cases} \tag{8-1}$$

正弦调制波第 n 个周期三角波的交点时刻 t_A 和 t_B，可分别按下式计算：

$$\begin{cases} 1 - \dfrac{4}{T_C}\left[t - \left(n - \dfrac{5}{4}\right)T_C\right] = M\sin\omega_r t_A \\ -1 + \dfrac{4}{T_C}\left[t - \left(n - \dfrac{3}{4}\right)T_C\right] = M\sin\omega_r t_B \end{cases} \tag{8-2}$$

在三角波周期 T_C、调制系数 M 和调制波角频率 ω_r 给定后，即可由式（8-2）求得交点时刻 t_A 和 t_B，则第 n 个三角载波周期对应的脉冲宽度为

$$\delta = t_A - t_B \tag{8-3}$$

由于 t_A 和 t_B 是未知数，因而求解这两个超越方程是非常困难的，这是由于这两个波形交点的任意性造成的。这种方法在工程上直接应用不多，主要原因是要花费较多的时间，且难于实现控制中的在线计算。

2. 规则采样法

自然采样法是最基本的 SPWM 波形生成法，它以 SPWM 控制的基本原理为出发点，可以准确地计算出各功率器件的通断时刻，所得的波形接近于正弦波，但是这种方法计算量过大，因而在工程上实际使用不多。规则采样法是一种应用较广的工程实用方法，它的效果接近于自然采样法，但计算量却远小于自然采样法。图 8-12b 采用锯齿波作为载波的规则采样法。由于锯齿波的一边是垂直的，因而它和正弦调制波的交点时刻是确定的，所需的计算只是锯齿波斜边和正弦调制波的交点时刻，如图 8-12b 中的 t_A，使计算量明显减少。

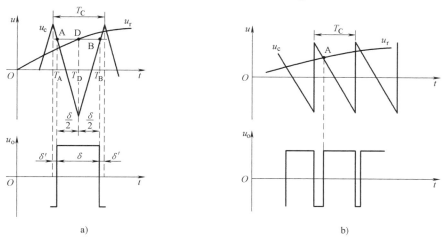

图 8-12　采用三角波和锯齿波作载波的规则采样法

a）三角波作载波　b）锯齿波作载波

在自然采样法中，每个脉冲的中点并不和三角波中点（负峰点）重合，规则采样法使两者重合，即使每个脉冲的中点都以相应的三角波中点对称，这样就使计算简化。这种方法的示意图如图 8-13 所示，在三角波的负峰时刻 T_D 对正弦调制波采样而得到 D 点，过 D 点画一条水平直线和三角波分别交于 A 点和 B 点，在 A 点的时刻 T_A 和 B 点的时刻 T_B 控制功率开关器件的通断。可以看出，用这种规则采样法所得到的脉冲宽度 δ 和用自然采样法所得到的脉冲宽度非常接近。从图 8-13 可得到如下几何关系：

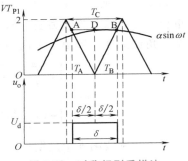

图 8-13　对称规则采样法

$$\frac{1+M\sin\omega_r T_D}{\delta/2} = \frac{2}{T_C/2} \tag{8-4}$$

因此得到

$$\delta = \frac{T_C}{2}(1+M\sin\omega_r T_D) \tag{8-5}$$

在三角波一个周期内，脉冲两边的间隙宽度为

$$\delta' = \frac{1}{2}(T_C-\delta) = \frac{T_C}{4}(1-M\sin\omega_r T_D) \tag{8-6}$$

对于三相桥式逆变电路，应该形成三相 SPWM 波形，通常三角载波是三相共用的，三相正弦调制波依次相差 120°相位。设在同一个三角波周期内三相的脉冲宽度分别为 δ_U、δ_V、δ_W，其间隙宽度分别为 δ'_U、δ'_V、δ'_W，由于在同一时刻三相正弦调制波电压之和为 0，故由式（8-5）得

$$\delta_U+\delta_V+\delta_W = \frac{3}{2}T_C \tag{8-7}$$

同理，由式（6-14）得

$$\delta'_U+\delta'_V+\delta'_W = \frac{3}{4}T_C \tag{8-8}$$

利用式（8-7）和式（8-8），可简化生成三相 SPWM 波形的计算量。实际上，三相 SPWM 波形之间有严格的互差 120°的相位关系，只需计算出一相波形或调制波 1/2 个周期的波形，采用移相的方法，可得到所有三相 SPWM 波。

8.4.4　PWM 跟踪控制方法

前面介绍了计算法和调制法这两种 PWM 波形的生成方法，重点讲述的是调制法。本节介绍第三种方法，即跟踪控制方法。这种方法不是用信号波对载波进行调制，而是把希望输出的电流或电压波形作为指令信号，把实际电流或电压波形作为反馈信号，通过两者的瞬时值比较来决定逆变电路各功率开关器件的通断，使实际的输出跟踪指令信号变化。跟踪控制方法中常用的有滞环比较方式和三角波比较方式。

1. 滞环比较方式

跟踪型 PWM 变流电路中，电流跟踪控制应用最多。图 8-14a 给出了采用滞环比较方式的 PWM 电流跟踪控制单相半桥式逆变电路原理图，其输出电流波形如图 8-14b 所示，把指令电流 i^* 和实际输出电流 i 的偏差（$i^* - i$）作为带有滞环特性的比较器的输入，通过其输出来控制功率开关器件 VT_1 和 VT_2 的通断。

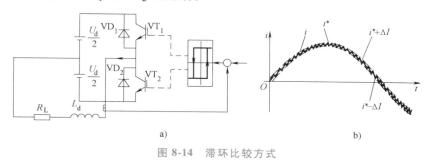

图 8-14　滞环比较方式

设 i 的正方向为图 8-14b 中横坐标以上部分。当 i 为正时，VT_1 导通，则 i 增大；VD_2 续流导通，则 i 减小。当 i 为负时，VT_2 导通，则 i 的绝对值增大，VD_1 续流导通时，则 i 的绝对值减小。上述规律可概括为：当 VT_1（或 VD_1）导通时，i 增大，当 VT_2（或 VD_2）导通时，i 减小。这样通过环宽为 $2\Delta I$ 的滞环比较器的控制，i 就在 $i^* + \Delta I$ 和 $i^* - \Delta I$ 的范围内，呈锯齿状地跟踪指令电流 i^*。滞环环宽对跟踪性能有较大的影响：环宽过宽时，开关动作频率低，但跟踪误差增大；环宽过窄时，跟踪误差减小，但开关的动作频率过高，甚至会超过开关器件的允许频率范围，开关损耗随之增大。和负载串联的电抗器 L 可起到限制电流变化率的作用：L 过大时，电流 i 的变化率过小，对指令电流的跟踪变慢；L 过小时，i 的变化率过大，偏差（$i^* - i$）频繁在达到 $\pm\Delta I$，开关动作频率过高。

图 8-15a 是采用滞环比较方式的三相电流跟踪型 PWM 逆变电路，它由和图 8-14a 相同的 3 个单相半桥电路组成，三相电流指令信号 i_U^*、i_V^*、i_W^* 依次相差 120°。图 8-15b 给出了该电路输出的线电压和线电流的波形。可以看出，在线电压的正半周和负半周，都有极性相反的脉冲输出，这将使输出电压中的谐波分量增大，也使负载的谐波损耗增加。

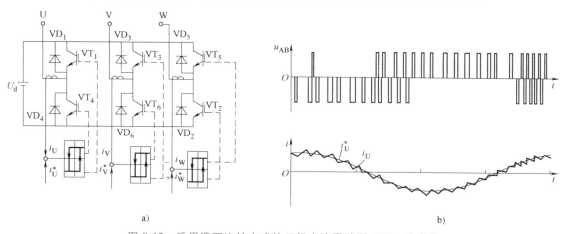

图 8-15　采用滞环比较方式的三相电流跟踪型 PWM 逆变器

采用滞环比较方式的电流跟踪型 PWM 变流电路有如下特点：

1）硬件电路简单。

2）属于实时控制方式，电流响应快。

3）不用载波，输出电压波形中不含特定频率的谐波分量。

4）计算法与调制法相比，相同开关频率时输出电流中高次谐波含量较多。

5）属于闭环控制，这是各种跟踪型 PWM 变流电路的共同特点。

采用滞环比较控制方式也可以实现电压跟踪控制，图 8-16 给出了一个例子。把指令电压 u^* 和半桥逆变电路的输出电压 u 进行比较，通过滤波器滤除偏差信号中的谐波分量，滤波器的输出送入滞环比较器，由比较器的输出控制主电路开关器件的通断，从而实现电压跟踪控制。和电流跟踪控制电路相比，只是把指令信号和反馈信号从电流变为电压。另外，因输出电压是 PWM 波形，其中含有大量的高次谐波，故必须用适当的滤波器滤除。

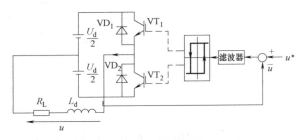

图 8-16　滞环比较控制方式的电压跟踪控制

当上述电路的指令信号 $u^*=0$ 时，输出电压 u 为频率较高的矩形波，相当于一个自励振荡电路。u^* 为直流信号时，u 产生直流偏移，变为正负脉冲宽度不等，正宽、负窄或正窄、负宽的矩形波，正负脉冲宽度差由 u^* 的极性和大小决定。当 u^* 为交流信号时，只要其频率远低于上述自励振荡频率，从输出电压中滤除由功率器件通断所产生的高次谐波后，所得的波形就几乎和 u^* 相同，从而实现电压跟踪控制。

2. 三角波比较方式

图 8-17 是采用三角波比较方式的电流跟踪型 PWM 逆变电路。和前面所介绍的调制法不同的是，这里并不是把指令信号和三角波直接比较而产生 PWM 波形，而是通过闭环控制来实现的。从图中可以看出，把指令电流 i_U^*、i_V^*、i_W^* 和逆变电路的实际输出电流 i_U、i_V、i_W 进行比较，求出偏差电流，通过放大器 A 放大后，再去和三角波进行比较，产生 PWM 波形。放大器 A 通常具有比例积分特性或比例特性，其系数直接影响着逆变电路的电流跟踪特性。

在这种三角波比较控制方式中，功率开关器件的开关频率是一定的，即等于载波频率，这给高频滤波器的设计带来了方便。为了改善输出电压波形，三角波载波常用三相三角波信号。和滞环

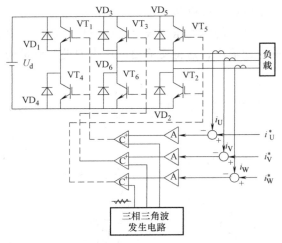

图 8-17　采用三角波比较方式的电流跟踪型 PWM 逆变电路

比较控制方式相比，这种控制方式输出电流所含的谐波少，因此常用于对谐波和噪声要求严格的场合。

除上述滞环比较方式和三角波比较方式外，PWM 跟踪控制还有一种定时比较方式。这

种方式不用滞环比较器，而是设置一个固定的时钟，以固定的采样周期对指令信号和被控制量进行采样，并根据二者的偏差极性来控制变流电路开关器件的通断，使被控制量跟踪指令信号。以单相半桥逆变电路为例，在时钟信号到来的采样时刻，如果实际电流小于指令电流 i^*，令 VT_1 导通，VT_2 关断，使 i 增大；如果 i 大于 i^*，则令 VT_1 关断，VT_2 导通，使 i 减小。这样，每个采样时刻的控制作用都使实际电流与指令电流的误差减小。采用定时比较方式时，功率器件的最高开关频率为时钟频率的 1/2。和滞环比较方式相比，这种方式的电流控制误差没有一定的环宽，控制的精度要低一些。

思考题与习题

8.1 试阐述脉冲宽度调制的基本原理是什么。

8.2 SPWM 有哪两种模式？

8.3 什么叫异步调制？什么叫同步调制？为什么还要采用分段同步调制？

8.4 试对 SPWM 的计算法和调制法进行比较，并总结它们各自的优缺点。

8.5 试分析滞环比较与三角形比较的跟踪控制方式各自的优缺点。

8.6 规则采样法为什么不直接采用三角波作载波进行计算，而要采用不对称的锯齿波作为载波？

第 9 章

PWM 整流电路

9.1 PWM 整流电路的基本原理

9.1.1 概述

传统整流装置是指由二极管组成的非线性电路或由晶闸管组成的相控电路，它们主要存在以下缺点：

1) 网侧功率因数低，对电网造成了无功增加，危害电网质量。同时，无功的副作用还表现为降低了发电、输电设备的利用率，增加了线路损耗。

2) 输入电流谐波含量高，谐波除了降低了发电、输电设备的利用率外，还会影响设备的正常工作，产生不希望的机械震动和噪声；谐波还容易引起某些继电器、接触器的误动作，造成事故；同时，谐波也对周围环境产生电磁干扰，影响通信设备的正常工作等。

3) 交流侧电网电压波形畸变，污染电网。

获得高功率因数，消除谐波的方法主要有两种：一是被动法，即在谐波和无功产生的情况下采用补偿装置，补偿其谐波和无功功率；二是主动法，即对传统整流装置本身进行改进，使其尽量不产生谐波，且不消耗无功功率或根据需要对其功率因数进行控制。两者比较，采用改进传统整流装置的主动方法在改善功率因数和实现谐波抑制方面更为有效，也就是说，开发输入电流为正弦、谐波含量低且功率因数接近于 1 的高性能整流器比较对无功功率进行补偿的被动方法更为有效。

PWM 整流电路不同于传统的晶闸管整流电路。当 PWM 整流器从电网吸取电能时，其运行于整流工作状态；而当 PWM 整流器向电网传输电能时，其运行于有源逆变工作状态。

9.1.2 PWM 整流电路的工作原理

PWM 整流器与传统整流装置的不同之处是用全控型功率器件取代了半控型功率开关或二极管，以 PWM 斩波控制整流取代了相控整流或不控整流，因此，PWM 整流器具有下列优越性能：

1) 网侧电流为正弦波。

2) 网侧功率因数可控或为单位功率因数。

3) 电能双向流动。

4) 较快的动态控制响应。

由此可见，PWM 整流器已经不是一般传统意义上的 AC/DC 变换器，由于能量的双向传输，当 PWM 整流器从电网吸取能量时，则运行于整流工作状态；而当 PWM 整流器向电网传输电能时，则运行于有源逆变工作状态。单位功率因数指的是：当 PWM 整流器运行于整流状态时，网侧电压、电流同相位（正阻特性）；当 PWM 整流器运行于有源逆变状态时，其网侧电压、电流反相位（负阻特性）。

图 9-1 所示为 PWM 整流器模型电路。可以看出，PWM 整流器模型电路是由交流回路、功率开关桥路和直流回路组成的。其中交流回路包括交流电动势以及网侧电感 L 等。直流回路包括负载电阻 R 及负载电势 e_L 等。功率开关桥路为电压型或电流型桥路组成。因此，PWM 整流器实际上是一个其交、直流侧可控的四象限运行的变流装置，下面从模型电路说明其基本原理。

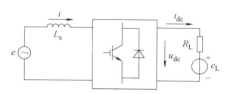

图 9-1　PWM 整流器模型电路

当不计功率桥的损耗时，由交、直流侧功率平衡关系可得

$$ui = I_{dc}U_{dc} \tag{9-1}$$

式中，u、i 为模型电路交流侧电压、电流；U_{dc}、I_{dc} 为模型电路直流侧电压、电流。由式（9-1）可看到：通过对模型电路交流侧的控制，就可以控制其直流侧，反之亦然。

为简化分析，对于 PWM 整流器模型电路，只考虑基波分量而忽略 PWM 谐波分量，并且忽略交流侧电阻，则稳态条件下，PWM 整流器交流侧稳态矢量关系如图 9-2 所示。

图 9-2 中，E 为交流电网电动势矢量；V 为交流侧电压矢量；V_L 为交流侧电感电压矢量；I 为交流侧电流矢量。

当以电网电动势矢量为参考时，通过控制交流电压矢量 V 即可实现 PWM 整流器的四象限运行。假设 $|I|$ 不变，$V_L = \omega L |I|$ 也是固定不变，此时，PWM 整流器交流电压矢量 V 端点运动轨迹为一个以 V_L 为半径的圆。当电压矢量 V 端点位于圆轨迹 A 点时，电流矢量 I 比电动势矢量 E 滞后 90°，此时 PWM 整流器网侧呈纯电感特性，如图 9-2a 所

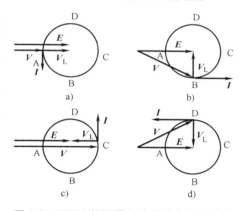

图 9-2　PWM 整流器交流侧稳态矢量关系
a) 纯电感特性运行　b) 正电阻特性运行
c) 纯电容特性运行　d) 负电阻特性运行

示；当电压矢量 V 端点运动到圆轨迹 B 点时，电流矢量 I 与电动势 E 平行且同向，此时，PWM 整流器网侧呈正电阻特性，如图 9-2b 所示；当电压矢量 V 端点运动到 C 点时，电流矢量 I 超前电动势矢量 E 90°，此时，PWM 整流器网侧呈纯电容特性，如图 9-2c 所示；当电压矢量 V 端点运动到 D 点时，电流矢量 I 与电动势 E 平行且反向，此时，PWM 整流器网侧呈负电阻特性，如图 9-2d 所示。上述中的 A、B、C、D 4 点是 PWM 整流器四象限运行的 4 个特殊工作状态点。进一步分析，可得 PWM 整流器四象限运行规律如下。

1）当电压矢量 V 端点在圆轨迹 AB 上运动时，PWM 整流器运行于整流状态。此时，PWM 整流器需从电网吸收有功及无功功率，电能将通过 PWM 整流器由电网传输至直流负载。值得注意的是，当 PWM 整流器运行在 B 点时，则实现单位功率因数整流控制。而在 A

点运行时，PWM 整流器则不从电网吸收有功功率，而只从电网吸收感性无功功率。

2）当电压矢量 **V** 端点在圆轨迹 BC 上运动时，PWM 整流器运行于整流状态。此时，PWM 整流器需从电网吸收有功及容性无功功率，电能将通过 PWM 整流器由电网传输至直流负载。当 PWM 整流器运行至 C 点时，PWM 整流器将不从电网吸收有功功率，而只从电网吸收容性无功功率。

3）当电压矢量 **V** 端点在圆轨迹 CD 上运动时，PWM 整流器运行于有源逆变状态。此时，PWM 整流器向电网传输有功及容性无功功率，电能将从 PWM 整流器直流侧传输至电网。当 PWM 整流器运行至 D 点时，便可实现单位功率因数有源逆变。

4）当电压矢量 **V** 端点在圆轨迹 DA 上运动时，PWM 整流器运行于有源逆变状态。此时，PWM 整流器向电网传输有功及感性无功功率，电能将从 PWM 整流器直流侧传输至电网。

9.1.3 PWM 整流器的主电路拓扑结构

1. 单相半桥、全桥 VSR 拓扑结构

图 9-3 是单相 VSR 电路拓扑结构，两者交流侧结构相同，交流侧的电感主要用以滤除电流谐波。

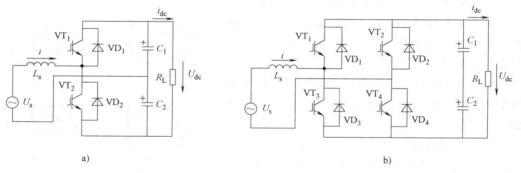

图 9-3 单相 VSR 电路拓扑结构
a）单相半桥 VSR b）单相全桥 VSR

由图 9-3 知，单相半桥 VSR（Vector Switch Rectifier，矢量控制的开关型整流器）只有一个桥臂为功率开关，另一桥臂由两个电容串联组成，两串联电容兼作直流侧储能电容；而单相全桥 VSR 的两桥臂都采用功率开关，图中的反并联的二极管为续流二极管，用来缓冲 PWM 过程中的无功电能。对比可见，半桥电路结构简单、造价低，因此常用于低成本、小功率的场合。然而，在相同的交流侧电路参数条件下，要使单相半桥 VSR 和单相全桥 VSR 获得同样的交流侧电流控制特性，半桥电路直流电压应是全桥电路直流电压的两倍，因此功率开关耐压要求相对提高。另外，为使半桥电路中电容中点电位基本不变，还需引入电容均压控制，可见单相半桥 VSR 的控制相对复杂。

2. 三相半桥、全桥 VSR 拓扑结构

图 9-4a 为三相半桥 VSR 拓扑，这是一种最常见的三相 PWM 整流器，其交流侧采用三相对称无中线连接，3 个桥臂具有 6 个功率开关。图 9-4b 为三相全桥 VSR 拓扑，其公共直流母线上连接了 3 个独立控制的单相全桥 VSR，并通过变压器连接至电网。因此，三相全桥

VSR 实际上是由 3 个独立的单相全桥 VSR 组合而成的，当电网不平衡时，不会严重影响 PWM 整流器控制性能，由于三相全桥电路所需的功率开关管是三相半桥电路的两倍，所以三相全桥电路一般较少采用。

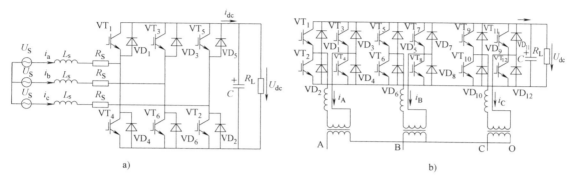

图 9-4　三相 VSR 电路拓扑结构

a) 三相半桥 VSR 拓扑　b) 三相全桥 VSR 拓扑

上述 VSR 拓扑都属于常规的二电平拓扑结构，其不足之处是在高压场合下，需使用高反压的功率开关或多个功率开关串联使用。此外，由于 VSR 交流侧输出电压总在二电平上切换，当开关频率不高时，会导致谐波含量相对较大。

3. 三电平 VSR 拓扑结构

图 9-5 所示为三相三电平 VSR 电路拓扑结构。

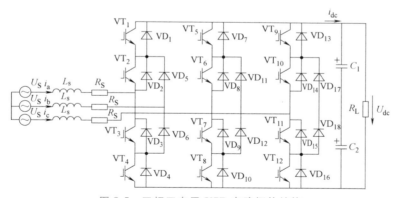

图 9-5　三相三电平 VSR 电路拓扑结构

三电平 VSR 可以解决二电平 VSR 的不足。从图 9-5 可以看到，这种拓扑结构中以多个功率开关串联使用，并采用二极管箝位以获得交流输出电压的三电平调制，因此，三电平 VSR 在提高耐压等级的同时有效地降低了交流侧谐波电压、电流，从而改善了网侧波形品质。三电平电路所需功率开关与二电平相比成倍增加，并且控制也相对复杂。

4. 基于软开关调制的 VSR 拓扑结构

基于软开关调制的 VSR 电路拓扑结构如图 9-6 所示。

桥式并联谐振网络由谐振电感 L_r、谐振电容 C_r、功率开关 VT_7 以及续流二极管 VD_7、VD_8 组成，VT_9、VD_9 为直流侧开关，作用是将直流侧与谐振网络和交流侧隔离。在一定条件下 L_r、C_r 产生谐振，使 C_r 两端产生零电压，此时，三相桥功率开关进行切换，即可实现

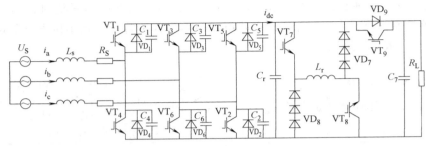

图 9-6 软开关调制 VSR 电路拓扑结构

软开关 PWM 控制。

5. 电流源型 PWM 整流器

图 9-7 所示为电流源型 PWM 整流器（CSR）电路拓扑，可以看出，除了直流储能电感外，与 VSR 相比，其交流侧还增加了滤波电容，与网侧电感组成 LC 滤波器，滤除网侧谐波电流，并抑制谐波电压。桥臂上顺向串联二极管，目的是阻断反向电流，并提高功率开关的耐反压能力。

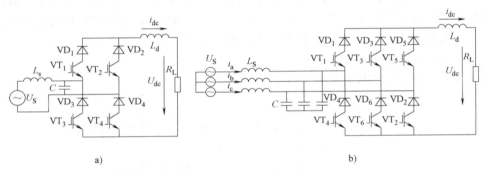

图 9-7 CSR 电路拓扑

a）单相 CSR　b）三相 CSR

9.2　单相电压型 PWM 整流电路

9.2.1　单相电压型 PWM 整流器的基本拓扑结构

单相电压型 PWM 整流器主要由交流电源、交流电感、功率开关桥（H桥，IGBT）、直流侧储能电容、负载等组成，如图 9-8 所示。单相电压型 PWM 整流器是按升压电路（Boost 电路）的原理工作，因此，其输出的直流电压只能从输入交流电压峰值向上调节，而不能低于交流电压的峰值，否则

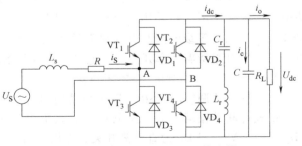

图 9-8 单相电压型 PWM 整流器

会导致系统不能正常工作。

通过理论分析可知，单相 PWM 整流器直流侧存在一个两倍于电网频率的二次谐波电流（或功率）分量，该谐波分量的存在不仅影响输出直流电压的稳定性，负反馈后还会使网侧电流出现三次谐波而对电网造成污染，同时为抑制直流侧低频电压脉动，需要用更大的电容器，这将导致整流器尺寸和质量增加、寿命降低。因此，需要二次谐波滤波器来滤除直流侧的二次谐波分量。二次谐波滤波器可以采用 LC 无源滤波器，该滤波器是采用谐振的方法滤除二次谐波。但是，由于采用无源滤波器其体积仍较大，在某些场合不能达到良好的效果，因此需要采用有源滤波器，有源滤波器的控制将复杂很多。

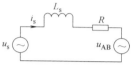

图 9-9　单相电压型 PWM 整流器交流侧等效电路

9.2.2　单相电压型 PWM 整流器的数学模型

单相电压型 PWM 整流器交流侧的等效电路如图 9-9 所示，可列出方程为

$$L_s \frac{\mathrm{d}i_s(t)}{\mathrm{d}t} + Ri_s(t) + u_{AB}(t) = u_s(t) \qquad (9\text{-}2)$$

对直流侧分析，列出方程为

$$i_{dc} = C \frac{\mathrm{d}u_{dc}(t)}{\mathrm{d}t} + i_0(t) \qquad (9\text{-}3)$$

单相电压型 PWM 整流器能实现四象限运行，其运行状态向量图如图 9-10 所示。从图 9-9 可知，PWM 整流电路只要控制 $\dot{U}_{AB}$ 的相位，就能方便地实现能量双向流动，这对需要有再生制动功能、欲实现四象限运行的交流调整系统是一种必需的电路方案。

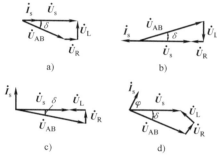

图 9-10　单相电压型 PWM 整流器运行状态向量图

9.3　三相电压型 PWM 整流电路

电压型 PWM 整流器最显著的拓扑特征就是直流侧采用电容进行直流储能，从而使 VSR 直流侧呈低阻抗的电压源特性。图 9-11 给出了三相半桥电压型 PWM 整流器主电路拓扑结构，其交流侧采用三相对称的无中性线连接方式，并采用 6 个功率开关，这是一种最常用的三相 PWM 整流器，通常所谓的三相桥式电路即指三相半桥电路。

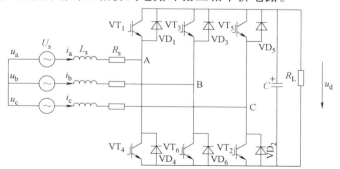

图 9-11　三相半桥电压型 PWM 整流器主电路拓扑结构

177

9.3.1　三相PWM整流器动态数学模型

三相PWM整流器的开关等效图如图9-12所示。假设电路满足以下条件：

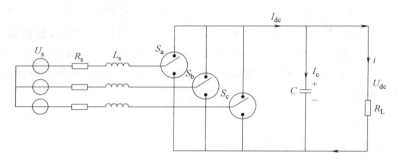

图9-12　三相PWM整流器的开关等效图

1）电网电动势为三相平衡的纯正弦波电动势。

2）网侧滤波电感是线性的，且不考虑饱和。

3）功率开关管为理想开关无导通关断延时，无损耗。

定义三相开关函数：

$S_k = 1$，$(k = a, b, c)$，第 k 相上桥臂开关管导通，下桥臂开关管关断。

$S_k = 0$，$(k = a, b, c)$，第 k 相下桥臂开关管导通，上桥臂开关管关断。

对a相电路，有

$$L_s \mathrm{d}i_a/\mathrm{d}t + R_s i_a = U_a - (u_{AN} + u_{NO}) \tag{9-4}$$

设 R_t 为IGBT的等效电阻，当上桥臂开关导通，且下桥臂开关关断时，有

$$u_{AN} = i_a R_t + u_{dc} \tag{9-5}$$

当下桥臂导通，上桥臂关断时有

$$u_{AN} = i_a R_t \tag{9-6}$$

将式（9-5）、式（9-6）代入式（9-4）可得

$$L_s \mathrm{d}i_a/\mathrm{d}t + R i_a = U_a - [(i_a R_t + U_{dc}) S_a + i_a R_t S_a + u_{NO}] \tag{9-7}$$

同一桥臂上下开关不能同时导通，即 $S_a + \bar{S}_a = 1$，同时，约定 $R_t + R_s = R$，则式（9-7）可写为

$$L_s \mathrm{d}i_a/\mathrm{d}t + R i_a = U_a - (u_{dc} S_a + u_{NO}) \tag{9-8}$$

同理可得b相和c相的微分方程如下

$$L_s \mathrm{d}i_b/\mathrm{d}t + R i_b = U_b - (u_{dc} S_b + u_{NO}) \tag{9-9}$$

$$L_s \mathrm{d}i_c/\mathrm{d}t + R i_c = U_c - (u_{dc} S_c + u_{NO}) \tag{9-10}$$

对于三相平衡系统，有：$U_a + U_b + U_c = 0$，将式（9-8）、式（9-9）、式（9-10）变换代入，可得

$$L_s(\mathrm{d}i_a/\mathrm{d}t + \mathrm{d}i_b/\mathrm{d}t + \mathrm{d}i_c/\mathrm{d}t) = 0, \quad R(i_a + i_b + i_c) = 0$$

则中性点电压为

$$u_{NO} = -(S_a + S_b + S_c) u_{dc}/3 \tag{9-11}$$

将式（9-11）代入式（9-8）中，可得完整的a相方程

$$L_{\rm s}di_{\rm a}/dt+Ri_{\rm a}=U_{\rm a}-\left[S_{\rm a}-(S_{\rm a}+S_{\rm b}+S_{\rm c})/3\right]u_{\rm dc} \tag{9-12}$$

同理可得 b 相、c 相方程如下

$$L_{\rm s}di_{\rm b}/dt+Ri_{\rm b}=U_{\rm b}-\left[S_{\rm b}-(S_{\rm a}+S_{\rm b}+S_{\rm c})/3\right]u_{\rm dc} \tag{9-13}$$

$$L_{\rm s}di_{\rm c}/dt+Ri_{\rm c}=U_{\rm c}-\left[S_{\rm c}-(S_{\rm a}+S_{\rm b}+S_{\rm c})/3\right]u_{\rm dc} \tag{9-14}$$

对负载电流进行分析，可得电容上电压

$$Cdu_{\rm dc}/dt=(S_{\rm a}i_{\rm a}+S_{\rm b}i_{\rm b}+S_{\rm c}i_{\rm c})-u_{\rm dc}/R_{\rm L} \tag{9-15}$$

整理可得方程组

$$\begin{cases}Cdu_{\rm dc}/dt=i_{\rm a}S_{\rm a}+i_{\rm b}S_{\rm b}+i_{\rm c}S_{\rm c}-i_{\rm L}\\L_{\rm s}di_{\rm a}/dt+Ri_{\rm a}=U_{\rm a}-u_{\rm dc}S_{\rm a}-u_{\rm NO}\\L_{\rm s}di_{\rm b}/dt+Ri_{\rm b}=U_{\rm b}-u_{\rm dc}S_{\rm b}-u_{\rm NO}\\L_{\rm s}di_{\rm c}/dt+Ri_{\rm c}=U_{\rm c}-u_{\rm dc}S_{\rm c}-u_{\rm NO}\\u_{\rm NO}=-(S_{\rm a}+S_{\rm b}+S_{\rm c})u_{\rm dc}/3\end{cases} \tag{9-16}$$

式中，C 为整流器直流侧滤波电容；$L_{\rm s}$、$R_{\rm s}$ 为电感器的等效参数；$R_{\rm L}$ 整流器负载电阻；$u_{\rm dc}$ 为整流器输出电压；$i_{\rm a}$、$i_{\rm b}$、$i_{\rm c}$ 为整流器三相输入电流；$u_{\rm a}$、$u_{\rm b}$、$u_{\rm c}$ 为三相电网电压。

定义三相相电压函数
$$\begin{cases}S_{\rm an}^{*}=S_{\rm a}-(S_{\rm a}+S_{\rm b}+S_{\rm c})/3\\S_{\rm bn}^{*}=S_{\rm b}-(S_{\rm a}+S_{\rm b}+S_{\rm c})/3\\S_{\rm cn}^{*}=S_{\rm c}-(S_{\rm a}+S_{\rm b}+S_{\rm c})/3\end{cases}$$

则整流器的交流侧数学模型为

$$\begin{bmatrix}L_{\rm s}\dfrac{di_{\rm a}}{dt}\\[2mm]L_{\rm s}\dfrac{di_{\rm b}}{dt}\\[2mm]L_{\rm s}\dfrac{di_{\rm c}}{dt}\end{bmatrix}=\begin{bmatrix}-R&0&0\\0&-R&0\\0&0&-R\end{bmatrix}\begin{bmatrix}i_{\rm a}\\i_{\rm b}\\i_{\rm c}\end{bmatrix}-\begin{bmatrix}S_{\rm an}^{*}\\S_{\rm bn}^{*}\\S_{\rm cn}^{*}\end{bmatrix}u_{\rm dc}+\begin{bmatrix}u_{\rm a}\\u_{\rm b}\\u_{\rm c}\end{bmatrix} \tag{9-17}$$

由式（9-17），可得交流侧高频等效电路如图 9-13 所示，其控制电路如图 9-14 所示。

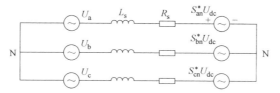

图 9-13　PWM 整流器交流侧高频等效模型

9.3.2　基于状态空间平均法数学模型

表达式（9-17）是一组对时间不连续的微分方程，普通的数学方法难以求得其解析解，造成不连续的原因在于开关函数的不连续性。当开关频率很高时，状态空间平均法是解决该问题的一种行之有效的方法。根据此概念，可以用开关函数在一个开关周期内的平均值代替函数本身，得到对时间连续的状态空间平均模型。应用傅里叶变换于这个模型，则一个周期的傅里叶级数为

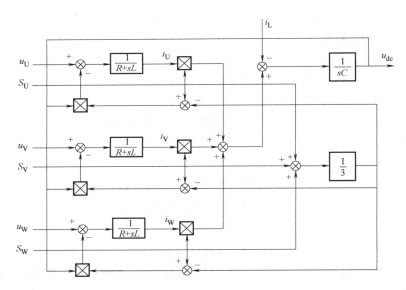

图 9-14 PWM 整流器控制电路图

$$f(\omega t) = a_0 + \sum_{n=1}^{\infty} (b_n \sin\omega t + a_n \cos\omega t) \tag{9-18}$$

对于一个 SPWM 自然采样瓣，在一个周期内的转换点并不是对称的。然而，当转换频率比固有频率大得多的时候，在一个转换周期内调制波可被看成一个常量。因此，转换部分接近对称了，如图 9-15 所示。

对 d_i 进行对偶拓展得

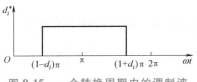

图 9-15 一个转换周期内的调制波

$$d_i^* = d_i + \sum_{n=1}^{\infty} (-1)^n \frac{2}{n\pi} \sin(n\pi d_i) \cos(n\omega t) \tag{9-19}$$

令 $d_i = S_k$ 代入式（9-17），这样式（9-17）就由带开关函数的方程变为了连续方程，如下：

$$\begin{cases} C\dfrac{\mathrm{d}u_{dc}}{\mathrm{d}t} = i_a d_a + i_b d_b + i_c d_c - i_L \\[2mm] L_s \dfrac{\mathrm{d}i_a}{\mathrm{d}t} + R_s i_a = U_a - u_{dc} d_a - u_{NO} \\[2mm] L_s \dfrac{\mathrm{d}i_b}{\mathrm{d}t} + R_s i_b = U_b - u_{dc} d_b - u_{NO} \\[2mm] L_s \dfrac{\mathrm{d}i_c}{\mathrm{d}t} + R_s i_c = U_c - u_{dc} d_c - u_{NO} \\[2mm] u_{NO} = -\dfrac{1}{3} u_{dc}(d_a + d_b + d_c) \end{cases} \tag{9-20}$$

式中，d_i 为一个开关周期内开关函数 S_k 的平均值，由于开关函数是幅值为 1 的脉冲，所以其平均值等于其占空比。根据状态空间平均定义三相相电压平均值函数。

$$\begin{cases} d_{an}^{*} = d_a - \dfrac{1}{3}(d_a + d_b + d_c) \\[2mm] d_{bn}^{*} = d_b - \dfrac{1}{3}(d_a + d_b + d_c) \\[2mm] d_{cn}^{*} = d_c - \dfrac{1}{3}(d_a + d_b + d_c) \end{cases} \qquad (9\text{-}21)$$

$$令 \begin{cases} u_{an}^{*} = u_{dc}\left[d_a - \dfrac{1}{3}(d_a + d_b + d_c) \right] \\[2mm] u_{bn}^{*} = u_{dc}\left[d_b - \dfrac{1}{3}(d_a + d_b + d_c) \right] \\[2mm] u_{cn}^{*} = u_{dc}\left[d_c - \dfrac{1}{3}(d_a + d_b + d_c) \right] \end{cases} \qquad (9\text{-}22)$$

可得基于状态空间平均法 PWM 整流器等效模型, 如图 9-16 所示。

对于 PWM 整流器, 其幅相控制取决于应用调制系数 m 来控制占空比 d; 设第 i 相的占空比为 d_i, 可表示如下:

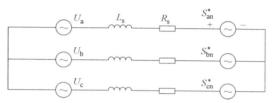

图 9-16　基于状态空间平均法 PWM 整流器等效模型

$$d_i = \frac{1}{2} + \frac{m}{2}\cos\omega t - \theta - (i-1)\frac{2}{3}\pi \qquad (9\text{-}23)$$

可得

$$m = \frac{2\sqrt{2}\,E\sin T}{Vd\sin(\theta + T)}, \quad \varphi = 0 \qquad (9\text{-}24)$$

式中, $E = E_m / \sqrt{2}$, E_m 是 e_m 的稳态值; $T = \arctan\left[(\Omega L)/R \right]$, Ω 是 ω 的稳态值; φ 是功率因数角, $\varphi = 0$ 表示单位功率因数。

图 9-17 所示为幅相控制下的调制波和载波。

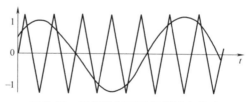

图 9-17　幅相控制下的调制波和载波

9.3.3　三相电压型 PWM 整流器换流过程的分析

三相电压型 PWM 整流器的主电路如图 9-12 所示。用 "1" 表示某相上桥臂导通, 下桥臂关断, 用 "0" 表示某相下桥臂导通, 上桥臂关断, 则 3 个桥臂组合起来有 8 种开关状态 (000～111), 其中 (001～110) 为 6 个非零状态, (000)、(111) 为两个零状态, 8 种开关状态对应于 8 种整流器输入电压矢量 $\boldsymbol{u}_r$, 即 $U_0(000)$、$U_1(100)$、$U_2(110)$、$U_3(010)$、$U_4(011)$、$U_5(001)$、$U_6(101)$、$U_7(111)$。把整流器的输入电压换成电压空间矢量的形式为

$$\boldsymbol{u}_r = \frac{2}{3}(u_{rU} + a u_{rV} + \alpha^2 u_{rW}) = \frac{2}{3}\left[(S_U u_{dc} + u_{ON}) + \alpha(S_V u_{dc} + u_{ON}) + \alpha^2(S_W u_{dc} + u_{ON}) \right]$$

$$= \frac{2}{3}u_{dc}\left(S_U - \frac{1}{2}(S_V + S_W) + j\frac{\sqrt{3}}{2}(S_V - S_W) \right) \qquad (9\text{-}25)$$

当 $S_U S_V S_W = 000～001$ 时, 对应的 $U_0(000)$、$U_1(100)$、$U_2(110)$、$U_3(010)$、$U_4(011)$、

$U_5(001)$、$U_6(101)$、$U_7(111)$。其中（001~110）的幅值为 $2u_{dc}/3$，如图 9-18 所示。

整流器主电路的电流如图 9-11 所示。设 i_1，i_2，…，i_6 分别代表整流桥各桥臂电流；i_C 为直流滤波电容电流；箭头方向代表所对应电流的参考方向。

整流器输入电压空间矢量（滞后于电网电压空间矢量）分为 6 个区域：I 区：$0°~60°$，II 区：$60°~120°$，III 区：$120°~180°$，IV 区：$180°~240°$，V 区：$240°~300°$，VI 区：$300°~360°$，如图 9-19 所示。

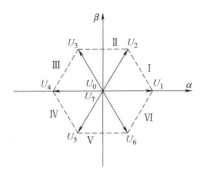

图 9-18　整流器的输入电压空间矢量

为了分析的方便，暂且不考虑死区的影响。设系统进入稳态运行时电流能够完全跟踪电网电压的波形，根据三相输入电流的流向，同样可以将上述圆周分为 6 个区域：

一区：$\theta = -30°~30°$，$i_u > 0$，$i_v < 0$，$i_w < 0$；

二区：$\theta = 30°~90°$，$i_u > 0$，$i_v > 0$，$i_w < 0$；

三区：$\theta = 90°~150°$，$i_u < 0$，$i_v > 0$，$i_w < 0$；

四区：$\theta = 150°~210°$，$i_u < 0$，$i_v > 0$，$i_w > 0$；

五区：$\theta = 210°~270°$，$i_u < 0$，$i_v < 0$，$i_w > 0$；

六区：$\theta = 270°~330°$，$i_u > 0$，$i_v < 0$，$i_w > 0$。

根据图 9-19 的工作区间划分，分析整流器的换流过程如下。

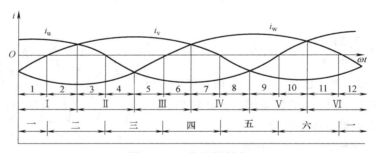

图 9-19　工作区间划分

（1）工作状态 1　此状态中 $\theta = 0°~30°$，电压空间矢量在 I 区，输入电流状态为 $i_u > 0$，$i_v < 0$，$i_w < 0$。在运行进入稳态，不考虑死区以及开关损耗等对整流器的影响时，在工作状态 1 的一个 PWM 周期内对应开关状态和电流方向如下：模式 a，开关状态为（000），电流状态为 $i_1 = 0$、$i_2 > 0$（$i_2 = -i_w$）、$i_3 = 0$、$i_4 > 0$（$i_4 = -i_v$）、$i_5 = 0$、$i_6 < 0$（$i_6 = -i_u$），$i_{dc} = 0$，$i_C < 0$，$i_L > 0$，整流器输入端线电压 $u_{ruv} = u_{rvw} = u_{rwu} = 0$，三相电感上存储磁场能量；模式 b，开关状态为（100），电流状态为 $i_1 > 0$（$i_1 = i_u$）、$i_2 > 0$（$i_2 = -i_w$）、$i_3 = 0$、$i_4 > 0$（$i_4 = -i_v$）、$i_5 = 0$、$i_6 = 0$，$i_{dc} > 0$，$i_C < 0$，$i_L > 0$，整流器输入端线电压 $u_{ruv} = u_{dc}$、$u_{rvw} = 0$、$u_{rwu} = -u_{dc}$，三相电感 L 向电容 C 和负载释放能量；模式 c，开关状态为（110），电流状态为 $i_1 > 0$（$i_1 = i_u$）、$i_2 > 0$（$i_2 = -i_w$）、$i_3 < 0$（$i_3 = i_v$）、$i_4 = 0$、$i_5 = 0$、$i_6 = 0$，$i_{dc} > 0$，$i_C > 0$，$i_L > 0$，整流器输入端线电压 $u_{ruv} = 0$、$u_{rvw} = u_{dc}$、$u_{rwu} = -u_{dc}$，v 相电感 L 存储磁场能量，u、w 相电感 L 向电容 C 和负载释放能量；模式 d，开关状态为（111），电流状态为 $i_1 > 0$（$i_1 = i_u$）、$i_2 = 0$、$i_3 < 0$（$i_3 = i_v$）、$i_4 = 0$、$i_5 < 0$（$i_5 = $

i_w）、$i_6 = 0$，$i_\text{dc} = 0$，$i_\text{C} > 0$，$i_\text{L} > 0$，整流器输入端线电压 $u_\text{ruv} = u_\text{rvw} = u_\text{rwu} = 0$，三相电感 L 存储磁场能量。

（2）**工作状态 2**　此状态中 $\theta = 30° \sim 60°$，电压空间矢量在 I 区，输入电流状态为 $i_\text{u} > 0$，$i_\text{v} < 0$，$i_\text{w} < 0$。在工作状态 2 的一个 PWM 周期内对应开关状态和电流方向如下：模式 a，开关状态为（000），电流状态为 $i_1 = 0$、$i_2 > 0$（$i_2 = -i_\text{w}$）、$i_3 = 0$、$i_4 < 0$（$i_4 = -i_\text{v}$）、$i_5 = 0$、$i_6 < 0$（$i_6 = -i_\text{u}$），$i_\text{dc} = 0$，$i_\text{C} < 0$，$i_\text{L} > 0$，整流器输入端线电压 $u_\text{ruv} = u_\text{rvw} = u_\text{rwu} = 0$，三相电感 L 存储磁场能量；模式 b，开关状态为（100），电流状态为 $i_1 > 0$（$i_1 = i_\text{u}$）、$i_2 > 0$（$i_2 = -i_\text{w}$）、$i_3 = 0$、$i_4 > 0$（$i_4 = -i_\text{v}$）、$i_5 = 0$、$i_6 = 0$，$i_\text{dc} > 0$，$i_\text{C} > 0$，$i_\text{L} > 0$，整流器输入端线电压 $u_\text{ruv} = u_\text{dc}$，$u_\text{rvw} = 0$，$u_\text{rwu} = -u_\text{dc}$，三相电感 L 向电容 C 和负载释放能量；模式 c，开关状态为（110），电流状态为 $i_1 > 0$（$i_1 = i_\text{u}$）、$i_2 > 0$（$i_2 = -i_\text{w}$）、$i_3 < 0$（$i_3 = i_\text{v}$）、$i_4 = 0$、$i_5 = 0$、$i_6 = 0$，$i_\text{dc} > 0$，$i_\text{C} > 0$，$i_\text{L} > 0$，整流器输入端线电压 $u_\text{ruv} = 0$，$u_\text{rvw} = u_\text{dc}$，$u_\text{rwu} = -u_\text{dc}$，三相电感 L 向电容 C 和负载释放能量；模式 d，开关状态为（111），电流状态为 $i_1 > 0$（$i_1 = i_\text{u}$）、$i_2 = 0$、$i_3 > 0$（$i_3 = i_\text{v}$）、$i_4 = 0$、$i_5 < 0$（$i_5 = i_\text{w}$）、$i_6 = 0$，$i_\text{dc} = 0$，$i_\text{C} < 0$，$i_\text{L} > 0$，整流器输入端线电压 $u_\text{ruv} = u_\text{rvw} = u_\text{rwu} = 0$，三相电感 L 存储磁场能量。

整流器的各区间工作开关状态见表 9-1。

表 9-1　整流器的各区间工作开关状态

电角度	区间	零状态	非零状态		零状态
0 ~ 30°	I	000	100	110	111
30° ~ 90°	II	000	110	010	111
90° ~ 150°	III	000	010	011	111
150° ~ 210°	IV	000	011	001	111
210° ~ 270°	V	000	001	101	111
270° ~ 330°	VI	000	101	100	111
330° ~ 360°	I	000	100	110	111

9.4　电压型 PWM 整流电路的控制

9.4.1　单相电压型 PWM 整流器的控制

1. 解耦控制

对于单相 PWM 整流器若要进行 d-q 变换以实现解耦控制，需要构造虚拟电压、电流，可以采用将实际网侧电压 $u_\text{s\alpha}(t)$、电流 $i_\text{s\alpha}(t)$ 延时 1/4 周期来分别得到虚拟电压 $u_\text{s\beta}(t)$、电流 $i_\text{s\beta}(t)$，再进行 $\alpha\beta \rightarrow dq$ 轴的解耦变换，如图 9-20 所示。

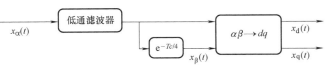

图 9-20　虚拟电压、电流构造

定义单相电压、电流在 $\alpha\beta$ 坐标系下的复矢量解析信号为

$$\overrightarrow{u}_\text{s}^{\alpha\beta}(t) = u_\text{s\alpha}(t) + \mathrm{j}u_\text{s\beta}(t)$$

$$i_s^{\rightarrow \alpha\beta}(t) = i_{s\alpha}(t) + ji_{s\beta}(t) \qquad (9-26)$$

2. 系统有功、无功功率流分析

以 $u_{s\alpha}(t)$ 为 α 轴，构造的虚拟电压 $u_{s\beta}(t)$ 为 β 轴、$u_s^{\rightarrow \alpha\beta}(t)$ 为 d 轴构造向量图，如图 9-21 所示。可以得到 $u_{sd}(t)$ 的值为网侧电压的峰值，而 $u_{sq}(t)$ 的值等于零。

将 $u_{s\alpha}(t)$、$i_{s\alpha}(t)$ 在 d-q 轴上表示，可得

$$u_{s\alpha}(t) = u_{sd}(t)\cos\omega t \qquad (9-27)$$

$$i_{s\alpha}(t) = i_{sd}(t)\cos\omega t - i_{sq}(t)\sin\omega t \qquad (9-28)$$

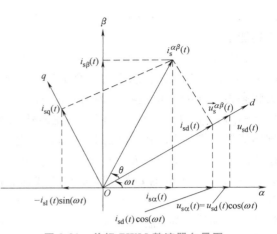

图 9-21 单相 PWM 整流器向量图

在 d-q 同步旋转坐标系，可以将系统功率解耦为瞬时有功功率和瞬时无功功率，单相瞬时有功功率 $p_s(t)$ 和单相瞬时无功功率 $q_s(t)$ 可以定义为

$$p_s(t) = u_{sd}(t)\cos\omega t i_{sd}(t)\cos\omega t = 0.5u_{sd}(t)(1+\cos2\omega t) \qquad (9-29)$$

$$q_s(t) = -u_{sd}(t)\cos\omega t i_{sd}(t)\sin\omega t = -0.5u_{sd}(t)i_{sq}(t)\sin2\omega t \qquad (9-30)$$

如果忽略功率开关管的功耗，则有整流器交流侧和直流侧的功率相等，设直流侧电压为 $u_{DC}(t)$，直流侧电流为 $i_{DC}(t)$，有

$$u_{DC}(t)i_{DC}(t) = u_{s\alpha}(t)i_{s\alpha}(t) = p_s(t) + q_s(t) \qquad (9-31)$$

根据 PWM 整流器单位功率因素运行的要求，需控制 $q_s(t) = 0$，即控制 $i_{sq}(t) = 0$。同时，$p_s(t)$ 可以被分解为

$$p_s(t) = 2\bar{p}_s(t) \qquad (9-32)$$

$$\bar{p}_s(t) = 0.5u_{sd}(t)i_{sd}(t) \qquad (9-33)$$

$$\bar{p}_s(t) = \bar{p}_s\cos2\omega t \qquad (9-34)$$

因此，式（9-31）可改写为

$$u_{DC}(t)i_{DC}(t) = p_s(t) = 2\bar{p}_s(t) \qquad (9-35)$$

式（9-35）表明，在整流器直流侧存在二次谐波功率，这是干扰功率，需要将其尽可能滤除，以减轻直流侧电容的储存压力。同时，根据图 9-21 可得

$$u_{DC}^2(t)/R_L = \bar{p}_s = 0.5u_{sd}(t)i_{sd}(t) \qquad (9-36)$$

3. 电压、电流双闭环控制

采用电压外环、电流内环控制方案的控制框图如图 9-22 所示。

对于电流内环控制，将实际网侧电流提取出来后，通过解耦变换，得到 $i_{sd}(t)$、$i_{sq}(t)$，同时将 $i_{sq}(t)$ 的给定值设为零，以实现整流器的单位功率因素运行。对于电压外环控制，根据式（9-36），若以 $u_0^2(t)$ 作为电压外环的控制量，能实现外环的线性化控制。

9.4.2 三相 PWM 整流器的控制

VSR 工作时，能在稳定直流侧电压的同时，实现其交流侧在受控功率因数（如单位功率因数）条件下的正弦波电流控制。另一方面，常规的 VSR 控制系统一般采用双闭环控制，

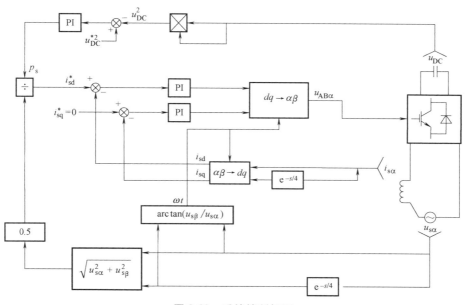

图 9-22　系统控制框图

即电压外环和电流内环控制。在 VSR 双闭环控制设计中，电流控制动态性能直接影响 VSR 电压外环控制性能。

根据是否检测整流器的输入电流作为反馈和被控制量，三相 PWM 整流器的控制策略可分为电流的间接控制和电流的直接控制两种方式。电流的间接控制通过控制整流器输入电压的幅值和相位间接控制输入电流，因此也称为"电压幅值相位控制"。电流的间接控制方式的优点是不需要电流传感器，控制简单，成本低；缺点是系统动态响应慢，输入电流在动态过程中会出现直流偏置，且对系统参数波动较敏感。因此，电流的间接控制适合于对控制性能要求不高、控制结构要求简单、对动态性能响应要求低的场合。电流的直接控制需要检测整流器的输入电流作为反馈和被控量，具有系统动态响应速度快、限流容易、电流控制精度高等优点。电流的直接控制的主要缺点是输入电流的检测需要电流传感器，提高了系统的成本，而且控制结构和算法较电流的间接控制复杂。

1. 电流滞环控制

由于固定开关频率 PWM 电流控制对系统参数以及负载波动较敏感。对于三相 VSR 电流控制，当三相 VSR 交流侧电压峰值波动时，若 PWM 开关频率固定，则电流跟踪偏差大小也发生波动，如果当三相 VSR 交流侧电压峰值波动时，PWM 开关频率也做相应的调整时，则电流跟踪偏差几乎不变，这对要求电流跟踪精度较高的控制系统十分重要。而电流滞环控制则可以实现上述要求，这种电流控制结构中无传统的电流调节器（如 P、PI 调节器等），取而代之的是一个非线性环节——滞环。

电流滞环控制是一种瞬时值反馈控制模式，其基本思想是将电流给定信号与检测到的整流器实际输入电流信号相比较，若实际电流大于给定值，则通过改变整流器的开关状态使电流减小，若实际电流小于给定值，则通过改变整流器的开关状态使电流增大。这样，实际电流波形围绕给定电流波形做小幅度的上下波动，并将偏差控制在一定范围以内。电流反馈的存在能够加快动态响应和抑制内环扰动，而且还可以通过防止整流器过流而保护功率开关元件，这些优点使它得到了广泛的应用。

电流滞环控制拓扑结构如图 9-23 所示。

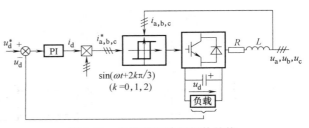

图 9-23　电流滞环控制拓扑结构

在此方式中，为实现三相 VSR 直流侧电压无静差控制，电压调节器采用比例积分（PI）调节器。电压调节器输出为三相 VSR 交流侧电流峰值指令信号 i_m^*，再由同步环节提供所需的电流相角指令信号，这样就给出了三相 VSR 交流电流给定信号 $i_{u,v,w}^*$，此给定信号与实际检测到的三相 VSR 交流侧电流信号之差，两者的偏差作为滞环比较器的输入，通过滞环比较器产生控制主电路中开关通断的 PWM 信号，该 PWM 信号经驱动电路控制开关的通断，从而控制交流电流信号的变化。

采用滞环比较方式的 PWM 整流电路有如下特点：

1）硬件电路简单。

2）不用载波。

3）与计算法及调制法相比，相同开关频率时输出电流中高次谐波含量高。

4）实时控制，电流响应快

5）闭环控制。这是各种跟踪型 PWM 变流电路的共同特点。

2. 电流 PI 控制

电流 PI 控制是一种瞬时值反馈控制模式，其基本思想是将电流给定信号与检测到的整流器实际输入电流信号相比较，求出偏差值，通过 PI 调节器后，再与三角波进行比较，产生 PWM 波形。

此种方法不同于 SPWM，不是把指令信号和三角波直接进行比较，而是通过电流闭环来进行控制。反馈电流的存在能够加快动态响应和抑制内环扰动，而且还可以防止整流器过流而保护功率开关元件。电流 PI 控制拓扑结构如图 9-24 所示。

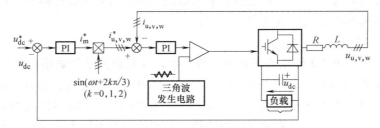

图 9-24　电流 PI 控制拓扑结构

在此方式中，为实现三相 VSR 直流侧电压无静差控制，电压调节器采用比例积分（PI）调节器。电压调节器输出为三相 VSR 交流侧电流峰值指令信号 i_m^*，再由同步环节设定所需的电流相角指令信号，这样就给出了三相 VSR 交流电流给定信号 $i_{u,v,w}^*$，此给定信号与实际检测的三相 VSR 交流侧电流信号求偏差，两者的偏差通过 PI 调节器后，再与三角波进行比较，产生 PWM 波形。该 PWM 信号用于控制电路各桥臂上功率开关的通断，从而控制交流电流信号的变化。

电流 PI 控制的特点是：

1）开关频率固定，等于载波频率，高频滤波器设计方便。

2）和滞环控制方式相比，这种控制方式输出电流所含的谐波量低。

3）实时控制，电流响应快。

4）闭环控制，是各种跟踪型 PWM 变流电路的共同特点。

3. 空间电压矢量控制

空间电压矢量控制系统拓扑结构如图 9-25 所示。

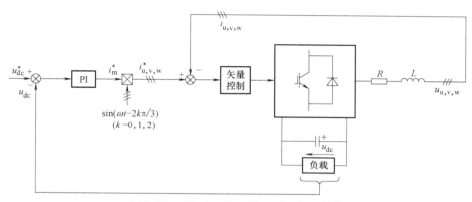

图 9-25 空间电压矢量控制系统拓扑结构

PWM 整流器控制的关键就是确定 6 个开关管的开通状态和时间，其状态必须满足在同一时间只有 3 个开关管处于导通状态，另 3 个开关管处于关断状态；同一桥臂上下两个管子处于互补状态，避免上下桥臂直通。空间矢量算法就是根据整流器交流侧所需的电压空间矢量 $\boldsymbol{u}_r^*$ 确定开关管的工作状态。下面介绍一下 PWM 整流器空间矢量算法。

定义整流器交流侧所需电压空间矢量 $\boldsymbol{u}_r^*$ 为

$$\boldsymbol{u}_r^* = \frac{2}{3}\left(u_{ru}^* + \alpha u_{rv}^* + \alpha^2 u_{rw}^*\right) \tag{9-37}$$

$$\alpha = e^{j120°} \tag{9-38}$$

若整流器交流侧所需的交流电压为

$$\begin{cases} u_{ru}^* = U_{rm}\cos\omega t \\ u_{rv}^* = U_{rm}\cos(\omega t - 2\pi/3) \\ u_{rm}^* = U_{rm}\cos(\omega t + 2\pi/3) \end{cases} \tag{9-39}$$

则交流侧电压空间矢量 $\boldsymbol{u}_r^*$ 为

$$\boldsymbol{u}_r^* = U_{rm}e^{j\omega t} \tag{9-40}$$

式（9-40）表明，整流器所需理想交流电压空间矢量 $\boldsymbol{u}_r^*$ 为以 U_{rm} 为半径、按 ω 逆时针旋转的电压圆。实际上，u_r 是由开关管的开关状态及直流侧电压 u_{dc} 决定的，即由两个零空间矢量 $U_0(000)$ 和 $U_7(111)$，6 个非零空间矢量 $U_1(100)$、$U_2(110)$、$U_3(010)$、$U_4(011)$、$U_5(001)$、$U_6(101)$ 决定的。因此，用两个零空间矢量和 6 个非零空间矢量逼近电压圆，使整流器的输入端输入等效的三相正弦波 SVPWM 波形。当所要求的 u_r^* 在图 9-18 逆时针旋转到某一扇区时，就由该扇区相关的非零空间矢量和零空间矢量合成。因此，需要对扇区进行判断及确定开关管导通规律。

（1）整流器输入交流电压空间矢量 u_r^* 所在扇区的计算　为避免采用三角函数确定扇区的复杂计算及占用大量的计算时间，采用简单的加减和逻辑运算就可确定 u_r^* 所在的扇区。为此，先把整流器所要求的输入电压 u_{ru}^*、u_{rv}^* 及 u_{rw}^* 变换到两相静止坐标系 $\alpha\beta$ 中，则有

$$\boldsymbol{u}_r^* = \begin{bmatrix} u_{r\alpha}^* \\ u_{r\beta}^* \end{bmatrix} = \frac{2}{3} \begin{bmatrix} 1 & -\dfrac{1}{2} & -\dfrac{1}{2} \\ 0 & \dfrac{\sqrt{3}}{2} & -\dfrac{\sqrt{3}}{2} \end{bmatrix} \begin{bmatrix} u_{ru}^* \\ u_{rv}^* \\ u_{rw}^* \end{bmatrix} \tag{9-41}$$

在两相静止坐标系 $\alpha\beta$ 中，$\boldsymbol{u}_r^*$ 在一个载波周期 T_s 内的作用效果可等效为 $\boldsymbol{u}_r^* T_s = u_{r\alpha}^* T_s + ju_{r\beta}^* T_s$，如图 9-26 所示。

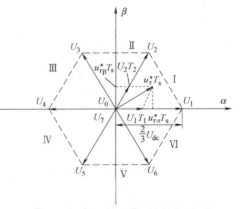

图 9-26　整流器输入交流电压空间矢量

由图 9-26 可以看出，$\boldsymbol{u}_r^*$ 所处的扇区是由 $u_{r\alpha}^*$ 和 $u_{r\beta}^*$ 决定的。

若 $\boldsymbol{u}_r^*$ 在扇区 Ⅰ：$0 < \arctan(u_{r\beta}^*/u_{r\alpha}^*) < 60°$ 内，则 $u_{r\beta}^* > 0$，且 $\sqrt{3} u_{r\alpha}^* - u_{r\beta}^* > 0$；

若 $\boldsymbol{u}_r^*$ 在扇区 Ⅱ：$60° < \arctan(u_{r\beta}^*/u_{r\alpha}^*) < 120°$ 内，则 $u_{r\beta}^* > 0$，且 $\sqrt{3}|u_{r\alpha}^*| - u_{r\beta}^* < 0$；

若 $\boldsymbol{u}_r^*$ 在扇区 Ⅲ：$120° < \arctan(u_{r\beta}^*/u_{r\alpha}^*) < 180°$ 内，则 $u_{r\beta}^* > 0$，且 $-\sqrt{3} u_{r\alpha}^* - u_{r\beta}^* > 0$；

若 $\boldsymbol{u}_r^*$ 在扇区 Ⅳ：$180° < \arctan(u_{r\beta}^*/u_{r\alpha}^*) < 240°$ 内，则 $u_{r\beta}^* < 0$，且 $\sqrt{3} u_{r\alpha}^* - u_{r\beta}^* < 0$；

若 $\boldsymbol{u}_r^*$ 在扇区 Ⅴ：$240° < \arctan(u_{r\beta}^*/u_{r\alpha}^*) < 300°$ 内，则 $u_{r\beta}^* < 0$，且 $\sqrt{3}|u_{r\alpha}^*| - u_{r\beta}^* > 0$；

若 $\boldsymbol{u}_r^*$ 在扇区 Ⅵ：$300° < \arctan(u_{r\beta}^*/u_{r\alpha}^*) < 360°$ 内，则 $u_{r\beta}^* < 0$，且 $-\sqrt{3} u_{r\alpha}^* - u_{r\beta}^* < 0$。

令 $A = u_{r\beta}^*$，$B = \sqrt{3} u_{r\alpha}^* - u_{r\beta}^*$，$C = -\sqrt{3} u_{r\alpha}^* - u_{r\beta}^*$，则有：$N = \text{sign}(A) + 2\text{sign}(B) + 4\text{sign}(C)$

式中，$\text{sign}(x) = \begin{cases} 1, x \geq 0 \\ 0, x < 0 \end{cases}$。

根据上述分析可得扇区号 n 与 N 的对应关系，见表 9-2。

表 9-2　u_r^* 扇区划分表

N	3	1	5	4	6	2
n	Ⅰ	Ⅱ	Ⅲ	Ⅳ	Ⅴ	Ⅵ

（2）开关管导通时间计算

根据图 9-26 可得

$$\begin{cases} u_{r\alpha}^* T_s = U_1 T_1 + U_2 T_2 \cos 60° \\ u_{r\beta}^* T_s = U_2 T_2 \sin 60° \end{cases} \tag{9-42}$$

$$\begin{cases} u_{r\alpha}^* T_s = U_r^* T_s \cos\theta \\ u_{r\beta}^* T_s = U_r^* T_s \sin\theta \end{cases} \tag{9-43}$$

式中，θ 为 $\boldsymbol{u}_r^*$ 与 α 轴之间的夹角（°）。

当电压矢量 $\boldsymbol{u}_r^*$ 对应的开关管导通时，有

$$U_i = 2u_{dc}/3, \quad i = 1, 2, \cdots, 6 \tag{9-44}$$

由式（9-42）～式（9-44）可得在扇区 I 内 U_1 作用的时间 T_1 和 U_2 作用的时间 T_2 为

$$\begin{cases} T_1 = \dfrac{3T_s}{2u_{dc}}\left(u_{r\alpha}^* - \dfrac{u_{r\beta}^*}{\sqrt{3}}\right) \\ T_2 = \dfrac{\sqrt{3}\, u_{r\beta}^* T_s}{u_{dc}} \end{cases} \tag{9-45}$$

零空间矢量 U_0 和 U_7 作用的时间 T_0 为

$$T_0 = T_S - T_1 - T_2 \tag{9-46}$$

定义如下 X、Y、Z 3 个中间变量：

$$\begin{cases} X = \dfrac{\sqrt{3}\, u_{r\beta}^* T_s}{u_{dc}} \\ Y = \dfrac{3T_s}{2u_{dc}}\left(u_{r\alpha}^* + \dfrac{u_{r\beta}^*}{\sqrt{3}}\right) \\ Z = \dfrac{3T_s}{2u_{dc}}\left(-u_{r\alpha}^* + \dfrac{u_{r\beta}^*}{\sqrt{3}}\right) \end{cases} \tag{9-47}$$

电压矢量 $\boldsymbol{u}_r$ 在各扇区空间矢量 U_i 作用的时间 T_i 见表 9-3。

表 9-3　各扇区空间矢量作用时间　　　　　　　　　　　　　　（单位：s）

作用时间	扇区号					
	1	2	3	4	5	6
T_i	Z	$-Z$	X	$-X$	$-Y$	Y
T_{i+1}	X	Y	$-Y$	Z	$-Z$	$-X$

若在某扇区的 T_i 和 T_{i+1} 之和大于 T_s，即出现过饱和现象。对此，需对 T_i 和 T_{i+1} 进行归一化处理，即

$$\begin{cases} T_i^* = \dfrac{T_i T_s}{T_i + T_{i+1}} \\ T_{i+1}^* = \dfrac{T_{i+1} T_s}{T_i + T_{i+1}} \end{cases} \tag{9-48}$$

（3）各相桥臂开关管导通时间分配　以扇区 I 为例进行说明。与扇区 I 相关的两个空间矢量分别为 $U_1(100)$ 和 $U_2(110)$，零空间矢量采用对称插法，则三相桥臂导通时间分配如图 9-27 所示。

由图 9-27 可以看出，空间矢量的转换顺序为 000→100→110→111→110→100→000，其他扇区各桥臂开关管导通时间分配规律如图 9-28 所示，空间矢量的转换顺序见表 9-4。

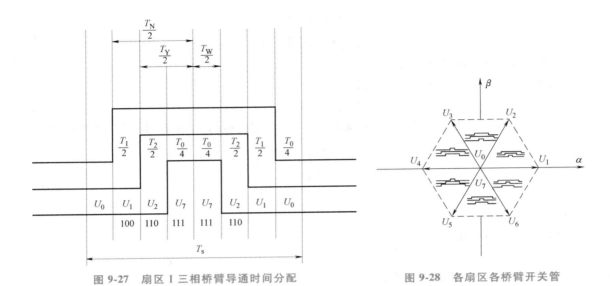

图 9-27 扇区 I 三相桥臂导通时间分配　　　　图 9-28 各扇区各桥臂开关管
导通时间分配规律

表 9-4 空间矢量的转换顺序表

扇区	空间矢量的转换顺序表						
I	000	100	110	111	110	100	000
II	000	110	010	111	010	110	000
III	000	010	011	111	011	010	000
IV	000	011	001	111	001	011	000
V	000	001	101	111	101	001	000
VI	000	101	100	111	100	101	000

通过空间矢量的转换顺序就可以进行开关管切换点时间的计算，定义各切换点时间为 T_{cmp1}、T_{cmp2}、T_{cmp3}：

$$\begin{cases} T_{cmp1} = (T_s - T_1 - T_2)/4 \\ T_{cmp2} = T_{cmp1} + T_1/2 \\ T_{cmp3} = T_{cmp2} + T_2/2 \end{cases} \tag{9-49}$$

由式（9-49）可以得出在不同扇区时矢量切换点时间，见表 9-5。

表 9-5 各扇区空间矢量切换点时间　　　　　　　　　　（单位：s）

切换点时间	扇区判别 N					
	1	2	3	4	5	6
T_a	T_{cmp2}	T_{cmp1}	T_{cmp1}	T_{cmp3}	T_{cmp3}	T_{cmp2}
T_b	T_{cmp1}	T_{cmp3}	T_{cmp2}	T_{cmp2}	T_{cmp1}	T_{cmp3}
T_c	T_{cmp3}	T_{cmp2}	T_{cmp3}	T_{cmp1}	T_{cmp2}	T_{cmp1}

（4）**SVPWM 波产生**　SVPWM 波由周期为 T_s 的三角波和各扇区空间矢量转换顺序决定，三角波的幅值确定为 $T_s/2$，保证了三角波的斜率为 1。设三角载波信号为 u_s，各扇区每相在 $T_s/2$ 内导通时间为 u_{Tu}、u_{Tv} 及 u_{Tw}。把 u_s 通过比较器与 u_{Tu}、u_{Tv} 及 u_{Tw} 比较（可用符

号函数实现）得到 SVPWM 波，即开关管驱动信号 S_u、S_v 及 S_w。扇区 I 内产生 SVPWM 波，如图 9-29 所示。

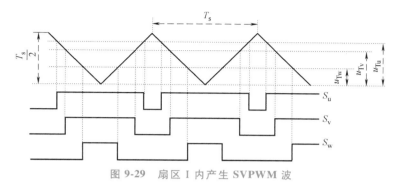

图 9-29　扇区 I 内产生 SVPWM 波

思考题与习题

9.1　什么是 PWM 整流电路？它和相控整流电路的工作原理和性能有何区别？

9.2　在 PWM 整流电路中，什么是间接电流控制？什么是直接电流控制？为什么后者目前应用较多？

第 10 章

PWM 直流斩波电路

将一个固定的直流电压变换成另一个固定或可调的直流电压，称为直流-直流（DC-DC）变换技术。与其对应的电路，称为直流-直流（DC-DC）变换电路。按照 DC-DC 变换电路中输入与输出之间是否有电气隔离，可分为不带隔离变压器的非隔离 DC-DC 变换电路和带隔离变压器的隔离 DC-DC 变换电路两类。本章将介绍这两类 DC-DC 变换电路的电路结构、工作原理和主要参数关系等。

10.1　非隔离型 DC-DC 变换电路

非隔离 DC/DC 变换电路也称直流斩波电路。根据电路结构的不同，可分为降压（Buck）型电路、升压（Boost）型电路、升降压（Buck-Boost）型电路、库克（Cuk）型电路、Zeta 型电路和 Spice 型电路。其中 Buck 型电路和 Boost 型电路是最基本的非隔离 DC-DC 变换电路，另外 4 种是由这两种基本电路派生而来的。

10.1.1　降压型电路

降压型电路是一种输出电压等于或小于输入电压的单管非隔离 DC-DC 变换电路，电路原理图如图 10-1 所示。它由功率开关器件（图中的 IGBT，可用 S 表示）、续流二极管 VD、输出滤波电感 L 和输出滤波电容 C 构成，输入和输出直流电压分别为 U_i 和 U_o，负载为电阻 R_L。

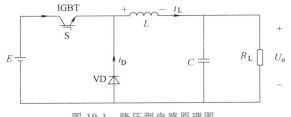

图 10-1　降压型电路原理图

在实际的电路中，开关 S 采用全控型电力电子器件，如 GTR、MOSFET、IGBT 等。其控制方式可采用以下 3 种。

1）保持开关周期 T 不变，调节开关导通时间 t_{on}，即脉冲宽度调制（Pulse Width Modulation，PWM）方式。

2）保持开关导通时间 t_{on} 不变，改变开关周期 T，即脉冲频率调制（Pulse Frequency Modulation，PFM）方式。

3）开关导通时间 t_{on} 和开关周期都可调，即混合调制方式。

在上述控制方式中，第一种 PWM 控制方式应用最多。在以下的 DC-DC 变换电路分析中，开关 S 均采用 PWM 控制方式。

另外，为获得 DC-DC 变换电路的基本工作特性而又能简化分析，假设 DC-DC 变换电路是理想电路，理想电路的条件是：①开关 S 和二极管 VD 导通和关断时间为零，且通态电压为零，断态漏电流为零；②在一个周期内，输入电压 U_i 保持不变；输出滤波电容电压，即输出电压 u_o 有很小的纹波，但可以认为输出直流电压平均值 U_o 保持不变；③电感和电容均为无损耗理想储能元件，且线路阻抗为零。

当输入直流电压 U_i 后，降压型电路需经过一段较短时间的暂态过程，才能进入到稳定工作状态。在稳态工作过程中，降压型电路存在着电感电流连续模式（Continuous Current Mode，CCM）和电感电流断续模式（Discontinuous Current Mode，DCM）等两种工作模式。电感电流连续是指滤波电感 L 的电流 i_L 总是大于 0，而电感电流断续是指在开关 S 关断期间，有一段时间 $i_L = 0$。下面分别讨论这两种工作模式。

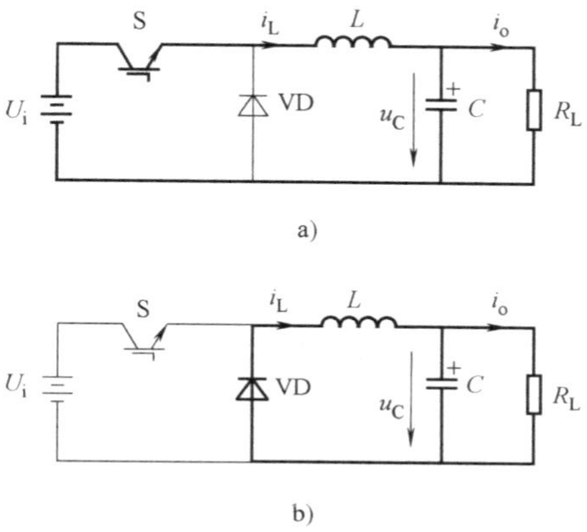

1. 电感电流连续模式

当电感电流连续时，Buck 型电路在一个开关周期内经历两个开关状态，即开关 S 导通和开关 S 关断。如图 10-2 所示。（图中细线表示该段电路在该时段没有电流通过，下同）对应于一个开关周期 T 的两个时段 $t_0 \sim t_1$ 和 $t_1 \sim t_2$ 内，电路中主要电压和电流波形如图 10-3 所示。

（1）工作原理

1）$t_0 \sim t_1$ 时段，如图 10-2a 所示。

在 $t = t_0$ 时刻，开关 S 受激励导通，输入直流电压 U_i 通过开关 S 加到二极管 VD、输出滤波电感 L 和输出滤波电容 C 上，二极管 VD 因承受反向电压而截止。开关 S 保持导通到 t_1 时刻，流过开关 S 的电流 i_S 为滤波电感电流 i_L。这一时段，加在滤波电感 L 上的电压为 $U_i - U_o$，由于 $U_i > U_o$，这个电压差使得电感电流 i_L 线性上升，于是有

$$U_i - U_o = L di_L / dt \qquad (10-1)$$

当 $t = t_1$，$\Delta t_1 = t_1 - t_0 = t_\infty$ 时，i_L 从最小值 I_{Lmin} 线性上升到最大值 I_{Lmax}，i_L 的增加量为

$$\Delta i_{L+} = \frac{U_i - U_o}{L} t_{on} = \frac{U_i - U_o}{L} DT$$

$$(10-2)$$

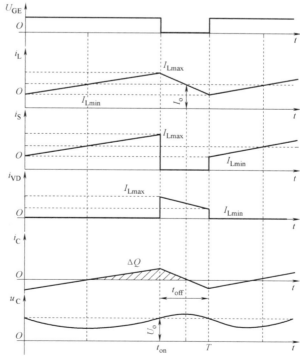

图 10-2　Buck 型电路的模型

a）S 导通　b）S 关断

图 10-3　电感电流连续时 Buck 型电路的波形

式中，D 为占空比，$D=t_{on}/T$；t_{on} 为开关 S 的导通时间。

2）$t_1 \sim t_2$ 时段，如图 10-2b 所示。

在 $t=t_1$ 时刻，开关 S 关断。由于在 $t_0 \sim t_1$ 时段滤波电感 L 储能，电感电流 i_L 通过续流二极管 VD 继续流通。这一时段，加在滤波电感 L 两端的电压为 $-U_o$，电感电流 i_L 线性减小。

当 $t=t_2$，$\Delta t_2=t_2-t_1=t_{off}$ 时，i_L 从最大值 I_{Lmax} 线性减小到最小值 I_{Lmin} 的减小量为

$$\Delta i_{L-}=\frac{U_o}{L}t_{off}=\frac{U_o}{L}(1-D)T \tag{10-3}$$

直到 t_2 时刻，开关 S 再次受激励导通，开始下一个开关周期。

由图 10-3 可见，在开关 S 导通期间，二极管 VD 截止，流过开关 S 的电流 i_S 就是电感电流 i_L；在开关 S 关断期间，二极管 VD 导通，流过二极管 VD 的电流 i_{VD} 就是电感电流 i_L。稳态工作时，输出滤波电容电压平均值，即为输出电压平均值 U_o。同样，稳态工作时，电感电流的平均值 I_L，即为输出电流平均值 I_o。

（2）主要参数关系

1）输出电压与输入电压的关系。

由图 10-3 可见，开关 S 导通期间，电感电流 i_L 的增加量 Δi_{L+} 等于开关 S 关断期间电感电流 i_L 的减小量 Δi_{L-}。将式（10-2）和式（10-3）代入上述关系式，可得到 Buck 型电路在电感电流连续工作模式时的输入与输出电压关系为

$$U_o=\frac{t_{on}}{T}U_i=DU_i \tag{10-4}$$

式（10-4）表明 Buck 型电路的输出电压平均值 U_o 与占空比 D 成正比，由于 $0 \leqslant D \leqslant 1$，因此 Buck 型电路输出电压不可能超过其输入电压，并且与输入电压的极性相同。

上述输入与输出电压的关系可利用"稳态条件下，电感电压在一个开关周期内的平均值等于零"的基本原理导出。在图 10-3 中表现为电感电流 i_L 曲线，在一个开关周期内围成的上、下两个矩形的面积相等。

2）电流关系。

由前述假定，忽略电路的损耗，Buck 型电路的输入功率和输出功率相等，即 $U_iI_i = U_oI_o$，结合式（10-4），可得输入电流平均值 I_i 和输出电流平均值 I_o 的关系为

$$I_i=DI_o \tag{10-5}$$

根据"稳态条件下，电容电流在一个开关周期内的平均值为零"的基本原理，Buck 型电路的电感电流 i_L 的平均值就是输出电流平均值 I_o，即

$$I_L=I_o=\frac{I_{Lmin}+I_{Lmax}}{2} \tag{10-6}$$

由图 10-3 中电感电流 i_L 波形可知，i_L 的最大值和最小值分别为

$$I_{Lmax}=I_o+\frac{1}{2}\Delta i_L=\frac{U_o}{R_L}+\frac{U_o}{2L}(1-D)T$$

$$I_{Lmin}=I_o-\frac{1}{2}\Delta i_L=\frac{U_o}{R_L}-\frac{U_o}{2L}(1-D)T \tag{10-7}$$

式中，R_L 为电路的负载电阻。

开关 S 和二极管 VD 的最大电流 I_{Smax} 和 I_{Dmax} 与电感电流最大值 I_{Lmax} 相等；开关 S 和二极管 VD 的最小电流 I_{Smin} 和 I_{Dmin} 与电感电流最小值 I_{Lmin} 相等。开关 S 和二极管 VD 截止时，所承受的电压都是电路输入电压 U_i。因此设计 Buck 型电路时，可按以上各电流公式及开关器件所承受的电压值选用开关器件和二极管。

3）输出电压的脉动。

从图 10-3 中电容电流 i_C 和电容电压 u_C 波形可知，$i_C = i_L - I_o$，当 $i_L > I_o$ 时，i_C 为正值，滤波电容 C 充电，电容电压 u_C 即瞬时输出电压 u_o 升高；当 $i_L < I_o$ 时，i_C 为负值，滤波电容 C 放电，电容电压 u_C 即瞬时输出电压 u_o 下降，因此滤波电容 C 一直处于周期性充放电状态。若滤波电容 $C \to \infty$，则 u_o 可视为恒定的直流电压 U_o。当滤波电容 C 有限时，u_o 则有一定的脉动。

滤波电容 C 在一个开关周期内的充电电荷 ΔQ，可等效为图 10-3 中 i_C 波形中的阴影面积，即

$$\Delta Q = \frac{1}{2} \frac{\Delta i_L}{2} \frac{T}{2} = \frac{\Delta i_L}{8f} \tag{10-8}$$

则输出脉动电压

$$\Delta U_o = \frac{\Delta Q}{C} = \frac{\Delta i_L}{8Cf} = \frac{U_o(1-D)}{8LCf^2} \tag{10-9}$$

由式（10-9）可见，增加开关频率 f、加大滤波电感 L 和滤波电容都可以减小输出脉动电压 ΔU_o。

4）电感电流连续的临界条件。

由图 10-3 中的电感电流 i_L 波形可见，要使电感电流 i_L 连续，输出电流 I_o 必须大于 i_L 的脉动值的一半。当 $I_o = \Delta i_L / 2$ 时，电感电流处于连续与断续的临界状态，此时在每个开关周期开始和结束的时刻，电感电流正好为零，如图 10-4 所示。分别将 I_o 和 Δi_L 的表达式代入上述关系中，可得

$$\frac{U_o}{R_L} \geq \frac{U_o}{2L}(1-D)T \tag{10-10}$$

整理得

$$L/(R_L T) \geq (1-D)/2 \tag{10-11}$$

这就是用于判断 Buck 型电路电感电流是否连续的临界条件。可见，当电感值较小或负载较轻或开关频率较低时，Buck 型电路容易发生电感电流断续。

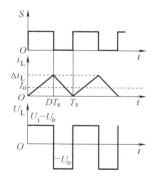

图 10-4　Buck 电流临界
连续时的波形

2. 电感电流断续模式

对非隔离 DC-DC 变换电路的电感电流断续模式，本节只对 Buck 型电路和 Boost 型电路进行介绍，其余几种非隔离 DC-DC 变换电路的电感电流断续模式，有兴趣的读者可参考有关书籍。

如前分析，当电感值较小或者负载较轻或者开关频率较低时，可能发生电感电流 i_L 在一个周期结束前就下降到零的情况。这样，在下一个开关周期开始时，i_L 必然从零开始上升，而不像电感电流连续时那样，从 I_{Lmin} 开始上升，这就是电感电流的断续模式。在电感电流断续模式下，Buck 型电路在一个开关周期内经历开关 S 导通、开关 S 关断和电感电流断续 3 个开关状态，如图 10-5 所示。对应于一个开关周期 T 的 3 个时段 $t_0 \sim t_1$、$t_1 \sim t_2$ 和 $t_2 \sim t_3$ 内，电路中主要电压和电流波形如图 10-6 所示。

（1）工作原理

1）$t_0 \sim t_1$ 时段，如图 10-5a 所示。

在 $t = t_0$ 时刻，开关 S 受激励导通，二极管 VD 截止。这一时段，由于 $u_L = U_i - U_o > 0$，电感电流 i_L 线性上升。当 $t = t_1$，$\Delta t_1 = t_1 - t_0 = t_{on}$ 时，i_L 从零线性上升到最大值 I_{Lmax}，i_L 的增加量为

$$\Delta i_{L+} = I_{Lmax} = \frac{U_i - U_o}{L} t_{on} = \frac{U_i - U_o}{L} DT \tag{10-12}$$

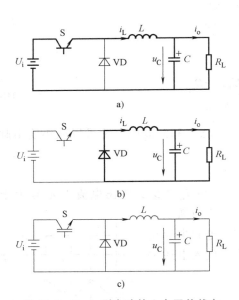

图 10-5 Buck 型电路的 3 个开关状态

a）S 导通　b）S 关断　c）S 关断时电感电流为零

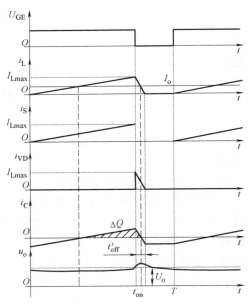

图 10-6 Buck 型电路在电感电流断续时的波形

2）$t_1 \sim t_2$ 时段，如图 10-5b 所示。

在 $t = t_1$ 时刻，开关 S 关断，续流二极管 VD 导通。这一时段，由于 $u_L = -U_o$，电感电流 i_L 线性减小。当 $t = t_2$，$\Delta t_2 = t_2 - t_1 = t'_{off}$ 时，i_L 从 I_{Lmax} 线性减小到零。设 $D' = t'_{off}/T$，则 i_L 的减小量

$$\Delta i_{L-} = I_{Lmax} = \frac{U_o}{L} t'_{off} = \frac{U_o}{L} D'T \tag{10-13}$$

3）$t_2 \sim t_3$ 时段，如图 10-5c 所示。

在 $t = t_2$ 时刻，开关 S、续流二极管 VD 均关断。这一时段，电感电流 i_L 保持为零，电感

电压 u_L 也为零，负载由输出滤波电容 C 供电。直到 $t = t_3$ 时刻，开关 S 再次受激励导通，开始下一个开关周期。

（2）输出电压与输入电压的关系　Buck 在电感电流断续时的波形如图 10-6 所示。与电感电流连续时分析类似，电感电流断续时，Buck 型电路在 t_{on} 期间电感电流 i_L 的增加量 Δi_{L+} 等于 t'_{off} 期间电感电流 i_L 的减小量 Δi_{L-}，即 $\Delta i_{L+} = \Delta i_{L-}$。将式（10-12）和式（10-13）代入关系式中，得

$$U_o = \frac{D}{D+D'}U_i \tag{10-14}$$

同样，由于电路输出电流平均值 I_o 就是电感电流 i_L 的平均值 I_L，可以得到

$$U_o/R_L = \Delta i_L(D+D')/2 \tag{10-15}$$

从式（10-14）解出 $(D+D')$ 的表达式，并同式（10-12）一起代入式（10-15），得

$$\frac{U_o}{R_L} = \frac{1}{2}\frac{U_i-U_o}{L}DT\frac{U_i}{U_o}D \tag{10-16}$$

整理得

$$\left(\frac{U_i}{U_o}\right)^2 - \frac{U_i}{U_o} - \frac{2L}{D^2TR_L} = 0 \tag{10-17}$$

令 $K = 2L/D^2TR_L$，解式（10-17），略去负根，得出

$$U_o = \frac{2}{1+\sqrt{1+4K}}U_i \tag{10-18}$$

式（10-18）为 Buck 型电路在电感电流断续时的输入电压与输出电压的关系。值得注意的是，该式只在电感电流断续条件下成立，电流连续时不成立。当电感电流处于临界连续状态时，将式（10-11）代入式（10-18）可得 $U_o = DU_i$，与式（10-4）相同。从式（10-18）可知，电流断续时，输入电压与输出电压比不仅与占空比 D 和负载 R_L 相关，还与电路参数 L 和 T 相关。

10.1.2　升压型电路

升压型电路是一种输出电压 U_o 高于输入电压 U_i 的单管非隔离 DC-DC 变换电路。它所用的电路元件和 Buck 型电路完全相同，仅电路拓扑结构不同，升压型电路如图 10-7 所示。比较图 10-1 和图 10-7 可见，Boost 型电路的电感 L 在输入侧，一般称为升压电感；开关 S 仍采用 PWM 控制方式。和 Buck 型电路一样，稳态工作时，Boost 型电路也有电感电流连续和断续两种工作模式，下面分别进行分析。

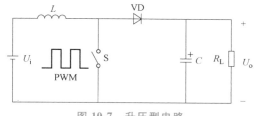

图 10-7　升压型电路

1. 电感电流连续模式

（1）工作原理　当电感电流连续时，Boost 型电路在一个开关周期内经历开关 S 导通、开关 S 关断两种开关状态，如图 10-8 所示。对应于一个开关周期 T 的两个时段 $t_0 \sim t_1$ 和 $t_1 \sim t_2$ 内，电路中主要电压和电流波形如图 10-9 所示。

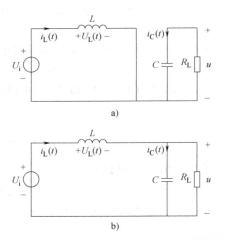

图 10-8　Boost 电感电流连续时的开关模型

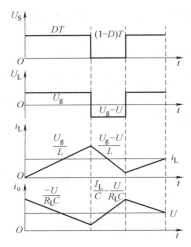

图 10-9　Boost 电感电流连续时的波形

1）$t_0 \sim t_1$ 时段，如图 10-8a 所示。

在 $t=t_0$ 时刻，开关 S 受激励导通，并保持导通到 $t=t_1$ 时刻，二极管 VD 承受反向电压而截止，负载由输出滤波电容 C 供电。这一时段，由于输入直流电压 U_i 通过开关 S 全部加到升压电感 L 上，即 $u_L = U_i$，升压电感电流 i_L 线性上升。

当 $t=t_1$，$\Delta t_1 = t_1 - t_0 = t_{on}$ 时，i_L 从最小值 I_{Lmin} 线性上升到最大值 I_{Lmax}，i_L 的增加量为

$$\Delta i_{L+} = \frac{U_i}{L} t_{on} = \frac{U_i}{L} DT \tag{10-19}$$

2）$t_1 \sim t_2$ 时段，如图 10-8b 所示。

在 $t=t_1$ 时刻，开关 S 关断，二极管 VD 导通。这一时段，升压电感电流 i_L 通过二极管 VD 向输出侧流动，输入能量和升压电感 L 在 $t_0 \sim t_1$ 时段的储能向负载 R 和输出滤波电容 C 转移，C 充电。同时，加在升压电感 L 上的电压为 $U_i - U_o$，因为 $U_i - U_o < 0$，故升压电感电流 i_L 线性减小。

当 $t=t_2$，$\Delta t_2 = t_2 - t_1 = t_{off}$ 时，i_L 从最大值 I_{Lmax} 线性减小到最小值 I_{Lmin}，i_L 的减小量为

$$\Delta i_{L-} = \frac{U_o - U_i}{L} t_{off} = \frac{U_o - U_i}{L} (1-D) T \tag{10-20}$$

直到 t_2 时刻，开关 S 再次受激励导通，开始下一个开关周期。

综上所述，Boost 型电路在开关 S 导通期间，升压电感 L 储能，输入直流电源不向负载提供能量，负载靠输出滤波电容 C 的储能维持工作。在开关 S 关断期间，输入直流电源和升压电感 L 同时向负载供电，并给电容 C 充电。

由图 10-8 和图 10-9 可知，Boost 型电路的输入电流就是升压电感 L 的电流，电流平均值为

$$I_i = I_L = (I_{Lmax} + I_{Lmin})/2$$

开关 S 和二极管 VD 轮流工作，开关 S 导通时，电感电流 i_L 流过开关 S；二极管 VD 导通时，电感电流 i_L 流过二极管 VD。故电感电流 i_L 是开关 S 导通时的 i_S 电流和二极管 VD 导通时的 i_D 电流的合成。稳态时，流入滤波电容 C 的平均值为零，故流过二极管 VD 的电流平均值 I_{VD} 就是输出电流的平均值 I_o。

（2）主要参数关系

1）输出电压与输入电压的关系。

Boost 型电路在 t_{on} 期间电感电流 i_{L} 的增加量 $\Delta i_{\mathrm{L+}}$ 等于 t_{off} 期间 i_{L} 的减小量 $\Delta i_{\mathrm{L-}}$，即 $\Delta i_{\mathrm{L+}} = \Delta i_{\mathrm{L-}}$。将式（10-19）和式（10-20）代入上述关系中，可得

$$U_{\mathrm{o}} = \frac{1}{1-D} U_{\mathrm{i}} \tag{10-21}$$

式（10-21）表明，由于 $0 \leqslant D \leqslant 1$，因此 Boost 型电路输出电压平均值 U_{o} 不可能低于其输入电压，且与输入电压的极性相同。同时应注意，$D \to 1$ 时，$U_{\mathrm{o}} \to \infty$，故应避免 D 过于接近 1，以免造成电路损坏。

2）电流关系。

若忽略电路的损耗，Boost 型电路的输入功率和输出功率相等，即 $U_{\mathrm{i}} I_{\mathrm{i}} = U_{\mathrm{o}} I_{\mathrm{o}}$，结合式（10-21），可得出输入电流平均值 I_{i} 和输出电流平均值 I_{o} 的关系为

$$I_{\mathrm{i}} = I_{\mathrm{L}} = \frac{1}{1-D} I_{\mathrm{o}} \tag{10-22}$$

流过二极管 VD 的电流平均值 I_{VD} 等于输出电流平均值 I_{o}，即

$$I_{\mathrm{VD}} = I_{\mathrm{o}} \tag{10-23}$$

流过开关 S 的电流平均值 I_{S} 为

$$I_{\mathrm{S}} = I_{\mathrm{i}} - I_{\mathrm{o}} = \frac{D}{1-D} I_{\mathrm{o}} \tag{10-24}$$

电感电流 i_{L} 的变化量 Δi_{L}，即输入电流的变化量为

$$\Delta i_{\mathrm{L}} = \Delta i_{\mathrm{i}} = \Delta i_{\mathrm{L+}} = \Delta i_{\mathrm{L-}} = \frac{U_{\mathrm{i}}}{L} DT = \frac{U_{\mathrm{o}} - U_{\mathrm{i}}}{L}(1-D)T = \frac{(1-D)DTU_{\mathrm{o}}}{L} \tag{10-25}$$

流过开关 S 和二极管 VD 的电流最大值 I_{Smax} 和 I_{VDmax} 与电感电流最大值 I_{Lmax} 相等，即

$$I_{\mathrm{Smax}} = I_{\mathrm{VDmax}} = I_{\mathrm{Lmax}} = I_{\mathrm{i}} + \frac{1}{2}\Delta i_{\mathrm{L}} = \frac{I_{\mathrm{o}}}{1-D} + \frac{(1-D)DTU_{\mathrm{o}}}{2L} \tag{10-26}$$

开关 S 和二极管 VD 截止时，所承受的电压均为输出电压 U_{o}。

设计 Boost 型电路时，可根据上述各电流公式及开关器件所承受的电压值选用开关器件和二极管。

3）输出电压的脉动。

输出电压脉动 ΔU_{o} 等于开关 S 导通期间电容向负载放电引起的电压变化量，放电电流为 I_{o}。ΔU_{o} 可近似由下式确定：

$$\Delta U_{\mathrm{o}} = U_{\mathrm{omax}} - U_{\mathrm{omin}} = \frac{\Delta Q}{C} = \frac{1}{C} I_{\mathrm{o}} t_{\mathrm{on}} = \frac{1}{C} I_{\mathrm{o}} DT = \frac{D}{Cf} I_{\mathrm{o}} \tag{10-27}$$

4）电感电流连续的临界条件。

与 Buck 型电路不同，稳态时，Boost 型电路中，二极管 VD 的电流平均值 I_{VD} 等于输出电流平均值 I_{o}。由图 10-10 中电感电流临界连续时 i_{L} 波形可知，电感电流临界连续时二极管 VD 的电流平均值 I'_{VD} 为

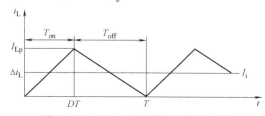

图 10-10　Boost 变换器电流临界连续

$$I'_{VD} = \frac{1}{2}\Delta i_L(1-D) = \frac{D(1-D)^2 TU_o}{2L} \tag{10-28}$$

因此，电感电流连续的临界条件为 $I_o \geq I'_{VD}$，分别将式（10-23）和式（10-28）代入此关系中，可得

$$\frac{U_o}{R_L} \geq \frac{D(1-D)^2 TU_o}{2L} \tag{10-29}$$

整理得

$$\frac{L}{R_L T} \geq \frac{D(1-D)^2}{2} \tag{10-30}$$

这就是用于判断 Boost 型电路电感电流是否连续的临界条件。可见，与 Buck 电路一样，当电感值较小或负载较轻或开关频率较低时，Boost 电路容易发生电感电流断续。

2. 电感电流断续模式

在电感电流断续模式下，Boost 电路在一个开关周期内经历开关 S 导通、开关 S 关断和电感电流断续 3 个开关状态，如图 10-11 所示。对应于一个开关周期 T 的 3 个时段 $t_0 \sim t_1$、$t_1 \sim t_2$、$t_2 \sim t_3$ 内，电路中主要电压和电流波形如图 10-12 所示。

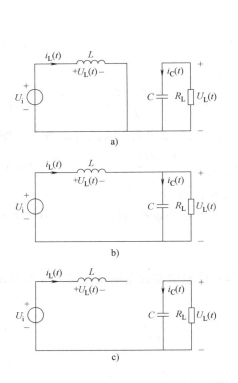

图 10-11 Boost 在电感电流断续时的工作模型

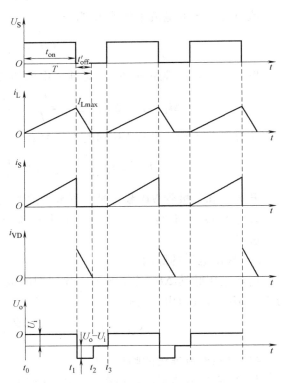

图 10-12 Boost 在电流断续时的波形

（1）工作原理

1）$t_0 \sim t_1$ 时段，如图 10-11a 所示。

在 $t = t_0$ 时刻，开关 S 受激励导通，二极管 VD 截止，负载由输出滤波电容 C 供电。这

一时段，由于 $u_L = U_i$，升压电感电流 i_L 线性上升。当 $t = t_1$，$\Delta t_1 = t_1 - t_0 = t_{on}$ 时，i_L 从零线性上升到最大值 I_{Lmax}，i_L 的增加量为

$$\Delta i_{L+} = \frac{U_i}{L} t_{on} = \frac{U_i}{L} DT \tag{10-31}$$

2）$t_1 \sim t_2$ 时段，如图 10-11b 所示。

在 $t = t_1$ 时刻，开关 S 关断，二极管 VD 导通。这一时段，由于 $u_L = U_i - U_o < 0$，升压电感电流 i_L 线性减小。当 $t = t_2$，$\Delta t_2 = t_2 - t_1 = t'_{off}$ 时，i_L 从最大值 I_{Lmax} 线性减小到零，设 $D' = t'_{off}/T$，则 i_L 的减小量为

$$\Delta i_{L-} = \frac{U_o - U_i}{L} t'_{off} = \frac{U_o - U_i}{L} D' T \tag{10-32}$$

3）$t_2 \sim t_3$ 时段，如图 10-11c 所示。

在 $t = t_2$ 时刻，开关 S、二极管 VD 均关断。这一时段，电感电流 i_L 保持为零，电感电压 u_L 也为零，负载由输出滤波电容 C 供电。直到 $t = t_3$ 时刻，开关 S 再次受激励导通，开始下一个开关周期。

（2）输出电压与输入电压的关系

与电感电流连续时分析类似，电感电流断续时，Boost 型电路在 t_{on} 期间电感电流 i_L 的增加量 Δi_{L+} 等于 t'_{off} 期间电感电流 i_L 的减小量 Δi_{L-}，即 $\Delta i_{L+} = \Delta i_{L-}$，将式（10-31）和式（10-32）代入关系中，可得

$$U_o = \frac{D + D'}{D'} U_i \tag{10-33}$$

电感电流断续时，二极管 VD 的电流平均值为

$$I''_{VD} = \frac{1}{2} \Delta i_L D' \tag{10-34}$$

稳态时，电路输出电流平均值 I_o 等于二极管 VD 的电流平均值，即

$$I_o = \frac{U_o}{R_L} = \frac{1}{2} \Delta i_L D' \tag{10-35}$$

从式（10-33）解出 D' 的表达式，同式（10-31）一起代入式（10-35），整理得

$$\frac{U_i^2}{U_o^2 - U_i U_o} = \frac{2L}{D^2 T R_L} \tag{10-36}$$

令 $K = 2L/D^2 T R_L$，求解式（10-36），略去负根，得出

$$U_o = \frac{1 + \sqrt{1 + 4/K}}{2} U_i \tag{10-37}$$

式（10-37）为 Boost 型电路在电感电流断续时的输入电压与输出电压的关系。同样，该式只在电感电流断续条件下成立，电流连续时不成立。当电感电流处于临界连续状态时，将式（10-30）代入式（10-37），可得 $U_o = U_i/(1-D)$，与式（10-21）相同。同样，Boost 型电路电流断续时，输入电压和输出电压比与占空比 D 和负载相关，也与电路参数 L 和 T 相关。

10.1.3　升降压型电路

升降压型电路是一种输出电压 U_o 既可高于输入电压 U_i，也可低于输入电压 U_i 的单管非

隔离 DC-DC 变换电路。所用的电路元件和降压型或升压型电路相同，仅电路拓扑不同。升降压型电路如图 10-13 所示。与 Buck 型电路或 Boost 型电路相比，不同之处是其输出电压的极性和输入电压相反。开关 S 仍采用 PWM 控制方式。和 Buck 和 Boost 电路一样，Buck-Boost 型

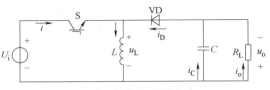

图 10-13　升降压型电路

电路也有电感电流连续和断续两种工作模式，下面只对电感电流连续模式进行分析。

1. 工作原理

当电感电流连续时，Buck-Boost 型电路在一个开关周期内经历了开关 S 导通、开关 S 关断两个开关状态，如图 10-14 所示。对应于一个开关周期 T 的两个时段内：$t_0 \sim t_1$ 和 $t_1 \sim t_2$，电路中主要的电压和电流波形如图 10-15 所示。

（1）$t_0 \sim t_1$ 时段，如图 10-14a 所示　在 $t = t_0$ 时刻，开关 S 受激励导通，并保持导通到 t_1 时刻，二极管 VD 承受反向电压而截止，负载由输出滤波电容 C 供电。这一时段，由于输入直流电压 U_i 通过开关 S 全部加到升压电感 L 上，即 $u_L = U_i$，电感电流 i_L 线性上升。当 $t = t_1$，$\Delta t_1 = t_1 - t_0 = t_{on}$ 时，i_L 从最小值 I_{Lmin} 线性上升到最大值 I_{Lmax}，i_L 的增加量为

$$\Delta i_{L+} = \frac{U_i}{L} t_{on} = \frac{U_i}{L} DT \tag{10-38}$$

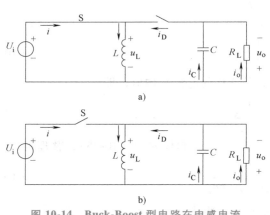

图 10-14　Buck-Boost 型电路在电感电流
连续时的开关状态
a）S 导通　b）S 关断

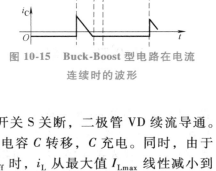

图 10-15　Buck-Boost 型电路在电流
连续时的波形

（2）$t_1 \sim t_2$ 时段，如图 10-14b 所示　在 $t = t_1$ 时刻，开关 S 关断，二极管 VD 续流导通。此时，电感 L 在 $t_0 \sim t_1$ 时段的储能向负载 R_L 和输出滤波电容 C 转移，C 充电。同时，由于 $u_L = -U_o$，电感电流 i_L 线性减小。当 $t = t_2$，$\Delta t_2 = t_2 - t_1 = t_{off}$ 时，i_L 从最大值 I_{Lmax} 线性减小到最小值 I_{Lmin}，i_L 的减小量为

$$\Delta i_{L-} = \frac{U_o}{L} t_{off} = \frac{U_o}{L} (1 - D) T \tag{10-39}$$

直到 $t = t_2$ 时刻，开关 S 再次受激励导通，开始下一个开关周期。

综上所述，Buck-Boost 型电路中电感 L 用于储存和转换能量，在开关 S 导通期间，电感 L 储能，负载靠电容 C 供电；在开关 S 关断期间，电感 L 向负载供电，同时还给电容 C 充电。从这一点来看，Buck-Boost 型电路更接近于 Boost 型电路。

2. 输入-输出的电压、电流关系

Buck-Boost 型电路在 t_{on} 期间，电感电流 i_L 的增加量 Δi_{L+} 等于 t_{off} 期间电感电流 i_L 的减小量 Δi_{L-}，即 $\Delta i_{L+} = \Delta i_{L-}$。根据上述关系，可得

$$U_o = \frac{D}{1-D} U_i \tag{10-40}$$

由式（10-40）可知，当 $D = 0.5$ 时，$U_o = U_i$；若 $D < 0.5$ 时，$U_o < U_i$，降压；若 $D > 0.5$ 时，$U_o > U_i$，升压。因此 Buck-Boost 型电路称为升降压型电路，但输出电压与输入电压极性相反。

若忽略电路的损耗，Buck-Boost 型电路的输入-输出功率相等，即 $U_i I_i = U_o I_o$，结合式（10-40），可得到输入电流平均值 I_i 和输出电流平均值 I_o 的关系为

$$I_i = I_L = \frac{D}{1-D} I_o \tag{10-41}$$

同时还应注意，Buck-Boost 型电路在开关 S 导通时，加在二极管 VD 上的电压和在 VD 导通时加在开关 S 上的电压均为 $U_i + U_o$。可见 Buck-Boost 型电路的开关 S 和二极管 VD 的电压，要高于 Buck 型电路或 Boost 型电路的开关 S 和二极管 VD 的电压，在 Buck-Boost 型电路设计时应注意。

10.1.4　库克型电路

由于电感在中间，因此 Buck-Boost 型电路的输入电流和输出电流的脉动都很大。针对 Buck-Boost 型电路的这一缺点，库克（Cuk）提出了一种单管非隔离 DC-DC 变换电路，称为库克（Cuk）型电路。Cuk 型电路在输入端和输出端均有电感，从而有效地减小了输入电流和输出电流的脉动。Cuk 型电路如图 10-16 所示。

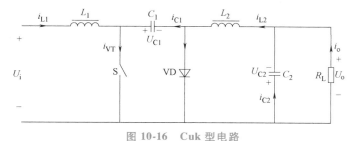

图 10-16　Cuk 型电路

与 Buck 型电路或 Boost 电路相比，Cuk 型电路有两个电感：输入电感 L_1 和输出电感 L_2，另外还增加了一个电容 C_1。与 Buck-Boost 型电路相同，Cuk 型电路的输出电压 U_o 与输入电压 U_i 极性相反；Cuk 型电路的输出电压 U_o 可低于、等于或高于输入电压 U_i；Cuk 型电路开关 S 仍采用 PWM 控制方式。

1. 工作原理

当输入电感 L_1 和输出电感 L_2 的电流都连续时，Cuk 型电路在一个开关周期内经历开关

S 导通、开关 S 关断两个开关状态。如图 10-17 所示。

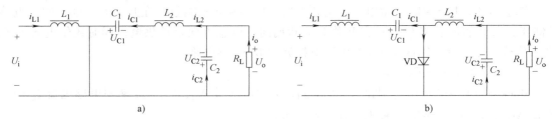

图 10-17　Cuk 变换器在电流连续时的开关状态

a）S 导通　b）S 关断

对应于一个开关周期 T 的两个时段内：$t_0 \sim t_1$ 和 $t_1 \sim t_2$，电路中主要的电压和电流波形如图 10-18 所示。

在分析工作原理前，假定 Cuk 型电路中的电容 C_1 的容量很大，电路稳态工作时，电容 C_1 的电压 U_{C1} 保持恒定。

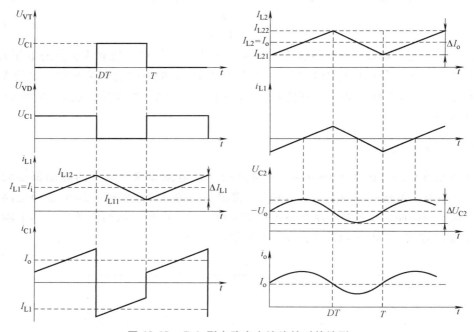

图 10-18　Cuk 型电路在电流连续时的波形

（1）$t_0 \sim t_1$ 时段，如图 10-17a 所示　在 $t = t_0$ 时刻，开关 S 受激导通，二极管 VD 在 U_{C1} 作用下反偏截止，Cuk 型电路以开关 S 为界，分为左、右两个回路。这一时段，在左回路中输入电压 U_i 全部加在电感 L_1 上，$U_{L1} = U_i$，电感电流 i_{L1} 线性上升，输入电能变为磁能储存在电感 L_1 中；同时在右回路中，电容 C_1 经负载 R_L 和电感 L_2 放电，$u_{L2} = U_{C1} - U_o > 0$，电感电流 i_{L2} 也线性上升，电感 L_2 也储存磁能。电感电流 i_{L1} 和 i_{L2} 全部流经开关 S，即 $i_S = i_{L1} + i_{L2}$。当 $t = t_1$，$\Delta t_1 = t_1 - t_0 = t_{on}$ 时，i_{L1} 和 i_{L2} 分别从最小值 I_{L1min} 和 I_{L2min} 线性上升到最大值 I_{L1max} 和 I_{L2max}，电感电流 i_{L1} 和 i_{L2} 的增量 Δi_{L1+} 和 Δi_{L2+} 分别为

$$\Delta i_{L1+} = \frac{U_i}{L_1} t_{on} = \frac{U_i}{L_1} DT \qquad (10\text{-}42)$$

$$\Delta i_{L2+} = \frac{U_{C1} - U_o}{L_2} t_{on} = \frac{U_{C1} - U_o}{L_2} DT \tag{10-43}$$

（2）$t_1 \sim t_2$ 时段，如图 10-17b 所示　在 $t = t_1$ 时刻，开关 S 关断，二极管 VD 续流导通，Cuk 型电路以二极管 VD 为界，分为左、右两个回路。这一时段，在左回路中，输入电压 U_i 和输入电感 L_1 串接，给电容 C_1 充电，但由于 C_1 的容量较大，充电时电容电压 U_{C1} 增加不大，可认为 U_{C1} 恒定。而电感 L_1 在 $t_0 \sim t_1$ 时段储存的磁能转换为电能向电容 C_1 转移，$u_{L1} = U_i - U_{C1} < 0$，电感电流 i_{L1} 下降。同时，在右回路中，电感 L_2 在 $t_0 \sim t_1$ 时段储存的磁能转换为电能向负载供电，$u_{L2} = -U_o$，电感电流 i_{L2} 也下降，电感电流 i_{L1} 和 i_{L2} 全部流经二极管 VD，即 $i_{VD} = i_{L1} + i_{L2}$。当 $t = t_2$，$\Delta t_2 = t_2 - t_1 = t_{off}$ 时，i_{L1} 和 i_{L2} 分别从最大值 I_{L1max} 和 I_{L2max} 线性减小到最小值 I_{L1min} 和 I_{L2min}，电感电流 i_{L1} 和 i_{L2} 的减小量 Δi_{L1-} 和 Δi_{L2-} 分别为

$$\Delta i_{L1-} = \frac{U_{C1} - U_i}{L_1} t_{off} = \frac{U_{C1} - U_i}{L_1} (1-D) T \tag{10-44}$$

$$\Delta i_{L2-} = \frac{U_o}{L_2} t_{off} = \frac{U_o}{L_2} (1-D) T \tag{10-45}$$

直到 $t = t_2$ 时刻，开关 S 再次受激励导通，开始下一个开关周期。

综上所述，Cuk 型电路中，在一个开关周期中，输入能量需要经过 3 次变换才能到达负载。第一次是开关 S 导通 $t_0 \sim t_1$ 时段，电感 L_1 将输入电能转换为磁能储存；第二次是开关 S 关断的 $t = t_1 \sim t_2$ 时段，电感 L_1 储存的磁能转换为电能向电容 C_1 转移，电感 L_2 储存的磁能转换为电能向负载转移；第三次是开关 S 导通的 $t_0 \sim t_1$ 时段，电容 C_1 储存电能向负载和输出回路的 L_2 和电容 C_2 转移。实际上，第一次和第三次的两个转换是同时进行的。

2. 输入-输出的电压、电流关系

Cuk 型电路稳态工作时，开关 S 导通期间电感 L_1 和 L_2 的电流增长量 Δi_{L1+} 和 Δi_{L2+} 分别等于开关 S 关断期间电感 L_1 和 L_2 的电流减小量 Δi_{L1-} 和 Δi_{L2-}，即 $\Delta i_{L1+} = \Delta i_{L1-}$，$\Delta i_{L2+} = \Delta i_{L2-}$。将式（10-42）~式（10-45）代入上述关系，可得

$$\frac{U_i}{L_1} DT = \frac{U_{C1} - U_i}{L_1} (1-D) T$$

$$\frac{U_{C1} - U_o}{L_2} DT = \frac{U_o}{L_2} (1-D) T \tag{10-46}$$

求解该方程组，得出

$$U_o = \frac{D}{1-D} U_i \tag{10-47}$$

$$U_{C1} = U_i + U_o \tag{10-48}$$

式（10-47）为 Cuk 型电路的输入-输出电压关系式，式（10-48）为电路中电容 C_1 的电压表达式。将式（10-47）与式（10-40）相比较会发现，Cuk 型电路和 Buck-Boost 型电路的输入-输出电压关系式相同，输出电压 U_o 可低于、等于或高于输入电压 U_i，同样输出电压与输入电压的极性相反。

若忽略电路的损耗，Cuk 型电路的 $U_i I_i = U_o I_o$，结合式（10-47）可得输入电流平均值 I_i 和输出电流平均值 I_o 的关系为

$$I_i = \frac{D}{1-D} I_o \qquad (10\text{-}49)$$

10.1.5　Zeta 型电路

　　Zeta 型电路和 Cuk 型电路相似，也有两个电感 L_1 和 L_2，一个能量储存和传输用电容 C_1。不同的是 Zeta 型电路的输出电压极性和输入电压极性相同。Zeta 型电路原理如图 10-19 所示。其左半部分类似于 Buck-Boost 型电路，右半部分类似于 Buck 型电路，中间由电容 C_1 耦合，开关 S 仍采用 PWM 控制方式。

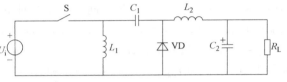

图 10-19　Zeta 型电路

　　1. 工作原理

　　当电感 L_1 和 L_2 的电流都连续时，Zeta 型电路在一个开关周期内经历开关 S 导通、开关 S 关断两个开关状态，如图 10-20 所示。对应于一个开关周期 T 的两个时段内 $t_0 \sim t_1$ 和 $t_1 \sim t_2$，电路中主要的电压和电流波形如图 10-21 所示。

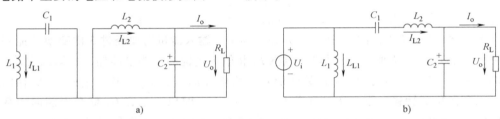

图 10-20　Zeta 型电路在电流连续时的开关状态

a) S 导通时等效电路　b) S 关断时等效电路

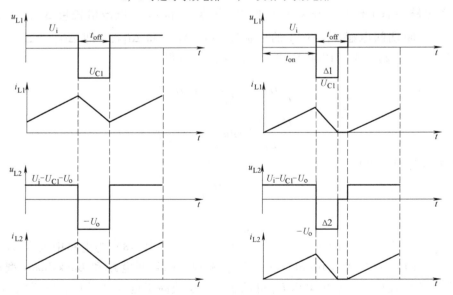

图 10-21　Zeta 型电路的电流、电压波形

　　与 Cuk 型电路类似，若 Zeta 型电路中电容 C_1 容量很大，电路稳态工作时，电容 C_1 的电压 U_{C1} 保持恒定。

（1）$t_0 \sim t_1$ 时段，如图 10-20a 所示　在 $t = t_0$ 时刻，开关 S 受激励导通，二极管 VD 截止。这一时段，输入电压 U_i 全部加到电感 L_1 上，$u_{L1} = U_i$，电感电流 i_{L1} 线性上升。同时，输入电压 U_i 和电容 C_1 的电压 U_{C1} 作用于电感 L_2 和负载，$u_{L2} = U_i + U_{C1} - U_o > 0$，电感电流 i_{L2} 线性上升。电感电流 i_{L1} 和 i_{L2} 全部流经开关 S，即 $i_S = i_{L1} + i_{L2}$。当 $t = t_1$，$\Delta t_1 = t_1 - t_0 = t_{on}$ 时，i_{L1} 和 i_{L2} 分别从最小值 I_{L1min} 和 I_{L2min} 线性上升到最大值 I_{L1max} 和 I_{L2max}，电感电流 i_{L1} 和 i_{L2} 的增长量 Δi_{L1+} 和 Δi_{L2+} 分别为

$$\Delta i_{L1+} = \frac{U_i}{L_1} t_{on} = \frac{U_i}{L_1} DT \tag{10-50}$$

$$\Delta i_{L2+} = \frac{U_i + U_{C1} - U_o}{L_2} t_{on} = \frac{U_i + U_{C1} - U_o}{L_2} DT \tag{10-51}$$

（2）$t_1 \sim t_2$ 时段，如图 10-20b 所示　在 $t = t_1$ 时刻，开关 S 关断，电感电流 i_{L1} 和 i_{L2} 通过二极管 VD 续流，形成两个续流回路。一个续流回路是由电感 L_1、二极管 VD 和电容 C_1 构成，电感 L_1 储能向电容 C_1 转移，$u_{L1} = -U_{C1} < 0$，电感电流 i_{L1} 减小，电容 C_1 充电，但由于电容 C_1 的容量较大，U_{C1} 的增大量较小，可认为 U_{C1} 恒定；另一个续流回路由电感 L_2、二极管 VD 和电容 C_2 构成，电感 L_2 的储能向电容 C_2 和负载转移，$U_{L2} = -U_o$，电感电流 i_{L2} 减小。电感电流 i_{L1} 和 i_{L2} 全部流经二极管 VD，即 $i_{VD} = i_{L1} + i_{L2}$。当 $t = t_2$，$\Delta t_2 = t_2 - t_1 = t_{off}$ 时，i_{L1} 和 i_{L2} 分别从最大值 I_{L1max} 和 I_{L2max} 线性减小到最小值 I_{L1min} 和 I_{L2min}，电感电流 i_{L1} 和 i_{L2} 的减小量 Δi_{L1-} 和 Δi_{L2-} 分别为

$$\Delta i_{L1-} = \frac{U_{C1}}{L_1} t_{off} = \frac{U_{C1}}{L_1} (1-D) T \tag{10-52}$$

$$\Delta i_{L2-} = \frac{U_o}{L_2} t_{off} = \frac{U_o}{L_2} (1-D) T \tag{10-53}$$

直到 $t = t_2$ 时刻，开关 S 再次受到激励导通，开始下一个开关周期。

2. 输入-输出的电压、电流关系

Zeta 型电路稳态工作时，开关 S 导通期间电感 L_1 和 L_2 的电流增长量 Δi_{L1+} 和 Δi_{L2+} 分别等于开关 S 关断期间电感 L_1 和 L_2 的电流减小量 Δi_{L1-} 和 Δi_{L2-}，即 $\Delta i_{L1+} = \Delta i_{L1-}$，$\Delta i_{L2+} = \Delta i_{L2-}$。将式（10-50）～式（10-53）代入上述关系中，可得

$$\begin{aligned} \frac{U_i}{L_1} DT &= \frac{U_{C1}}{L_1} (1-D) T \\ \frac{U_i + U_{C1} - U_o}{L_2} DT &= \frac{U_o}{L_2} (1-D) T \end{aligned} \tag{10-54}$$

求解该方程组得

$$U_o = \frac{D}{1-D} U_i \tag{10-55}$$

$$U_{C1} = U_o \tag{10-56}$$

式（10-55）为 Zeta 型电路的输入-输出电压关系式，式（10-56）为电路中电容 C_1 的电压表达式。将式（10-55）和式（10-47）相比较会发现，Zeta 型电路和 Cuk 型电路的输入-输出电压关系式相同，输出电压 U_o 可低于、等于或高于输入电压 U_i，但 Zeta 型电路的输出电压

与输入电压的极性相同。

若忽略电路损耗，Zeta 型电路的 $U_iI_i = U_oI_o$，结合式（10-55）可得输入电流平均值 I_i 和输出电流平均值 I_o 的关系为

$$I_i = \frac{D}{1-D}I_o \tag{10-57}$$

10.1.6　Sepic 型电路

与 Zeta 型电路相比较，Sepic 型电路是将 Zeta 型电路的开关 S 和电感 L_1 的位置对调，将电感 L_2 和二极管 VD 的位置对调。其电路原理如图 10-22 所示。Sepic 型电路是电感输入，类似于 Boost 型电路，输出电路类似于 Buck-Boost 型电路，但为正极性输出，即输出电压与输入电压的极性相同。开关 S 仍采用 PWM 控制方式。

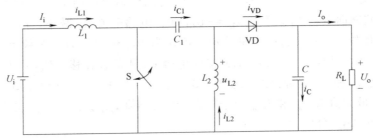

图 10-22　Sepic 型电路

当电感 L_1 和 L_2 的电流都连续时，Spice 型电路在一个开关周期内经历开关 S 导通、开关 S 关断两个开关状态，如图 10-23 所示。对应于一个开关周期 T 的两个时段 $t_0 \sim t_1$ 和 $t_1 \sim t_2$，电路中主要的电压和电流波形如图 10-24 所示。

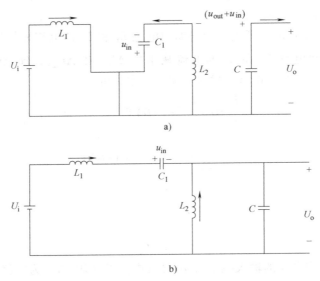

a)

b)

图 10-23　Sepic 型电路电流连续时的开关状态

a）S 导通　b）S 关断

Sepic 型电路两个开关状态工作原理的分析方法与前述 Cuk 型电路或 Zeta 型电路的分析方法基本相同。同样，根据 t_{on} 和 t_{off} 这两个时段的电感 L_1 和 L_2 电流的变化量相等的关系，即 $\Delta i_{L1+} = \Delta i_{L1-}$，$\Delta i_{L2+} = \Delta i_{L2-}$，推导出 Sepic 型电路的输入-输出电压关系式和 U_{C1} 电压表达式为

$$U_o = \frac{D}{1-D}U_i \qquad (10\text{-}58)$$

$$U_{C1} = U_i \qquad (10\text{-}59)$$

根据理想电路的输入-输出功率相等的关系，可推导出 Spice 型电路输入-输出电流关系为

$$I_i = \frac{D}{1-D}I_o \qquad (10\text{-}60)$$

上述结论的具体推导过程，有兴趣的读者可参考 Cuk 型电路或 Zeta 型电路，自行完成。

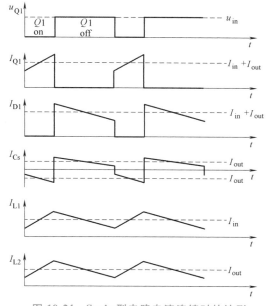

图 10-24　Sepic 型电路电流连续时的波形

综上所述，各种不同的非隔离 DC-DC 变换电路有着各自不同的特点，应用场合也各不相同，表 10-1 给出了它们的比较。

表 10-1　各种不同的非隔离 DC-DC 变换器的比较

电路类型	主要特点	输入-输出电压关系	S 和 VD 承受的最高电压	应用场合
Buck 型	只能降压,输入-输出电压极性相同,输入电流脉动大,输出电流脉动小,结构简单	$U_o = DU_i$	$U_{Smax} = U_{VDmax} = U_i$	降压型开关稳压电源
Boost 型	只能升压,输入-输出电压极性相同,输入电流脉动小,输出电流脉动大,不能空载工作,结构简单	$U_o = \frac{1}{1-D}U_i$	$U_{Smax} = U_{VDmax} = U_o$	升压型开关稳压器,功率因数校正(PFC)电路
Buck-Boost 型	能降压也能升压,输入-输出电压极性相反,输入、输出电流脉动大,不能空载工作,结构简单	$U_o = \frac{D}{1-D}U_i$	$U_{Smax} = U_o + U_i$ $U_{VDmax} = U_o + U_i$	升降压型开关稳压器
Cuk 型	能降压也能升压,输入-输出电压极性相反,输入、输出电流脉动小,不能空载工作,结构复杂	$U_o = \frac{D}{1-D}U_i$	$U_{Smax} = U_{VDmax} = U_{C1}$	对输入-输出脉动要求较高的升降压开关稳压器
Zeta 型	能降压也能升压,输入-输出电压极性相同,输入电流脉动大,输出电流脉动小,不能空载工作,结构复杂	$U_o = \frac{D}{1-D}U_i$	$U_{Smax} = U_{C1} + U_i$ $U_{VDmax} = U_{C1} + U_i$	对输出脉动要求较高的升降压型开关稳压器
Sepic 型	能降压也能升压,输入-输出电压极性相同,输入电流脉动小,输出电流脉动大,不能空载工作,结构复杂	$U_o = \frac{D}{1-D}U_i$	$U_{Smax} = U_{C1} + U_o$ $U_{VDmax} = U_{C1} + U_o$	升压型功率因数校正(PFC)电路

10.2 隔离型 DC-DC 变换电路

隔离 DC-DC 变换电路是指电路输入与输出之间通过隔离变压器实现电气隔离的 DC-DC 变换电路。根据电路中主功率开关器件的个数，隔离 DC-DC 变换电路可分为单管、双管和四管 3 类。单管隔离 DC-DC 变换电路有正激（Forward）和反激（Flyback）两种。双管隔离 DC-DC 变换电路有推挽（Push-Pull）和半桥（Half-Bridge）两种。四管 DC-DC 变换电路只有全桥（Full-Bridge）一种。下面分别介绍这 5 种隔离 DC-DC 变换电路的电路结构、工作原理和主要参数关系等。

10.2.1 正激电路

隔离 DC-DC 变换电路中的隔离变压器，需采用高频磁芯绕制。根据变压器的磁芯复位方法的不同，正激电路包含多种不同的拓扑结构。其中，在电路输入端接复位绕组是最基本的磁芯复位方法。这里分析有复位绕组的正激电路。

有复位绕组的正激电路如图 10-25 所示。开关 S 采用 PWM 控制方式、VD_1 是输出整流二极管、VD_2 是续流二极管、L_o 是输出滤波电感、C_o 是输出滤波电容。隔离变压器有 3 个绕组，即一次绕组 W_1，匝数为 N_1；二次绕组 W_2，匝数为 N_2；复位绕组 W_3，匝数为 N_3。绕组中标有"·"的一端为同名端。VD_3 是复位绕组 W_3 的串联二极管。

正激电路在一个开关周期内经历开关 S 导通、开关 S 关断两个开关状态，如图 10-26 所

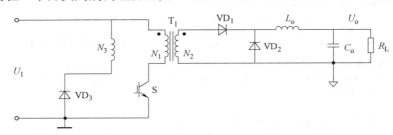

图 10-25　正激电路

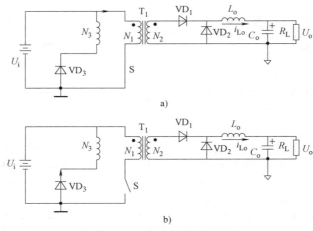

a)

b)

图 10-26　正激电路的开关状态

a）S 导通　b）S 关断，变压器磁复位

示。对应于一个开关周期 T 的两个时段内 $t_0 \sim$ t_1 和 $t_1 \sim t_2$，电路中主要的电压和电流波形如图 10-27 所示。

（1）$t_0 \sim t_1$ 时段，如图 10-26a 所示　在 $t = t_0$ 时刻，开关 S 受激励导通，变压器励磁，一次绕组 W_1 的电压 u_{W1} 为上正下负，与其耦合的二次绕组 W_2 的电压 u_{W2} 也是上正下负，输出整流二极管 VD_1 导通，续流二极管 VD_2 截止，输出滤波电感 L 的电流 i_L 逐渐增长，直到 $t = t_1$ 时刻，开关 S 关断。

（2）$t_1 \sim t_2$ 时段，如图 10-26b 所示　在 $t = t_1$ 时刻，开关 S 关断，变压器一次绕组电压 u_{W1} 和二次绕组的电压 u_{W2} 均变为上负下正。整流二极管 VD_1 关断，续流二极管 VD_2 导通，输出滤波电感电流 i_L 通过续流二极管 VD_2 续流，并逐渐下降。此时变压器复位绕组 W_3 电压 u_{W3} 为上正下负，二极管 VD_3 导通。变压器励磁电流经复位绕组 W_3 和二极

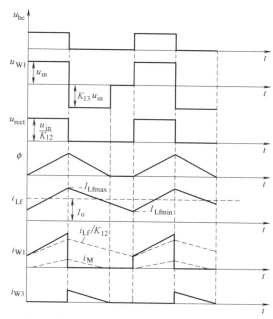

图 10-27　正激电路的主要电压、电流波形

管 VD_3 流回到输入端，变压器磁复位。在变压器磁复位未完成前，即 $t_1 \sim t_\gamma$ 时段，开关 S 承受的电压为

$$u_S = (1 + N_1 / N_3) U_i \tag{10-61}$$

变压器磁复位完成后，即 $t_\gamma \sim t_2$ 时段，开关 S 承受的电压 $u_S = U_i$。

在正激电路中，变压器磁复位过程非常重要，如图 10-28 所示。开关 S 开通后，变压器的励磁电流 i_m 由零开始，随着时间的增加而线性增长，直到开关 S 关断。开关 S 关断后到下一次再开通的时间内，必须设法使励磁电流将在本周期结束时的剩余值基础上继续增加，并在以后的开关周期中依次累积起来，变得越来越大，从而导致变压器的励磁电感饱和。励磁电感饱和后，励磁电流会更加迅速增长，最终损坏电路中的开关器件。因此，在开关 S 关断后，使励磁电流降回到零的过程，称为变压器的磁复位。

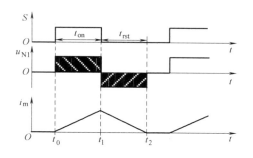

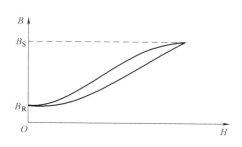

图 10-28　正激电路的磁复位过程

在有复位绕组的正激电路中，变压器的复位绕组 W_3 和二极管 VD_3 组成复位电路。当开

关 S 关断后，变压器励磁电流 i_{m} 通过复位绕组 W_3 和二极管 VD_3 流回输入端，线性下降，到 t_γ 时刻为零。根据变压器在 $t_0 \sim t_1$ 时段磁通的增加量 $\Delta\Phi_+$ 等于在 $t_1 \sim t_2$ 时段磁通的减小量 $\Delta\Phi_-$，等效为图 10-28 中两阴影矩形面积（电压伏秒面积）相等，可以得出从开关 S 关断到励磁电流 i_{m} 下降到零所需的复位时间

$$t_{\mathrm{rst}} = t_\gamma - t_1 = \frac{N_3}{N_1}(t_1 - t_0) = \frac{N_3}{N_1}t_{\mathrm{on}} \qquad (10\text{-}62)$$

只有保证 $t_{\mathrm{off}} > t_{\mathrm{rst}}$，开关 S 在下一次开通前励磁电流才能降为零，使变压器磁芯可靠复位。

在输出滤波电感电流 i_{L} 连续的情况下，即开关 S 开通时，电流 i_{L} 不为零，正激电路的输入-输出电压关系为

$$U_{\mathrm{o}} = \frac{N_2}{N_1}\frac{t_{\mathrm{on}}}{T}U_{\mathrm{i}} = \frac{N_2}{N_1}DU_{\mathrm{i}} \qquad (10\text{-}63)$$

可见，正激电路的输入-输出电压关系和（Buck 型电路非常相似，仅有的差别是变压器的变比。实际上，正激电路就是一个插入隔离变压器的 Buck 型电路，因此正激电路的输入-输出电压关系可以看成是将输入电压 U_{i} 按变压器的变比折算至变压器二次侧后，根据 Buck 型电路得到的。不仅正激电路是这样，后面将要介绍的推挽、半桥和全桥电路也都是这样。

正激电路也有电感电流不连续的工作模式，这时输出电压 U_{o} 将高于式（10-63）的计算值，并随着负载减小而升高。在负载为零的极限情况下，$U_{\mathrm{o}} = (N_2/N_1)U_{\mathrm{i}}$。电流不连续时正激电路的各开关状态的工作过程和输入-输出电压关系，可参照 Buck 型电路电流不连续时的方法进行分析和推导。

10.2.2 反激电路

反激电路如图 10-29a 所示。它由开关 S、输出整流二极管 VD、输出滤波电容 C 和隔离变压器构成，开关 S 采用 PWM 控制方式。反激电路可以看成是将升降压型电路中的电感换成变压器绕组 W_1 和 W_2 相互耦合的电感而得到的。因此反激电路中的变压器在工作中总是经历着储能-放电的过程，这一点与正激电路以及后面要介绍的几种隔离型电路不同。

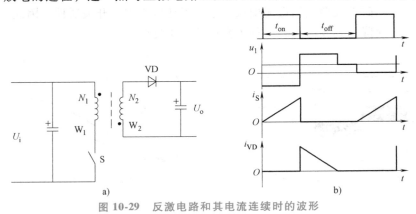

图 10-29　反激电路和其电流连续时的波形

反激电路也存在电流连续和电流断续两种工作模式。与其他几种非隔离 DC-DC 变换电路不同，反激电路电流连续与否指的是变压器二次绕组的电流。当开关 S 开通时，变压器二

次绕组中的电流尚未下降到零，则电路工作于电流连续模式；当开关 S 开通时，变压器二次绕组中的电流已经下降到零，则电路工作于电流断续模式。值得注意的是，反激电路工作于电流连续工作模式时，其变压器铁心的利用率会显著下降，因此实际使用中，通常避免反激电路工作于电流连续模式。为了保持电路原理阐述的完整性，这里首先介绍电流连续工作模式。

1. 电流连续工作模式

反激电路工作于电流连续模式时，在一个开关周期经历了开关 S 导通、开关 S 关断两个开关状态，如图 10-30 所示。对应于一个开关周期 T 的两个时段内：$t_0 \sim t_1$ 和 $t_1 \sim t_2$，电路中主要的电压和电流波形如图 10-29b 所示。

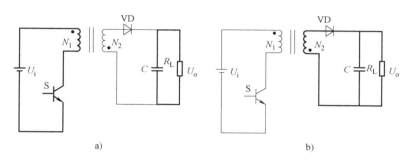

图 10-30　反激电路的开关状态

a）S 导通　b）S 关断

（1）$t_0 \sim t_1$ 时段，如图 10-30a 所示　在 $t = t_0$ 时刻，开关 S 受激励导通，根据绕组间同名端的关系，二极管 VD 反向偏置而截止，变压器一次绕组 W_1 的电流，即开关 S 的电流 i_S 线性增长，变压器储能增加。

（2）$t_1 \sim t_2$ 时段，如图 10-30b 所示　在 $t = t_1$ 时刻，开关 S 关断，二极管 VD 导通，变压器一次绕组 W_1 的电流被切断，变压器在 $t_0 \sim t_1$ 时段储存的磁场能量通过变压器二次绕组 W_2 和二极管 VD 向输出端释放，开关 S 关断后所承受的电压为

$$u_S = U_i + \frac{N_1}{N_2} U_o \qquad (10\text{-}64)$$

式中，N_1 和 N_2 为变压器一次绕组 W_1 和二次绕组 W_2 的匝数。

当反激电路工作于电流连续模式时，输入输出的电压关系为

$$U_o = \frac{N_2}{N_1} \frac{t_{on}}{t_{off}} U_i = \frac{N_2}{N_1} \frac{D}{1-D} U_i \qquad (10\text{-}65)$$

可见，反激电路的输入-输出电压关系和升降压型电路也仅差别在变压器的变比。但反激电路的输入-输出电压极性相同，而 Buck-Boost 型电路的输入-输出电压极性相反。

2. 电流断续工作模式

反激电路工作于电流断续模式时，在一个开关周期内经历了开关 S 导通、开关 S 关断和电感电流为零 3 个开关状态，如图 10-31 所示。

对应于一个开关周期 T 的 3 个时段内的 $t_0 \sim t_1$、$t_1 \sim t_2$ 和 $t_2 \sim t_3$，电路中主要的电压和电流波形如图 10-32 所示。

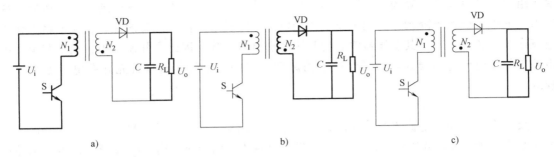

图 10-31　反激电路在 CCM 时的开关状态

a) S 导通　b) S 关断　c) 电感电流为零

（1）$t_0 \sim t_1$ 时段，如图 10-31a 所示　在 $t = t_0$ 时刻，开关 S 受激励导通，根据绕组间同名端的关系，二极管 VD 反向偏置而截止，变压器一次绕组 W_1 的电流，即开关 S 的电流 i_S 线性增长，变压器储能增加。

（2）$t_1 \sim t_2$ 时段，如图 10-31b 所示　在 $t = t_1$ 时刻，开关 S 关断，二极管 VD 导通，变压器一次绕组 W_1 的电流被切断，变压器在 $t_0 \sim t_1$ 时段储存的磁场能量通过变压器二次绕组 W_2 和二极管 VD 向输出端释放。直到 $t = t_2$ 时刻，变压器中的磁场能量释放完毕，绕组 W_2 中的电流下降到零，二极管 VD 截止。

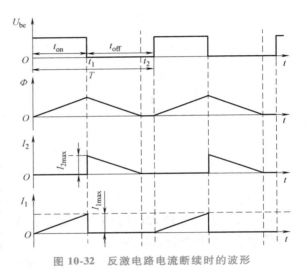

图 10-32　反激电路电流断续时的波形

（3）$t_2 \sim t_3$ 时段，如图 10-31c 所示　变压器一次绕组 W_1 和二次绕组 W_2 中的电流均为零，电容 C 向负载提供能量。

反激电路电流断续工作时，输出电压 U_o 将高于式（10-65）的计算值，并随负载减小而升高。在负载为零的极限情况下，$U_o \to \infty$，将造成电路损坏，因此反激电路的负载不应该开路。

因为反激电路变压器的绕组 W_1 和 W_2 在工作中不会同时有电流流过，不存在磁动势相互抵消的可能，因此，变压器磁芯的磁通密度取决于绕组中电流的大小，这与正激电路及后面介绍的几种隔离型 DC-DC 变换电路是不同的。

图 10-33 给出了反激电路的变压器磁通密度与绕组电流的关系。在 L_d 最大磁通密度相同的条件下，连续工作时，磁密度的变化范围 ΔB 小于断续方式。在反激电路中，ΔB 正比于一次绕组每匝承受的电压乘以开关 S 的导通时间 t_{on}，在输入电压 U_i 和 t_{on} 相同的条件下，较大的 ΔB 意味着变压器需要较小的匝数，或较小尺寸的磁芯。从这个角度来说，反激电路工作于电流断续模式时，变压器磁芯的利用率较高、较合理，故通常在设计反激电路时，应当保证其工作在电流断续方式。

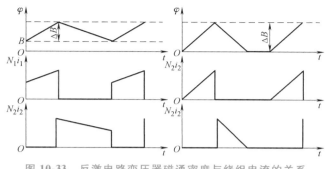

图 10-33　反激电路变压器磁通密度与绕组电流的关系

10.2.3　推挽电路

推挽电路原理图如图 10-34 所示。变压器是具有中间抽头的变压器，一次绕组 W_{11} 和 W_{12} 匝数相等，均为 N_1；二次绕组 W_{21} 和 W_{22} 匝数也相等，均为 N_2，绕组间同名端如图所示。开关 S_1 和 S_2 均采用 PWM 控制方式，且开关 S_1 和 S_2 交替导通。变压器右侧的整流电路采用由二极管 VD_1 和 VD_2 构成的全波整流电路，L 为输出滤波电感，C 为输出滤波电容。推挽电路可以看成是两个正激电路的组合，这两个正激电路的开关 S_1 和 S_2 交替导通，故变压器磁芯是交变磁化的。

推挽电路也存在电流连续和电流断续两种工作模式，下面分析电流连续时的电路工作原理。

推挽电路工作在电流连续模式时，在一个开关周期内，电路经历了 4 个开关状态：①开关 S_1 导通；②开关全部关断；③开关 S_2 导通；④开关全部关

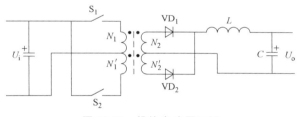

图 10-34　推挽电路原理图

断。其中开关状态②和开关状态④是相同的。对应于一个开关周期 T 的 4 个时段内：$t_0 \sim t_1$、$t_1 \sim t_2$、$t_2 \sim t_3$ 和 $t_3 \sim t_4$，电路中主要电压电流的波形如图 10-35 所示。

推挽电路中，开关 S_1 和 S_2 交替导通，在一次绕组 W_{11} 和 W_{12} 两端分别形成幅值为 U_i 的交流电压。改变开关 S_1 和 S_2 的占空比，就可以改变二次整流电压 u_d 的平均值，也就改变了输出电压 U_o。开关 S_1 导通时，二极管 VD_1 导通；开关 S_2 导通时，二极管 VD_2 导通；当开关 S_1 或 S_2 都关断时，二极管 VD_1 和 VD_2 都导通，各分担了电感电流的 $1/2$。开关 S_1 或 S_2 导通时，输出滤波电感 L 的电流逐渐上升；开关 S_1 和 S_2 都关断时，电感 L 的电流逐渐下降。开关 S_1 或 S_2 关断时承受的峰值电压均为 $2U_i$。

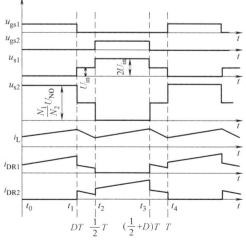

图 10-35　推挽电路在 CCM 时的波形

（1）$t_0 \sim t_1$ 时段　开关 S_1 受激励导通，输入电压 U_i 加到变压器一次绕组 W_{11} 两端，根据绕组间同名端关系，二极管 VD_1 正向偏置而导通，电感 L 的电流 i_L 流经变压器二次绕组 W_{21}、二极管 VD_1、输出滤波电容 C 及负载 R，电感电流 i_L 线性上升。

（2）$t_1 \sim t_2$ 时段　开关 S_1 和 S_2 都关断，一次绕组 W_{11} 中的电流为零，电感通过二极管 VD_1 和 VD_2 续流，每个二极管通过的电流等于电感电流的 $1/2$，即 $i_{VD_1} = i_{VD_2} = i_L/2$。电感 L 的电流 i_L 线性下降。

（3）$t_2 \sim t_3$ 时段　开关 S_2 受激励导通，输入电压 U_i 加到变压器一次绕组 W_{12} 两端，根据绕组间同名端关系，二极管 VD_2 正向偏置而导通，电感 L 的电流 i_L 流经变压器二次绕组 W_{22}、二极管 VD_2、输出滤波电容 C 及负载 R，电感电流 i_L 线性上升。

（4）$t_3 \sim t_4$ 时段　与 $t_1 \sim t_2$ 时段的电路工作过程相同。

推挽电路中，如果开关 S_1 和 S_2 同时处于导通状态，就相当于变压器一次绕组短路。因此，必须避免开关 S_1 和 S_2 同时导通，开关 S_1 和 S_2 各自的占空比不能超过 50%，并且要留有死区。

输出电感电流连续时，推挽电路的输入-输出电压关系为

$$U_o = \frac{N_2}{N_1} \frac{2t_{on}}{T} U_i = \frac{N_2}{N_1} D' \cdot U_i \tag{10-66}$$

推挽电路的占空比定义为

$$D' = \frac{2t_{on}}{T} \tag{10-67}$$

如果输出电感电流不连续，输出电压 U_o 将高于式（10-66）的计算值，并随负载减小而升高。在负载为零的极限情况下，$U_o = (N_2/N_1) U_i$。

在推挽电路中，还必须注意变压器的磁芯偏磁问题。开关 S_1 和 S_2 导通，使变压器磁芯交替磁化和去磁，完成能量从一次侧到二次侧的传递。由于电路不可能完全对称，例如，开关 S_1 和 S_2 的开通时间可能不同，或开关 S_1 和 S_2 导通时的通态压降可能不同等，都会在变压器一次侧的高频交流上叠加一个较小的直流电压，这就是所谓的直流偏磁。由于一次绕组的电阻很小，即使是一个较小的直流偏磁电压，如果作用时间太长，也会使变压器磁芯单方向饱和，引起较大的磁化电流，导致器件损坏。因此，只能靠精确的控制信号和电路元器件参数的匹配，来避免电压直流分量的产生。

10.2.4　半桥电路

半桥电路如图 10-36 所示。变压器是具有中间抽头的变压器，一次绕组 W_1 的匝数为 N_1；二次绕组 W_{21} 和 W_{22} 匝数相等，均为 N_2，绕组间同名端如图所示。两个容量相等的电容 C_1 和 C_2 构成一个桥臂，由于电容 C_1 和 C_2 的容量大，故 $U_{C1} = U_{C2} = U_i/2$。开关 S_1 和 S_2 构成另一个桥臂，S_1 和 S_2 均采用 PWM 控制方式，且开关 S_1 和 S_2 交替导通。变压器右侧的整流电路仍采用由二极管 VD_1 和 VD_2 构成的全波整流电路，L 为输出滤波电感。

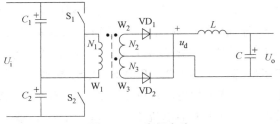

图 10-36　半桥电路

半桥电路也存在电流连续和电流断续两种工作模式，下面分析电流连续时的电路工作原理。

半桥电路工作在电流连续模式时，在一个开关周期内电路经历了 4 个开关状态：①开关 S_1 导通；②开关全部关断；③开关 S_2 导通；④开关全部关断。其中开关状态②和开关状态④是相同的。对应于一个开关周期 T 的 4 个时段是：$t_0 \sim t_1$、$t_1 \sim t_2$、$t_2 \sim t_3$ 和 $t_3 \sim t_4$，电路的主要电压和电流波形如图 10-37 所示。

在半桥型电路中，变压器一次绕组两端分别连接在开关 S_1 和 S_2 的连接点和电容 C_1 和 C_2 的连接点。电容 C_1 和 C_2 的电压分别为 $U_{C1} = U_{C2} = U_i/2$。开关 S_1 和 S_2 交替导通，使变压器一次侧形成幅值为 $U_i/2$ 的交流电压。改变开关 S_1 和 S_2 的占空比，就可改变二次整流电压 u_d 的平均值，

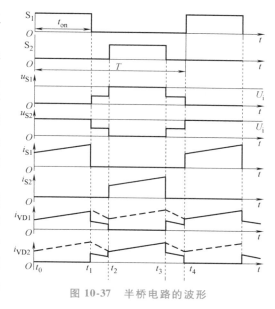

图 10-37　半桥电路的波形

也就改变了输出电压 U_o，开关 S_1 和 S_2 关断时承受的峰值电压均为 U_i，是推挽电路的 1/2。故半桥电路适用于输入电压较高的场合。

（1）$t_0 \sim t_1$ 时段　开关 S_1 受激励导通，电容 C_1 电压加到一次绕组 W_1 两端，根据绕组间同名端的关系，二极管 VD_1 正偏导通，电感 L 电流 i_L 流经二次绕组 W_{21}、二极管 VD_1、输出滤波电容 C 及负载 R，电感电流 i_L 线性上升。

（2）$t_1 \sim t_2$ 时段　开关 S_1 和 S_2 都关断，一次绕组 W_1 中的电流为零，电感通过二极管 VD_1 和 VD_2 续流，每个二极管流过电感电流的 1/2，即 $i_{VD_1} = i_{VD_2} = i_L/2$。电感 L 的电流 i_L 线性下降。

（3）$t_2 \sim t_3$ 时段　开关 S_2 受激励导通，电容 C_2 电压加到一次绕组 W_1 两端，根据绕组同名端的关系，二极管 VD_2 正向偏置而导通，电感电流 i_L 流经二次绕组 W_{22}、二极管 VD_2、输出滤波电容 C 及负载 R，电感电流 i_L 线性上升。

（4）$t_3 \sim t_4$ 时段　与 $t_1 \sim t_2$ 时段的电路工作过程相同。

与推挽电路图不同，由于电容 C_1 和 C_2 的隔直作用，半桥型电路对由于开关 S_1 和 S_2 导通时间不对称等造成的变压器一次电压的直流分量有自平衡作用，因此半桥电路不容易发生变压器偏磁和直流磁饱和的问题。

半桥电路中，为了避免开关 S_1 和 S_2 在换相过程中发生短暂的同时导通，而造成短路损坏开关，开关 S_1 和 S_2 各自的占空比不能超过 50%，并且要留有死区。

输出电感电流连续时，半桥电路的输入-输出电压关系为

$$U_o = \frac{1}{2} \frac{N_2}{N_1} \frac{2t_{on}}{T} U_i = \frac{1}{2} \frac{N_2}{N_1} D' U_i \tag{10-68}$$

半桥电路的占空比同样定义为

$$D' = 2t_{on}/T$$

如果输出电感电流不连续，输出电压 U_o 将高于式（10-68）的计算值，并且随负载减小而升高。在负载为零的极限情况下，$U_o = (N_2/2N_1) U_i$。

10.2.5 全桥电路

全桥电路原理图如图 10-38 所示。变压器一次绕组 W_1 的匝数为 N_1；二次绕组 W_2 的匝数为 N_2，绕组间同名端如图所示。开关 S_1、S_2 和开关 S_3、S_4 分别构成一个桥臂，S_1、S_2、S_3、S_4 均采用 PWM 控制方式。互为对角的两个开关 S_1、S_4 和 S_2、S_3 同时导通，而同一桥臂的上、下开关 S_1、S_2 和 S_3、S_4 交替导通。变压器右侧的整流电路采用由二极管 VD_1、VD_2、VD_3、VD_4 构成的全桥整流电路，L 为输出滤波电感，C 为输出滤波电容。

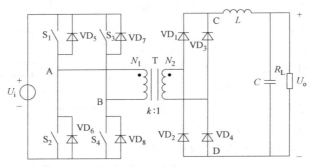

图 10-38　全桥电路原理图

全桥型电路也存在电流连续和电流断续两种工作模式。下面分析电流连续时的电路工作过程。

全桥电路工作于电感电流连续模式时，在一个开关周期内，电路经历 4 个开关状态：①开关 S_1、S_4 导通；②开关全部关断；③开关 S_2、S_3 导通；④开关全部关断。其中开关状态②和开关状态④是相同的。对应于一个开关周期 T 的 4 个时段为：$t_0 \sim t_1$、$t_1 \sim t_2$、$t_2 \sim t_3$ 和 $t_3 \sim t_4$，电路的主要电压和电流波形如图 10-39 所示。

在全桥电路中，变压器一次绕组 W_1 两端分别连接在开关 S_1、S_2 和开关 S_3、S_4 的连接点。由于互为对角的两个开关同时导通，而同一桥臂的上、下开

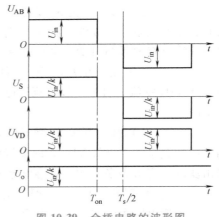

图 10-39　全桥电路的波形图

关交替导通，输入电压将逆变成幅值为 U_i 的交流电压，加在变压器一次侧。改变开关 S_1、S_4 和 S_2、S_3 的占空比，就可以改变二次整流电压 u_d 的平均值，也就改变了输出电压 U_o，每个开关断态时承受的峰值电压均为 U_i，是推挽电路的 1/2。故全桥电路也适用于在输入电压较高的场合。全桥电路的开关状态如图 10-40 所示。

（1）$t_0 \sim t_1$ 时段，如图 10-40a 所示　开关 S_1 和 S_4 受激励导通，输入电压 U_i 加到一次绕组 W_1 的两端，根据绕组间同名端的关系，二极管 VD_1、VD_4 正向偏置导通，电感 L 电流 i_L 流经二次绕组 W_2、二极管 VD_1 和 VD_4、输出滤波电容 C 及负载 R_L，电感电流 i_L 线性上升。

（2）$t_1 \sim t_2$ 时段，如图 10-40b 所示　开关 S_1、S_2、S_3、S_4 都关断，一次绕组 W_1 中的电流为零，电感通过二极管 VD_5、VD_8 和 VD_6、VD_7 续流，每个二极管流过电感电流的 1/2，

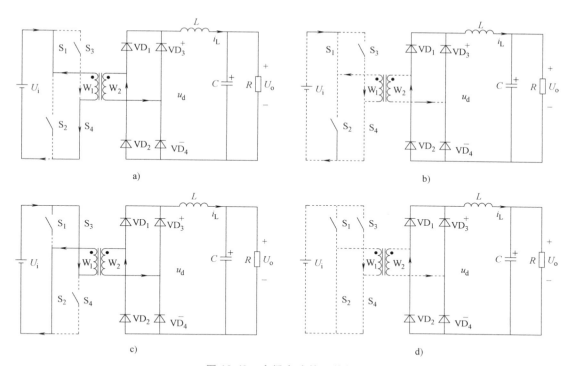

图 10-40　全桥电路的开关状态

a) S_1，S_4 导通　b) S_1，S_2，S_3，S_4 全关断　c) S_2，S_3 导通　d) S_1，S_2，S_3，S_4 全关断

即 $i_{VD_1} = i_{VD_2} = i_{VD_3} = i_{VD_4} = i_L/2$。电感 L 的电流 i_L 线性下降。

（3）$t_2 \sim t_3$ 时段，如图 10-40c 所示　开关 S_2 和 S_3 受激励导通，输入电压 U_i 加到一次绕组 W_1 的两端，根据绕组间同名端的关系，二极管 VD_2 和 VD_3 正向偏置而导通，电感电流 i_L 流经二次绕组 W_2、二极管 VD_2 和 VD_3、输出滤波电容 C 及负载 R_L，电感电流 i_L 线性上升。

（4）$t_3 \sim t_4$ 时段，如图 10-40d 所示　与 $t_1 \sim t_2$ 时段的电路工作过程相同。

若开关 S_1、S_4 和 S_2、S_3 的导通时间不对称，则交流电压中将含有直流分量，会在变压器一次电流中产生较大的直流分量，并可能造成磁路饱和，故全桥电路应当注意避免电压直流分量的产生，也可以在一次侧回路中串联一个电容，以阻断直流电流。

全桥电路中，为了避免上、下开关在换相过程中发生短暂的同时导通，而造成短路损坏开关，每个开关各自的占空比不能超过 50%，并且要留有死区裕度。

输出电感电流连续时，全桥电路的输入-输出电压关系为

$$U_o = \frac{N_2}{N_1} \frac{2t_{on}}{T} U_i = \frac{N_2}{N_1} D' U_i \tag{10-69}$$

全桥电路的占空比同样定义为

$$D' = 2t_{on}/T$$

如果输出电感电流不连续，输出电压 U_o 将高于式（10-69）的计算值，并且随负载减小而升高。在负载为零的极限情况下，$U_o = (N_2/N_1) U_i$。

10.3 DC-DC 变换电路之间的关系

前述 DC-DC 变换电路，最基本的是 Buck 型电路和 Boost 型电路，其他 DC-DC 变换电路都是由这两种电路派生而来的，下面给出它们之间的关系。

1）Buck-Boost 型电路是由 Buck 型电路和 Boost 型电路串联演变而成，它将两个开关合为一个开关。

2）Cuk 型电路是由 Boost 型电路和 Buck 型电路串联演变而成，它将两个开关合为一个开关。Cuk 型电路的输入部分与 Boost 型电路类似，而输出部分与 Buck 型电路类似。

3）Zeta 型电路是由 Buck-Boost 型电路和 Buck 型电路串联演变而成，同样将两个开关合为一个开关。Cuk 型电路的输入部分与 Buck-Boost 型电路类似，而输出部分与 Buck 型电路类似。

4）Spice 型电路是由 Boost 型电路和 Buck-Boost 型串联演变而成的，同样将两个开关合并为一个开关。Spice 型电路的输入部分与 Boost 型电路类似，而输出部分与 Buck-Boost 型电路类似。

5）正激电路是在 Buck 型电路中插入一个隔离变压器后演变而成的；推挽电路是由两个正激电路叠加而成；半桥电路实际上也是由两个正激电路叠加而成，只是输入电压为 $U_i/2$；全桥电路是由两个半桥电路叠加而成。因此，正激电路、推挽电路、半桥电路和全桥电路都是属于 Buck 型电路家族。

6）反激电路是将 Buck-Boost 型电路的电感变为隔离变压器得到的。

各种不同的隔离型 DC-DC 变换电路都有各自的特点，应用场合也各不相同，表 10-2 给出了它们的比较。

表 10-2　各种不同隔离型 DC-DC 变换电路的比较

电路类型	主要特点	输入-输出电压关系	S 承受的最高电压	应用场合
正激	优点：电路较简单，成本低，可靠性高，驱动电路简单 缺点：变压器单向励磁，利用率低	$U_o = \dfrac{N_2}{N_1} D U_i$	$U_{Smax} = \left(1 + \dfrac{N_1}{N_2}\right) U_i$	中、小功率开关电源
反激	优点：电路非常简单，成本低，可靠性高，驱动电路简单 缺点：难以达到较大的功率，变压器单向励磁，利用率低	$U_o = \dfrac{N_2}{N_1} \dfrac{D}{1-D} U_i$	$U_{Smax} = U_i + \dfrac{N_1}{N_2} U_o$	小功率开关电源
推挽	优点：变压器双向励磁，变压器一次电流回路中只有一个开关，通态损耗小，驱动简单 缺点：有磁偏问题	$U_o = \dfrac{N_2}{N_1} D' U_i$	$U_{Smax} = 2U_i$	低输入电压开关电源
半桥	优点：变压器双向励磁，无变压器偏磁问题，开关较少，成本低 缺点：有直通问题，可靠性低，需要复杂的隔离驱动电路	$U_o = \dfrac{N_2}{N_1} D' U_i$	$U_{Smax} = U_i$	工业用开关电源，计算机设备用开关电源
全桥	优点：变压器双向励磁，容易达到大功率 缺点：结构复杂，成本高，可靠性低，需要复杂的多组隔离驱动电路，有直通和偏磁问题	$U_o = \dfrac{N_2}{N_1} D' U_i$	$U_{Smax} = U_i$	大功率工业用开关电源、焊接电源和电解电源等

$\boxed{\text{思考题与习题}}$

10.1　画出 Buck 型和 Boost 型电路的原理图，并简述其工作原理。

10.2　在如图 10-1 所示的 Buck 型电路中，已知 $U_i = 100\text{V}$，$R = 10\Omega$，$L = \infty$，$C = \infty$，采用 PWM 控制方式，当 $T = 50\mu\text{s}$，$t_{on} = 20\mu\text{s}$，计算输出电压平均值 U_o 和输出电流平均值 I_o。

10.3　在如图 10-1 所示的 Buck 型电路中，已知 $U_i = 12\text{V}$，$U_o = 5\text{V}$，开关频率 $f = 100\text{kHz}$，$C = 330\mu\text{F}$，采用 PWM 控制方式，工作在电流连续模式，计算：

（1）占空比 D 和电感纹波电流 Δi_L；

（2）当输出电流为 1A 时，保证电感电流连续的临界电感值 L；

（3）输出电压的纹波 ΔU_o。

10.4　在如图 10-7 所示的 Boost 型电路中，已知 $U_i = 50\text{V}$，$R = 20\Omega$，$L = \infty$，$C = \infty$，采用 PWM 控制方式。当 $T = 40\mu\text{s}$，$t_{on} = 25\mu\text{s}$，计算输出电压平均值 U_o 和输出电流平均值 I_o。

10.5　设计一个 Boost 型电路。已知 $U_i = 3\text{V}$，$U_o = 15\text{V}$，$I_o = 2\text{A}$，开关频率 $f = 120\text{kHz}$，工作于电流连续模式。要求电感纹波电流 $\Delta i_L \leqslant 0.01\text{A}$，输出电压的纹波 $\Delta U_o \leqslant 10\text{mV}$，计算电感的最小取值和电容的最小取值。

10.6　简述 Buck-Boost 型电路和 Cuk 型电路的工作原理。

10.7　简述 Zeta 型电路和 Sepic 型电路的工作原理。

10.8　画出正激和反激电路的原理图，并简述其工作原理。

10.9　简述正激电路中磁芯磁复位的必要性。

10.10　简述推挽、半桥和全桥电路的工作原理。

第 11 章

PWM 逆变电路

11.1 概述

DC-AC 变换是把直流电变换成交流电，也称逆变。逆变电路分有源逆变和无源逆变。把直流电经过 DC-AC 变换，向交流电源反馈能量的逆变电路，称为有源逆变；把直流电经过 DC-AC 变换，直接向负载供电的逆变电路，称为无源逆变。

有源逆变已经在相控整流电路中作过介绍，这里主要介绍无源逆变技术。

11.1.1 逆变电路的分类

逆变电路的分类方法很多，根据不同的分类方法，主要有以下几种分类。

1）根据输入直流电源的性质可分为电压型逆变电路（Voltage Source Type Inverter，VS-TI）和电流型逆变电路（Current Source Type Inverter，CSTI）。DC-AC 变换由直流电源提供能量，为了保证直流电源为恒压源或恒流源，在直流电源的输出端必须设置储能元件。采用大电容作为储能元件，能够保证电压的稳定；采用大电感作为储能元件，是为了保证电流的稳定。

2）根据逆变电路结构的不同，可分为半桥式、全桥式和推挽式逆变电路。

3）根据所用的电力电子器件的换流方式不同，可分为自关断（如 GTO、GTR、电力MOSFET、IGBT 等）、强迫换流、交流电源电动势以及负载谐振换流逆变电路等。

4）由于负载的控制要求，逆变电路的输出电压（电流）和频率往往是需要变化的，根据电压和频率控制方法不同，可分为：

1）脉冲宽度调制（Pulse Width Modulation，PWM）逆变电路。

2）脉冲幅值调制（Pulse Amplitude Modulation，PAM）逆变电路。

3）用阶梯波调幅或用数台逆变器通过变压器实现串、并联的移相调压，这类逆变器称为方波或阶梯波逆变器。

11.1.2 DC-AC 变换的工作原理

1. 基本工作原理

单相桥式无源逆变电路如图 11-1 所示，开关 S_1、S_2、S_3、S_4 表示电力电子开关器件的四个桥臂，均为理想开关。

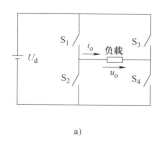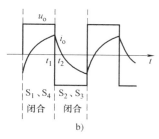

图 11-1　单相桥式无源逆变电路

逆变电路最基本的工作原理如下：当开关 S_1 和 S_4 闭合、S_2 和 S_3 断开时，负载电压 u_o 为正；当开关 S_1 和 S_4 断开、S_2 和 S_3 闭合时，负载电压 u_o 为负，其电压、电流波形如图 11-16 所示。这样就把直流电转换成交流电了；改变两组开关的切换频率，即可改变输出交流电的频率。当负载为阻性负载时，负载电流 i_o 和电压 u_o 的波形形状相同，相位也相同。当负载为感性负载时，电流 i_o 相位滞后于 u_o，两者的波形也不相同，如图 11-1 所示。设 t_1 时刻以前，S_1 和 S_4 导通，电流 i_o 和电压 u_o 均为正；在 t_1 时刻，断开 S_1 和 S_4，同时合上 S_2 和 S_3，则电压 u_o 的极性立即变负，但是，因为负载中有电感，其电流 i_o 的极性不能立即改变而仍维持原方向，负载电流经 S_2、负载和 S_3 流回直流电源，负载电感中储存的能量向直流电源反馈，负载电流逐渐减小；到 t_2 时刻降为零，之后，i_o 才改变方向并逐渐增大。开关 S_2 和 S_3 断开、S_1 和 S_4 闭合时的情况与其类似。

2. 逆变电路的基本结构

要构成一个完整的逆变器系统，除了主电路外，还要有输入电路、输出电路、驱动与控制电路、辅助电源、保护电路等，其基本结构如图 11-2 所示。

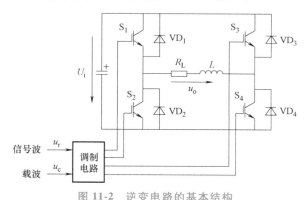

图 11-2　逆变电路的基本结构

（1）输入电路　逆变器主电路输入为直流电，如直流电源或蓄电池；若是交流电，首先要经过整流电路转换为直流电。

（2）输出电路　输出电路主要是滤波电路。对于隔离式逆变电路，在输出电路的前面还有逆变变压器；对于开环控制的逆变系统，输出量不用反馈到控制电路；而对于闭环控制的逆变系统，输出量还要反馈到控制电路。

（3）驱动与控制电路　驱动与控制电路的功能就是按要求产生一系列的控制脉冲，来控制逆变开关管的导通和关断，并能调节其频率，控制逆变主电路完成逆变功能。在逆变系统中，控制电路和逆变主电路具有同样的重要性。

（4）**辅助电源**　辅助电源的功能是将逆变器的输入电压变换成适合控制电路工作的直流电压。

（5）**保护电路**　保护电路主要具有：输入过电压保护、欠电压保护功能；输出过电压保护、欠电压保护功能；过载保护功能；过电流保护和短路保护功能。

11.1.3　逆变电路的换流方式

逆变电路工作时，电流从一个支路向另一个支路转移的过程，称为换流，也称为换相。在换流过程中，有的支路要从通态转为断态，有的支路要从断态转为通态。从断态到通态时，无论是全控型器件还是半控型器件，只要给门极适当的驱动控制信号，就可以使其开通。但从通态到断态就大不相同了，全控型器件通过对门极的控制可使其关断，而对于半控型器件的晶闸管来说，就不能通过对门极的控制使其关断，必须利用外部条件或采取相应的措施才能使其关断。由于半控型器件的关断要比开通复杂得多，因此，研究换流方式主要是研究如何使器件关断。在逆变电路中，换流方式可分为以下几种。

（1）**器件换流**　利用全控型器件的自身关断能力进行换流，称为器件换流。在采用 IG-BT、功率 MOSFET、GTO、GTR 等全控型器件的电路中，其换流方式均为器件换流。

（2）**电网换流**　由电网提供换流电压，称为电网换流，也称自然换流。在可控整流电路中，无论其工作在整流状态，还是工作在有源逆变状态，都是利用电网电压来实现换流的，均属于电网换流。在换流过程中，只要把负的电网电压加在欲关断的晶闸管上，即可使其关断。这种换流方式不要求器件具有门极关断能力，也不需要为换流附加任何器件。但是，这种换流方式不适用于无源逆变电路。

（3）**负载换流**　由负载提供换流电压，称为负载换流。凡是负载电流的相位超前于负载电压的场合，都可以实现负载换流，如图 11-3 所示。当负载为电容性负载时，即可实现负载换流。此外，当负载为同步电动机时，由于可以控制励磁电流使负载为容性，因而也可以实现负载换流。

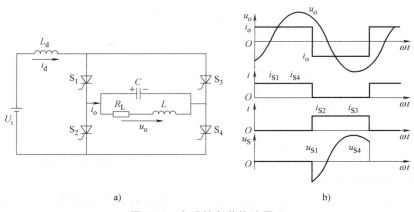

图 11-3　电感性负载换流原理

（4）**强迫换流**　通过附加的换流装置，给欲关断的晶闸管强迫施加一个反向电压或反向电流的换流方式，称为强迫换流。强迫换流电路通常由电感、电容以及小容量晶闸管等组成，如图 11-4 所示。

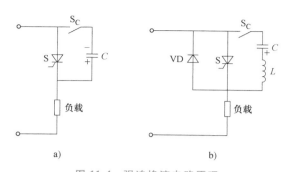

图 11-4 强迫换流电路原理

a）直接耦合的强迫换流 b）电感耦合的强迫换流

综上所述，器件换流只适用于全控型器件，其余 3 种换流方式主要用于晶闸管。

11.2 电压型逆变电路

常用的电压源型逆变电路有单相和三相两种，本节将主要介绍它们的基本构成、工作原理和特性。

11.2.1 单相电压型逆变电路

1. 单相半桥逆变电路

单相半桥逆变电路是结构最简单的逆变电路，其原理如图 11-5 所示。它有两个桥臂，每个桥臂由一个可控器件和一个反并联二极管组成。两只分压电容的容量足够大，当功率开关器件通、断状态改变时，电容电压保持为 $U_d/2$ 基本不变。两个电容的连接点便成为直流电源的中点，负载连接在直流电源中点和两个桥臂连接点之间。等效负载电压、电流分别用 u_o 和 i_o 表示。

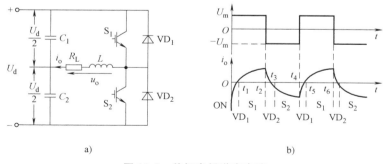

a) b)

图 11-5 单相半桥逆变电路

S_1 和 S_2 是全控型开关器件，它们交替地处于通、断状态，如果在 $0 \leqslant t \leqslant T_0/2$ 期间，给 S_1 加栅极信号，即 S_1 导通，S_2 截止，则输出电压 $u_o = +U_i/2$；在 $T_0/2 \leqslant t \leqslant T_0$ 期间，给 S_2 加栅极信号，即 S_1 截止，S_2 导通，则输出电压 $u_o = -U_i/2$；因此，u_o 为矩形波，其幅值为 $U_i/2$，如图 11-5a 所示。

输出电流 i_o 波形随负载情况而异。当负载为阻性负载时，其电流波形与电压波形相同；

当负载为电感性负载时,其电流波形如图 11-5b 所示。设 $T_0/2$ 时刻以前 S_1 为导通状态,S_2 为关断状态。$t=T_0/2$ 时刻给 S_1 关断信号,给 S_2 开通信号,则 S_1 关断,但感性负载中的电流 i_o 不能立即改变方向,于是 VD_2 导通续流。在 t_2 时刻,i_o 下降为零时,VD_2 截止,S_2 开通,i_o 开始反向。同样,在 $t=T_0$ 时刻给 S_2 关断信号,给 S_1 开通信号后,VD_1 先导通续流,在 $i_o=0$ 时 S_1 才开通。

当 S_1 或 S_2 为导通状态后,负载电流和电压同方向,直流侧向负载提供能量;而当 VD_1 或 VD_2 为导通状态时,负载电流与电压反向,负载电感中储存的能量向直流侧反馈,即负载电感将其吸收的无功能量反馈回直流侧。反馈回的能量暂存在直流侧电容器中,直流侧电容起着缓冲无功能量的作用。二极管 VD_1 和 VD_2 起着使负载电流连续的作用,也是负载向直流侧反馈能量的作用,故称为续流二极管或反馈二极管。

逆变器输出电压 u_o 为 180° 的方波,幅度为 $U_i/2$。输出电压的有效值为

$$U_o = \sqrt{\frac{2}{T_0}\int_0^{T_0/2} \frac{U_i^2}{4}\mathrm{d}t} = \frac{U_i}{2} \tag{11-1}$$

由傅里叶级数分析,输出电压 u_o 的基波分量的有效值为

$$U_{o1} = \frac{2U_i}{\sqrt{2}\,\pi} = 0.45U_i \tag{11-2}$$

当负载为 R_L 时,输出电流 i_o 的基波分量为

$$i_{o1}(t) = \frac{\sqrt{2}\,U_{o1}}{\sqrt{R_L^2 + (\omega L)^2}}\sin(\omega t - \varphi) \tag{11-3}$$

式中,φ 为 i_{o1} 滞后输出电压 u_o 的相位角,$\varphi = \arctan(\omega L/R_L)$。

单相半桥逆变电路的优点是简单、使用器件少;其缺点是输出交流电压的幅值 U_{om} 仅为 $U_i/2$,且直流侧需要两个电容器串联,工作时还要控制这两个电容器电压的均衡。因此,单相半桥电路常用于几千瓦以下的小功率逆变电源。以下讲述的单相全桥逆变电路、三相桥式逆变电路,都可看成是由若干个单相半桥逆变电路组合而成的。因此,正确分析单相半桥逆变电路的工作原理有着十分重要的意义。

2. 单相全桥逆变电路

单相全桥逆变电路如图 11-6 所示。它共有 4 个桥臂,可以看成是由两个半桥电路组合而成的。

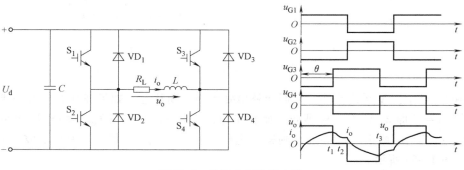

图 11-6 单相全桥逆变电路

把桥臂 S_1 和 S_4 作为一对，桥臂 S_2 和 S_3 作为另一对，成对的两个桥臂同时导通，两对交替各导通 180°。其输出电压 u_o 的波形与图 11-5b 的半桥电路的波形 u_o 形状相同，也是矩形波，但其幅值高出半桥电路 1 倍，即 $U_{om} = U_i$。在负载及直流电压都相同的情况下，其输出电流 i_o 的波形也和图 11-5b 中的 i_o 开关相同，仅幅值增加一倍。图 11-5 中的 VD_1、S_1、VD_2、S_2 相继导通的区间，分别对应于图 11-6 中的 VD_1 和 VD_4、S_1 和 S_4、VD_2 和 VD_3、S_2 和 S_3 相继导通的区间。关于无功能量的交换，对于半桥逆变电路的分析，也完全适用于全桥逆变电路。

全桥逆变电路是单相逆变电路中应用最多的，以下将对输出电压、输出电流做定量分析。把幅值为 U_i 的矩形波 u_o 展开成傅里叶级数，得到

$$u_o = \frac{4U_i}{\pi}\left(\sin\omega t + \frac{1}{3}\sin 3\omega t + \frac{1}{5}\sin 5\omega t + \cdots\right) \tag{11-4}$$

其中，基波的幅值 U_{o1m} 为

$$U_{o1m} = \frac{4U_i}{\pi} = 1.27U_i \tag{11-5}$$

基波有效值 U_{o1} 为

$$U_{o1} = \frac{2\sqrt{2}\,U_i}{\pi} = 0.9U_i \tag{11-6}$$

R_L 负载时，基波电流 i_{o1} 为

$$i_{o1} = \frac{4U_i}{\pi\sqrt{R_L{}^2 + (\omega L)^2}}\sin(\omega t - \varphi) \tag{11-7}$$

式中，$\varphi = \arctan(\omega L/R_L)$。

11.2.2　三相电压型逆变电路

三相电压型逆变电路如图 11-7 所示。通常电路的直流侧只有一个电容器就可以了，为了分析方便，画成串联的两个电容器，并标出了假想的中点，在大部分应用中并不需要该中点。电压型三相桥式逆变电路的基本工作方式有两种：180°导电型和 120°导电型。

采用 180°导电方式，每个桥臂的导电角度均为 180°，同一相（同一半桥）上、下两个桥臂交替导电，各相开始导电的角度依次相差 120°。在任一瞬间，将有 3 个桥臂同时导通，可能是上面一个臂，下面两个臂，也可能是上面两个臂，下面一个臂同时导通。因为每次换流都是在同一相上、下两个桥臂之间进行的，因此也被称为纵向换流。

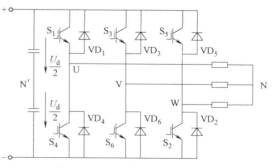

图 11-7　三相电压型逆变电路

$S_1 \sim S_6$ 的驱动脉冲波形如图 11-8 所示。可见在 $0 \leqslant \omega t \leqslant \pi/3$ 期间，S_1、S_5、S_6 被施加正向驱动脉冲而导通。负载电流经 S_1 和 S_5 被送到 U 相和 W 相负载上，然后经 V 相负载和 S_6 流回电源。在 $\omega t = \pi/3$ 时刻，S_5 的驱动脉冲下降到零电平，S_5 迅速关断，由于感性负载电流不能突变，W 相电流将由与 S_2 反并联的二极管 VD_2 提供，W 相负载电压被钳位到零电

平。其他两相电流通路不变。当 S_5 被关断时，不能立即导通 S_2，以防止 S_5 没有完全关断，而出现同一桥臂的两个元件 S_5 和 S_2 同时导通造成的短路，必须保证有一段时间，在该时间段内同一桥臂的两个元件都不导通，称为死区时间或互锁延迟时间。经互锁延迟时间后，与 S_5 同一桥臂的下部元件 S_2 被施加正向驱动脉冲而导通。当 VD_2 续流结束时（续流时间取决于负载电感和电阻值），W 相电流反向经 S_2 流回电源。此时负载电流由电源送出，经 S_1 和 U 相负载，然后分流到 V 相和 W 相的负载，分别经 S_6 和 S_2 流回电源。

在 $\omega t = 2\pi/3$ 时刻，S_6 的驱动脉冲由高电平下降到零，使 S_6 关断，V 相电流由 VD_3 续流。S_6 经互锁延迟时间后，同一桥臂的上部元件 S_3 被施加驱动脉冲而导通。当续流结束时，V 相电流反向经 S_2 流入 V 相负载。此时电流由电源送出，经 S_1 和 S_3 及 U 相负载、V 相负载汇流到 W 相。依此规律，可以分析整个周期中各管的运行情况。

考虑到直流电源中点 N′ 与三相负载中点 N 的连接，负载为星形联结，输出电压波形如图 11-9 所示，相电压可以用傅里叶级数表示为

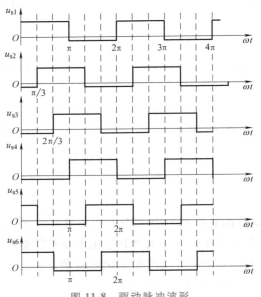

图 11-8 驱动脉冲波形

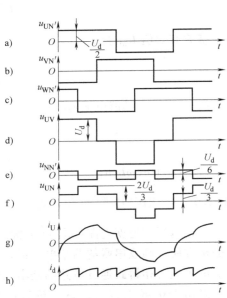

图 11-9 180°导通型三相逆变电路的波形图

$$\begin{cases} u_{UN} = \dfrac{2U_i}{\pi} \displaystyle\sum_{n=1}^{\infty} \dfrac{1}{n}\sin n\omega t \\[2mm] u_{VN} = \dfrac{2U_i}{\pi} \displaystyle\sum_{n=1}^{\infty} \dfrac{1}{n}\sin(n\omega t - 120°) \\[2mm] u_{WN} = \dfrac{2U_i}{\pi} \displaystyle\sum_{n=1}^{\infty} \dfrac{1}{n}\sin(n\omega t + 120°) \end{cases} \qquad (11\text{-}8)$$

线电压为

$$\begin{cases} u_{UV} = u_{UN} - u_{VN} \\ u_{VW} = u_{VN} - u_{WN} \\ u_{WU} = u_{WN} - u_{UN} \end{cases} \qquad (11\text{-}9)$$

线电压的傅里叶级数表达式为

$$u_{UV} = \frac{4U_i}{\pi} \sum_{n=1}^{\infty} \frac{1}{n} \cos \frac{n\pi}{6} \sin\left(n\omega t + \frac{\pi}{6}\right) \qquad (11\text{-}10)$$

线电压基波有效值为

$$U_{UV1} = \frac{4U_i}{\pi\sqrt{2}} \cos \frac{\pi}{6} = \frac{\sqrt{6}}{\pi} U_i \qquad (11\text{-}11)$$

11.3　电流型逆变电路

11.3.1　单相电流型逆变电路

单相桥式电流型逆变电路如图 11-10 所示，晶闸管 $VT_1 \sim VT_4$ 为 4 个桥臂，其中 VT_1、VT_4 为一对，VT_2、VT_3 为另一对，R_L、L 为感性负载，C 为补偿电容，C、R_L、L 还组成并联谐振电路，所以该电路又称为并联谐振式逆变电路。$R_L LC$ 电路的谐振频率为 $1 \sim 2.5$ kHz，它略低于晶闸管导通频率（也即控制脉冲的频率），通过的电流呈容性。

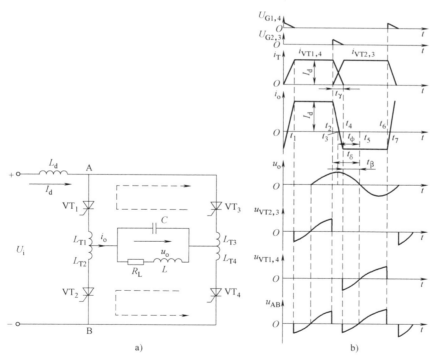

图 11-10　单相桥式电流型逆变电路
a）电路　b）波形

电路工作过程说明如下：

在 $t_1 \sim t_2$ 期间，VT_1、VT_4 门极的控制脉冲为高电平，VT_1、VT_4 导通，有电流 I_o 经 VT_1、VT_4 流过 $R_L LC$ 电路，该电流分为两路，一路流经 R_L、L 元件，另一路对 C 充电，在

C 上充得左正右负电压，随着充电的进行，C 上的电压逐渐上升，也即 R_LL 两端的电压 U_o 逐渐上升。由于 $t_1 \sim t_2$ 期间 VT_3、VT_2 处于关断状态，I_o 与 I_i 相等，并且大小不变（I_i 是稳定电流，I_o 也是稳定电流）。

在 $t_2 \sim t_4$ 期间，VT_2、VT_3 门极的控制脉冲为高电平，VT_2、VT_3 导通，由于 C 上充有左正右负电压，该电压一方面通过 VT_3 加到 VT_1 两端（C 左正加到 VT_1 的阴极，C 右负经 VT_3 加到 VT_1 阳极），另一方面通过 VT_2 加到 VT_4 两端（C 左正经 VT_2 加到 VT_4 阴极，C 右负加到 VT_4 阳极），C 上的电压经 VT_1、VT_4 加上反向电压，VT_1、VT_4 马上关断，这种利用负载两端电压来关断开关器件的方式称为负载换流方式。VT_1、VT_4 关断后，I_i 电流开始经 VT_3、VT_2 对电容 C 反向充电（同时也会分一部分流过 L、R_L），C 上的电压慢慢被中和，两端电压 U_o 也慢慢下降，t_3 时刻 C 上电压为 0。$t_3 \sim t_4$ 期间，I_i 电流（也即 I_o）对 C 充电，充得左负右正电压并且逐渐上升。

在 $t_4 \sim t_5$ 期间，VT_1、VT_4 门极的控制脉冲为高电平，VT_1、VT_4 导通，C 上的左负右正电压对 VT_3、VT_2 为反向电压，使 VT_3、VT_2 关断。VT_3、VT_2 关断后，I_i 电流开始经 VT_1、VT_4 对电容 C 充电，将 C 上的左负右正电压慢慢中和，两端电压 U_o 也慢慢下降，t_5 时刻 C 上电压为 0。

电路重复上述工作过程，从而在 R_LLC 电路两端得到正弦波电压 U_o，流过 R_LLC 电路的电流 I_o 为矩形波。

11.3.2 三相电流型逆变电路

如图 11-11 所示电流型三相桥式逆变电路采用全控型器件，其基本工作方式是 120° 导通型方式——每个臂一周期内导通 120° 电角度。每时刻上下桥臂组各有一个臂导通，实现横向换流。

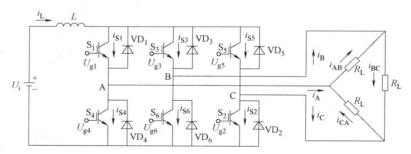

图 11-11 120° 导通电流型三相桥式逆变电路

在电流型逆变器中负载采用 △ 联结，采用电感 L 为储能元件，当 L 很大时，由于 L 中的电流不能发生突变，输入电流 I_L 近似恒定。各功率开关管的驱动信号的时序依次相差 60°，功率开关管按 S_1、S_2、S_3、S_4、S_5、S_6 的次序各自导通 120°，这样，在任意时间上，只有两只功率开关管导通。

当负载为 Ｙ 联结的阻性负载时，120° 导通电流型三相桥式逆变电路及其波形如图 11-12 所示。此时流经各功率开关管的电流 $i_{S1} \sim i_{S6}$ 为宽为 120°，高为 I_L 的矩形波，而负载电流 i_{AB}、i_{BC} 和 i_{CA} 的波形为前后沿陡峭的梯形波。

图 11-11 和图 11-12 中的负载电流的均方根值可按下式计算（以 A 相为例）

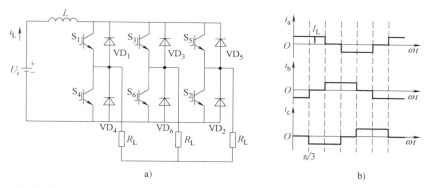

图 11-12　阻性负载为丫联结时，120°导通电流型三相桥式逆变电路及其波形

a）电路　b）波形

$$L_A = \sqrt{\frac{1}{2\pi}\int_0^{2\pi} i_A^2 \mathrm{d}(\omega t)} = \frac{2}{3}L_L^2 = 0.816I_L$$

$$L_{AB} = \sqrt{\frac{1}{2\pi}\int_0^{2\pi} i_{AB}^2 \mathrm{d}(\omega t)} = \frac{2}{3}L_L = 0.471I_L \tag{11-12}$$

基波电流的方均根值为

$$I_{A1} = \frac{2\sqrt{3}I_L}{\sqrt{2}\pi} = 0.78I_L$$

$$I_{AB1} = \frac{2I_L}{\sqrt{2}\pi} = 0.45I_L \tag{11-13}$$

电流型三相全桥式逆变器常用于电动机调速，此时的负载为感性负载。假设电动机的绕组为△联结，与阻性负载相比较，负载电流 i_{AB}、i_{BC} 和 i_{CA} 的波形虽然为梯形波，但由于感性负载的存在，电流不可能发生突变，电流的变化需要一定的时间。具有电动机感性负载三角形联结的电流型三相逆变器电路如图 11-13 所示。

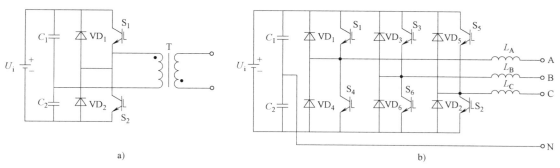

图 11-13　具有电动机感性负载三角形联结的电流型三相逆变器电路

图 11-13 中，电动机的各相绕组可以等效于一个基波电压与电感串联，各基波电压为

$$U_1 = U_m \sin\omega t$$
$$U_2 = U_m \sin(\omega t - 2\pi/3)$$
$$U_3 = U_m \sin(\omega t - 2\pi/3) \tag{11-14}$$

线电压 u_{AB}，u_{BC}，u_{CA} 为

$$u_{AB} = U_1 + L di_{AB}/dt$$
$$u_{BC} = U_2 + L di_{BC}/dt$$
$$u_{CA} = U_3 + L di_{CA}/dt \tag{11-15}$$

从图 11-13b 可以看出，电流 i_{AB}、i_{BC} 和 i_{CA} 虽然与阻性负载一样，仍然是六阶梯波（图中仅给出了 i_{AB} 的波形），但由于电动机的电感的原因，各电流将按一定规律变化。由式（11-15）知，线电压 u_{AB}、u_{BC} 和 u_{CA} 因 di_{AB}/dt、di_{BC}/dt、di_{CA}/dt 的缘故，将在换相时产生电压过冲，如图 11-13b 所示。

电流型三相逆变电路的特点如下：

1）直流侧串入电感，相当于电流源。

2）交流输出电流为矩形波，输出电压波形和相位因负载不同而不同。

3）直流侧电感起缓冲无功能量的作用，不必给开关器件反并联二极管。

电流型逆变电路中，采用半控型器件的电路仍有较多应用，换流方式也相应地有负载换流和强迫换流等。

思考题与习题

11.1　逆变器可以有哪些分类方法？

11.2　换流方式有哪些？各有什么特点？

11.3　电压型逆变电路中反馈二极管的作用是什么？

11.4　有哪些方法可以调控逆变器的输出电压？

11.5　逆变电路如图 11-5a 所示，负载电阻 R 两端的电压波形如图 11-5b 所示，试画出功率开关器件 S_1 所承受的电压波形 u_{CE}。

11.6　三相桥式电压型逆变电路如图 11-7 所示，180° 导电方式，$U_i = 100V$。试求输出相电压的基波幅值 U_{UN1m} 和有效值 U_{UN1}，输出线电压的基波幅值 U_{UVm} 和有效值 U_{UV}。

11.7　图 11-6 所示为单相全桥逆变电路，也称 H 形电路，试分析其分别工作在单极性、双极性方式时的基本原理。

11.8　图 11-6 所示为对应于 $R_L L$ 负载时的输出电压和电流波形，试分析：

（1）单极性工作方式时，1~4 各个区间导通工作的器件；

（2）双极性工作方式时，1~4 各个区间导通工作的器件。

第 12 章

AC-AC 变换电路

12.1 交流调压电路

AC-AC 变换是一种将交流电能的幅值或频率直接加以转换的交流-交流电力变换技术。

只改变交流电压大小或仅对电路实现通断而不改变频率的控制，称为交流调压或交流调功，也称交流开关控制。交流开关控制技术广泛应用于交流电动机的调压调速、降压起动、调温、调光以及电气设备的交流无触点开关等。

把交流开关串联在交流电路中，通过对交流开关的控制实现对交流正、负半周的对称控制，达到方便地调整输出电压的目的。交流调压电路的原理图如图 12-1 所示。交流开关 S 一般为两个晶闸管 VT_1、VT_2 反并联或双向晶闸管 VT。交流调压电路可分为单相交流调压电路和三相交流调压电路。

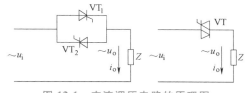

图 12-1　交流调压电路的原理图

交流调压电路的控制方式有三种：整周波通断控制、相位控制和斩波控制，其原理如图 12-2 所示。

（1）整周波通断控制　整周波通断控制是指在交流电压过零时刻开通或关断交流开关 S，使负载电路与交流电源接通几个周波、关断几个周波，通过改变导通、关断周波数的比值，实现调节输出电压大小的目的，如图 12-2a 所示。这种控制方式由于输出电压断续，一般用于电炉调温、交流功率调节等。

（2）相位控制　相位控制与可控整流电路的移相触发控制相同，分别在交流电

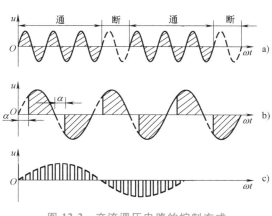

图 12-2　交流调压电路的控制方式
a）整周波通断控制　b）相位控制　c）斩波控制

源正、负半周，且在相同的移相控制角 α 下，开通交流开关 S，以保证向负载提供正、负半周对称的交流电压波形，如图 12-2b 所示。相位控制方式简单，能连续调节输出电压的大

小，但输出电压波形非正弦，低次谐波含量大。

（3）**斩波控制** 斩波控制是利用脉冲宽度调制技术，将交流电压波形斩控成脉冲序列，改变脉冲的占空比，即可调节输出电压的大小，如图 12-2c 所示。斩波控制方式能连续调节输出电压的大小，波形中只含有高次谐波分量，基本克服了通断控制、相位控制的缺点。由于斩波频率比较高，交流开关 S 一般要采用高频自关断器件。

相位控制交流调压是交流调压中应用最广的控制技术。下面着重讨论相位控制方式和斩波控制方式。

12.1.1 单相相位控制的交流调压电路

单相交流调压电路的工作状况与负载性质有关，故分别讨论。

1. 电阻性负载

（1）**工作原理** 电阻性负载电路原理图如图 12-3 所示。在 u_i 的正半周和负半周，分别对 VT_1 和 VT_2 的移相控制角 α 进行控制，就可以调节输出电压。

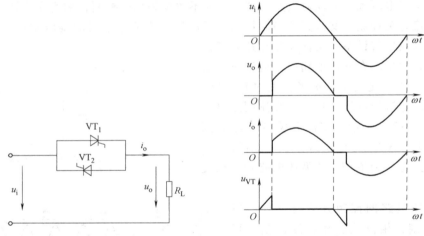

图 12-3 电阻性负载的单相相位控制的交流调压电路

正、负半周 α 起始时刻（$\alpha = 0$），均为电压过零时刻。在 $\omega t = \alpha$ 时，对 VT_1 施加触发脉冲，VT_1 正偏置而导通，负载电压波形与电源电压波形相同；在 $\omega t = \pi$ 时，电源电压过零，因电阻性负载，电流也为零，VT_1 自然关断。在 $\omega t = \pi + \alpha$ 时，对 VT_2 施加触发脉冲，VT_2 正偏置而导通，负载电压波形与电源电压波形相同；在 $\omega t = 2\pi$ 时，电源电压过零，VT_2 自然关断。

稳态时，正负半周的 α 相等，负载电压波形是电源电压波形的一部分，负载电流（电源电流）和负载电压的波形相似。

（2）**数量关系** 根据负载端的电压、电流波形，可得到如下数量关系。

负载电压有效值为

$$U_o = \sqrt{\frac{1}{\pi}\int_{\alpha}^{\pi}(\sqrt{2}\,U_I\sin\omega t)^2\mathrm{d}(\omega t)} = U_I\sqrt{\frac{1}{2\pi}\sin2\alpha + \frac{\pi-\alpha}{\pi}} \tag{12-1}$$

式中，U_I 为输入交流电压 u_i 的有效值。

负载电流有效值为

$$I_o = \frac{U_o}{R_L} = \frac{U_1}{R_L}\sqrt{\frac{1}{2\pi}\sin2\alpha+\left(1-\frac{\alpha}{\pi}\right)} \qquad (12\text{-}2)$$

晶闸管电流有效值为

$$I_{VT} = \sqrt{\frac{1}{2\pi}\int_\alpha^\pi\left(\frac{\sqrt{2}\,U_1\sin\omega t}{R_L}\right)^2\mathrm{d}(\omega t)} = \frac{U_1}{R_L}\sqrt{\frac{1}{4\pi}\sin2\alpha + \frac{\pi-\alpha}{\pi}} \qquad (12\text{-}3)$$

交流电路输入功率因数为

$$\lambda = \frac{P}{S} = \frac{U_oI_o}{U_1I_1} = \frac{U_o}{U_1} = \sqrt{\frac{1}{2\pi}\sin2\alpha+\frac{\pi-\alpha}{\pi}} \qquad (12\text{-}4)$$

由图 12-3 和式（12-1）可知，单相交流调压电路电阻性负载时，控制角 α 的移相范围为 π。

（3）谐波分析　根据图 12-3 可知，输出电压为

$$u_o = \begin{cases} 0, & k\pi<\omega t<k\pi+\alpha \\ u_i = \sqrt{2}\,U_1\sin\omega t, & k\pi+\alpha<\omega t<k\pi+\pi \end{cases} \qquad (12\text{-}5)$$

由于 u_o 的正、负半波对称，所以不含直流分量和偶次谐波，其傅里叶级数表示为

$$u_o = \sum_{n=1,3,5}^\infty (a_n\cos n\omega t + b_n\sin n\omega t) \qquad (12\text{-}6)$$

$$a_n = \frac{2}{\pi}\int_0^\pi u_o(\omega t)\cos n\omega t\mathrm{d}(\omega t) \qquad (12\text{-}7)$$

$$b_n = \frac{2}{\pi}\int_0^\pi u_o(\omega t)\sin n\omega t\mathrm{d}(\omega t) \qquad (12\text{-}8)$$

$n=1$ 时，由此得到基波电压系数为

$$a_1 = \frac{\sqrt{2}\,U_1}{2\pi}(\cos2\alpha-1) \qquad (12\text{-}9)$$

$$b_1 = \frac{\sqrt{2}\,U_1}{2\pi}[\sin2\alpha+2(\pi-\alpha)] \qquad (12\text{-}10)$$

基波电压幅值为

$$U_{1m} = \sqrt{a_1^2+b_1^2} = \frac{\sqrt{2}\,U_1}{\pi}\sqrt{(\pi-\alpha)^2+(\pi-\alpha)\sin2\alpha+(1-\cos2\alpha)/2} \qquad (12\text{-}11)$$

n 次谐波电压系数为

$$a_n = \frac{\sqrt{2}\,U_1}{\pi}\left\{\frac{1}{n+1}[\cos(n+1)\alpha-1]-\frac{1}{n-1}[\cos(n-1)\alpha-1]\right\}, \quad n=3,5,7,\cdots \qquad (12\text{-}12)$$

$$b_n = \frac{\sqrt{2}\,U_1}{\pi}\left[\frac{1}{n+1}\sin(n+1)\alpha-\frac{1}{n-1}\sin(n-1)\alpha\right], \quad n=3,5,7,\cdots \qquad (12\text{-}13)$$

n 次谐波电压幅值为

$$U_{nm} = \sqrt{a_n^2+b_n^2} \qquad (12\text{-}14)$$

基波和 n 次谐波电压有效值、电流有效值均可由下式求出：

$$U_n = \frac{1}{\sqrt{2}} \sqrt{a_n^2 + b_n^2}, n = 1, 3, 5, 7, \cdots \qquad (12\text{-}15)$$

$$I_n = U_n / R_L \qquad (12\text{-}16)$$

根据式（12-15）的计算结果，可以绘出电压基波和各次谐波的标幺值随 α 变化的曲线，如图 12-4 所示。其中基准电压为 $\alpha = 0$ 时的基波电压有效值 U_1。

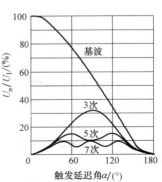

由于电阻负载下，电流波形与电压波形相同，由谐波分布图可知，电源电流谐波的特点如下：

1）谐波次数越低，谐波幅值越大。

2）3 次谐波的最大值出现在 $\alpha = 90°$ 时，幅值约占基波分量的 0.3 倍。

3）5 次谐波的最大值出现在 $\alpha = 60°$ 和 $\alpha = 120°$ 时的对称位置。

图 12-4　单相交流调压电路电阻性负载时的电压谐波

2. 阻感性负载

（1）工作原理　阻感性负载的单相交流调压电路如图 12-5 所示，晶闸管的触发控制方式与电阻负载时相同。由于电感的作用，负载电流 i_o 在电源电压过零后，还要延迟一段时间才能降到零，延迟时间与负载阻抗角 φ 有关。电流过零时晶闸管才能关断，所以晶闸管的导通角 θ 不仅与触发延迟角 α 有关，而且与负载阻抗角 φ 有关。电路中负载阻抗角 $\varphi = \arctan(\omega L / R_L)$。

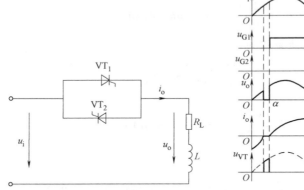

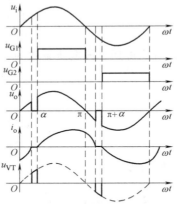

图 12-5　阻感性负载的单相交流调压电路

阻感负载时的工作过程分析如下。

在 $\omega t = \alpha$ 时刻开通 VT_1，负载电流满足如下微分方程及初始条件。

$$L \frac{di_o}{dt} + R_L i_o = \sqrt{2} U_1 \sin \omega t \qquad (12\text{-}17)$$

$$i_o \big|_{\omega t = 0} = 0$$

解方程得出

$$i_o(t) = i_1(t) + i_2(t) = \frac{\sqrt{2} U_1}{Z} \sin(\omega t - \varphi) - \frac{\sqrt{2} U_1}{Z} e^{\frac{\alpha - \omega t}{\tan \varphi}} \sin(\alpha - \varphi) \quad \alpha \leqslant \omega t \leqslant \alpha + \theta \qquad (12\text{-}18)$$

式中，$Z=\sqrt{R_L{}^2+(\omega L)^2}$；$\theta$ 为晶闸管的导通角；负载电流 i_o 由两部分叠加，即稳态分量和暂态分量，分别表示为

$$i_1(t)=\frac{\sqrt{2}\,U_1}{Z}\sin(\omega t-\varphi) \tag{12-19}$$

$$i_2(t)=-\frac{\sqrt{2}\,U_1}{Z}\mathrm{e}^{\frac{\alpha-\omega t}{\tan\varphi}}\sin(\alpha-\varphi) \tag{12-20}$$

利用边界条件：$\omega t=\alpha+\theta$ 时，$i_o=0$，可求得晶闸管导通角 θ。

$$\sin(\alpha+\theta-\varphi)=\sin(\alpha-\varphi)\mathrm{e}^{\frac{-\theta}{\tan\varphi}} \tag{12-21}$$

以 φ 为参变量，可得到晶闸管导通角 $\theta=f(\alpha,\varphi)$ 曲线族如图 12-6 所示。通过关系曲线很容易得到晶闸管的导通角。例如，当 $\varphi=30°$，$\alpha=60°$ 时，查曲线，可得晶闸管的导通角 $\theta\approx146°$。

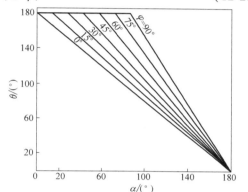

图 12-6　晶闸管导通角 $\theta=f(\alpha,\varphi)$ 曲线族

根据触发延迟角 α 和阻抗角 φ 的大小关系，导通角 θ 和电路运行状态不同，分析如下。

1）当 $\alpha=\varphi$ 时，由式（12-19）、（12-20）暂态分量 $i_2=0$，负载电流只有稳态分量 i_1，且可解得导通角 $\theta=\pi$，电流连续。电路一开通就进入稳态，调压电路处于直通状态，不起调压作用，$u_o=u_i$。

2）当 $\varphi<\alpha\leqslant\pi$ 时，稳态分量 i_1 导通角为 π，而暂态分量 i_2 为负值，故晶闸管导通角小于 π。可从图 12-5 直观看出。对于一负载阻抗角为 φ 的负载，$\alpha=\pi$ 时，$\theta=0$，$u_o=0$；当 α 从 π 逐步减小时，导通角 θ 逐步加大，直到接近 π。负载电压有效值 U_o 也从零增大到接近电源电压有效值 U_i。

3）当 $0<\alpha<\varphi$，且触发脉冲为单窄脉冲时，$\theta>\pi$。由于 VT_1 与 VT_2 的触发脉冲相位相差为 π，故在 VT_2 得到触发时电路中的电流仍为正方向，这时的 VT_2 并不能开通。当电流过零，VT_1 关断后，VT_2 的触发脉冲已经消失，因此 VT_2 还是不能开通。待第二个 VT_1 脉冲到来后，又将重复导通、正向电流流过负载的过程。这个过程与单相半波整流的情况完全一样，这将使整个回路中有很大的直流分量电流，它将对交流电机类负载及电源变压器的运行带来严重危害。

4）当 $0<\alpha<\varphi$，触发脉冲为宽脉冲或脉冲列时，则当负载电流过零，VT_1 关断后，VT_2 的触发脉冲依然存在，VT_2 能接着导通，电流能一直保持连续。首次开通所产生的电流自由分量，在衰减到零以后，电路中也就只存在电流稳态分量 i_1。由于电流连续，$u_o=u_i$，调压器直通。

综上所述，交流调压器带电感电阻性负载时，触发延迟角 α 能起调压作用的移相范围为 $\varphi\leqslant\alpha\leqslant\pi$，电压有效值调节范围为 $0\sim U_i$。为避免 $\alpha<\varphi$ 时出现电流的直流分量，触发脉冲应采用宽脉冲或脉冲列。单相交流调压电路晶闸管电流与触发延迟角的关系曲线如图 12-7 所示。

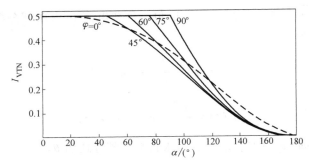

图 12-7 单相交流调压电路晶闸管电流与触发延迟角的关系曲线

实际应用时，交流调压电路的晶闸管的触发脉冲通常采用后沿固定在 π 的宽脉冲（一般为高频调制脉冲），通过改变前沿来调节触发延迟角 α。

（2）**数量关系**　根据负载端的电压、电流波形，可得到如下数量关系。负载电压有效值为

$$U_o = \sqrt{\frac{1}{\pi} \int_\alpha^\theta (\sqrt{2} U_i \sin \omega t)^2 \mathrm{d}(\omega t)} = U_i \sqrt{\frac{\theta}{\pi} + \frac{1}{\pi} \left[\sin 2\alpha - \sin(2\alpha + 2\theta) \right]} \qquad (12\text{-}22)$$

式中，U_i 为输入交流电压的有效值。

负载电流有效值为

$$I_o = \sqrt{\frac{1}{\pi} \int_\alpha^{\alpha+\theta} \left[\frac{\sqrt{2} U_i}{Z} \sin(\omega t - \varphi) - \frac{\sqrt{2} U_i}{Z} e^{\frac{\alpha - \omega t}{\tan \varphi}} \sin(\alpha - \varphi) \right]^2 \mathrm{d}(\omega t)} = \frac{U_i}{Z\sqrt{\pi}} \sqrt{\theta - \frac{\sin \theta \cos(2\alpha + \varphi + \theta)}{\cos \varphi}}$$

$$\qquad (12\text{-}23)$$

晶闸管电流有效值为

$$I_{VT} = I_o / \sqrt{2} \qquad (12\text{-}24)$$

（3）**谐波分析**　在电阻电感性负载下，根据电路输出波形，可以用上面电阻负载情况下的分析方法，只是公式复杂得多。电源电流的谐波特点如下：

1）谐波次数与电阻负载时相同，只含 3，5，7 等奇次谐波。

2）谐波次数越低，谐波幅值越大。

3）和电阻负载时相比，谐波电流含量要少些，而且 α 角相同时，随阻抗角 φ 的增大谐波含量有所减少。

12.1.2　三相相位控制的交流调压电路

若把三个单相调压电路接在对称的三相电源上，让其互差 120°相位工作，则构成了三相交流调压电路。根据三相连接形式不同，三相交流调压电路具有多种形式。

图 12-8a 为带中性线的丫联结，每个单相交流调压电路分别接在自己的相电源上，每相的工作过程与单相交流调压电路完全一样。各相电流的所有谐波分量都能经中性线流通，而加在负载上。由于三相中的 3 倍频谐波电流的相位相同，因此它们在中性线中叠加而使中性线流过相当大的 3 次谐波电流，$\alpha = 90°$时，零线电流甚至和各相电流的有效值接近。这会给电源变压器及其他负载带来不利影响，故很少采用。

图 12-8b 为无中性线的丫联结，又称线路控制丫联结，它的波形正负对称，负载中及线路

中都无 3 次谐波电流，因而得到广泛的应用。

图 12-8c 支路控制的△联结，又称内三角联结，每个带负载的单相交流调压电路跨接在线电压上，每相工作时的电压电流波形也与单相交流调压电路相同，但 3 及 3 倍频的谐波电流在线电流中无法流通，而在三角形内自成环流流通，故线电流中将不出现 3 及 3 倍频的谐波电流。但负载必须是 3 个独立的线路，要有 6 个线头引出才能应用。其中 b 和 c 这两种电路最常见。

1. Y联结三相交流调压电路

如图 12-9 所示为Y联结的三相交流调压电路。为了分析方便，晶闸管的编号按 VT_1、VT_3、VT_5 阳极和 VT_4、VT_6、VT_2 阴极，依次接到交流电源 u_a、u_b、u_c。交流调压电路是改变施加到负载上的电压波形来实现调压的，因此得到负载电压波形是重要的。波形分析的方法如下。

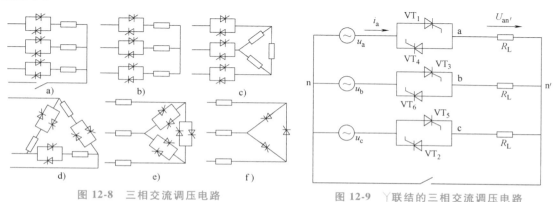

图 12-8　三相交流调压电路　　　　图 12-9　Y联结的三相交流调压电路

（1）若使电路正常工作，触发信号应当满足的要求

1）相位条件：触发信号应与电源电压同步。与三相可控整流器不同，三相交流调压器触发延迟角是从各自的相电压过零点开始算起。3 个正向晶闸管 VT_1、VT_3、VT_5 的触发信号应当互差 120°；3 个反向晶闸管 VT_4、VT_6、VT_2 的触发信号也应互差 120°；同一相的两个触发信号应互差 180°。总的触发顺序是 VT_1、VT_2、VT_3、VT_4、VT_5、VT_6，其触发信号依次各差 60°，如图 12-10 所示。

2）脉宽条件：Y联结时的三相中至少要有两相导通，才能构成电流通路，因此单窄脉冲是无法启动三相交流调压电路的。为了保证起始工作电流的流通，并在触发延迟角较大、电流不连续的情况下仍能按要求使电流流通，触发信号应采用大于 60° 的宽脉冲（或脉冲列），或者采用间隔为 60° 的双窄脉冲。

（2）负载电压分析　对Y联结的三相交流调压电路中的某一相来说，只要两个反并联晶闸管中有一个导通，则该支路是导通的。

从三相来看，任何时候电路只可能是下列 3 种情况中的一种：

① 三相全不通，调压电路开路，每相负载的电压都为零。

② 三相全导通，调压电路直通，则每相负载的电压是所接相的相电压。

③ 其中两相导通，在电阻负载时，导通相负载上的电压是该两相线电压的 1/2，非导通相负载的电压为零；在电机类负载时，则可由电机的约束条件（电机方程）来推导各相的

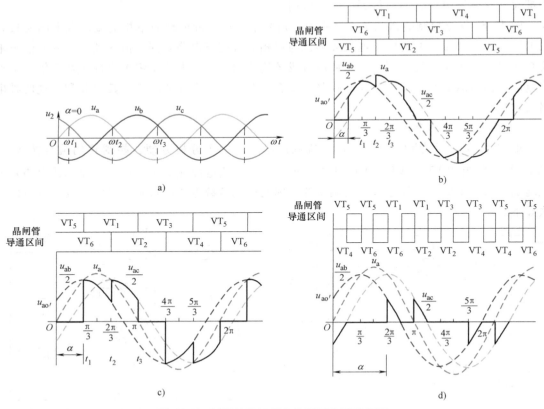

图 12-10 丫联结的三相交流调压电路的波形

电压值。

因此，只要能判别各晶闸管的通断情况，就能确定该电路的导通相数，也就能得到该时刻的负载电压值，判别一个周波就能得到负载电压波形，根据波形就可分析交流调压电路的各种工况。

（3）**负载电压波形** 为简单起见，只分析电阻负载下，不同触发延迟角 α 下的负载相电压、相电流的波形。

首先介绍波形分析中的波形绘制方法，好的波形绘制方法有助于电路的波形分析。

1）先画出三相电源电压波形，由于晶闸管 VT_1、VT_3、VT_5 的共阳极与三相电源 u_a、u_b、u_c 相连，故在对应的该相电源正半周有可能导通，因此分别在图 12-10a 中标明晶闸管与三相电源的对应关系。同理，VT_4、VT_6、VT_2 分别与三相电源 u_a、u_b、u_c 负半周对应。

2）按触发信号的相位条件和脉冲宽度条件画出触发脉冲波形，如图 12-10b 所示。晶闸管的导通区间与电路工作状态有关。

3）由于某相负载电压只有 3 种情况，故画出与该相负载对应的相电压、线电压波形。如图 12-10c 所示，为分析 a 相负载电压波形时，画出 u_a、$u_{ab}/2$、$u_{ac}/2$ 的波形轮廓线。

4）这样按区间，根据触发信号、晶闸管导通情况，在 u_a、$u_{ab}/2$、$u_{ac}/2$ 波形轮廓线上直接描绘出负载电压波形，如图 12-10d 所示。

下面以 $\alpha = 30°$ 为例，按区间说明其分析过程。

区间 1（$\omega t = 30° \sim 60°$）：VT_1 和 VT_6 触发并导通，在此区间 u_c 在正半周，或者说 VT_5 正偏，在电路开始启动时，VT_5 无触发信号，故负载电压为 $u_{ab}/2$。在稳态时 VT_5 也导通，因三相全通，故负载电压为 u_a，如图 12-10d 所示。

区间 2（$\omega t = 60° \sim 90°$）：VT_1 和 VT_6 仍导通，VT_5 反偏而关断，因 VT_1 和 VT_6 对应 u_a 和 u_b，故负载电压为 $u_{ab}/2$。

区间 3（$\omega t = 90° \sim 120°$）：VT_1 和 VT_2 触发并导通，VT_6 正偏，VT_6 仍导通，因三相全通，故负载电压为 u_a。

区间 4（$\omega t = 120° \sim 150°$）：$VT_1$ 和 VT_2 仍导通，VT_6 反偏而关断，因 VT_1 和 VT_2 对应 u_a 和 u_c，故负载电压为 $u_{ac}/2$。

区间 5（$\omega t = 150° \sim 180°$）：$VT_2$ 和 VT_3 触发并导通，VT_1 正偏，VT_1 仍导通，因三相全通，故负载电压为 u_a。

区间 6（$\omega t = 180° \sim 210°$）：$VT_2$ 和 VT_3 仍导通，VT_1 反偏而关断，因 VT_2 和 VT_3 对应于 u_c 和 u_b，故负载电压等于零。

区间 7（$\omega t = 210° \sim 240°$）：$VT_3$ 和 VT_4 触发而导通，VT_2 正偏，VT_2 仍导通，因三相全通，故负载电压为 u_a。

区间 8（$\omega t = 240° \sim 270°$）：$VT_3$ 和 VT_4 仍导通，VT_2 反偏而关断，因 VT_3 和 VT_4 对应 u_b 和 u_a，故负载电压为 $u_{ab}/2$。

区间 9（$\omega t = 270° \sim 300°$）：$VT_4$ 和 VT_5 触发而导通，VT_3 正偏，VT_3 仍导通，因三相全通，故负载电压为 u_a。

区间 10（$\omega t = 300° \sim 330°$）：$VT_4$ 和 VT_5 仍导通，VT_3 反偏而关断，因 VT_4 和 VT_5 对应 u_a 和 u_c，故负载电压为 $u_{ac}/2$。

区间 11（$\omega t = 330° \sim 360°$）：$VT_5$ 和 VT_6 触发并导通，VT_4 正偏，VT_4 仍导通，因三相全通，故负载电压为 u_a。

区间 12（$\omega t = 360° \sim 390°$）：$VT_5$ 和 VT_6 仍导通，VT_4 反偏而关断，因 VT_5 和 VT_6 对应 u_c 和 u_b，故负载电压为零。

以上分析及图 12-10 所示波形可以看出，在 $\alpha = 30°$ 时，每个晶闸管导通 5 个区间，即 150°。电路工作于三个晶闸管导通和两个晶闸管导通交替的状态。

在其他触发延迟角下，负载相电压、相电流波形的分析方法同上，读者可自行进行分析。图 12-11 给出了 $\alpha = 60°$、$\alpha = 90°$ 和 $\alpha = 120°$ 这三种工况下的负载相电压波形。由于电阻性负载，负载电流波形与负载电压波形一致。

当 $\alpha > 150°$ 以后，负载上没有交流电压输出。以 VT_1 和 VT_6 为例，在电路启动时，同时给 VT_1 和 VT_6 施加触发脉冲，从图 12-10 可以看出，此时 $u_b > u_a$，VT_1 和 VT_6 在反偏状态，不可能导通，故输出电压为零。故丫联结的三相交流调压电路电阻性负载下移相范围为 $0 \sim 150°$。

在电阻电感性负载情况下，可参照电阻负载和单相电阻电感性负载时的分析方法，但分析要更复杂些。

(4) 谐波分析　电阻负载下，电流谐波次数为 $6k \pm 1$（$k = 1$，2，3，$\cdots$），和三相桥式全控整流电路交流侧电流所含谐波的次数完全相同。谐波次数越低，含量越大。与单相交流调压电路相比较，没有 3 次和 3 的倍次谐波，因三相对称时，它们不能流过三相三线制电路。在电阻电感负载情况下，谐波电流含量相对要小一些。

2. 支路控制的△联结三相交流调压电路

电路如图 12-11 所示，是三个由线电压供电的单相交流调压电路组成。无论是电阻性负载，还是电阻电感性负载，每一相都可以当成单相交流调压电路来分析，单相交流调压电路的分析方法和结论完全适用，只是将单相相电压改成线电压，输入线电流（电源电流）为与该线相连的两个负载相电流之和。

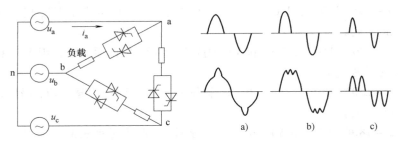

图 12-11　支路控制的△联结三相交流调压电路及其波形图

谐波情况分析：由于三相对称负载，相电流中 3 的倍数次谐波的相位和大小都相同，所以它们在三角形回路中流动，而不出现在线电流中。因此，线电流中谐波次数为 $6k\pm1$（$k=1$，2，3，…）。在相同负载和控制角时，线电流中谐波含量少于三相三线Y形电路。

所以，对应于图 12-8 所示的六种三相交流调压电路的主要技术指标和电路特点总结见表 12-1。

表 12-1　六种三相交流调压电路的主要技术指标和电路特点

电路	晶闸管最大峰值电压	晶闸管电流平均值	移相范围	电路性能特点
图 12-8a	$\sqrt{2/3}\,U_i$	$0.45I_i$	0~180°	零线电流大，大容量设备不采用
图 12-8b、c	$\sqrt{6}\,U_i/2$	$0.45I_i$	0~150°	负载可星形或三角形联结，谐波分量小
图 12-8d	$\sqrt{2}\,U_i$	$0.26I_i$	0~180°	负载应分得开，适用于大电流场合
图 12-8e	$\sqrt{2}\,U_i$	$0.26I_i$	0~150°	负载应分得开
图 12-8f	$\sqrt{2}\,U_i$	$0.675I_i$	0~210°	线路简单，成本低，负载应分得开

12.1.3　斩波控制的交流调压电路

1. 交流斩波调压基本原理

将 PWM 技术应用于交流调压，出现了交流斩波器。交流斩波调压电路的基本原理和直流斩波电路相同，它将交流开关同负载串联和并联构成，如图 12-12a 所示。

假定电路中各部分都是理想状态。由 VT_1、VD_1、VT_2、VD_2 构成的电路为斩波开关 S_1，考虑负载电感续流的开关 S_2 由 VT_3、VD_3、VT_4、VD_4 构成。S_1 和 S_2 不允许同时导通，通常二者在开关时序上互补。

图 12-12b 所示为交流斩波调压电路输出波形，由图可知，输出电压为

$$u_o = Gu_i = \begin{cases} u_i = \sqrt{2}\,U_i\sin\omega t & (S_1 \text{ 通 } S_2 \text{ 断}) \\ 0 & (S_1 \text{ 断 } S_2 \text{ 通}) \end{cases} \tag{12-25}$$

式中，G 为开关函数，其定义为

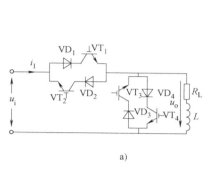
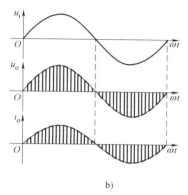

a)　　　　　　　　　　　　　　　b)

图 12-12　交流斩波调压电路及其波形

$$G = \begin{cases} 1, & S_1 \text{ 通 } S_2 \text{ 断} \\ 0, & S_1 \text{ 断 } S_2 \text{ 通} \end{cases} \tag{12-26}$$

设交流开关 S_1 的导通时间为 t_{on}，关断时间为 t_{off}，开关周期为 T_C，则导通比为 $D = t_{on}/T_C$，改变 D 则可调节输出电压。

在图 12-12a 电路条件下，则

$$u_{o0} = Gu_i = \sqrt{2}\,GU_i\sin\omega t \tag{12-27}$$

开关函数 G 的傅里叶级数表示如下：

$$G = a_0 + \sum_{n=1}^{\infty}(a_n\cos n\omega t + b_n\sin n\omega t)$$

式中

$$a_0 = \frac{1}{T_C}\int_0^{T_C}G(t)\,\mathrm{d}t = t_{on}/T_C = D$$

$$a_n = \frac{2}{T_C}\int_0^{T_C}G(t)\cos n\omega t\mathrm{d}t$$

$$b_n = \frac{2}{T_C}\int_0^{T_C}G(t)\sin n\omega t\mathrm{d}t$$

则

$$G = D + \frac{2}{\pi}\sum_{n=1}^{\infty}\frac{\sin\varphi_n}{n}\cos(n\omega_C t - \varphi_n) \tag{12-28}$$

式中，$D = t_{on}/T_C$，$\varphi_n = n\pi D$，$\omega_C = 2\pi/T_C$。将式（12-28）代入式（12-27），得

$$u_o = \sqrt{2}\,U_i\sin\omega t\left[D + \frac{2}{\pi}\sum_{n=1}^{\infty}\frac{\sin\varphi_n}{n}\cos(n\omega_C t - \varphi_n)\right]$$

$$= \sqrt{2}\,DU_i\sin\omega t + \frac{2\sqrt{2}\,U_i}{\pi}\sum_{n=1}^{\infty}\frac{\sin\varphi_n}{n}\{\sin[(n\omega_C + \omega)t - \varphi_n] - \sin[(n\omega_C - \omega)t - \varphi_n]\}$$

$$\tag{12-29}$$

式（12-29）表明，u_o 含有基波及各次谐波。谐波频率在开关频率及其整数倍两侧 $\pm\omega$ 处分布，开关频率越高，谐波与基波距离越远，越容易滤掉。改变占空比 D 就可以改变基波电压的幅值，达到交流调压的目的。

2. 交流斩波调压控制

交流斩波调压电路使用交流开关，一般采用全控型器件，如 GTO、GTR、IGBT 等来构成。这类器件的静特性均为非对称，反向阻断能力低，甚至不具备反向阻断能力。为此常与二极管配合组成复合器件，即利用二极管来提供开关的反向阻断能力。常用交流开关电路结构如图 12-13 所示。

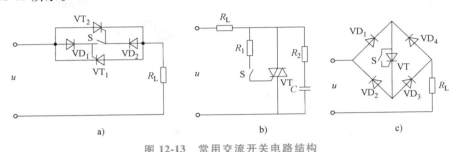

图 12-13 常用交流开关电路结构

图 12-13a 所示的电路结构，在每一个双向开关中含有两个全控开关，它们被分别控制在负载电流的不同方向上导通。控制电路必须有严格的同步要求，两个开关可独立控制，因此控制方式灵活。

图 12-13b 所示的电路结构有一个全控双向开关，因此门极控制信号是双极性的。这种结构使主电路接线简单，减小电路引线电感在高频运行时的影响。

图 12-13c 所示的电路结构，只使用了一个全控型开关器件。当负载电流方向改变时，二极管桥中导通的桥臂自然换向，而流过开关器件中的电流不会改变方向。采用这种结构的双向开关，控制电路简单，无同步要求，斩波开关与续流开关可采用互补控制。

一般来说，交流斩波调压电路的控制方式与交流主电路开关结构、主电路的电路结构及相数有关。但按照对斩波开关和续流开关的控制时序而言，则可分为互补控制和非互补控制两大类。

（1）互补控制 互补控制就是在一个开关周期内，斩波开关和续流开关只能有一个导通。采用图 12-13b 所示的交流开关结构构成的交流斩波调压电路及其理想的互补控制时序如图 12-14 所示。这种控制方法与电流可逆直流斩波电路的控制类似，按电源正、负半周分别考虑。

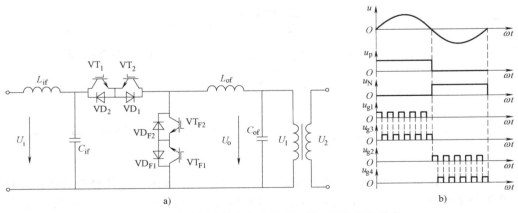

图 12-14 交流斩波调压电路及其理想的互补控制时序

由于实际开关为非理想开关, 很可能会因开关导通、关断时延造成斩波开关和续流开关直通而短路, 为防止短路, 可增设死区时间, 这样又会造成二者均不导通, 负载电流断路造成电路产生过电压。因此为防止发生上述情况, 还需要采取其他措施, 如使用缓冲电路来限制过电流和过电压, 这是互补控制方式的不足之处。

（2）非互补控制　非互补控制方式的控制时序如图 12-15 所示, 其主电路结构仍采用图 12-14a 所示的电路。

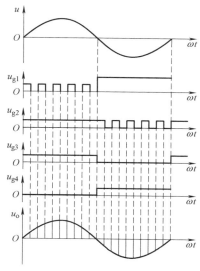

在 u_i 正半周, 用 VT_1 进行斩波控制, VT_{F1} 一直施加控制信号, 提供续流通道。VT_2 一直施加控制信号, VT_{F2} 总处于断态。

在 u_i 负半周, 用 VT_2 进行斩波控制, VT_{F2} 一直施加控制信号, 提供续流通道。VT_1 一直施加控制信号, VT_{F1} 总处于断态。

在非互补控制方式, 不会出现电源短路和负载断流情况。以 u_i 正半周为例, VT_1 进行斩波控制, VT_{F2} 总处于断态, 不会产生直通; VT_{F1} 一直施加控制信号, VT_2 一直施加控制信号, 从而无论负载电流是否改变方向, 当斩波开关关断时, 负载电流都能维持导通, 防止了因斩波开关和续流开关同时关断造成的负载电流断续。

图 12-15　非互补控制方式的控制时序

当负载为电感性负载时, 由于电压、电流相位不同, 若按图 12-15 给出的控制时序, 则由于电压正半周时 VT_2 和 VT_{F1} 一直施加控制信号; 当在电流为负半周时, VT_2 会导通, 造成 VT_1 反偏, 斩波控制失效, 即输出电压不受斩波开关控制, 产生输出电压失真。

为了避免出现这种失控情况, 在电感性负载时, 电路时序控制应当加入电流信号, 由电压、电流的方向共同决定控制时序, 因此控制时序复杂。本书不作讨论, 感兴趣的读者可参考相关文献。

12.2　交流电力控制电路

1. 晶闸管交流调功器

移相触发控制使得电路中的正弦波形出现缺角, 包含较大的高次谐波。为了克服这种缺点, 可采用过零触发的通断控制方式。这种控制方式的开关对外界的电磁干扰较小。其控制方法是在设定的周期内, 使晶闸管开关接通几个周波, 然后断开几个周波, 通过改变通断时间比来改变负载上的交流平均电压, 达到调节负载功率的目的。因此, 这种装置也称交流调功器。

图 12-16 所示为两种通断控制方式。如果在设定周期 T_C 内导通的周波数为 m, 每个周波的周期为 T, 输出电压有效值为

$$U_{o0} = \sqrt{\frac{mT}{T_C}} U_i \tag{12-30}$$

调功器的输出功率为

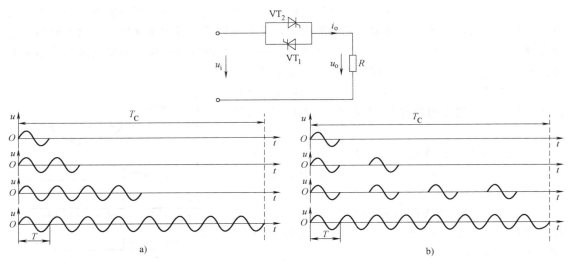

图 12-16　晶闸管交流调功器的两种通断控制方式

$$P_{o} = \frac{mT}{T_{C}}P_{i} \qquad (12\text{-}31)$$

式中，P_i 为设定周期 T_C 内全部周波导通时，电路输出的功率；U_i 为设定周期 T_C 内全部周波导通时，电路输出的电压有效值；m 为在设定周期 T_C 内导通的周波数。

因此改变导通周波数 m，即可改变输出电压和功率。

如图 12-17 所示为采用通断控制的电阻负载下电流谐波图（导通两个周波、关断一个周波）。图中，I_n 为 n 次谐波电流有效值；I_{om} 为导通时电路负载电流的幅值。以电源周期为基准，电流中不含整数倍频率的谐波，但含有非整数倍频率的谐波，而且在电源频率附近，非整数倍频率的含量较大。

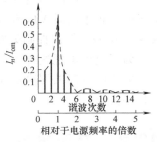

图 12-17　通断控制的电阻负载下电流谐波图

过零触发虽然没有移相触发高次谐波（移相触发的是 3、5、7、9 次）干扰，但其通断频率比电源频率低，特别是当通断比太小时，会出现低频干扰，使照明出现人眼能察觉的闪烁、电表指针出现摇摆等。因此，调功器通常只用于热惯性较大的电热负载。

2. 晶闸管交流开关

晶闸管交流开关是将两个晶闸管反并联或单个双向晶闸管串入交流电路，代替机械开关，起接通和断开电路的作用，就构成了晶闸管交流开关，也称固态继电器。

晶闸管交流开关是一种快速、理想的交流开关。晶闸管交流开关总是在电流过零时关断，在关断时，不会因负载或线路电感储存能量，而造成暂态过电压和电感干扰。因此特别适用于操作频繁、可逆运行及有易燃气体和多粉尘的场合。

与交流调功电路所用的交流开关相比，并不控制电路的平均输出功率，通常没有明确的控制周期，只是根据需要控制电路的接通和断开，控制频度通常比交流调功电路低得多。

如图 12-18 所示为采用晶闸管开关控制交流电路通断原理。图中虚线框内部分实际就是一个固态继电器，内部具有光电隔离。此晶闸管交流开关可用 TTL 电平直接驱动。

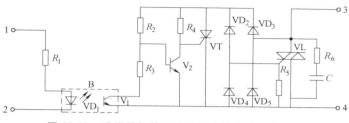

图 12-18　采用晶闸管开关控制交流电路通断原理

12.3　交-交变频电路

从一种频率交流电直接变换成另一种频率的交流电的变换控制，称为交-交变频。由于这种交流-交流的变频是不通过中间直流环节，故称为周波变换器或周期变换器（Cyclocon-vertor）。交-交变频技术主要应用于交流电机的变频调速。

将交流电直接变为另一频率和电压的交流电，称为交-交直接变频。交-交变频器采用晶闸管作为主功率器件，在轧机、矿井卷扬机传动方面有很大需求。晶闸管的最大优点是开关功率大（可达 5000V/5000A），适合于大容量交流电机调速系统。同时，大功率晶闸管的生产技术和应用技术相当成熟，通过与现代交流电机控制理论的数字化结合，将具有较强的竞争力。但是，交-交变频器也存在一些固有缺点，如调整范围小，当电源为 50Hz 时，最大输出频率不超过 20Hz；功率因数低、谐波污染大，需要同时进行无功补偿和谐波治理。

12.3.1　单相交-交变频电路

1. 基本工作原理

单相交-交变频电路由相同的两组晶闸管整流电路反并联构成，如图 12-19a 所示。将其中一组整流器称为正组整流器 P，另一组整流器称为反组整流器 N。如果正组整流器工作，反组整流器被封锁，负载端得到输出电压为上正、下负；如果反组整流器工作，正组整流器被封锁，则端得到输出电压为上负、下正。这样，只要交替地以低于电源的频率切换正、反组整流器的工作状态，则在负载端就可以获得交变的输出电压。如果在一个周期内触发延迟角 α 是固定不变的，则输出电压波形为矩形波，如图 12-19b 所示。此种方式控制简单，但矩形波中含有大量的谐波，对电机负载的工作很不利。

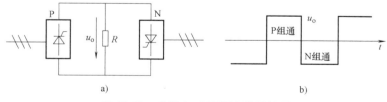

图 12-19　单相交-交变频电路及波形

如果触发延迟角 α 不固定，在正组工作的 1/2 个周期内，使触发延迟角按正弦规律从 90° 逐渐减小到零，然后再由零逐渐增加到 90°，则正组整流器的输出电压的平均值就按正弦规律，从零增大到最大，然后从最大减小到零，如图 12-20 所示（三相交流输入）。在反组工作的 1/2 周期内采用同样的控制方法，就可以得到接近正弦波的输出电压。

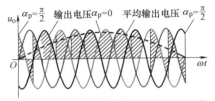

图 12-20　单相交-交变频器触发延迟角
α 改变时的正弦波的输出电压

正、反两组整流器切换时，不能简单地将原来工作的整流器封锁，同时将原来封锁的整流器立即开通。因为已开通的晶闸管并不能在触发脉冲取消的那一瞬间立即关断，必须待晶闸管承受反压时才能关断。如果两组整流器切换是触发脉冲的封锁和开放同时进行，原先导通的整流器不能立即的关断，而原来封锁的整流器已经开通，于是将出现两组整流器同时导通的现象，将会产生很大的短路电流，使晶闸管损坏。为了防止在负载电流反向时环流产生，将原来工作的整流器封锁后，必须留有一定的死区时间，再开通另一组整流器。这种两组整流器任何时刻只能有一组工作，在两组之间不存在环流，称为无环流控制方式。

无环流控制方式，通过设置死区时间提高运行的安全可靠性，但需要一套控制开通和封锁两组触发脉冲的逻辑切换电路，控制系统比较复杂。同时若死区时间太小不能保证换流安全，死区时间太长又会影响输出电压的波形，因为在死区时间内，两组整流器都无输出，这就使输出电压的正弦畸变增大，谐波更大，这些都是无环流控制运行的缺点。

如果在交-交变频器工作的任何时刻，正、反两组都施加相控触发脉冲，两组同时工作，且正、反组触发脉冲角之和为 180°，即某组处于整流状态时，另一组处于逆变状态，两组整流器输出电平平均值大小相等、方向相反，正、反组不会发生短路。但两组输出电压的瞬时值不会为零，这将在两组之间形成环流，这种控制方式被称为有环流控制方式，又称自然环流控制方式。

自然环流控制方式，当正、反组需要换流时，不需要逻辑切换电路，控制相对简单。但是环流使得晶闸管负担加重、损耗加大。为了减小环流，应当在两组变流器电路之间设置环流电抗器，使设备成本增加。环流电流只在两组变流器之间流动，环流电流的大小由正、反组瞬时电压差和环流电抗的电感确定。

由于两组变流器之间流过环流，有可能避免出现电流的断续现象，并可消除电流死区，从而使变频电路的输出电压、电流特性得以改善。但是在两组变流电路之间设置环流电抗器，使设备成本增加。此外，在运行时有环流方式的输入功率比无环流方式略有增加，使效率有所降低。因此，交-交直接变频器大都采用无环流运行方式。图 12-21 给出了两种实用的单相交-交直接变频电路。

2. 交-交变频电路的工作过程

交-交变频电路的负载可以是电感性、电阻性或电容性。下面以使用较多的电感性负载为例，说明组成变频电路的两组晶闸管可控整流电路的工作过程。

对于电感性负载，输出电压超前于电流，图 12-22 给出了电感性负载时变频电路的输出电流波形。

如果考虑无环流工作方式下负载电流过零的死区时间，1 个周期可以分为以下 6 个阶段：

1）第一阶段：输出电压为正，由于电流滞后，$i_o < 0$。因为整流器的输出电流具有单向性，负载负向电流必须由反组整流器输出，则此阶段为反组整流器工作，正组整流器被封锁。由于 $u_o > 0$，则反组整流器必须工作在有源逆变状态。反组整流器输出负功率。

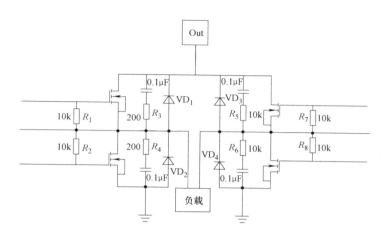

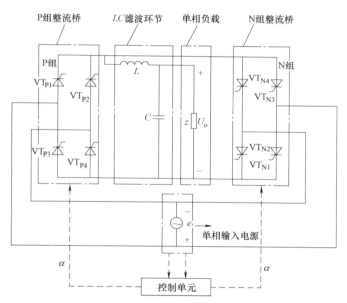

图 12-21　两种实用的单相交-交直接变频电路

2）第二阶段：电流过零，为无环流死区。

3）第三阶段：$i_o>0$，$u_o>0$。电流方向为正，此阶段正组整流器工作，反组整流器被封锁。由于 $u_o>0$，则正组整流器必须工作在整流状态，正组整流器输出正功率。

4）第四阶段：$i_o>0$，$u_o<0$。由于电流方向没有改变，正组整流器工作，反组整流器仍被封锁。由于电压方向为负，则正组整流器工作在有源逆变状态，正组整流器输出负功率。

5）第五阶段：电流为零，为无环流死区。

6）第六阶段：$i_o<0$，$u_o<0$。电流方向为负，反组整流器工作，正组整流器被封锁。此阶段反组整流器工作在整流状态，反组整流器输出正功率。

可以看出，在交-交变频电路中，哪组整流器电路工作是由输出电流决定的，而与输出电压极性无关。变流电路是工作在整流状态，还是工作在逆变状态，则是由输出电压方向和输出电流方向的异同决定的。

3. 输出正弦波电压的控制方法

要使输出电压波形接近正弦波，必须在一个控制周期内，触发延迟角 α 按一定规律变化，使整流电路在每个控制间隔内的输出平均电压按正弦规律变化。最常用的方法是采用余弦交点法。

整流电路在每个控制间隔输出的平均电压为 $\overline{u_o}$

$$U_o = \overline{u_{d0}}\cos\alpha \tag{12-32}$$

式中，u_{d0} 为触发延迟角 $\alpha = 0°$ 时整流电路的输出理想空载电压。

若正、反组整流器采用三相桥式整流电路，则控制间隔为 60°，在不同的控制间隔内，触发延迟角 α 不同，则输出的平均电压值 U_o 是变化的。

若期望的正弦波输出电压为 u_o，则

$$u_o = U_{om}\cos\omega_0 t \tag{12-33}$$

式中，U_{om}，ω_0 分别为变频器输出正弦波电压的幅值及角频率。比较式（12-32）和式（12-33），得出

$$U_{d0}\cos\alpha = U_{om}\cos\omega_0 t \tag{12-34}$$

得出

$$\cos\alpha = \frac{U_{om}}{U_{d0}}\cos\omega_0 t = M\cos\omega_0 t \tag{12-35}$$

式中，M 称为输出电压比，$0 \leqslant M \leqslant 1$。因此

$$\alpha = \arccos(M\cos\omega_0 t) \tag{12-36}$$

如果在一个控制周期内，触发延迟角 α 根据式（12-36）确定，则每个控制间隔输出电压的平均值按正弦规律变化。若要改变变频器的输出电压幅值，只要改变触发延迟角 α 即可。

式（12-36）为余弦交点法求触发延迟角 α 的基本公式。利用此公式，通过微处理器系统可很方便地实现准确的计算和控制。

若通过模拟电路实现交-交变频器的控制，可以利用余弦交点法的图解法，如图 12-23 所示。图中，线电压 u_{ab}、u_{ac}、u_{bc}、u_{ba}、u_{ca}、u_{cb} 依次用 $u_1 \sim u_6$ 表示，相邻两个线电压的交点对应于相电压交点（自然换向点），即 $\alpha = 0$。$u_1 \sim u_6$ 所对应的同步余弦信号分别用 $u_{s1} \sim u_{s6}$ 表示。$u_{s1} \sim u_{s6}$ 比相应的 $u_1 \sim u_6$ 超前 30°。

以图 12-23 中"O"点为建立坐标系的原点，则 $u_1(u_{ab})$ 对应的同步电压 u_{s1} 为

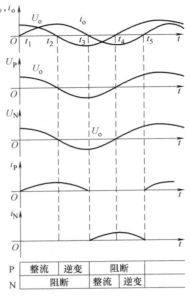

图 12-22　电感性负载时变频
电路的输出电流波形

P	整流	逆变	阻断	
N	阻断	整流	逆变	

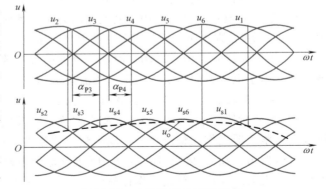

图 12-23　余弦交点法求控制角 α

$$u_{s1} = U_{s1m}\cos\omega t \tag{12-37}$$

设期望值的正弦波输出电压 u_o 与 u_{s1} 下降段的交点为 ωt_1，则

$$u_o(\omega_0 t_1) = u_{s1}(\omega t_1) = U_{s1m}\cos\omega t_1 \tag{12-38}$$

而在此 ωt_1 时刻，触发整流器中的晶闸管，设触发控制角为 α_{P1}，又整流器为三相桥式整流电路，则输出电压平均值

$$\overline{u_o} = U_{do}\cos\omega t_1 = 2.34U_2\cos\omega t_1 = 2.34U_2\cos\alpha_{P1} \tag{12-39}$$

此值实际上就是交-交变频器在此刻的输出电压。

比较式（12-38）和式（12-39），得出结论：整流器中的各晶闸管触发时刻由相应的同步电压 $u_{s1} \sim u_{s6}$ 的下降段与期望的正弦波输出电压 u_o 的交点来决定。

4. 输入-输出特性

（1）输出上限频率　交-交变频电路输出电压不是平滑的正弦波，而是由若干段电源电压拼接而成的。输出频率增高时，输出电压一周期所含的电网电压段数减少，波形畸变严重。电压波形畸变及其导致的电流波形畸变和转矩脉动，是限制输出频率提高的主要因素。就输出波形畸变和输出上限频率的关系而言，很难确定一个明确的界限。当采用 6 脉波三相桥式电路时，输出上限频率不高于电网频率的 $1/3 \sim 1/2$。电网频率为 50Hz 时，交-交变频电路的输出上限频率约为 20Hz。

（2）输入功率因数　由于交-交变频电路的控制方式为移相触发控制，输入电流相位滞后于输入电压，需要电网提供无功功率。

由式（12-36）或图 12-24 可看出，在交-交变频电路输出的一周期内，α 角以 90° 为中心变化，输出电压比 M 越小，半周期内 α 的平均值越靠近 90°，其位移因数或输入功率因数越低。图 12-24 给出了在不同的 M 下，交-交变频电路输出电压在一个周期内，移相触发延迟角 α 的变化规律，它反映了输入功率因数的变化。

图 12-25 给出输入功率因数与负载功率因数间的关系。可以看出，负载功率因数越低，输入功率因数也越低，不论负载功率因数是滞后的，还是超前的，输入的无功电流总是滞后。

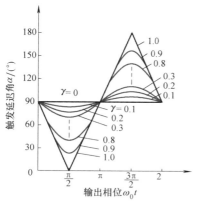

图 12-24　输出电压与输入功率因数的关系

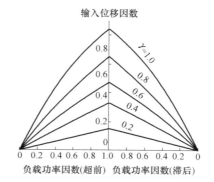

图 12-25　输入功率因数与负载功率因数的关系

（3）输出电压谐波　交-交变频电路输出电压的谐波频谱非常复杂，既和输入频率 f_i 以及变流电路的脉波数有关，也和输出频率 f_o 有关。采用三相桥时，输出电压所含的主要谐

波的频率为

$6f_i \pm f_o$，$6f_i \pm 3f_o$，$6f_i \pm 5f_o$，$\cdots$；$12f_i \pm f_o$，$12f_i \pm 3f_o$，$12f_i \pm 5f_o$，$\cdots$

采用无环流控制方式时，由于电流方向改变时死区的影响，将增加 $5f_o$ 和 $7f_o$ 等次谐波。

（4）**输入电流谐波**　由于交-交变频电路是由正、反两组整流电路构成，输入电流波形与可控整流的输入波形类似。但其幅值和相位均按正弦规律被调制，其输入电流的谐波频谱要复杂得多。采用三相桥式电路的交-交变频电路输入电流谐波频率为

$$f_{in} = |(6k\pm1)f_i \pm 2lf_o| \tag{12-40}$$

或

$$f_{in} = f_i \pm 2kf_o \tag{12-41}$$

式中，$k=1$，2，3，$\cdots$；$l=0$，1，2，$\cdots$。

12.3.2　三相交-交变频电路

交-交直接变频电路主要用于三相交流供电的大功率交流电机调速系统，因此实用的交-交直接变频器大都是三相输出的交-交变频电路。三相输出交-交变频电路由三组输出电压相位互差120°的单相交-交变频电路，按一定的方式连接组成。

1. 电路接线方式

三相交-交变频电路主要有两种连接方式，即公共交流母线进线方式和输出Y联结方式。

（1）**公共交流母线进线方式**　如图 12-26 所示是公共交流母线进线方式的三相交-交变频电路，它由 3 组彼此独立的、输出电压相位相互错开 120°的单相交-交变频电路构成，它的电源进线电抗器接在公共的交流母线上。因为电源进线端公用，所以 3 组的输出端必须隔离。为此，交流电动机的 3 个绕组必须拆开，共引出 6 根线。主要用于中等容量的交流调速系统。

（2）**输出Y联结方式**　如图 12-27 所示是输出Y联结方式的三相交-交变频电路，3 组的输出端是Y联结，电动机的 3 个绕组也是Y联结，电动机中性点不和变频电路中性点接在一起，电动机只引出 3 根线即可。因为三组的输出连接在一起，其电源进线必须隔离，因此分别用 3 个变压器供电。

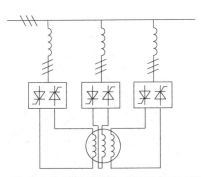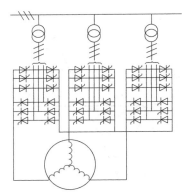

图 12-26　公共交流母线进线方式的三相交-交变频电路　　图 12-27　输出Y联结方式的三相交-交变频电路

由于输出端中点不和负载中点连接，所以在构成三相变频电路的 6 组桥式电路中，至少要有不同输出相的两组桥中的 4 个晶闸管同时导通，才能构成回路，形成电流。和整流电路一样，同一组桥内的两个晶闸管靠双脉冲触发以保证同时导通。两组桥之间则是靠各自的触

发脉冲有足够的宽度，以保证同时导通。

（3）**实用电路结构**　两组晶闸管相位变流器构成的交-交直接变频电路，通常仅用于获得较低输出频率的三相大功率变频、变压电源。这种变频、变压电源对交流电动机供电，可实现交流电力传动的四象限运行。

图 12-28 是由三相半波整流电路构成的三相交-交变频电路，每相变频电路都是由两组反并联的三相半波整流电路组成，有环流电抗器。每组变频电路输出电压的脉波数都为 3。

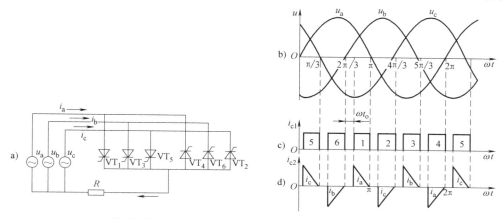

图 12-28　三相半波整流电路构成的三相交-交变频电路

图 12-29 是由三相桥式整流电路构成的三相交-交变频电路，每相变频电路都是由两组反并联的三相桥式整流电路组成，无环流电抗器。每组变频电路输出电压的脉波数均为 6。因此交流输出电压的谐波含量要小一些。图 12-29 变频电路和控制电路复杂，适用于高压大容量的交流电动机四象限变速电力传动。

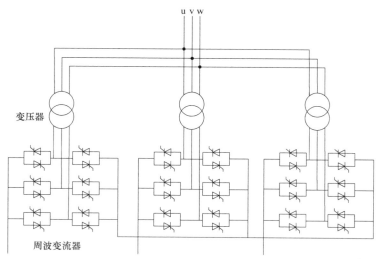

图 12-29　三相桥式整流电路构成的三相交-交变频电路

图 12-30 是由 12 脉波整流电路构成的三相交-交变频电路，每相变频器由 4 组三相桥式整流电路构成，其中整流器Ⅰ和整流器Ⅱ串联成一个整流器 P，整流器Ⅲ和Ⅳ串联成一个整流器 N。由于整流器Ⅰ和Ⅱ输出电压相位相差 30°，故整流器Ⅰ和Ⅱ联后的输出电压平均值

大一倍而脉动更小，脉动频率也提高了一倍，输出电压的脉波数为 12。然后整流器 P 再与整流器 N 反并联。

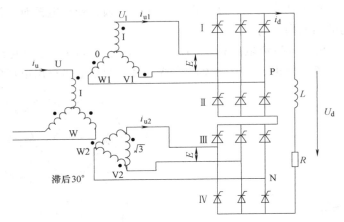

图 12-30　12 脉波整流电路构成的三相交-交变频电路

2. 输入-输出特性

三相交-交变频电路输出上限频率、输出电压谐波和单相交-交变频电路是一致的，但输入电流和输入功率因数有一些差别，输入电流与输出电压之间关系如图 12-31 所示。总输入电流由 3 个单相的同一相输入电流合成而得到，有些谐波因相位关系相互抵消，谐波种类有所减少，总的谐波幅值也有所降低，输入谐波频率为

图 12-31　交-交变频电路的输入电流与输出电压波形

$$f_{in} = \left| (6k \pm 1) f_i \pm 6l f_o \right| \qquad (12\text{-}42)$$

或

$$f_{in} = f_i \pm 6k f_o \qquad (12\text{-}43)$$

式中，$k = 1, 2, 3, \cdots$; $l = 0, 1, 2, \cdots$。

当采用三相桥式整流电路时，输入谐波电流的主要频率为 $f_i \pm 6f_o$，$5f_i$，$5f_i \pm 6f_o$，$7f_i$，$7f_i \pm 6f_o$，$11f_i$，$11f_i \pm 6f_o$，$13f_i$，$13f_i \pm 6f_o$，$f_i \pm 12f_o$ 等，其中 $5f_i$ 次谐波的幅值最大。

三相总输入功率因数为

$$\lambda = P/S = (P_a + P_b + P_c)/S \qquad (12\text{-}44)$$

即三相电路总的有功功率之和。但是，视在功率却不能简单相加，而应由总输入电流有效值和输入电压有效值来计算，比三相各自的视在功率之和要小。三相总输入功率因数要高于单相交-交变频电路。

3. 改善输入功率因数和提高输出电压

对于采用相控整流控制方式的交流直接变频电路，影响输入功率因数和输出电压的因素主要是触发延迟角 α 过大，尤其对于电动机负载，在低速运行时，变频器输出电压很低，各组桥式电路的触发延迟角 α 都在 90° 附近，因此输入功率因数很低。

要改善输入功率因数和提高输出电压，基本思路是各相输出的是相电压，而加在负载上的是线电压，在各相电压中叠加同样的直流分量或者 3 倍于输出频率的谐波分量，它们都不会在线电压中反映出来，因而也加不到负载上。利用这一特性可以使输入功率因数得到改善并提高输出电压。

（1）**直流偏置法** 直流偏置法是指给各相输出电压叠加上同样的直流分量，此时触发延迟角 α_s 将减小，但变频器输出线电压并不改变，而且可提高功率因数。这种方法常用于长期低速运行的电动机负载。

（2）**交流偏置法** 前述的余弦交点法原理，是利用期望的正弦波输出电压与同步电压的交点来确定触发延迟角 α，仍采用上述方法，但采用梯形波输出控制方式，使三组单相变频器的输出均为梯形波（也称准梯形波），主要谐波成分是 3 次谐波，在线电压中 3 次谐波相互抵消，线电压仍为正弦波，桥式电路较长时间工作在高输出电压区域（梯形波的平滑区），α 角较小，因此输入功率因数可提高 15% 左右。如图 12-32 所示，采用梯形波控制时，触发延迟角 α_{P1} 比采用正弦波控制时的触发延迟角 α'_{P1} 要小。

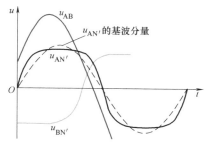

图 12-32 梯形波控制的输出电压波形

正弦波输出控制方式中，最大输出正弦波相电压的幅值只能为 $\alpha = 0°$ 时的 U_{do}。在同样幅值情况下，梯形波中的基波幅值可提高 15% 左右。

由于梯形波控制相当于在相电压中加入 3 次交流谐波，故称为交流偏置法。

4. 交-交变频和交-直-交变频的比较

交-交变频电路的优点主要体现在只用一次变流，效率较高，可方便地实现四象限工作，且低频输出波形接近正弦波。缺点是接线复杂，受电网频率和变流电路脉波数的限制，输出频率较低，输入功率因数较低和输入电流谐波含量大。由于以上特点，交-交变频器主要用于 500kW 以上的大功率、低转速的交流调速电路中。目前已经在矿石碎机、水泥球磨机、卷扬机、鼓风机及轧机主传动装置中，获得了较多的应用。它既可用于异步电动机的传动，也可用于同步电动机的传动。

交-交变频电路与交-直-交变频相比较，其性能参见表 12-2。

表 12-2 交-交变频电路与交-直-交变频电路的比较

内容	交-交变频电路	交-直-交变频电路
换能形式	一次换能,效率高	二次换能,效率较低
换流方式	电网自然换流	强迫或负载换流,或自关断器件
器件数量	多	较少
输出频率范围	$(1/3 \sim 1/2)$电网频率	无限制
输入功率因数	较低	采用 PWM 控制时较高
适用场合	低速大功率交流电动机传动系统	各种交流传动系统、UPS 等

12.4 矩阵式变频电路

矩阵式变换器（Matrix Converter，MC）作为一种新型的交-交变频电源，其电路拓扑形式早在 1976 年就被提出。1979 年，意大利学者 M. Venturini 和 A . Alesina 在理论上论证了该电力电子变换技术的可行性，此后 MC 得到了广泛的研究，也取得了丰硕的成果。如图 12-33 所示为矩阵式变频电路的主电路拓扑。

在图 12-33 中，三相输入电压为 u_a、u_b、u_c，三相输出电压为 u_A、u_B、u_C。9 个开关器件组成 3×3 矩阵，因此，该电路被称为矩阵式变频电路或矩阵变换器。图中每个开关都是矩阵中的一个元素，采用双向可控开关，可以是任何一种开关单元。图 12-34 给出一种实际的矩阵式变频电路。

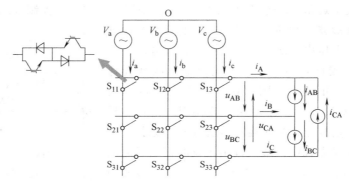

图 12-33　矩阵式变频电路的主电路拓扑

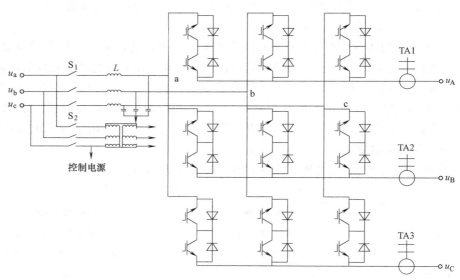

图 12-34　一种实际的矩阵式变频电路

矩阵式变频电路的优点是输出电压为正弦波，输出频率不受电网频率的限制，输入电流可控制为正弦波且和电压同相位，使功率因数为 1，也可控制为需要的功率因数，能量可双向流动，适用于交流电动机的四象限运行，不通过中间直流环节而直接实现变频，效率较高。

12.4.1　基本工作原理

对交流电压 u_S（如 a 相电压 u_a）进行斩波控制，即 PWM 控制时，输出电压 u_o（如 c 相

电压 u_{c} ）为

$$u_{\mathrm{o}} = \frac{t_{\mathrm{on}}}{T_{\mathrm{C}}} u_{\mathrm{S}} = D u_{\mathrm{s}} \tag{12-45}$$

式中，T_{C} 为开关周期；t_{on} 为一个开关周期内开关导通的时间；D 为占空比。

在不同的开关周期中采用不同的 D，即 D 是时间的函数，可得到与交流相电压 u_{S} 频率和波形都不同的输出电压 u_{o}。

对图 12-33 中开关 S_{11}、S_{12}、S_{13} 进行斩波控制，为防止输入电源短路，任何时刻只能有一个开关接通，负载一般是阻感性负载，负载电流具有电流源性质，为使负载不开路，任一时刻必须有一个开关接通。则 A 相输出电压 u_{A} 和各相输入电压的关系为

$$u_{\mathrm{A}} = D_{11} u_{\mathrm{a}} + D_{12} u_{\mathrm{b}} + D_{13} u_{\mathrm{c}} \tag{12-46}$$

式中，D_{11}、D_{12}、D_{13} 为一个开关周期内开关 S_{11}、S_{12}、S_{13} 的导通占空比。而且有

$$D_{11} + D_{12} + D_{13} = 1 \tag{12-47}$$

按同样的方法，B 相和 C 相输出电压分别为

$$u_{\mathrm{B}} = D_{21} u_{\mathrm{a}} + D_{22} u_{\mathrm{b}} + D_{23} u_{\mathrm{c}} \tag{12-48}$$

$$u_{\mathrm{C}} = D_{31} u_{\mathrm{a}} + D_{32} u_{\mathrm{b}} + D_{33} u_{\mathrm{c}} \tag{12-49}$$

写成矩阵形式为

$$\begin{bmatrix} u_{\mathrm{A}} \\ u_{\mathrm{B}} \\ u_{\mathrm{C}} \end{bmatrix} = \begin{bmatrix} D_{11} & D_{12} & D_{13} \\ D_{21} & D_{22} & D_{23} \\ D_{31} & D_{32} & D_{33} \end{bmatrix} \begin{bmatrix} u_{\mathrm{a}} \\ u_{\mathrm{b}} \\ u_{\mathrm{c}} \end{bmatrix} \tag{12-50}$$

或缩写为

$$\boldsymbol{u}_{\mathrm{o}} = \boldsymbol{D} \boldsymbol{u}_{\mathrm{i}} \tag{12-51}$$

式中

$$\boldsymbol{u}_{\mathrm{o}} = \begin{bmatrix} u_{\mathrm{A}} & u_{\mathrm{B}} & u_{\mathrm{C}} \end{bmatrix}^{\mathrm{T}}$$

$$\boldsymbol{u}_{\mathrm{i}} = \begin{bmatrix} u_{\mathrm{a}} & u_{\mathrm{b}} & u_{\mathrm{c}} \end{bmatrix}^{\mathrm{T}}$$

$$\boldsymbol{D} = \begin{bmatrix} D_{11} & D_{12} & D_{13} \\ D_{21} & D_{22} & D_{23} \\ D_{31} & D_{32} & D_{33} \end{bmatrix}$$

D 称为调制矩阵，它是时间的函数。

考虑到输出负载不会开路，三相输入电流 i_{a}、i_{b}、i_{c} 由各相输出电流的叠加而成，其关系为

$$i_{\mathrm{A}} = D_{11} i_{\mathrm{a}} + D_{21} i_{\mathrm{b}} + D_{31} i_{\mathrm{c}} \tag{12-52}$$

$$i_{\mathrm{B}} = D_{12} i_{\mathrm{a}} + D_{22} i_{\mathrm{b}} + D_{32} i_{\mathrm{c}} \tag{12-53}$$

$$i_{\mathrm{C}} = D_{13} i_{\mathrm{a}} + D_{23} i_{\mathrm{b}} + D_{33} i_{\mathrm{c}} \tag{12-54}$$

写成矩阵形式为

$$\boldsymbol{i}_{\mathrm{i}} = \begin{bmatrix} i_{\mathrm{A}} \\ i_{\mathrm{B}} \\ i_{\mathrm{C}} \end{bmatrix} = \begin{bmatrix} D_{11} & D_{21} & D_{31} \\ D_{12} & D_{22} & D_{32} \\ D_{13} & D_{23} & D_{33} \end{bmatrix} \begin{bmatrix} i_{\mathrm{a}} \\ i_{\mathrm{b}} \\ i_{\mathrm{c}} \end{bmatrix} = \boldsymbol{D}^{\mathrm{T}} \boldsymbol{i}_{\mathrm{o}} \tag{12-55}$$

式（12-50）、式（12-55）是矩阵式变频电路的基本输入-输出关系式。

对实际系统来说，输入电压和所需要的输入电流是已知的，设为

$$\begin{bmatrix} u_a \\ u_b \\ u_c \end{bmatrix} = \begin{bmatrix} U_{im}\cos\omega_i t \\ U_{im}\cos(\omega_i t - 2\pi/3) \\ U_{im}\cos(\omega_i t - 4\pi/3) \end{bmatrix} \tag{12-56}$$

$$\begin{bmatrix} i_A \\ i_B \\ i_C \end{bmatrix} = \begin{bmatrix} I_{om}\cos(\omega_o t - \varphi_o) \\ I_{om}\cos(\omega_o t - 2\pi/3 - \varphi_o) \\ I_{om}\cos(\omega_o t - 4\pi/3 - \varphi_o) \end{bmatrix} \tag{12-57}$$

式中，U_{im}、I_{om} 分别为输入电压和输出电流的幅值；ω_i、ω_o 分别为输入电压和输出电流的角频率；φ_o 为输出频率的负载阻抗角。

变频电路希望的输出电压和输入电流分别为

$$\begin{bmatrix} u_A \\ u_B \\ u_C \end{bmatrix} = \begin{bmatrix} U_{om}\cos\omega_o t \\ U_{om}\cos(\omega_o t - 2\pi/3) \\ U_{om}\cos(\omega_o t - 4\pi/3) \end{bmatrix} \tag{12-58}$$

$$\begin{bmatrix} i_a \\ i_b \\ i_c \end{bmatrix} = \begin{bmatrix} I_{im}\cos(\omega_i t - \varphi_i) \\ I_{im}\cos(\omega_i t - 2\pi/3 - \varphi_i) \\ I_{im}\cos(\omega_i t - 4\pi/3 - \varphi_i) \end{bmatrix} \tag{12-59}$$

式中，U_{om}、I_{im} 分别为输出电压和输入电流的幅值；φ_i 为输入电流滞后于电压的相位角；当期望的输入功率因数为 1 时，$\varphi_i = 0$，将式（12-56）~式（12-59）代入式（12-51）和式（12-55），得

$$\begin{bmatrix} U_{om}\cos\omega_o t \\ U_{om}\cos(\omega_o t - 2\pi/3) \\ U_{om}\cos(\omega_o t - 4\pi/3) \end{bmatrix} = \boldsymbol{D} \begin{bmatrix} U_{im}\cos\omega_i t \\ U_{im}\cos(\omega_i t - 2\pi/3) \\ U_{im}\cos(\omega_i t - 4\pi/3) \end{bmatrix} \tag{12-60}$$

$$\begin{bmatrix} I_{im}\cos\omega_i t \\ I_{im}\cos(\omega_i t - 2\pi/3) \\ I_{im}\cos(\omega_i t - 4\pi/3) \end{bmatrix} = \boldsymbol{D}^T \begin{bmatrix} I_{om}\cos(\omega_o t - \varphi_o) \\ I_{om}\cos(\omega_o t - 2\pi/3 - \varphi_o) \\ I_{om}\cos(\omega_o t - 4\pi/3 - \varphi_o) \end{bmatrix} \tag{12-61}$$

如能求得满足式（12-60）和式（12-61）的调制矩阵 $\boldsymbol{D}$，就可得到希望的输出电压和输入电流。要使矩阵式变频电路能够很好地工作，需要解决的两个基本问题是：一是如何求取理想的调制矩阵 $\boldsymbol{D}$；二是开关切换时，如何实现既无交叠，又无死区。

12.4.2 控制策略

矩阵式变频电路的控制策略可以分为 3 类：直接变换法、间接变换法和滞环电流跟踪法。

（1）直接变换法 直接变换法是通过对输入电压的连续斩波来合成输出电压的，它可以分为坐标变换法、谐波注入法、等效电导法和标量法，所有这些方法虽然各有一定的优越性，但都存在一定的问题，具体实现复杂，软件运算量较大，因此限制了它们的应用范围。

（2）间接变换法 间接变换法是基于空间矢量变换的一种方法，将交-交变换虚拟为交-直变换和直-交变换，这样便可采用目前流行的高频整流和高频逆变 PWM 波形合成技术，变

换器的性能可以得到较大的改善。而且，具体实现时整流和逆变是一步完成的，低次谐波得到了较好的抑制，具有双 PWM（PWM 整流-PWM 逆变）变换器的效果。它是目前在矩阵式变换器中研究较为成熟的一种方法，比较有发展前途。

（3）滞环电流跟踪法　滞环电流跟踪法是将三相输出电流信号与实测的输出电流信号相比较，根据比较结果和当前的开关状态，决定未来的开关动作。它具有容易理解、实现简单、响应快和鲁棒性好等优点，但也有滞环电流跟踪控制共同的缺点，如开关频率不稳定、谐波随机分布、输入电流波形不够理想和存在较大的谐波分量等。

矩阵式变换电路尚未进入实用化的主要原因是所用开关器件多（一般采用 18 个），电路结构复杂，换流复杂。其控制方法也还不成熟，变换复杂；输出、输入最大电压比只有 0.866，用于交流电机调速时，输出电压偏低。

但矩阵式变换器是一种具有优良的输入、输出特性的新型交-交直接电源变换器，它允许频率单级变换，无须大容量的储能元件，如大电容。可使输入电流正弦，输入功率因数达到 0.99 以上，并可自由调节，且与负载的功率因数无关。输出电压正弦，输出频率、电压可调，输出频率可高于、低于输入频率。特别是输入、输出特性好，无电力谐波，功率可双向流动，是具有四象限运行能力的"绿色"变换器，加之其体积小、效率高，符合模块化发展方向，在器件制造技术飞速进步和计算机技术日新月异的今天，矩阵式变频电路将有很好的发展前景。

思考题与习题

12.1　一调光台灯由单相交流调压电路供电，如 $\alpha = 0$ 时为输出功率最大值，试求功率为 80%、50% 最大输出功率时的触发延迟角 α。

12.2　一交流单相晶闸管调压器，用作控制从 220V 交流电源送至电阻为 0.5Ω、感抗为 0.5Ω 的串联负载电路的功率。试求①触发延迟角范围；②负载电流的最大有效值；③最大功率和这时的功率因数；④当 $\alpha = \pi/2$ 时，晶闸管电流的有效值、导通角和电源侧功率因数。

12.3　单相交流晶闸管调压器，用于电源 220V，阻感性负载，$R = 9\Omega$，$L = 14\text{mH}$，当 $\alpha = 20°$ 时，求负载电流有效值及其表达式。

12.4　交流调压电路和交流调功电路有什么区别？两者各运用于什么样的负载？为什么？

12.5　交-交变频电路的主要特点和不足之处是什么？其主要用途是什么？

12.6　交-交变频电路的最高输出频率是多少？制约输出频率提高的因素是什么？

12.7　三相交-交变频电路有哪两种接线方式？它们有什么区别？

12.8　单相交-交变频电路和三相交-交变频电路输入电流中所含谐波有何不同？

12.9　试述矩阵式变频电路的基本原理和优缺点。为什么说这种电路有较好的发展前景？

12.10　在三相交-交变频电路中，采用梯形波输出控制的好处是什么？为什么？

第 3 篇

电力电子技术的工程应用

第13章

软开关技术及其应用

13.1 软开关的基本概念及分类

现代电力电子技术的发展趋势是小型化、轻量化，同时对装置的效率和电磁兼容性也提出了更高的要求。通常，滤波电感、电容和变压器在电力电子装置的体积和重量中占很大的比例，采取有效措施减小这些器件的体积和重量是实现小型化、轻量化的主要途径。电力电子装置的滤波器是针对开关频率设计的，提高开关频率，可以相应地提高滤波器的截止频率，从而可以选用较小的电感和电容，减小滤波器的体积和重量。在电压和电流不变的条件下，变压器的绕组匝数与工作频率成反比，工作频率越高，绕组匝数越少，变压器所需铁心的窗口面积越小，从而可以选用较小的铁心，减少变压器的体积和重量。但在提高开关频率的同时，开关损耗也随之增加，电路效率下降，电磁干扰增大，所以简单地提高开关频率是不行的。针对这些问题出现了软开关技术。

13.1.1 硬开关和软开关

在电力电子电路的分析过程中，总是将电路理想化，特别是将其中的开关器件理想化，认为开关状态的转换是在瞬间完成的，忽略了开关过程对电路的影响。这样的分析方法便于理解电路的工作原理，但实际电路中开关过程是客观存在的，一定条件下还会对电路的工作造成显著的影响。

在很多电路中，开关器件是在高电压或大电流的条件下，由栅极（或基极）控制其导通或关断的，典型的开关过程如图 13-1 所示。可以看出，在开关过程中，开关器件的电压、电流均不为零，出现了电压和电流的交叠区。这些交叠区分别对应产生开通损耗 $P_{\text{loss(on)}}$ 和关断损耗

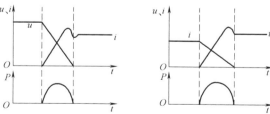

图 13-1　开关器件的开关过程

$P_{\text{loss(off)}}$，开通损耗与关断损耗的总和 P_{loss}，称为开关损耗。在上述开关过程中，不仅存在开关损耗，而且电压和电流的变化很快，会产生高的 $\mathrm{d}i/\mathrm{d}t$ 和 $\mathrm{d}u/\mathrm{d}t$，并且电压、电流波形出现了明显的过冲和振荡，这些都会导致开关噪声的产生。

以上所述的开关过程称为硬开关（Hard Switching）。可见，在硬开关过程中，会产生较

大的开关损耗和开关噪声。在一定的条件下，开关器件在每个开关周期中的开关损耗是恒定的，因此开关频率越高，开关损耗越大，电路效率就越低。开关噪声给电路带来的电磁干扰问题，又会影响周边电子设备的正常工作。

20 世纪 80 年代，美国 VPEC（Virginia Power Electronic Center）的李泽元（F. C. Lee）等人提出了软开关（Soft Switching）的概念。软开关技术简单地说，是指通过在硬开关电路中增加很小的电感、电容等谐振元件，构成辅助换相网络，在开关过程前后引入谐振过程，使开关器件导通前电压先降为零，或者在关断前使电流先降为零，以实现开关器件的零电压开关（Zero Voltage Switching，ZVS）或零电流开关（Zero Current Switching，ZCS），以消除开关过程中电压、电流的交叠，降低电压、电流的变化率，从而大大减小，甚至消除开关损耗和开关噪声，理想的软开关过程如图 13-2 所示。

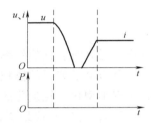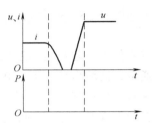

图 13-2　理想的软开关过程

13.1.2　零电压开关和零电流开关

软开关技术就是要实现开关器件的零电压开（通）、关（断）和零电流开（通）、关（断）。零电压开通是指开通前开关器件两端电压为零，在开通时开关器件就不会产生开通损耗和噪声。零电压开关如图 13-3 所示。

零电流关断是指关断前开关器件电流为零，在关断时开关器件就不会产生关断损耗和噪声。零电流开关如图 13-4 所示。零电压开通和零电流关断主要依靠电路中的谐振来实现，它们的区别见表 13-1。

表 13-1　零电压开关与零电流开关

ZCS 谐振开关	ZVS 谐振开关
零电流关断	零电压关断
开关 S_1 与 L_r 串联	开关 S_1 与 C_r 并联
S_1、L_r 串联支路与 C_r 并联	S_1、C_r 并联支路与 L_r 串联

另外，在开关器件两端并联电容，则开关器件关断后，并联电容能延缓开关器件电压上升的速率 du/dt，从而降低关断损耗，称这种关断过程为零电压关断，如图 13-3 所示；如与开关器件串联电感，则在开关器件开通后，串联电感能延缓开关器件电流上升的速率 di/dt，降低了开通损耗，称这种开通方式为零电流开通，如图 13-4 所示。但是，简单地在硬开关电路中给开关器件并联电容或串联电感，不仅不会降低开关损耗，还会带来总损耗增加、关断过电压增大等负面问题，因此上述方法常与零电压开通和零电流关断配合使用。

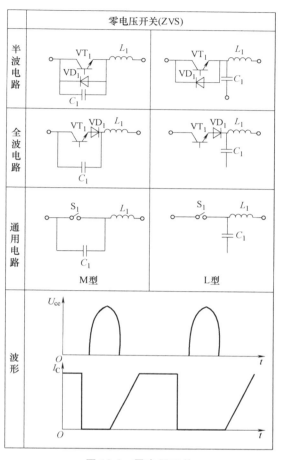

图 13-3　零电压开关

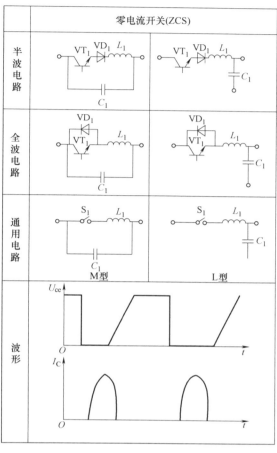

图 13-4　零电流开关

13.1.3　软开关电路的分类

自软开关技术问世以来，先后出现了多种软开关电路，到目前为止，新型的软开关拓扑仍在不断地出现。根据电路中主要的开关器件是零电压开通，还是零电流关断，可以将软开关电路分成零电压电路和零电流电路两大类。通常，一种软开关电路要么属于零电压电路，要么属于零电流电路。但在有些情况下，电路中有多个开关器件，有些开关器件工作在零电压开关的条件下，而另一些开关器件工作在零电流开关的条件下。

在软开关技术的发展过程中，先后出现了准谐振电路、零开关 PWM 电路和零转换 PWM 电路。由于每一种软开关电路都可以用于 DC-DC 变换电路，构成软开关 DC-DC 变换电路。因此可引入开关单元的概念来表示，不必再画出每一种具体电路，如图 13-5 所示为软开关单元。实际使用时，可以从开关单元导出具体的电路，注意开关器件和二极管的方向应当根据电流的方向做相应的调整。

1. 准谐振电路

20 世纪 80 年代提出的准谐振电路（Quasi-Resonant Converter，QRC）是软开关技术的一次飞跃。准谐振电路中提出了谐振开关（Resonant Switching）单元的概念，即在硬开关单元

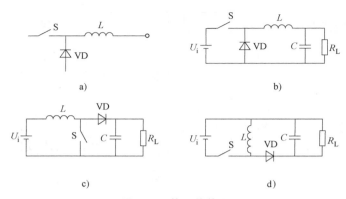

图 13-5 软开关单元

a）基本开关单元 b）降压斩波器中的基本开关单元 c）升压斩波器中
的基本开关单元 d）升降压斩波器中的基本开光单元

的基础上增加谐振电感 L_r 和谐振电容 C_r，构造谐振开关单元来代替硬开关单元，实现软开关。根据硬开关单元与谐振电感 L_r 和谐振电容 C_r 的不同组合，准谐振电路可分为

1）零电压开关准谐振电路（Zero-Voltage-Switching Quasi-Resonant Converter，ZVS QRC）。

2）零电流开关准谐振电路（Zero-Current-Switching Quasi-Resonant Converter，ZCS QRC）。

3）零电压开关多谐振电路（Zero-Voltage-Switching Multi-Resonant Converter，ZVS MRC）。

4）用于逆变器的谐振直流环节电路（Resonant DC Link，RDCL）。

前 3 种准谐振电路的准谐振软开关单元如图 13-6 所示。由这些准谐振开关单元替代硬开关单元，就可派生出一系列的准谐振电路。

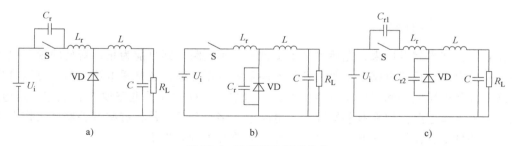

图 13-6 准谐振软开关单元

a）零电压开关准谐振电路 b）零电流开关准谐振电路 c）零电压开关多谐振电路

由图 13-6a 可见，零电压谐振开关单元中的谐振电容 C_r 和开关 S 是并联的。在 S 导通时，C_r 两端的电压为零；当 S 关断时，C_r 限制 S 上的电压上升率，实现 S 的零电压关断；当 S 开通时，L_r 和 C_r 谐振工作使 C_r 的电压自然回零，实现 S 的零电压开通。因此，加入谐振电感 L_r 和谐振电容 C_r 改变了开关 S 的电压波形，为 S 提供了零电压开关的条件。同样，由 13-6b 可见，零电流谐振开关中的谐振电感 L_r 和开关 S 是串联的。在 S 开通之前，L_r 上的电流为零，当 S 开通时，L_r 限制了 S 中电流的上升率，实现 S 的零电流开通；当 S 关断

时，L_r 和 C_r 谐振工作使 L_r 的电流自然回零，实现 S 的零电流关断。因此，加入谐振电感 L_r 和谐振电容 C_r，改变了开关 S 的电流波形，为 S 提供了零电流开关的条件。

谐振的引入使得电路的开关损耗和开关噪声都大大下降，但也带来一些负面问题：谐振电压峰值很高，要求器件的耐压必须提高；谐振电流的有效值很大，电路中存在大量的无功功率的交换，造成电路导通损耗加大；谐振周期随输入电压、负载变化而改变，因此准谐振电路只能采用脉冲频率调制（PFM）方式来控制，变频的开关频率造成变压器、电感等磁性元件设计不能最优化，给电路设计带来困难。

2. 零开关 PWM 电路

针对准谐振电路需要采用调频控制方式，电路设计较为困难的缺点，20 世纪 80 年代末，提出了恒频控制的零开关 PWM 变换（Zero-Switching PWM Converter，ZS PWM）技术。采用这种技术的零开关 PWM 电路，同时具有 PWM 控制和准谐振电路的优点：在开关器件开通和关断时，开关器件工作在零电压开关或零电流开关方式；其余时间，开关器件工作在 PWM 状态。

零开关 PWM 电路的核心部分仍是零开关 PWM 开关单元。它包括零电压开关 PWM（Zero-Voltage-Switching PWM Converter，ZVS PWM）开关单元和零电流开关 PWM（Zero-Current-Switching PWM Converter，ZCS PWM）开关单元。因此零开关 PWM 电路可分为

1）零电压开关 PWM 电路。

2）零电流开关 PWM 电路。

零开关 PWM 开关单元如图 13-7 所示。由这些零开关 PWM 开关单元替代硬开关单元，就可派生出一系列零开关 PWM 电路。

由图 13-7 可见，在零电压谐振开关单元内的谐振电感 L_r 上并联一个辅助开关 S_1，就可得到 ZVS PWM 开关单元。在零电流谐振开关单元内的谐振电容 C_r 上串联一个辅助开关 S_1，就得到了 ZCS PWM 开关单元。

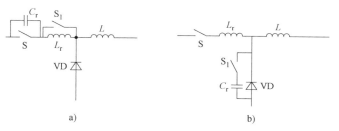

图 13-7 零开关 PWM 开关单元

a）ZVS PWM 电路的基本开关单元

b）ZCS PWM 电路的基本开关单元

利用谐振电感 L_r 和谐振电容 C_r 在主开关 S 开通和关断瞬间时产生谐振，为 S 创造零开关条件。同时，定时控制辅助开关 S_1 的开通和关断，周期性地消除 L_r 和 C_r 的谐振，保证 S 在非开通和关断期间实现 PWM 控制。因此零开关 PWM 电路与准谐振电路相比较，既能实现零开关控制，又能实现 PWM 控制，并且谐振工作时间要比开关周期短很多。

除此之外，零开关 PWM 电路还有很多明显的优势：电压和电流基本上是方波，只是上升沿和下降沿较缓，开关器件承受的电压明显降低。移相全桥型软开关电路、有源钳位正激型电路等，都可以归入这一类。

3. 零转换 PWM 电路

由图 13-6 和图 13-7 可见，准谐振开关单元和零开关 PWM 开关单元的谐振电感均是与主开关 S 串联，并参与功率的传输，这使得软开关的实现是以增加开关器件的电压电流应力

作为代价的；并且软开关的实现条件受输入电压和负载变化影响较大，轻载时可能会失去软开关的条件。

针对这些问题，20 世纪 90 年代初，美国 VPEC 的李泽元等人又提出了另一类软开关电路——零转换 PWM 电路（Zero-Transition PWM Converter）。这是软开关技术的又一次飞跃。零转换 PWM 电路的核心部分仍是零转换 PWM 开关单元。它包括零电压转换 PWM（Zero-Voltage-Transition PWM Converter，ZVT PWM）开关单元和零电流转换 PWM（Zero-Current-Transition PWM Converter，ZCT PWM）开关单元。因此零转换 PWM 电路可分为零电压转换 PWM 电路和零电流转换 PWM 电路。

零转换 PWM 开关单元如图 13-8 所示。由这些零转换 PWM 开关单元替代硬开关单元，就可派生出一系列零转换 PWM 电路。

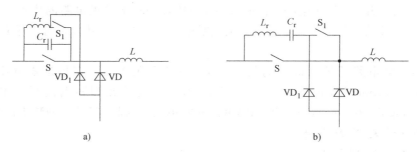

图 13-8　零转换 PWM 开关单元

a) 零电压转换 PWM 电路的基本开关单元　b) 零电流转换 PWM 电路的基本开关单元

零转换 PWM 电路仍采用辅助开关控制谐振的开始时刻。在保留了零开关 PWM 电路的优点：实现恒频控制的零电压或零电流通断，且辅助电路只在主开关通断时工作，损耗较小的基础上，零转换 PWM 电路谐振电路与主开关相并联，不再参与主要功率的传输，从而解决了由于串联谐振电感引起的问题，使得开关器件的电压电流应力很小，且软开关的实现不受输入电压和负载变化的影响。分析和实验结果表明，零转换 PWM 变换器的开关损耗最小，在实现软开关的同时又不增加开关器件的电压电流应力，较以往软开关技术更适合于高电压、大功率的变换电路，是电力电子装置向高频化、轻型化改良的首选软开关技术。

13. 2　典型的软开关电路

13. 2. 1　零电压开关准谐振电路

以降压（Buck）型零电压开关准谐振变换电路（Buck ZVS QRC）为例，说明准谐振变换器一个开关周期的工作过程。电路原理如图 13-9 所示，输入电源 U_i、主开关 S、续流二极管 VD、输出滤波电感 L 和滤波电容 C 构成降压型电路，VD_S 为开关 S 的反并联二极管。谐振电感 L_r、谐振电容 C_r 和开关 S 构成准谐振开关单元，电路工作时的理想化波形如图 13-10 所示。选择开关 S 的关断时刻作为起点，分析一个开关周期内零电压开关准谐振电路的工作过程。在分析过程中，设电感 L 和电容 C 都很大，并忽略电路中的损耗。

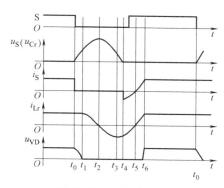

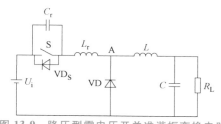

图 13-9　降压型零电压开关准谐振变换电路

图 13-10　理想化波形

1）$t_0 \sim t_1$ 时段：谐振电容 C_r 线性充电，开关 S 零电压关断。

t_0 时刻前，开关 S 为通态，二极管 VD 为断态，$u_{Cr} = 0$，$i_{Lr} = I_L$。t_0 时刻，S 关断，与其并联的谐振电容 C_r 使 S 关断后电压缓慢上升，因此 S 的关断过程为零电压关断。S 关断后，由于 VD 尚未导通，电感（$L_r + L$）向谐振电容 C_r 充电，由于 L 很大，可以等效为电流源。u_{Cr} 线性上升，同时 VD 两端电压 u_{VD} 逐渐下降，直到 t_1 时刻，$u_{VD} = 0$，二极管 VD 导通。这一时段 u_{Cr} 的上升率为

$$\mathrm{d}u_{Cr}/\mathrm{d}t = I_L/C_r \tag{13-1}$$

2）$t_1 \sim t_4$ 时段：L_r 与 C_r 谐振。

t_1 时刻，二极管 VD 导通，电感 L 通过 VD 续流，L_r、C_r、U_i 则形成谐振回路。t_1 时刻后，L_r、C_r 开始谐振，此时 L_r 向 C_r 充电，u_{Cr} 按正弦规律上升，i_{Lr} 按正弦规律下降，直到 t_2 时刻，i_{Lr} 下降到零，u_{Cr} 达到谐振峰值。t_2 时刻后，L_r、C_r 继续谐振，此时 C_r 向 L_r 充电，i_{Lr} 改变方向上升，u_{Cr} 下降，直到 t_3 时刻，$u_{Cr} = U_{in}$ 时，L_r 两端电压为零，i_{Lr} 达到反向谐振峰值。t_3 时刻后，谐振继续，此时 L_r 向 C_r 反向充电，u_{Cr} 继续下降，直到 t_4 时刻 u_{Cr} 下降到零，谐振过程结束。

$t_1 \sim t_4$ 时段电路的谐振过程的方程为

$$L_r \frac{\mathrm{d}i_{Lr}}{\mathrm{d}t} + u_{Cr} = U_i$$

$$C_r \frac{\mathrm{d}u_{Cr}}{\mathrm{d}t} = i_{Lr}$$

$$u_{Cr}|_{t=t_1} = U_i$$

$$i_{Lr}|_{t=t_1} = I_L, t \in [t_1, t_4] \tag{13-2}$$

3）$t_4 \sim t_6$ 时段：谐振电感 L_r 线性充放电，开关 S 零电压开通。

由于开关 S 的反并联二极管 VD_S 的作用，u_{Cr} 被钳位于零，L_r 两端电压为 U_i，i_{Lr} 线性衰减，直到 t_5 时刻，$i_{Lr} = 0$。由于这一时段 S 两端电压为零，所以必须在 $t_4 \sim t_5$ 时段使 S 开通，实现零电压开通，才不会产生开通损耗。S 开通后，i_{Lr} 线性上升，直到 t_6 时刻，$i_{Lr} = I_L$，VD 关断。这一时段电流 i_{Lr} 的变化率为

$$\mathrm{d}i_{Lr}/\mathrm{d}t = U_i/L_r \tag{13-3}$$

4）$t_6 \sim t_0$ 时段：开关 S 继续导通，VD 关断，$i_{Lr} = I_L$，$u_{Cr} = 0$。t_0 时刻关断 S，开始下一

个开关周期。

通过对谐振过程的分析，可以得到很多对软开关电路的分析、设计和应用具有指导意义的重要结论。下面就对零电压开关准谐振电路 $t_1 \sim t_4$ 时段的谐振过程进行定量分析。

通过求解式（13-2），可得到 u_{Cr}，即开关 S 两端的电压 u_S 的表达式

$$u_{Cr}(t) = \sqrt{L_r/C_r} I_L \sin\omega_r(t-t_1) + U_i, \quad \omega_r = 1/\sqrt{L_r C_r}, t \in [t_1, t_4] \tag{13-4}$$

求其在 $[t_1, t_4]$ 上的最大值就得到 u_{Cr} 的谐振峰值表达式，也就是开关 S 承受的峰值电压

$$U_P = \sqrt{\frac{L_r}{C_r}} I_L + U_i \tag{13-5}$$

从式（13-4）看出，如果正弦项的幅值小于 U_i，u_{Cr} 就不可能谐振到零，开关 S 就不可能实现零电压开通，因此

$$\sqrt{\frac{L_r}{C_r}} I_L \geq U_i \tag{13-6}$$

这是零电压开关准谐振电路实现软开关的条件。综合式（13-5）和式（13-6）可知：谐振电压峰值将高于输入电压 U_i 的 2 倍，开关 S 的耐压必须相应提高。这样会增加电路成本，降低可靠性，这是零电压开关准谐振电路的一大缺点。

13.2.2 移相全桥型零电压开关 PWM 电路

移相全桥型零电压开关 PWM 电路是目前应用最广泛的软开关电路之一，如图 13-11 所示，电路的理想化波形如图 13-12 所示。

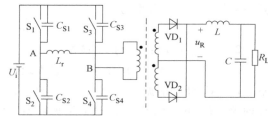

图 13-11 移相全桥型零电压开关 PWM 电路

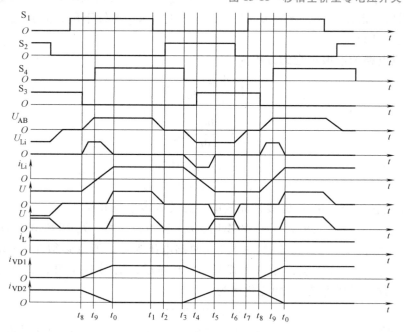

图 13-12 电路的理想化波形

　　移相全桥型零电压开关 PWM 电路的特点是电路结构简单，同硬开关全桥型电路相比，仅仅增加了一个谐振电感 L_r，使电路中 4 个开关器件都在零电压的条件下开通，这得益于其独特的控制方法。

　　移相全桥型零电压开关 PWM 电路的控制方式有几个特点：

　　1）在一个开关周期 T 内，每一个开关处于通态和断态的时间是不固定的。导通的时间略小于 $T/2$，而关断时间略大于 $T/2$。

　　2）同一个半桥中，上、下两个开关不能同时处于通态，每一个开关关断到另一个开关开通都要经过一定的死区时间。

　　3）比较互为对角的两对开关 S_1、S_4 和 S_2、S_3 开关函数的波形，S_1 的波形比 S_4 超前 $0 \sim T/2$，而 S_2 的波形比 S_3 超前 $0 \sim T/2$，因此称 S_1 和 S_2 为超前的桥臂，称 S_3 和 S_4 为滞后的桥臂。

　　在一个开关周期内，移相全桥零电压开关 PWM 电路的工作过程可分为 10 个时段描述，但 $t_0 \sim t_5$ 和 $t_5 \sim t_0$ 这两个时段工作过程完全对称，因此只用分析半个开关周期 $t_0 \sim t_5$ 时段即可。

　　$t_0 \sim t_1$ 时段：在这一时段，开关 S_1、S_4 都处于通态，直到 t_1 时刻，S_1 关断。

　　$t_1 \sim t_2$ 时段：在 t_1 时刻，开关 S_1 关断后，电容 C_{S1}、C_{S2} 与电感 L_r、L 构成谐振回路，其中二次电感 L 折算到一次回路参与谐振，如图 13-13 所示。谐振开始时，$u_A(t_1) = U_i$，在谐振过程中，u_A 不断下降，直到 $u_A = 0$，开关 S_2 的反并联二极管 VD_{S2} 导通，电流 i_{Lr} 通过 VD_{S2} 续流。

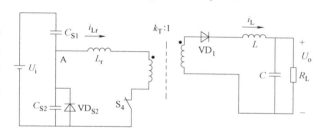

图 13-13　谐振回路

　　$t_2 \sim t_3$ 时段：t_2 时刻，开关 S_2 开通，反并联二极管 VD_{S2} 处于导通状态，因此 S_2 开通时电压为零，其开通过程为零电压开通，不会产生开关损耗。S_2 开通后，电路状态也不会改变，继续保持到 t_3 时刻，S_4 关断。

　　$t_3 \sim t_4$ 时段：t_3 时刻，开关 S_4 关断后，电路状态变为图 13-14 所示。这时变压器二次侧整流二极管 VD_1 和 VD_2 同时导通，变压器一次和二次电压均为零，相当于短路，因此变压器一次侧 C_{S3}、C_{S4} 与 L_r 构成谐振回路。谐振过程中，谐振电感 L_r 电流不断减小，B 点电压不断上升，直到 S_3 的反并联二极管 VD_{S3} 导通。这种状态维持到 t_4 时刻，开关 S_3 开通。S_3 开通时，VD_{S3} 导通，因此 S_3 在零电压条件下开通，开通损耗为零。

　　$t_4 \sim t_5$ 时段：开关 S_3 开通后，谐振电感 L_r 的电流继续减小。电感电流 i_{Lr} 下降到零后便反向，并不断增大，直到 t_5 时刻，$i_{Lr} = I_L/k_T$，变压器二次侧整流管 VD_1 的电流下降到零而关断，电流 I_L 全部转移到二极管 VD_2 中。

　　$t_0 \sim t_5$：正好是开关周期的一半，而在另一半开关周期 $t_5 \sim t_0$ 时段中，电路的工作过程与 $t_0 \sim t_5$ 时段完全对称，不再叙述。

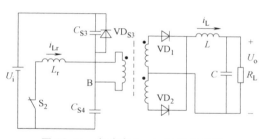

图 13-14　电路在 $t_3 \sim t_4$ 时段的状态

13.2.3 零电压转换 PWM 电路

以升压型零电压转换（Boost ZVT PWM）电路为例，讨论零电压转换电路在一个开关周期的工作过程。

图 13-15 为升压型零电压转换 PWM 电路。输入电源 U_i、主开关 S、升压二极管 VD、升压电感 L 和滤波电容 C 构成升压型电路。VD_S 是 S 的反并联二极管。辅助开关 S_1、辅助二极管 VD_1、谐振电感 L_r、谐振电容 C_r 构成辅助谐振电路与主开关 S 并联，从而构成零电压转换 PWM 开关单元。

升压型零电压转换 PWM 电路的理想化波形如图 13-16 所示。在一个开关周期内，电路的工作过程可分为 7 个时段来描述，每个时段相对应的等效电路如图 13-17 所示。为了分析电路的静态特性，假定所有元件都是理想的。同时升压电感 L 足够大，在一个开关周期中，L 上电流基本保持不变，即电路的输入电流保持不变，可等效为恒流源。并且滤波电容也足够大，在一个开关周期中，C 两端电压保持不变，即电路的输出电压保持不变，可等效为恒压源。

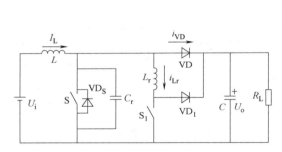

图 13-15　升压型零电压转换 PWM 电路

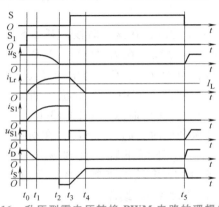

图 13-16　升压型零电压转换 PWM 电路的理想化波形

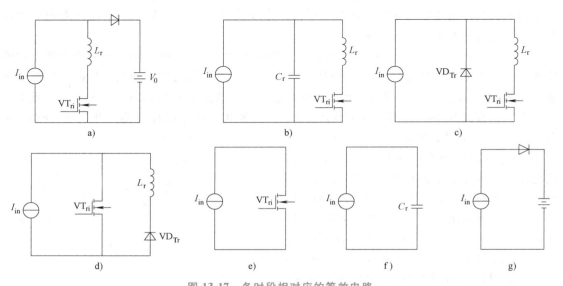

图 13-17　各时段相对应的等效电路

a) $t_0 \sim t_1$　b) $t_1 \sim t_2$　c) $t_2 \sim t_3$　d) $t_3 \sim t_4$　e) $t_4 \sim t_5$　f) $t_5 \sim t_6$　g) $t_6 \sim t_0$

开关电路的工作过程是按开关周期重复的，在分析时，可以选择开关周期中任意时刻为分析的起点。软开关电路的开关过程较为复杂，选择合适的起点，可以使分析得到简化。这里，选择辅助开关 S_1 的开通时刻为起点，分析一个开关周期内升压型零电压转换 PWM 电路的工作过程。

1）$t_0 \sim t_1$ 时段：谐振电感充电，S_1 和 VD 换流，如图 13-17a 所示。

上一周期结束时，主开关 S 和辅助开关 S_1 均处于关断状态，升压二极管 VD 处于导通状态。在 t_0 时刻，S_1 开通，谐振电感 L_r 正向充电，L_r 上的电流 i_{Lr} 从零开始线性上升，变化规律为

$$i_{Lr}(t) = \frac{U_o(t-t_0)}{L_r} \tag{13-7}$$

因此，辅助开关 S_1 的开通过程为零电流开通。由于 i_{Lr} 从零逐渐上升，升压二极管 VD 上的电流 i_{VD} 从输入电流 I_i，即升压电感电流 I_L 开始下降，其变化规律为

$$I_{VD}(t) = I_L - \frac{U_o(t-t_0)}{L_r} \tag{13-8}$$

到 t_1 时，i_{Lr} 上升到 I_L，i_{VD} 下降到零，S_1 和 VD 换流过程结束，VD 零电流关断。$t_0 \sim t_1$ 持续时间为

$$\Delta t_1 = t_1 - t_0 = \frac{L_r I_L}{U_o} \tag{13-9}$$

2）$t_1 \sim t_2$ 时段：L_r、C_r 谐振，如图 13-17b 所示。

t_1 时刻，VD 关断，谐振电感 L_r 和谐振电容 C_r 开始谐振，i_{Lr} 由 I_L 继续谐振上升，谐振电容 C_r 上的电压 u_{Cr} 由输出电压 U_o 谐振下降。i_{Lr} 和 u_{Cr} 的变化规律为

$$i_{Lr}(t) = I_L + \frac{U_o}{Z_r}\sin\omega(t-t_1) \tag{13-10}$$

$$u_{Cr}(t) = U_o\cos\omega(t-t_1) \tag{13-11}$$

式中，特征阻抗 $Z_r = \sqrt{L_r/C_r}$；谐振角频率 $\omega = 1/\sqrt{L_r C_r}$。

t_2 时刻，u_{Cr} 下降到零，主开关 S 的反并联二极管 VD_S 导通，将 S 两端电压钳位为零，即 $u_S = 0$，此时谐振电感电流 $i_{Lr}(t_2)$ 为

$$i_{Lr}(t_2) = I_L + U_o/Z_r \tag{13-12}$$

$t_1 \sim t_2$ 持续的时间为 1/4 谐振周期时，$\Delta t_2 = t_2 - t_1 = \frac{\pi}{2}\sqrt{L_r C_r}$ 　　（13-13）

3）$t_2 \sim t_3$ 时段：主开关零电压开通，如图 13-17c 所示。

t_2 时刻，二极管 VD_S 导通，主开关 S 两端电压钳位于零，为 S 的零电压开通创造了条件。在该时段给 S 加驱动信号，S 为零电压开通。因此主开关 S 开通时刻滞后于辅助开关 S_1 开通时刻，其滞后时间应当稍大于 $\Delta t_1 + \Delta t_2$。同时，该时间段 L_r 和 C_r 停止谐振，i_{Lr} 保持不变。

4）$t_3 \sim t_4$ 时段：谐振电感放电，如图 13-17d 所示。

t_3 时刻，关断 S_1。由于 S_1 关断，电流 i_{S1} 为谐振电感电流 $I_{Lr}(t_2)$ 且不为零；且 S_1 关断后，辅助二极管 VD_1 导通，S_1 的电压立刻被钳位为 U_o，因此 S_1 为硬关断，将会产生较大

的关断损耗。S_1 关断后，L_r 两端电压为 $-U_o$，L_r 反向放电，其能量释放给负载。i_{Lr} 线性下降，开关 S 电流 i_S 线性上升，其变化规律为

$$i_{Lr}(t) = I_{Lr}(t_2) - \frac{U_o(t-t_3)}{L_r} \tag{13-14}$$

$$i_S(t) = -\frac{U_o}{Z_r} + \frac{U_o}{L_r}(t-t_3) \tag{13-15}$$

到 t_4 时刻，i_{Lr} 线性下降到零，i_S 线性上升到 I_L。$t_3 \sim t_4$ 持续的时间为

$$\Delta t_4 = t_4 - t_3 = \frac{(I_L + U_o/Z_r)L_r}{U_o} \tag{13-16}$$

5）$t_4 \sim t_5$ 时段：PWM 工作，如图 13-17e 所示。

t_4 时刻，i_{Lr} 线性下降到零，辅助二极管 VD_1 关断。该时段，主开关 S 始终导通，升压电感 L 通过 S 储能，$i_S = I_L$，负载由滤波电容 C 供电。可见，$t_4 \sim t_5$ 时段电路的工作情况和升压电路中开关开通时段的工作情况一样。

6）$t_5 \sim t_6$ 时段：谐振电容充电，主开关零电压关断，如图 13-17f 所示。

t_5 时刻，关断 S。谐振电容 C_r 通过升压电感 L 恒流充电，谐振电容电压 u_{Cr}，即主开关 S 的电压 u_S 从零开始线性上升，其变化规律为

$$u_S = u_{Cr}(t) = \frac{I_L}{C}(t-t_5) \tag{13-17}$$

可见，主开关 S 的关断过程为零电压关断。到 t_6 时刻，u_{Cr} 充电上升到 U_o，升压二极管 VD 导通。$t_5 \sim t_6$ 的持续时间为

$$\Delta t_6 = t_6 - t_5 = \frac{U_o}{I_L}C_r \tag{13-18}$$

7）$t_6 \sim t_0$ 时段：PWM 工作，如图 13-17g 所示。

在本时段，主开关 S 和辅助开关 S_1 均处于关断状态，升压二极管 VD 在上一时间段已经导通。输入电压 U_i 和升压电感 L 通过 VD 给滤波电容 C 和负载供电。可见，$t_6 \sim t_0$ 时段电路的工作情况和升压电路中开关关断时段的工作情况一样。t_0 时刻，触发开通辅助开关 S_1，开始下一个开关周期。

通过升压型零电压转换 PWM 电路的工作过程的分析可知：升压型零电压转换 PWM 电路的一个开关周期 T 中：$t_4 \sim t_5$ 和 $t_6 \sim t_0$ 这两个时段等同于升压电路的 PWM 工作过程；$t_0 \sim t_1$ 的谐振电感充电时段和 $t_1 \sim t_2$ 的谐振电感充电及谐振电容的工作时段为主开关的零电压开通创造了条件；$t_3 \sim t_4$ 的谐振电感放电时段是在主开关零电压开通后，立即停止辅助谐振电路而附带产生的时段；$t_2 \sim t_3$ 和 $t_5 \sim t_6$ 这两个时间段则实现了主开关的零电压开通和零电压关断。为了实现电路的 PWM 控制，在设计参数时，应当使 $t_0 \sim t_4$ 和 $t_5 \sim t_6$ 的时间相对于 $t_4 \sim t_5$ 和 $t_6 \sim t_0$ 的时间很短，这样谐振元件的工作对电路的 PWM 特性影响就很小。

13.2.4　谐振直流环

谐振直流环是适用于 DC-AC 电路的一种软开关电路，以这种电路为基础，出现了不少性能更好的、用于 DC-AC 电路的软开关电路，对这一基本电路的分析将有助于理解各种导

出电路的原理。

各种交流-直流-交流变换电路中都存在中间直流环节（DC-Link）。谐振直流环电路通过在直流环节引入谐振，使电路中的整流或逆变环节工作在软开关的条件下。图 13-18 所示为用于电压型逆变器的谐振直流环的电路，它用一个辅助开关 S 就可以使逆变桥中所有的开关工作在零电压开通的条件下。值得注意的是，

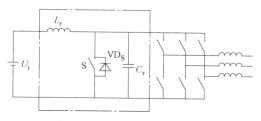

图 13-18　电压型逆变器的谐振直流环电路

这个电路图仅用于原理分析，实际电路中连开关 S 也不需要，S 的开关动作可以用逆变电路中开关的开通和关断来代替。

由于电压型逆变器的负载通常为感性，而且在谐振过程中逆变电路的开关状态是不变的，因此分析时可以将电路等效为图 13-19，其理想化波形如图 13-20 所示。

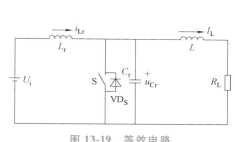

图 13-19　等效电路

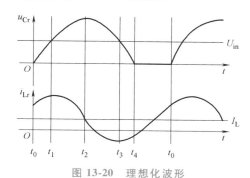

图 13-20　理想化波形

与谐振过程相比，感性负载的电流变化非常缓慢，因此可以将负载电流视为常量。在分析中忽略电路中的损耗。下面以开关 S 关断时刻为起点，分时段分析电路的工作过程。

$t_0 \sim t_1$ 时段：t_0 时刻之前，谐振电感 L_r 的电流 i_{Lr} 大于负载电流 I_L，开关 S 处于通态。t_0 时刻 S 关断，电路中发生谐振。因为 $i_{Lr} > I_L$，因此 i_{Lr} 对 C_r 充电，u_{Cr} 不断升高，直到 t_1 时刻，$u_{Cr} = U_i$。

$t_1 \sim t_2$ 时段：t_1 时刻，由于 $u_{Cr} = U_i$，L_r 两端电压差为零，因此谐振电流 i_{Lr} 达到峰值。t_1 时刻后，i_{Lr} 继续向 C_r 充电并不断减小，而 u_{Cr} 进一步升高，直到 t_2 时刻，$i_{Lr} = I_L$，u_{Cr} 达到谐振峰值。

$t_2 \sim t_3$ 时段：t_2 时刻以后，u_{Cr} 向 L_r 放电，i_{Lr} 继续降低，到零后反向，C_r 继续向 L_r 放电，i_{Lr} 反向增加，直到 t_3 时刻 $u_{Cr} = U_i$。

$t_3 \sim t_4$ 时段：t_3 时刻，$u_{Cr} = U_i$，i_{Lr} 达到反向谐振峰值，然后 i_{Lr} 开始衰减，u_{Cr} 继续下降，直到 t_4 时刻，$u_{Cr} = 0$，开关 S 的反并联二极管 VD_S 导通，u_{Cr} 被钳位于零。

$t_4 \sim t_0$ 时段：开关 S 导通，电流 i_{Lr} 线性上升，直到 t_0 时刻，S 再次关断，开始下一个开关周期。

与零电压开关准谐振电路相似，谐振直流环电路中 u_{Cr} 的谐振峰值很高，增加了开关器件的耐压要求。

───────────────────────────────

思考题与习题

13.1　高频化的意义是什么？为什么提高开关频率可以减小滤波器的体积和重量？为什么提高开关频率可以减小变压器的体积和重量？

13.2　软开关电路可以分为哪几类？其典型拓扑分别是什么样的？各有什么特点？

13.3　在移相全桥零电压开关 PWM 电路中，如果没有谐振电感 L_r，电路的工作状况将发生哪些改变？哪些开关仍是软开关？哪些开关将成为硬开关？

13.4　在零电压转换 PWM 电路中，辅助开关 S_1 和二极管 VD_1 是软开关还是硬开关？为什么？

第14章

电力电子装置及应用

14.1 开关电源

14.1.1 直流稳压电源概述

直流稳压电源在各类电子设备或系统中担当着非常重要的角色,从某种程度上,可以看成是系统的核心。电源给电子系统电路提供了持续、稳定的能量,使系统免受外部的干扰,并防止系统对其自身产生伤害。直流稳压电源通常分为线性稳压电源和开关稳压电源两大类型。

1. 线性稳压电源

线性稳压电源是指电压调整的功能器件始终工作在线性放大区的直流稳压电源。其原理框图如图 14-1 所示。它由 50Hz 工频变压器、整流器、滤波器以及串联调整稳压器组成,工作原理在"模拟电子技术基础"课程中做过介绍,在此不再阐述。

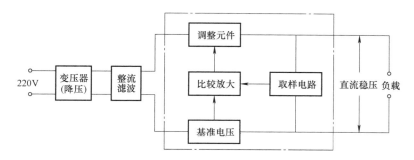

图 14-1　线性稳压电源的工作原理框图

线性稳压电源具有优良的纹波及动态响应特性。但同时也存在以下缺点:①输入采用 50Hz 工频变压器,体积大且重量重;②电压调整器件工作在线性放大区内,功率损耗大,电源效率低;③过载能力差。

线性电源主要用于在对发热和效率要求不高的场合,或者要求低成本及设计周期短的情况下。线性电源作为板载电源广泛应用于配电电压低于 40V 的分布电源系统中。线性电源的输出电压只能低于输入电压,并且每个线性电源只能产生一路输出。线性电源的效率在 35% ~ 50% 之间,功率损耗以热量的形式耗散。

2. PWM 开关稳压电源

一般将开关稳压电源简称为开关电源，开关电源与线性稳压电源不同，它是电压调整功能的器件，始终工作在开关状态。开关电源主要采用脉冲宽度调制技术。

开关电源的优点如下。

1）功耗小、效率高。电源中的开关器件交替地工作在导通-截止和截止-导通的开关状态，转换速度快，使得开关管的功耗很小，电源的效率可以大幅度提高，可达 90%~95%。

2）体积小、重量轻。开关电源效率高，功率损耗小，可以省去较大体积的散热器；隔离变压采用高频变压器取代工频变压器，大大减小了体积，降低了重量；因为开关频率高，输出滤波电容的容量和体积大为减小。

3）稳压范围宽。开关电源的输出电压由占空比来调节，输入电压的变化可以通过调节占空比的大小来控制，这样在工频电网电压变化较大时，它仍能保证有较稳定的输出电压。

4）电路形式灵活多样。通过发挥各种不同类型电路的特点，设计出满足不同应用场合的开关电源。

开关电源存在的缺点是存在开关噪声干扰。在开关电源中，开关器件工作在开关状态，它产生的交流电压和电流会通过电路中的其他元器件产生尖峰干扰和谐振干扰，这些干扰如果不采取措施进行抑制、消除和屏蔽，就会严重影响整机的正常工作。此外，这些干扰还会串入工频电网，使附近的其他电子仪器、设备和家用电器受到干扰。因此，设计开关电源时，必须采取合理的措施来抑制其本身产生的干扰。

PWM 开关电源在使用时，比线性电源具有更高的效率和灵活性。因此，在便携式产品、航空领域、自动化产品、仪器仪表以及通信系统等要求高效率、体积小、重量轻或多组电源电压输出的场合，得到广泛的应用。但是开关电源的成本较高，而且开发周期较长。

14.1.2 开关电源的设计

1. 开关电源的工作原理

开关电源主要采用直流斩波技术，即直流降压变换、直流升压变换、变压器隔离的 DC-DC 变换电路理论和 PWM 控制技术来实现的。具有输入、输出隔离的 PWM 开关电源工作原理框图如图 14-2 所示。50Hz 的单相交流 220V 电压或三相交流 220V/380V 电压经防电磁干扰电源滤波器（EMI），直接由输入整流滤波电路整流滤波；然后将滤波后的直流电压经变换电路变换为数十千赫兹或数百千赫兹的高频方波或准方波电压，通过高频变压器隔离并降压（或升压）后，再经高频整流、滤波电路；最后输出直流电压。通过取样、比较、放大及控制、驱动电路，控制变换器中功率开关管的占空比，便能得到稳定的输出电压。

在 PWM 控制中，有定频调宽、定宽调频和调频调宽 3 种控制方式。

定频调宽是保持开关频率（开关周期）不变，通过改变导通时间 t_{on} 来改变占空比 D，从而达到改变输出电压的目的。如果占空比 D 较大，则经滤波后的输出电压就越高，波形如图 14-3b 所示。而定宽调频则是保持导通时间 t_{on} 不变，通过改变开关频率（或开关周期），来达到改变占空比的一种控制方式。由于调频控制方式的工作频率是不固定的，造成滤波器设计困难，因此，目前绝大部分开关电源均采用定频调宽 PWM 控制。

2. 开关电源的主要性能指标

开关电源的质量好坏主要由其性能指标来体现。因此，对于设计者或使用者来说，都必

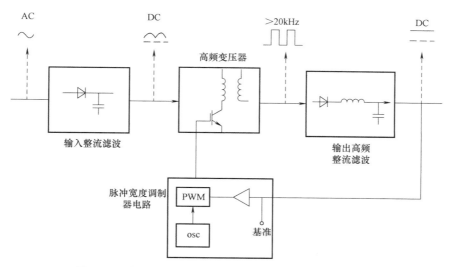

图 14-2 输入、输出隔离的 PWM 开关电源工作原理框图

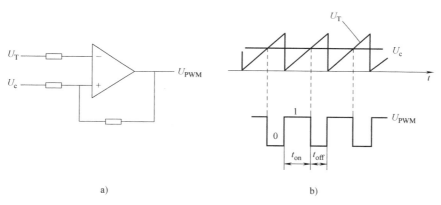

图 14-3 定频调宽控制的波形

须对各项性能指标的内涵有一个全面的了解。一般性能指标包括电气指标、机械特性、适用环境、可靠性、安全性以及生产成本等。这里只介绍其电气指标。

（1）输入参数 输入参数包括输入电压、输入频率、输入相数、输入电流、输入功率因数和谐波含量等。

1）输入电压：我国民用交流电源电压为三相 380V，单相 220V；国外的电源需要参照出口国的电压标准。目前开关电源流行采用国际通用电压范围，即单相交流为 85～265V，这一范围覆盖了全球各种民用电源标准所限定的电压，但对电源的设计提出了较高的要求。输入电压的下限影响变压器设计时电压比的计算，而上限决定了主电路元器件的电压等级。输入电压变化范围过宽，在设计中必须留有过大的裕量而造成浪费，因此变化范围应当在满足实际要求的前提下尽量小。

2）输入频率：我国民用和工业用电的频率为 50Hz，航空航天通常采用交流 1kHz 输入，船舶用电的频率通常采用交流 400Hz 输入，这时的输入电压通常为单相或三相 115V。当输入电压为直流时，则可认为输入频率为零。

3）输入相数：三相输入时，整流后直流电压约为单相输入时的 1.7 倍，当开关电源的功率在 5kW 以下时，一般选用单相电源输入，以降低主电路器件的电压等级，从而降低成本；当功率大于 5kW 时，应当选用三相输入，以避免引起电网三相间的不平衡，同时也可以减小主电路中的电流，以降低线路损耗。

4）输入电流：输入电流通常包括额定输入电流和最大输入电流两项，它们是输入开关、接线端子、熔断器和整流桥等元器件的设计依据。

5）输入功率因数和谐波含量：目前对保护电网环境、降低谐波污染的要求越来越高，许多国家和地区都出台了相应的标准，对用电装置的输入谐波电流和功率因数做出了较严格的规定，因此开关电源的输入谐波电流和功率因数成为一个重要的指标，也是设计中的一个重点。目前单相有源功率因数校正（FPC）技术已经成熟，附加的成本也较低，可以很容易地使输入功率因数达到 0.99 以上，输入总谐波电流小于 5%。

（2）输出参数 输出参数包括输出功率、输出电压、输出电流、稳压精度、稳流精度、电源的输出特性、纹波及效率等。

1）输出电压：通常给出额定值和调节范围这两项内容。输出电压的上限关系到变压器设计中电压比的计算，过高的上限要求会导致过大的设计裕量和额定点特性变差，因此在满足实际要求的前提下，上限应当尽量靠近额定点。相比之下，下限的限制较宽松。

2）输出电流：通常给出额定值和一定条件下的过载倍数，有稳流要求的电源还会指定调节范围。有的电源不允许空载，此时应当指定输出电流的下限。

3）稳压、稳流精度：通常以正负误差带的形式给出。影响电源稳压、稳流精度的因素很多，主要有输入电压变化、输出负载变化、温度变化及器件老化等影响因素。通常精度可以分成 3 项考核：即输入电压调整率、负载调整率、时效偏差。影响开关稳压电源精度指标的影响因素主要是基准源的精度、检测元件的精度、控制电路中运算放大器的精度等。因此，通常要求基准源、反馈检测回路的精度要比系统精度提高一个数量级。

4）电源的输出特性：输出特性与应用领域的工艺要求有关，相互之间的差别较大。设计中必须根据输出回路中负载特性的要求，来确定主电路和控制电路的形式。

5）纹波：开关电源的输出电压的纹波成分较为复杂，通常按频带分成三类：高频噪声，即远高于开关频率 f_S 的尖刺；开关频率纹波，指开关频率 f_S 附近的频率成分；低频纹波，指频率低于开关频率 f_S 的成分，即低频波动。

纹波有多种量化方法，常用的是纹波系数、峰-峰电压值、按 3 种不同频率成分分别计量幅值及衡量法。

6）效率：是电源的重要指标，通常定义为 $\eta = (P_o/P_i) \times 100\%$。式中，$P_i$ 为输入功率，P_o 为输出功率。通常给出在额定输入电压和额定输出电压、额定输出电流条件下的效率。对于开关电源来说，效率提高就意味着功率损耗的下降，从而降低电源温升，提高可靠性，节能效果明显，所以应当尽量提高效率。一般来说，输出电压较高的电源的效率比输出低电压的电源要高。开关稳压电源的效率一般要求在 0.95 以上。

（3）电磁兼容性能指标 电磁兼容是近年来备受关注的问题。电子装置的大量使用，带来了相互干扰的问题，有时可能导致致命的后果，如在飞行的飞机舱内使用无线电话或便携式电脑，就有可能干扰机载电子设备而造成飞行事故。电磁兼容性包括以下两方面的内容。

1）电磁敏感性。电磁敏感性指电子装置抵抗外来干扰的能力。当外来电磁干扰存在时，电子装置要保证可靠工作，因而能够对外来电磁干扰进行抵抗。电磁敏感性指标就是反映所设计的电子装置能够抵抗的外来干扰的程度。

2）电磁干扰。电磁干扰是指所设计的电子装置本身对周围环境所产生的电磁干扰强度。

通过制定标准，使每个装置能够抵抗干扰的强度远远大于各自发出的干扰强度，则这些装置在一起工作时，相互干扰导致工作不可靠的可能性较小，从而实现电磁兼容。因此，标准化对电磁兼容问题十分重要。各国有关电磁兼容的标准很多，并且都形成了一定的体系，在开关电源设计时应当考虑相关的标准。

3. 开关电源的设计步骤

开关电源的设计一般采用模块化设计思想，其设计步骤如下。

1）首先从明确开关电源的性能指标开始，然后根据常规的设计要求选择一种开关电源的拓扑结构、开关工作频率，确定设计的难点，依据输出功率的要求选择半导体器件的规格型号。

2）变压器和电感线圈的参数计算。磁性材料设计是一个优质的开关电源设计的关键，合理的设计对开关电源的性能指标以及可靠性影响极大。

3）设计选择输出整流器和滤波电容。

4）选择功率开关器件的驱动控制方式，最好选用能实现 PWM 控制的集成电路芯片，也可利用单片机（或者使用数字信号处理器 DSP）实现 PWM 控制。

5）设计反馈调节电路。

6）根据设计要求设计过电压、过电流和紧急保护电路。

7）根据热分析设计散热器。

8）设计实验电路的 PCB 和电源的结构，组装、调试，测试所有的性能指标。

9）根据调试结果做进一步优化设计。

10）再调试，直到满足要求为止。

总之，设计的每一步都必须根据设计的性能指标要求进行，只有这样才能顺利达到预期的设计目标。另外，在设计中选用成功的典型经验或电路，可以使设计周期大大缩短。

4. 设计举例

设计一台直流稳压电源，要求其输出电压 $U_o = 24V$，最大输出电流 $I_o = 20A$，输出电压纹波峰-峰值不超过 0.24V，输出电流 5A 时二次电感电流仍然连续。采用 PWM 控制方案，最大占空比 $D_{max} = 0.9$。设直流稳压电源由市电供电，经整流后直流电压变化范围为 245～350V。试设计满足上述要求的全桥式隔离变换器电路的主要参数（磁性材料、滤波电容）。

根据设计要求，因输出功率不大，可选功率 Power MOSFET 作为开关器件，并选择逆变电路的开关工作频率 $f = 50kHz$，即 $T = 20\mu s$。开关电源的主电路原理图如图 14-4 所示。

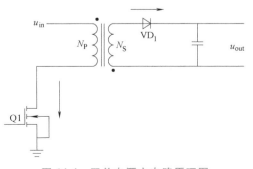

图 14-4　开关电源主电路原理图

假设开关器件的导通压降及一次侧线路压降之和为 5V，则输入电压 U_i 最小值为 U_{imin} = 240V，U_i 电压最大值为 U_{imax} = 345V。

（1）变压器设计　当输入电压取最小值时，占空比达到最大，此时输出电压 U_o 达到要求值，即

$$U_2 D_{max} - U_{DF} = U_o = 24V \tag{14-1}$$

式中，U_{DF} 为变压器二次侧整流二极管及线路压降之和，取 3V，由式（14-1）可计算出 $U_2 = 30V$。从而变压器变比 $n = 240/30 = 8$。变压器最大输出功率为

$$P = (U_o + U_{DF}) I_o = 540W \tag{14-2}$$

变压器采用 H7C1 铁氧体材料，$B_m = 0.3T$，一次、二次绕组电流密度取 $J = 2.5 \times 10^6 A/m^2$。计算变压器窗口面积 W 与磁芯截面积 S 之积，应满足

$$WS = \frac{P}{2kfJB_m} \frac{U_{imax}}{U_{imin}} = \frac{540}{2 \times 0.333 \times 50000 \times 2.5 \times 10^6 \times 0.3} \times \frac{345}{240} m^4 = 3.11 \times 10^{-8} m^4 \tag{14-3}$$

式中，k 为窗口利用系数，取为 0.333。查有关磁性材料的数据手册得知，$PQ40/40$ 磁芯的 WS 值是 $5.67 \times 10^{-8} m^4$，大于式（14-3）所计算的值，因此选择 $PQ40/40$ 作为变压器的磁芯，其磁芯截面积 S 为 $1.74 \times 10^{-4} m^2$。

变压器一次绕组的匝数为

$$N_1 = \frac{U_{imax} D_{max}}{4fSB_m} = \frac{0.9 \times 345}{4 \times 50000 \times 1.74 \times 10^{-4} \times 0.3} = 30 \tag{14-4}$$

变压器二次绕组的匝数为

$$N_2 = \frac{N_1}{n} = \frac{30}{8} = 3.75 \tag{14-5}$$

考虑到匝数取整数时，变压器制作要方便些，故取 $N_1 = 32$，$N_2 = 4$。

（2）二次侧滤波电感、电容的计算　在二次电感电流临界连续时，输出平均电流 I_o 等于电感电流纹波峰峰值 Δi_L 的 $1/2$。因此有

$$I_o = \frac{DU_S}{nR_L} = \frac{\Delta i_L}{2} = \frac{D(1-D) U_S T}{4nL} \tag{14-6}$$

$$L = \frac{(1-D) TR_L}{4} \tag{14-7}$$

当输出电压 24V，电流为 5A 时，$R_L = 24/5 = 4.8\Omega$。显然，当变压器一次电压取最大值时，占空比最小，对应的电感取最大值。最小占空比

$$D_{min} = \frac{n(U_o + U_{DF})}{U_{imax}} = 0.626 \tag{14-8}$$

取 $D_{min} = 0.62$，为保证输出电流 5A 时电感电流连续，根据式（14-7），L 应满足

$$L \geqslant \frac{0.38 \times 4.8 \times 20 \times 10^{-6}}{4} = 9.12 \times 10^{-6} H \tag{14-9}$$

取 $L = 10\mu H$。

设 U_S 为纯直流电压，输出电压纹波主要由器件的开关过程引起。显然，当变压器一次电压取最大值时，占空比最小，此时滤波电感中电流纹波最大，输出电压纹波也最大。

桥式变换器输出电压纹波峰峰值 ΔU_{o} 可表示为

$$\Delta U_{\mathrm{o}} = \frac{(1-D)\,DU_{\mathrm{imax}}}{8nf^2 LC} \tag{14-10}$$

因设计要求 $\Delta U_{\mathrm{o}} \leqslant 0.24\mathrm{V}$，故选择滤波电容为

$$C \geqslant \frac{(1-D_{\min})\,D_{\min}\,U_{\mathrm{imax}}}{8nf^2 L\Delta U_{\mathrm{o}}} = 417\times10^{-6}\mathrm{F} \tag{14-11}$$

实际上取 $C = 470\mathrm{\mu F}$。

应当指出，上述计算是将滤波电容作为理想电容看待的，实际的电容总存在着等效并联电阻，且允许通过的纹波电流也是有限的。所以，实际应用中常采用多个电容并联来减小等效并联电阻的影响，增加通过纹波电流的能力。此外，输入直流电压通常由工频交流电源（市电）经二极管整流、滤波来获得，这样输入直流电源中不可避免地含有纹波成分，尽管利用反馈控制可以减小这种纹波对输出的影响，但难以完全消除。因此，在实际设计开关电源时，设计者还应对输入滤波电路和反馈控制器进行仔细的设计。

14.2　不间断电源

UPS 是不间断电源系统（Uninterruptible Power Supply）的英文缩写。是一种含有储能装置（主要由蓄电池构成）以逆变器为主要组成部分的恒压恒频的不间断电源。

14.2.1　UPS 电源的分类

国际电工委员会发布的 IEC 62040-3 标准将 UPS 分为 3 种类型，即无源备用式（Passive Standby）、电网互动式（Line Interactive）和双变换式（Double Conversion），这些命名都是指 UPS 相对于所接的交流电网的运行情况的。

（1）无源备用式 UPS　无源备用式 UPS 又称离线式 UPS，其工作原理如图 14-5 所示，逆变器作为电网的后备与交流电网并联连接。

无源备用式 UPS 有两种工作模式：正常模式（Normal Mode）和储能模式（Stored Energy Mode）。

正常模式下，由交流电网通过 UPS 开关给负载供电，其中滤波器能消除某些干扰。在储能模式下，当交流输入电压超过了容差或者供电失败

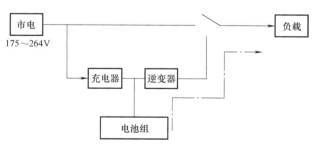

图 14-5　无源备用式（离线式）UPS 的工作原理

时，由电池、逆变器在不大于 10ms 的转换时间内，通过 UPS 开关给负载供电。UPS 在储能模式下始终由电池提供能量，直到交流电网正常时才切回到正常模式。

无源备用式 UPS 的优点是设计简单、造价低、体积小，它的缺点是负载和配电系统之间缺乏真正的电气隔离，不能调节输出电压和输出频率（它们与交流电网有关），切换时间长。对于诸如单台计算机等应用场合，其切换时间尚可接受，但对如大型计算中心和程控交

换机等复杂的敏感性负载而言，这种性能水平就不能满足要求。无源备用式 UPS 的固有缺点，限制了它只能应用在小于 $2kV \cdot A$ 的容量范围内。

（2）电网互动式 UPS　电网互动式 UPS 如图 14-6 所示，其中逆变器与电网并联连接，作为电网供电的后备，并且变流器通过其可逆运行与电网互相作用，它同时还给电池充电。

电网互动式 UPS 有 3 种工作模式：正常模式、储能模式和旁路（Bypass）模式。

在正常模式下，交流电网给负载供电，变流器还同时给电池充电。

在储能模式下，当交流输入电压质量很差或者电网供电中断时，由电池、变流器给负载供电，同时网侧开关断开，以防止变流器向交流电网馈电。这种

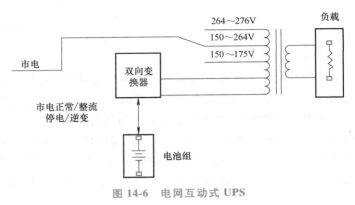

图 14-6　电网互动式 UPS

UPS 在储能模式下始终由电池提供能量，直到交流电网正常时才切换到正常模式。

在上述这种 UPS 内部可以设计一个维修旁路开关，当 UPS 故障时，允许把负载投切到由旁路电网供电，此时 UPS 工作在旁路模式。

在相同的电压等级下，电网互动式 UPS 的造价比双变换式 UPS 要低，这是其优点。但是，电网互动式 UPS 缺乏负载和配电系统之间的有效隔离，对电压尖峰冲击和过电压的保护能力差，非线性负载时 UPS 的效率低，不能调节输出频率。另外，由于变流器不是与电网串联连接，UPS 输出电压调整能力有限，与逆变器的可逆运行范围有关。电网互动式 UPS 的内在缺点，使它很难适用于中等功率和大功率敏感性负载，电网互动式又称在线互动式，一般来说，其应用局限于小功率场合。

（3）双变换式 UPS　双变换式 UPS 又称在线式 UPS。图 14-7 所示为双变换式 UPS 的基本结构，逆变器在交流电网和负载之间串联连接，交流电网经过整流器、逆变器后，给负载供电。

双变换式 UPS 有 3 种工作模式：正常模式、储能模式和旁路模式。

在正常模式下，交流电网通过交流-直流-交流两级变换后给负载供电，同时给电池充电。采用两级变换故称为双变换式 UPS。

在储能模式下，当交流输入电压质量很差或者供电故障时，由电池、逆变器给负载供电，直到交流电网正

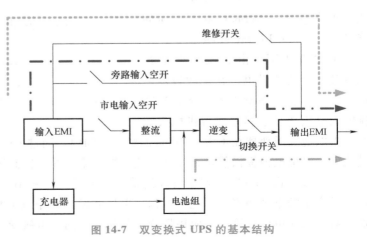

图 14-7　双变换式 UPS 的基本结构

常时才切回到正常模式。

双变换式 UPS 通常配备静态开关，当 UPS 内部的故障、过载或进行电池维护时，允许切换到旁路交流电网给负载供电，旁路的存在必须保证输入、输出的电压、频率相等，如果输入、输出电压不相等，必须在旁路中安装适配变压器，UPS 和旁路交流电网始终保持同步，以保证负载切换时不掉电。

双变换式 UPS 的优点是：无论是由交流电网，还是由电池供电，逆变器都能给负载提供持续的保护；负载和配电系统之间能有效地隔离，消除了配电电压波动（如电压尖冲和过压）对负载的影响；UPS 输入电压范围宽，能精密地控制 UPS 输出电压和频率；稳态、暂态性能优越；在 3 种工作模式之间的切换时间最短；有手动旁路开关，维护方便等。在大于 10kV·A 的应用场合，大都采用双变换式 UPS。但是，双变换式 UPS 的缺点是：因为采用全功率变换，相对高昂的造价，而且与其他类型的 UPS 相比，其效率一般要低几个百分点。输入功率因数一般只有 0.6~0.8，谐波电流高达 30%~60%，工作时对市电电网有干扰。

（4）Delta 变换型 UPS　一般而言，理想的 UPS 应当具备以下特点：输出电压可控、正弦电压畸变小；输入电流正弦、总谐波畸变率小，并且保持单位功率因数；在各种工作模式之间的切换时间应该尽可能短，保证对负载供电的连续性。

典型的无源备用式 UPS 在正常模式下，输出电压不可控，输入电流与负载的性质有关，并不能保证功率因数为 1，模式切换时间长；而经典的电网互动式 UPS 在正常模式下，输出电压的调节范围有限，输入电流同样与负载性质有关，也不能保证单位功率因数，模式切换时间较短；经典的双变换式 UPS 在正常模式下，虽然能保证输出电压的波形质量，模式切换时间最短，但是前级整流器通常采用 6 脉冲、12 脉冲等相控整流器，输入电流严重畸变，不仅在公共耦合点上影响其他设备的正常工作，而且会使交流电网电压畸变，甚至危害到自身的正常运行。

基于以上各种原因，尽管有 3 种成熟的 UPS 系统方案可用，但还是有越来越多的研究人员继续寻找更为合理的电路结构和控制策略，在满足 UPS 输入电流、输出电压波形质量的同时，尽可能降低系统造价，增强 UPS 的运行可靠性。

图 14-8 所示为 Delta 变换型 UPS 的基本结构，Delta 变换型 UPS 又称串并联补偿型 UPS，它主要由低通滤波器、Delta 变换器和主变换器构成。

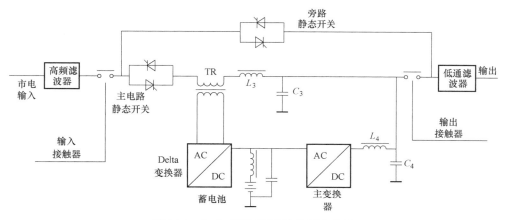

图 14-8　Delta 变换型 UPS 的基本结构

主变换器（并联变换器）是一个四象限 PWM 变换器，通过正弦波脉冲宽度调制，向外输出恒压恒频、波形畸变率小、与电网电压同步的高质量的正弦电压，相当于一个恒定的电压源。其具体作用如下。

1）主变换器在市电正常时，提供负载所需的全部无功功率和维持功率平衡所需的有功功率，吸收负载的谐波电流。

2）市电故障时，提供负载所需的全部功率，保证输出电压连续不间断。

3）当市电低于标准电压时，对蓄电池充电。

Delta 变换器（串联变换器）与补偿变压器同样是一个四象限 PWM 变换器，相当于一个大电感，起串联有源滤波器作用，也相当于一个可变电流源，消除市电输入电流中无功与谐波分量，并对市电电压的波动（一般为±5%）进行补偿。其具体作用如下。

1）控制输入电流的幅度和正弦波，消除谐波，谐波含量小于3%，提高输入功率因数接近1。

2）与主变换器一起对市电输入电压的波动进行补偿，使负载电压稳定在±1%以内。

3）在市电高于标准电压时，向蓄电池充电，当市电低于标准电压时，进行电压补偿，此时由主变换器对蓄电池进行充电。

Delta 变换型 UPS 的优点如下。

1）负载电压由主变换器的输出电压决定，输出电能质量好。

2）主变换器和 Delta 变换器只对输出电压的差值进行调整和补偿，它们承担的最大功率仅为输出功率的20%（相当于输入市电电压的变化范围），所以整机效率高，功率余量大，系统抗过载能力强。

3）输入功率因数高，可接近于1，输入谐波电流小。因此补偿型 UPS 有时也视为新一代绿色 UPS。

但是，Delta 变换型 UPS 主电路和控制电路相对复杂，可靠性差。

14.2.2　UPS 电源中的电力电子变换电路

不同型号或生产厂家的 UPS 电源，变换电路形式会有一些差别，但基本涉及 AC-DC 变换电路、DC-DC 变换电路、DC-AC 变换电路和静态开关。

（1）AC-DC 变换电路　UPS 电源中整流电路类型很多，有晶闸管相控整流电路类型、二极管不控整流电路与 Buck 型 DC-DC 变换电路级联结构类型、二极管不控整流经高频隔离变压器与 Buck 型 DC-DC 变换电路级联结构类型和 PWM 整流电路。

（2）DC-AC 变换电路　在 UPS 电源中通常采用由全控型功率器件构成的 PWM 型 DC-AC 变换电路。有单相和三相两种输出方式，通常输出端带有隔离变压器。对于大功率的 UPS 常采用多逆变器并联结构，采用移相 PWM 控制方式，目的是在不减小等效开关频率条件下，减少单逆变器开关频率，以减少开关损耗，提高效率。

UPS 电源中这两种主要电力电子变换电路结构和控制策略，可参阅相关的内容。

如图 14-9 所示给出了某大型 UPS 系统工作原理，该 UPS 电源属双变换式。一般而言，此类 UPS 开机后，会进行内部自诊断，若 UPS 本身一切正常，旁通开关会选择逆变器输出。手动旁路开关是用来隔离整个 UPS 电源，以便对 UPS 做维修保养。

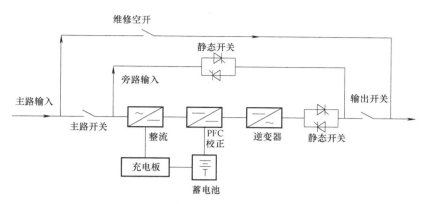

图 14-9　某大型 UPS 系统工作原理

14.3　静止无功补偿装置

在电力系统中，电压是衡量电能质量的一个重要指标。为了满足电力系统的正常运行和用电设备对使用电压的要求，供电电压必须稳定在一定的范围内，电压控制的主要方法之一就是对电力系统的无功功率进行控制。用于电力系统无功功率控制的装置有同步发电机、同步调相机、并联电容器和静止无功补偿装置等，其中静止无功补偿装置是一种新型无功补偿装置，近年来得到不断发展，其应用也日益广泛。

静止无功补偿装置（Static Var Compensator，SVC）由电力电子器件与储能元件构成，其特点在于能快速调节容性和感性无功功率，实现动态补偿。因此，它常用于防止电网中部分冲击性负荷引起的电压波动、重负荷突然投切造成的无功功率强烈变化。

根据所采用的电力电子器件不同，静止无功补偿装置可分为两大类。一类是采用晶闸管开关的静止无功补偿装置，它又分为晶闸管控制的电抗器（Thyristor Controlled Reactor，TCR）和晶闸管投切的电容器（Thyristor Switched Capacitor，TSC）两种基本类型；另一类是采用自换相变流器的静止无功补偿装置，称为静止无功发生器（Static Var Generator，SVG），采用 PWM 开关型的无功发生器，又称高级静止无功补偿装置（Advanced Static Var Compensator，ASVC），也称静止同步补偿装置（STATCOM：Static Synchronous Compensator）。

14.3.1　晶闸管控制的电抗器

TCR 的基本原理如图 14-10 所示。其单相基本结构就是两个反并联的晶闸管与一个电抗器串联，这样的电路并联到电网上，就相当于电感负载的交流调压电路结构。其工作原理、电路中的电压、电流波形与交流调压电路完全相同。

电感电流的基波分量为无功电流，晶闸管触发延迟角 α 的有效移相范围为 $90°\sim180°$。当 $\alpha=90°$ 时，晶闸管完全导通，即导通角为 $180°$，与晶闸管串联的电感相当于直接接到电网上，这时其吸收的基波电

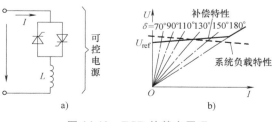

图 14-10　TCR 的基本原理

285

流和无功电流最大。当触发延迟角 α 在 $90° \sim 180°$ 之间变化时，晶闸管导通角小于 $180°$，触发延迟角越大，晶闸管的导通角就越小。增大触发延迟角就是减小电感电流的基波分量，减小其吸收的无功功率。因此，整个 TCR 就像一个连续可调的电感，可以快速、平滑地调节其吸收的感性无功功率。

在电力系统中，可能需要感性无功功率，也可能需要容性无功功率。为了满足电力系统的需要，在实际应用时，可以在 TCR 的两端并联固定的电容器组。这样便可以使整个装置的补偿范围扩大，既可以吸收感性无功功率，也可以吸收容性无功功率，如图 14-10b 所示。另外，补偿装置的电容 C 串接电抗器 L_F 又构成滤波器，可以吸收 TCR 工作时产生的谐波。对于三相 TCR，为了避免 3 次谐波进入电网，一般采用三角形联结。

14.3.2 晶闸管投切电容器补偿装置

TSC 补偿装置由双向静态开关与电容器串联而成，双向静态开关可由两个反并联的晶闸管构成。其原理如图 14-11 所示。

工作时，TSC 补偿装置与电网并联，当控制电路检测到电网需要无功补偿时，触发晶闸管静态开关使之导通，将电容器接入电网，进行无功补偿；当电网不需要无功补偿时，关断晶闸管静态开关，从而切断电容器与电网的连接。因此，TSC 补偿装置实际上就是断续可调的吸收容性无功功率的动态无功补偿装置。

根据电容器的特性，当加在电容上的电压有阶跃变化时，将产生冲击电流。TSC 投入电容器时，如果电源电压与电容器的充电电压不相等，则产生很大的冲击电流。因此，TSC 电容投入的时刻，必须是电源电压与电容器的预充电电压相等的时刻。为了抑制电容器投入时可能造成的冲击电流，一般在 TSC 电路中串联电感 L。

在工程实际中，电容器通常分组，每组均可由晶闸管投切，如 1、2、4 组合，组合成的电容值有 $0 \sim 7$ 级，如图 14-12 所示。

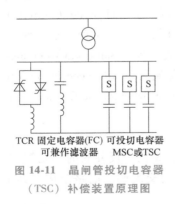

TCR 固定电容器(FC) 可投切电容器
可兼作滤波器 MSC或TSC

图 14-11 晶闸管投切电容器
（TSC）补偿装置原理图

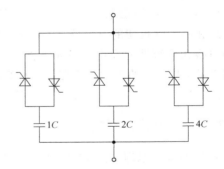

图 14-12 电容分组投切的 TSC

14.3.3 静止无功发生器

图 14-13 给出了采用电压型 PWM 桥式整流电路构成的 SVG 基本电路结构，其工作原理同 PWM 整流电路，适当控制 PWM 整流电路交流侧输出电压的相位和幅值，就可以使该电路吸收或者发出满足要求的无功电流，实现动态无功补偿的目的。仅考虑基波频率时，SVG

可以看成是与电网频率相同且幅值和相位均可控制的交流电压源，它通过交流电抗器连接到电网上。

SVG 工作原理可以用如图 14-14a 所示的单相等效电路来说明，图中 u_S 表示电网电压，u_i 表示 SVG 输出的交流电压，u_L 为连接电抗器的电压。如果不考虑连接电抗器及变流器的损耗，则不必考虑 SVG 从电网吸收有功能量。在这种情况下，通过三相桥中 6 个开关器件 PWM 控制，使 u_i 与 u_S 同频同相，然后改变 u_i 的幅值大小，既可以控

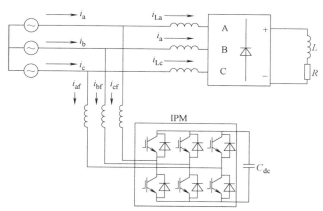

图 14-13　电压型 PWM 桥式整流电路构成的 SVG 基本电路结构

制 SVG 从电网吸收的电流 i 是超前还是滞后 $90°$，也能控制该电流的大小。如图 14-14b 所示。当 $\dot{U}_i$ 大于 $\dot{U}_S$ 时，电流 $\dot{I}$ 超前电压 $90°$，SVG 吸收容性无功功率；当 $\dot{U}_i$ 小于 $\dot{U}_S$ 时，电流 $\dot{I}$ 滞后电压 $90°$，SVG 吸收感性无功功率。

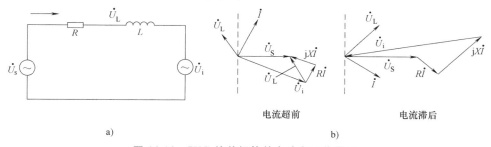

a)　　　　　　　　　　　　　　b)

图 14-14　SVG 的单相等效电路和工作原理

PWM 开关型无功功率发生器能向电网提供连续可控的感性和容性无功功率，可使电网功率因数为任意数值，电流波形也接近于正弦波，由于同时能调控电网电压，它在提高电力系统暂态稳定性，阻尼系统振荡等方面，其性能远优于晶闸管相控电抗器，它是电网无功功率补偿技术的发展方向。

在实际工作时，连接电感和变流器均有损耗，这些损耗由电网提供有功功率来补充，也就是说，相对于电网电压来说，电流 $\dot{I}$ 中也有一定的有功分量。在这种情况下，$\dot{U}_i$ 和 $\dot{U}_S$ 与电流 $\dot{I}$ 的相位差不是 $90°$，而是比 $90°$ 略小。应当说明的是，SVG 接入电网的连接电感，除了连接电网和变流器这两个电压源外，还起滤除电流中与开关频率有关的高次谐波的作用。因此，所需要的电感值并不大，远小于补偿容量相同的其他 SVG 装置所需的电感量。如果使用变压器将 SVG 并入电网，则还可以利用变压器的漏感，所需的连接电感可进一步减小。

14.4　电力储能系统

电力系统的电能存储十分困难，使得电力系统在运行与管理过程中的灵活性和有效性受

到极大限制。同时，电能在发、输、供、用过程中必须在时、空两方面都达到瞬态平衡，如果出现局部失衡，就会引起电能质量问题（闪变），瞬态剧烈失衡还会带来灾难性电力事故，并引起电力系统的解列和大面积停电事故。要保障电网安全、经济和可靠运行，必须在电力系统的关键环节点上建立强有力的储能系统。

另外，集中发电、远距离输电和大电网互联的电力系统存在的一些弊端，使得电力系统显得既笨拙又脆弱。目前，大电网与分布式电网的结合，被世界许多能源和电力专家公认为是节省投资、降低能耗、提高电力系统稳定性和灵活性的主要方式。此外，现在世界各国都在提倡绿色环保，采用分布式发电，可充分利用各地丰富的清洁能源。近年来对新型分布式发电技术的研究已经取得了突破性进展，因此大量分布式电源（如燃料电池、太阳能电池等）广泛应用于电力系统中。

基于系统稳定性和调峰的需要，分布式系统要存储一定数量的电能，用以应付突发事件。现代储能技术已经得到一定程度的发展，除了传统的抽水蓄能方式以外，较有发展前途的储能技术有蓄电池储能（BES）、超级电容器储能（SCS）、飞轮储能（FWES）和超导蓄能（SMES）等。

14.4.1 蓄电池储能和超级电容器储能

蓄电池储能或超级电容器储能系统的核心部件是蓄电池或超级电容，以及电力电子器件组成的交直流变换器。采取的方法是：先将交流电能变换为直流电能储存在蓄电池或超级电容器中；当使用储备电能时，再将直流电能变换为与系统兼容的交流电能。

蓄电池储能系统既可作为调峰和调频电源，也可直接安装在重要用户内，作为大型的不间断电源。目前，全世界已有近 20 个蓄电池储能系统在运行。例如，美国加州 CHINO 变电站安装有 10MW 的蓄电池储能系统，在洛杉矶的 VERNON 也安装有 10MW 的蓄电池储能系统。蓄电池储能系统在电力系统中大规模应用的主要关键技术是提高蓄电池储能密度，降低价格和延长寿命。目前的蓄电池储能密度达到 $100 \sim 200 \mathrm{W} \cdot \mathrm{h/kg}$，寿命为 $8 \sim 10$ 年。镍-锌电池、钠-硫电池、聚合物薄膜电池、锌-空气电池等新型电池正在研究之中。

超级电容器是近年来发展起来的新型电力储能器件，它具有循环寿命长、工作温度范围宽、环境友好、免维护等优点。在新型电力储能技术具有广阔发展前景，在现有技术水平上，超级电容器主要应用于配电网的分布式储能，以解决电能质量问题，是具有技术和经济优势的解决方案。超级电容器在提高能量密度和降低成本方面，还有很大发展空间，具有替代蓄电池，实现大容量电力储能的潜力。

超级电容器既具有电池的能量储存特性，又具有电容器的功率特性，它比传统电解电容器的能量密度高上千倍，而漏电流小数千倍，具有法拉级的超大容量，储电能量大、时间长；其放电功率比蓄电池高近千倍，能够瞬间释放数百至数千安培的电流，大电流放电甚至短路也不会有任何影响，可充放电 10 万次以上而不需要任何维护和保养，是一种理想的大功率二次电源。超级电容器具有蓄电池无法比拟的超低温工作特性，能够提高车辆在恶劣环境中起动的可靠性。

蓄电池储能系统和超级电容器储能系统作为调峰用途时，其系统可采用图 14-9 所示的结构，将蓄电池换为超级电容器作为能量储存器。由于超级电容器充放电速度快，也可作为电网电压跌落补偿、负载波动补偿系统的能量储存器，此类系统要求补偿迅速，系统动态性能好，常采用使变换器能够四象限工作的 PWM 控制策略。

14.4.2　飞轮储能

飞轮储能是具有广泛应用前景的新型机械储能方式，它的基本原理是由电能驱动飞轮高速旋转，将电能转变为机械能储存。当需要电能时，由飞轮带动电动机做发电运行，将飞轮动能转换成电能，实现了电能的存取。飞轮储能有储能高、功率大、效率高、寿命长及无污染等优点。飞轮储能技术在电力系统调峰、风力发电、汽车供能、不间断电源、卫星储能控姿、通信系统信号传输、大功率机车、电磁炮及鱼雷等方面，都已经得到了广泛的应用。

飞轮储能系统包括一个飞轮、电动机-发电机和电力电子变换装置等，其原理如图 14-15 所示。

从图 14-15 可知，电力电子变换装置从外部输入电能驱动电动机旋转，电动机带动飞轮旋转，飞轮储存动能（机械能）；当外部负载需要时，用飞轮带动发电机旋转，将动能转化为电能，再通过电力电子变换装置变成负载所需要的各种频率、电压等级的电能，以满足不同的需

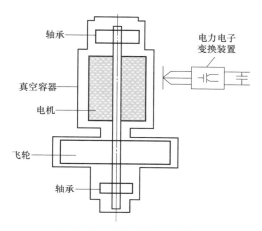

图 14-15　飞轮储能系统原理

求。电动机和发电机用一台电机来实现，变换器为双向逆变器，这样就可以大大减小系统的大小和重量。同时由于在实际工作中，飞轮的转速可达 40000～50000r/min，一般金属制成的飞轮无法承受这样高的转速，所以飞轮一般都采用碳纤维制成，进一步减少了整个系统的重量；为了减少能量损耗（主要是摩擦力损耗），电机和飞轮都使用磁轴承，使其磁悬浮，以减少机械摩擦；同时将飞轮和电机旋转在真空容器中，以减小空气摩擦。这样可提高飞轮储能系统的效率。

在飞轮储能系统中，有一个既可用作发电机，也可用作电动机的集成电机。目前飞轮储能应用的集成电机主要有感应电机、开关磁阻电机和永磁无刷直流-交流电机。在实际应用中以采用永磁无刷直流-交流电机居多，尤其是转速在 30000r/min 以上的飞轮储能系统中。永磁电机结构简单、成本低、恒功率调速范围宽，运行效率较高，而且其速度可做得很高，目前永磁电机的转速可以达到 200000r/min，此外对永磁电机进行调速也很容易。

飞轮储能系统中的电力电子变换器原理如图 14-16 所示，主要由逆变器 1、逆变器 2 和控制器组成，逆变器 1 负责控制飞轮储能系统输送给电网的有功功率和无功功率，逆变器 2 负责控制飞轮电机的运行方式。逆变器 1 和逆变器 2 均采用三相桥式电压型逆变器，均可采用四象限工作的 PWM 控制策略。

当飞轮储能时由电网提供能量，控制逆变器 1 吸收有功能量为电容充电，同时控制逆变器 2 工作在逆变状态，为电动机起动和加速提供可调频、调压的三相交流电源。

当电网失电或需要补充能量时，控制飞轮减速，电动机处于发电状态，控制逆变器 2 吸收有功能量为电容充电，同时控制逆变器 1 工作在逆变状态，为电网提供恒频、恒压三相交流电能。由于在此过程中，发电机输出电压频率和幅值随飞轮减速而变化，逆变器 2 的控制

289

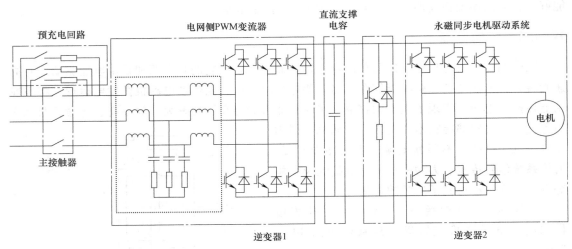

图 14-16　飞轮储能系统中的电力电子变换器原理

过于复杂，因此也可利用三相桥式电压型逆变器中的 6 个反馈二极管构成的三相不控整流电路，为电容充电，这样可简化控制。

14.4.3　超导储能

超导储能系统（SMES）是利用超导线圈可以承受大电流而无功率损耗的特点，将大量的电磁能直接储存起来，需要时再将电磁能返回电网或其他负载的一种电力设施。超导储能系统一般由超导线圈、低温容器、制冷装置、变流装置和测控系统等组成。超导储能系统具有反应速度快、功率密度大和转换效率高等优点。主要用于电网调峰控制、短时能量补偿和提高电力系统的动态稳定性。

由于超导线圈采用直流供电，与电网之间能量交换需要一个双向的 AC/DC 变换器。变换器主电路常由电流型 PWM 整流器组成，将损耗很小、电感很大的超导线圈 SC 串入 PWM 整流电路直流侧，使其既是直流侧负载，又是电流型 PWM 整流器的直流缓冲电感，简化了超导储能系统的主电路结构，如图 14-17 所示。其中，图 14-17a 为电流型超导线圈 CSC，图 14-17b 为电压型超导线圈 VSC。

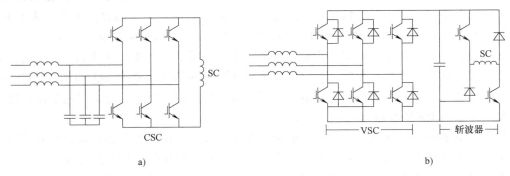

a)　　　　　　　　　　　　　　　b)

图 14-17　超导储能系统的主电路结构

由于超导储能系统实际上是 PWM 整流器的特定负载的应用。因此控制原则与电流型

PWM 整流器相同。超导储能系统工作原理可用图 14-18 来说明。

如果不考虑连接电抗器及变流器的损耗，通过 PWM 电路控制 $\dot{I}_i$，使 $\dot{I}$ 超前 $\dot{U}_S$ 的角度为 90°，此时超导线圈能量保持恒定状态；若通过 PWM 电路控制 $\dot{I}_i$，使 $\dot{I}$ 超前 $\dot{U}_S$ 的角度小于 90°，此时电网向超导线圈补充能量。控制改变 $\dot{I}_i$ 的 PWM 波形的调制比，既可改变 $\dot{I}$ 的幅值大小，也可控制超导线圈储存的能量大小。

由上可见，实现能量交换的关键是对电网侧电流的控制。控制策略可以采用交流侧指令信号，通过检测电网输入侧电流，采用闭环控制方法直接控制电网侧电流。

对于大容量超导储能系统，因电流比较大，系统主要损耗为开关损耗，一般采用变流器组合结构，即将独立的电流型 PWM 整流器进行并联组合。每个并联的 PWM 整流器中的 PWM 控制信号采用移相 PWM 控制技术，从而以较低的开关频率获得等效的高开关频率控制，而且还有效地提高了 PWM 整流器的电压、电流波形品质。

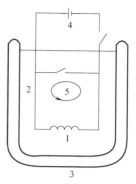

图 14-18　超导储能
系统工作原理
1—超导线圈　2—制冷剂
3—低温容器　4—直流电源
5—持续电流回路

14.5　电力电子技术在可再生能源中的应用

传统的发电方式是火力、水力以及后来发展起来的核能发电。能源危机后，各种新能源、可再生能源及新型发电方式越来越被世人所重视。可再生能源的类型很多，如太阳能、风能、生物质能、海洋潮汐能等。可再生能源已经形成了一个新兴产业。与其他发电方式比较，可再生能源的资源量大于常规能源，污染小，可循环使用。因此，发展和利用绿色能源是洁净生态环境，改善电力结构的重要措施。

可再生能源发电中太阳能发电、风力发电的发展速度较快，燃料电池更受关注。太阳能发电、风力发电受环境条件的制约，发出的电能质量较差，通常需要利用电力电子技术进行能量的储存和缓冲，改善电能质量。同时，通过采用变速恒频发电技术，可以将新型能源发电与电力系统联网。

如今许多可再生能源技术已趋成熟、可靠，并在技术性能上与传统的燃料发电相当。可再生能源技术的成本呈下降趋势，并将随着需求和生产的增加进一步下降。太阳能和风能系统应用了先进的电力电子技术，因此，本节将重点介绍太阳能发电和风力发电。可再生能源的优势之一，是为传统电网无法覆盖的区域提供可持续的电力，可再生能源增长的市场造就了对电力电子技术需求的增长。大多数可再生能源技术产生直流电，因此需要电力电子技术及其控制设备将直流电转变成交流电，一般采用逆变器。逆变器的类型有两种：独立型和与电网连接型。这两种类型有许多相似之处，但在控制功能上不同。独立型逆变器用于无电网场合，用电池或超导线圈存储能量，如与备用柴油发电机联合使用（如光电-柴油混合电力系统），其逆变器可带附加控制功能；与电网进行交互的逆变器必须能够跟随配电网上的电压和频率的变化，适时改变控制策略以达到并网的目的。转换效率对于这两类逆变器是非常重要的因素。

独立光电系统，如偏远地区的电池充电和抽水等应用，光电-柴油混合系统和与电网连接的光电系统的电力变换器，既可在屋顶上应用，又可大范围应用。风轮发电机技术在所有可再生能源中成熟较快。与传统的发电技术相比，风力发电的单位发电成本很有竞争力。风力发电机既可用于独立电池充电中，也可与化石燃料发电机联合作为混合系统，还可连接入电网。随着风轮叶片设计、发电机、电力电子和控制技术的进步，大范围采用风力发电的可靠性显著增加。

14.5.1 电力电子技术在光伏发电系统中的应用

1. 光电基础

外层大气中太阳辐射过来的功率密度（称为太阳能量常数）为 1.373kW/m^2，该能量的一部分被地球大气层吸收和散射，最终入射到地球表面的太阳光的峰值在热带正午为 1kW/m^2。光伏发电（PV）技术的核心就是将这种能量转换为电气形式的可用能量。PV 系统的基本元素是太阳电池。太阳电池可直接将太阳光的能量转换为电能，应用在照明、抽水、制冷、通信等领域。太阳能是利用称为光伏效应的量子力学过程来产生电能。典型的太阳电池包括一个类似于二极管的在半导体材料中形成的 PN 结。图 14-19 给出了晶状太阳能电池横截面的示意图，它包含 $0.2 \sim 0.3\text{mm}$ 厚的单晶或多晶硅片，通过掺入其他杂质（如硼、磷）产生具有不同电气性质的两层。在 PN 结掺杂了磷原子的负硅片和掺杂了硼原子的正硅片之间建立起电场。光入射到太阳电池上，光（光子）中的能量产生自由电荷载体，被电场分开。外接线端上产生电压，接入负载后就有电流流过。

太阳电池中产生的光电流（I_{ph}）与辐射强度成正比。太阳电池可以等效为一个电流源与一个二极管并联，如图 14-19 所示。

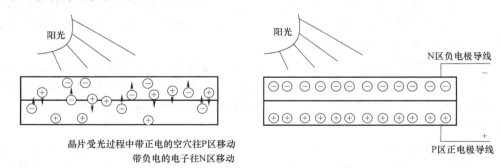

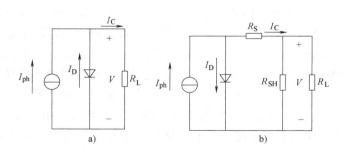

图 14-19　太阳电池的等效电路

a）理想光电池的等效电路图　b）太阳能电池的等效电路图

太阳能发电的负载是一个可变电阻。如果输出短路，输出电压和二极管两端电压均为零。由太阳辐射产生的整个光电流（I_{ph}）等于。太阳能电池输出电流的最大值是 I_C。随着负载电阻的增加，二极管 PN 结上的电压也随之增加，一部分电流流经二极管，输出电流也随之下降了相应的值。如果负载电阻开路，输出电流为零，所有光电流流经二极管。电流电压关系可由二极管特性方程获得

$$I_C = I_{ph} - I_S(e^{qU/kT} - 1) = I_{ph} - I_D \tag{14-12}$$

式中，q 为电子的电量；U 为 PN 结两端电压；k 为波尔兹曼常数；I_{ph} 为光电流；I_S 为反向饱和电流；I_D 为二极管电流；T 为太阳能电池的工作温度（K）。

许多半导体材料适用于制造太阳能电池。常见的硅半导体材料类型有单晶硅电池和多晶硅电池。

2. 光伏发电系统的类型

光伏发电系统有独立型、混合型、与电网连接型 3 种，如图 14-20 所示。独立型 PV 系统如图 14-20a 所示，用于无法与电网相连的偏远地区；PV-柴油混合系统的示意图如图 14-20b 所示。偏远地区采用的常规供电系统，通常基于手工控制，并连续运行或者若干小时运行的柴油发电机，长期使柴油发电机运行于低负载水平，显著增加维护费用并缩短其寿命。可再生能源（如 PV）可在使用柴油和其他化石燃料为动力发电机的偏远地区使用，这样可获得持续经济高效的能源，这种系统称为混合能源系统。与电网连接的 PV 系统如图 14-20c 所示。它表示的是 PV 板通过逆变器与电网互联，其间没有电池储能。这样的系统既可以是小系统（如住宅屋顶系统），也可以是大型与电网连接的系统。电网交互逆变器必须与电网的电压和频率同步。

3. 独立型 PV 系统

独立型 PV 系统的逆变器将直流转换为交流，许多逆变器是双向的，即可以分别运行于逆变和整流模式。在许多独立光伏发电系统中需要交流电压 30V（或 220V、110V），50Hz（或 60Hz）。一般独立逆变器按功率水平工作于 12V、24V、48V、96V、120V 或 240V 直流。独立光伏系统的理想逆变器应当具有如下特点：①正弦输出电压；②电压和频率在运行范围内；③可以在输入电压大范围变化时持续运行；④输出电压稳定；⑤轻负载时高效率；⑥逆变器产生很少的谐波，从而避免导致电子设备的损坏、损耗增加和发热增加；⑦可承受水泵、冰箱等设备起动时的短时过负载电流，对过/欠电压、频率和短路电流等有足够的保护容量；⑧很低的空闲和无负荷损耗；⑨电池电压过低自动断开；⑩很低的音频和射频噪声。逆变器的功率部分可以采用几种不同的电力电子器件，如 Power MOSFET（电力场效应晶体管）、IGBT（绝缘栅双极型晶体管）等。Power MOSFET 常用于最大功率 5kV·A、直流电压为 6V 的单元中，其优点是开关损耗低、频率高。由于 IGBT 导通压降为 2V 直流，因此通常用于直流电压大于 96V 的系统中。

PV 系统独立应用时，通常采用电压源逆变器。它可以是单相，也可以是三相。通常采用三种开关控制技术：方波、准方波和脉冲宽度调制。方波或准方波逆变器可为电动工具、电阻性加热器或白炽灯供电，这些应用不需要高质量的正弦波就可以实现可靠且高效的运行。然而也有许多家用电器需要低失真的正弦波。因此，边远地区电力系统推荐采用正弦波逆变器。脉冲宽度调制（PWM）开关是逆变器通常用来获得正弦输出的方法。单相系统一

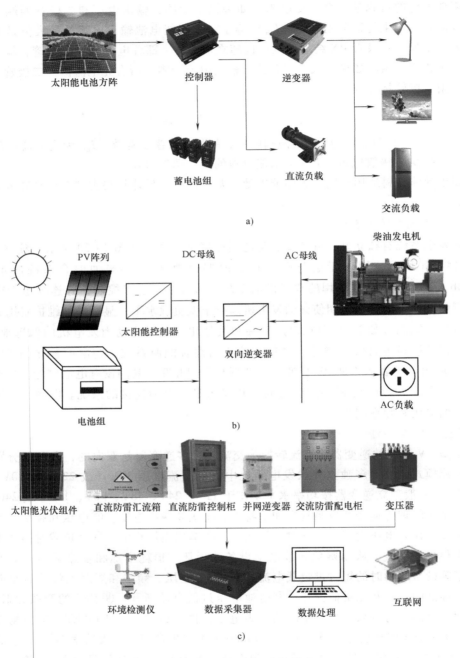

图 14-20 光伏发电系统的类型

a）独立型 b）混合型 c）与电网连接型

般采用半桥和全桥的逆变器拓扑结构。三相四线逆变器的电力电子电路如图 14-21 所示，逆变器的输出通过三相变压器（D/Y）与负载相连，变压器二次绕组的星形中性点与负载中性线相连。该系统可接三相或单相负载。此外还可采用中间分接的直流源为变换器供电，其中性点可引出中性线。

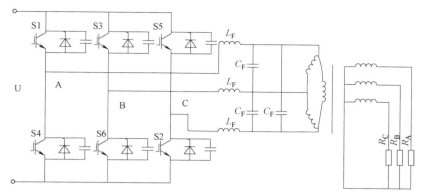

图 14-21　三相四线逆变器的电力电子电路

4. 与电网连接型 PV 系统

与电网连接型 PV 系统常用于交互式逆变器，不仅调节光伏阵列的输出，还确保 PV 系统输出与电网同步。这类系统既可不包含蓄电池，也可有电池备份。有储能电池可提高供电可靠性。该系统允许用户利用太阳能给自身负载供电，多余能量可回馈电网。与电网连接型 PV 系统可成为公共电网系统的一部分，PV 系统与公用电网结合后可形成双向功率流。公用电网可吸收多余的 PV 功率，在夜间和 PV 功率不够时向住宅供电。PV 系统可以是集中的，也可以是分布的。与电网连接的 PV 系统需要在电网供电故障时可独立运行，独立运行时，PV 系统需要与电网断开。

与电网连接型 PV 系统中，功率调节器是 PV 阵列与电网之间的关键连接。它是将太阳能电池产生的直流转换为公用级交流的接口。逆变器需要产生高质量的正弦输出，必须与电网频率和电压保持同步，还必须在最高功率点跟踪器的帮助下从太阳能电池中获取最大功率，而通过改变逆变器的输入电压获取光伏电池的电能，直到 *I-V* 曲线上的最大功率点为止。逆变器必须监视电网的所有相位，逆变器输出必须能够跟随电压和频率变化。与电网连接的逆变器有线换相、自换相和高频换相等多种形式。线换向一般应用于电动汽车中，在此只介绍后两种换相。

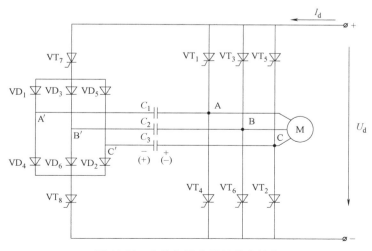

图 14-22　自换相逆变器的基本结构

自换相逆变器采用脉冲宽度调制（PWM）控制的开关模式逆变器，可用于 PV 系统与电网的连接。这种逆变器的基本结构如图 14-22 所示。不同类型应用的逆变器可以采用双极型晶体管、Power MOSFET、IGBT 或 GTO。GTO 适用于大功率应用中，而 IGBT 可用于开关频率高的场合（如 20kHz），它们在许多与电网连接的 PV 系统中得到应用。现在大多数逆变器都是自换相正弦波逆变器。电压源逆变器根据开关控制的不同，可进一步分成如下几类：PWM（脉冲宽度调制）逆变器、方波逆变器、电压对消单相逆变器、程序谐波消除开关、电流控制调制等。

采用脉冲宽度调制标准逆变器的低频（50Hz/60Hz）变压器很重，不仅体积庞大，而且成本很高。因此通常采用频率高于 20kHz 的逆变器和铁氧体铁心变压器。与电网连接的 PV 系统采用高频变压器的电路结构，如图 14-23 所示。

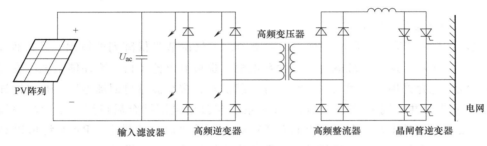

图 14-23　与电网连接的 PV 系统的电路结构

高频逆变器直流侧的电容器用作滤波。采用脉冲宽度调制的高频逆变器，用于在高频变压器一次绕组上产生高频电流，该变压器的二次绕组通过高频整流器整流，直流电压与晶闸管逆变器通过低通电感滤波器相连，然后连接到电网。要求输出线电流为正弦，并与线电压同相。为实现这一目标，测量线电压 V_1 以建立线电流 I_L 的参考波形。将参考电流 I_L 乘以变压器变比，得到高频逆变器输出侧的电流。利用逆变器输出，逆变器可与低频或者高频变压器隔离配合使用。对于低于 3kW 的电网交互屋顶逆变器来说，最好采用高频变压器隔离。

14.5.2　电力电子技术在风力发电系统中的应用

在风力发电系统中，风轮机有水平轴和垂直轴两种类型；风力发电机有直流、同步、异步发电机 3 种类型；系统可分为独立型、风力-柴油混合型、与电网连接型 3 种类型。风力-柴油混合型系统在世界许多地区受到重视。因为边远地区供电的特点是惯性小、阻尼小和无功功率支持少。这种弱电力系统易受网络运行条件突然变化的影响，电网明显的功率波动将导致对用户供电质量的下降，表现为供电系统中电源电压和频率的变化，风力-柴油混合型系统在不牺牲峰值功率跟踪能力的前提下，使波动变缓。这种系统中可能有两种储能元件，第一种是旋转机械部分的惯性；第二种是 DC-DC 变换器和逆变器之间的小电池存储。突然的风力增加，其能量将临时存储于储能元件中，在风速较低时释放，这样就降低了电压波动的程度。加入逆变器控制将进一步减少波动并增加总输出功率。使风力能量系统的总输出可以得到稳定和平滑。系统控制器需要跟踪峰值功率，以维持风力能量系统输出恒定。这样，总的风力能量系统将跟踪风速变化，但不受风力突变的影响。在强风力应用中，风力能量发电机输出的波动会很容易地被电网吸收。采用同步电机的风力发电系统，DC-DC 变换器的功能是调整机器的转矩，通过对风速和轴速的测量，确保风轮机叶片的运行能够获得最优功率。逆变器的目的是将转子和 DC-DC 变换器产生的能量在峰值功率跟踪过程中传递给电网，两个部分交互需要紧密控制，以减小或消除对电池组的需求。控制需要足够快，使逆变器输出功率点与 DC-DC 变换器的输出相匹配。

系统采用同步发电机结构时，允许同步发电机以可变速度运行，因此产生可变电压和频率的功率，同步发电机可通过外部供电的励磁电流完成控制过程。为获得并网所需的恒频交流，先将风能通过风轮机和同步发电机转换成电能，发电机输出电能经桥式整流器变换成直流后，再经逆变器变换成电网频率的交流，如图 14-24 所示。

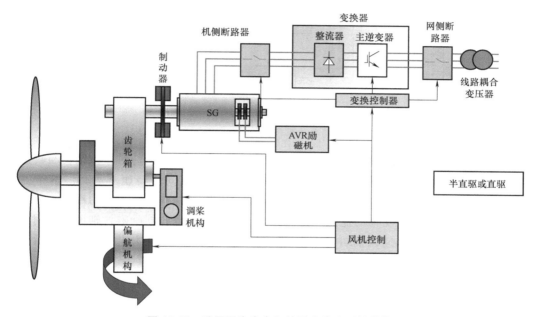

图 14-24 采用同步发电机的风力发电系统结构

这种结构的优点是技术简单、成熟，缺点是成本较高，不仅需要对同步发电机进行维护，而且需要功率转换系统来对产生的所有能量进行转换（与绕线式转子异步发电机系统不同）。因此，可用于小功率发电系统，在大、中容量发电系统中难以推广。

系统采用绕线式转子异步发电机结构时，转子上的三相绕组，可通过集电环与外部相连。与转子相连的方法有 3 种结构：转差功率恢复、循环变换器和转子电阻斩波控制。

（1）**转差功率恢复结构** 转差功率恢复结构与具有很大转差率的传统异步发电机相似。转子功率首先通过集电环传输出来，经过整流和直流传输，由逆变器传递给电网。这种系统的缺点是只运行于超同步可变速度。在图 14-25 所示的这种方案中，定子直接与电网相连。电力变换器与绕线式异步发电机的转子相连，以便从可变速度风轮机中获得最优的功率。这种方案的主要优点是，功率调节单元只需处理总功率中的一部分就可以对发电机进行控制。在风力能量具有较大穿透力的与电网连接风力系统中风轮机的尺寸很大，这种方法的优势得以体现，它只需要较小的变换器。因此，该系统适合于大功率发电系统。

（2）**循环变换器结构** 循环变换器是将一种频率的交流电压直接转换为另一种频率的交流电压的变换器，没有中间的直流环节。这种结构是将循环变换器与转子电路相连，允许

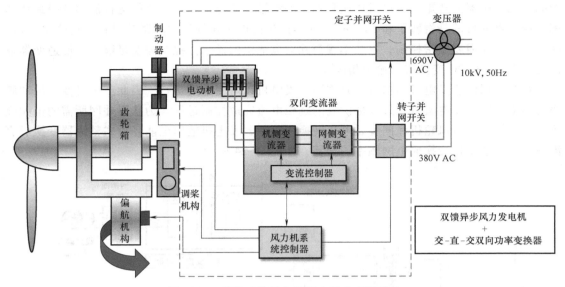

图 14-25　转差功率恢复的风力发电系统结构

以低于同步速度和超过同步速度的可变转速下运行。超同步速度运行时，该结构与转差功率恢复型相似。另外，它可以向转子供电，从而使电机在低于同步转速下运行。鉴于上述原因，该系统被称为双馈电发电系统。虽然整体来说，该系统纯粹消耗无功功率，但它在发电机端具有有限的控制无功功率的能力。另一方面，如果采用电容器励磁，则可从实用角度产生功效。由于该系统可迅速调整端电压的相角和幅值，发电机可在大电气扰动结束后无须停止、起动的完整过程，可实现再同步。

（3）转子电阻斩波控制　绕线式转子异步发电机的转子电阻斩波控制也称异步发电机的软起动。异步发电机与负载相连时会流过较大的浪涌电流。这与异步发电机的直接起动有些类似。人们观察到当异步发电机在通常运行条件下，试图稳定起动过程时，其初始时间常数较大，需要采用某种类型的软起动设备来起动大型异步发电机。实现该功能的简单结构如图 14-26 所示。图中每相反并联两个晶闸管，异步发电机起动时，用晶闸管控制加在定子上的电压，由此来限制大的浪涌电流。一旦完成起动过程，并联开关闭合，将软起动单元并联旁路。

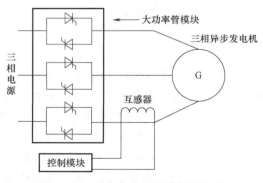

图 14-26　异步发电机的软起动系统

14.6　柔性交流输电系统

　　柔性交流输电系统（FACTS）的概念是美国电力科学院在 1988 年首先提出来的，20 世纪 80 年代末至 90 年代初，进行了大量的探索性研究。其主要目标是用大功率电力电子器件代替传统的机械式高压开关，使电力系统中的电压、线路阻抗、功率因数等主要电气参数按系统需要迅速调整。这样能够在不改变原有电力系统主要设备及线路的前提下，使得电网的功率输送能力及潮流、电压的可控能力大大提高。

柔性交流输电系统就是应用电力电子技术与现代控制技术相结合，达到交流输电系统参数、网络结构的灵活和快速控制，以实现输送电功率的合理分配，将电功率损耗和发电成本降低，最大限度地提高电力系统的稳定性和可靠性。

电力系统的输电能力受静态、动态、暂态、电压和热稳定等诸多因素制约。为解决这些问题，长期以来采取传统的并电容、电抗器和移相设备等，机械投切和分接头等电工手段来改善系统的运行性能。但这些手段只能用于静态和缓慢变化下进行系统潮流控制，而无动态控制能力。随着用电量的迅速增加和对供电质量要求的提高，必须采用高科技手段来改造传统的输电网。电力电子器件与技术的发展和成熟，为 FACTS 的实现奠定了良好的基础。

FACTS 技术包括：高压直流输电（HVDC）、静止无功补偿（SVC）、有源电力滤波器（APF）、静止无功发生器（SVG）、静止调相机以及统一潮流控制器等。它在电力系统中应用的特点如下。

1）采用功率器件操作，无机械磨损，大大提高系统的可靠性和灵活性。

2）响应速度快，有利于暂态稳定性的提高。

3）被控参数可以连续调整，也可以断续调整，十分有利于系统的动态稳定性的改善。

4）通过快速的平滑调节，可以迅速地改变系统的潮流分布，以合理分配电能并防止事故的发生。

5）有利于建立起全国实时的网络控制中心，大大提高全国电力系统的经济性和安全可靠性。

随着电力电子技术的进一步发展，FACTS 技术的内容将会越来越丰富，其应用也会更加广泛。

14.7　直流电机调压调速系统

晶闸管可控整流装置带直流电动机负载组成的系统是电力拖动系统中主要系统，是可控整流装置的主要用途之一。对晶闸管直流电动机系统的研究主要在带电动机负载和由整流电路供电的电动机的工作情况。

14.7.1　工作于整流状态时

直流电动机负载除本身有电阻、电感外，还有一个反电动势 E。如果暂不考虑电动机的电枢电感时，则只有当晶闸管的导通相的变压器二次电压瞬时值大于反电动势时才有电流输出。在单相桥式全控整流电路带反电动势负载的分析中可知，此时的负载电流是断续的，这对整流电路和电动机负载的工作都是不利的，实际应用中要尽量避免出现负载电流断续的工作情况。

为了平稳负载电流的脉动，通常在电枢回路串联一个平波电抗器，保证整流电流在较大范围内连续，图 14-27 为三相半波带平波电抗器的直流调速系统的电压、电流波形。

触发晶闸管，待电动机起动达到稳态后，虽然整流电压的波形脉动较大，但由于电动机有较大的机械惯量，故其转速和反电动势基本无脉动。此时整流电压的平均值由电动机的反电动势及电路中负载平均电流 I_d 所引起的各种电压降所平衡。整流电压的交流分量则全部降落在电抗器上。由 I_d 引起的压降有下列 4 部分：变压器的电阻压降 $I_d R_T$，其中 R_T 为变压器的等效电阻，它包括变压器二次绕组本身的电阻以及一次绕组折算到二次侧的等效电阻；晶闸管本身的管压降 ΔU，它基本上是一个恒定值；电枢电阻压降 $I_d R_M$；由重叠角引起的电压降 $3X_T I_d/(2\pi)$。

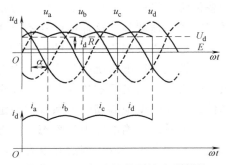

图 14-27　三相半波带平波电抗器的
直流调速系统电压、电流波形

此时，整流电路直流电压的平衡方程为

$$U_d = E_M + R_\Sigma I_d + \Delta U \tag{14-13}$$

式中，$R_\Sigma = R_T + R_M + 3X_T/(2\pi)$。 $\tag{14-14}$

在电动机负载电路中，电流 I_d 由负载转矩所决定。当电动机的负载较轻时，对应的负载电流也小。在小电流情况下，特别是在低速时，由于电感的储能减小，往往不足以维持电流连续，从而出现电流断续现象。这时整流电路输出的电压和电流波形与电流连续时有差别，因此晶闸管电动机系统有两种工作状态：一种是工作在电流较大时的电流连续工作状态，另一种是工作在电流较小时的电流断续工作状态。

1. 电流连续时电动机的机械特性

从电力拖动的角度看，电动机的机械特性是表示其性能的一个重要方面，由生产工艺要求的转速静差率，即由机械特性决定。

在电机学课程中，已知直流电动机的反电动势为

$$E_M = C_e \Phi n \tag{14-15}$$

式中，C_e 为由电动机结构决定的电动势常数；Φ 为电动机磁场每对磁极下的磁通量（Wb）；n 为电动机的转速（r/min）。

由整流电路电压平衡方程式（14-15），得到不同触发延迟角 α 时 E_M 与 I_d 的关系。因 $U_d = 1.17U_2\cos\alpha$，因此反电动势特性方程为

$$E_M = 1.17U_2\cos\alpha - R_\Sigma I_d - \Delta U \tag{14-16}$$

转速与电流的机械特性关系式为

$$n = \frac{1.17U_2\cos\alpha}{C_e\Phi} - \frac{R_\Sigma I_d + \Delta U}{C_e\Phi} \tag{14-17}$$

根据式（14-17）得出不同的 α 时 n 与 I_d 的关系，如图 14-28 所示。图中 ΔU 的值一般为 1V 左右，可忽略不计。可见其机械特性与由直流发电机供电时的机械特性是相似的，是一组平行的直线，其斜率由于内阻不一定相同而稍有差异。调节 α 角，即可调节电动机的转速。

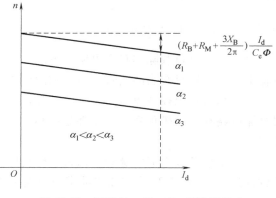

图 14-28　不同的 α 时 n 与 I_d 的关系

同理，可列出三相桥式全控整流电路电动机负载时的机械特性方程为

$$n = \frac{2.34 U_2 \cos\alpha}{C_e \Phi} - \frac{R_\Sigma}{C_e \Phi} I_d \tag{14-18}$$

2. 电流断续时电动机的机械特性

由于整流电压是一个脉动的直流电压，当电动机的负载减小时，平波电抗器中的电感储能减小，致使电流不再连续，此时，电动机的机械特性也呈现出非线性。

根据电流连续时反电动势的公式（14-16），例如，$\alpha = 60°$ 时，当 $I_d = 0$，忽略 ΔU，此时的反电动势 $E_0' = 1.17 U_2 \cos 60° = 0.585 U_2$。这是电流连续时理想空载反电动势，如图 14-29 中的反电动势特性的虚线与纵轴的相交点。实际上，当 I_d 减小到一定值 I_{dmin} 时，电流变为断续，这个 E_0' 是不存在的，真正的理想空载点 E_0 远大于此值。因为 $\alpha = 60°$ 时晶闸管触发导通时的相电压瞬时值为 $\sqrt{2} U_2$，它大于 E_0'，因此必然产生电流，这说明 E_0' 并不是空载点。只有当反电动势 E 等于触发导通后相电压的最大值 $\sqrt{2} U_2$ 时，电流才等于零，因此图 14-29 中的 $\sqrt{2} U_2$ 才是实际的理想空载点。同样可分析得：在电流断续情况下，只要 $\alpha \leq 60°$，电动机的实际空载反电动势都是 $\sqrt{2} U_2$。当 $\alpha > 60°$ 以后，空载反电动势将由 $\sqrt{2} U_2 \cos(\alpha - \pi/3)$ 决定。可见，当电流断续时，电动机的理想空载转速抬高，这是电流断续时电动机机械特性的第一个特点。观察图 14-29 可得此时电动机特性的第二个特点是，在电流断续区内，电动机的机械特性变软，即负载电流变化很小，也可引起很大的转速变化。

根据上述分析，可得不同 α 时的反电动势特性曲线如图 14-30 所示。α 大的反电动势特性，其电流断续区的范围（以虚线表示）要比 α 小时的电流断续区大，这是由于 α 愈大，变压器加到晶闸管阳极上的负电压时间愈长，电流要维持导通，必须要求平波电抗器储存较大的磁能，而电抗器的 L 为一定值的情况下，要有较大的电流 I_d 才行。故随着 α 的增加，进入断续区的电流值加大。这是电流断续时电动机机械特性的第三个特点。

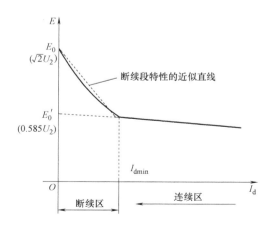

图 14-29　电流断续时电动势的特性曲线

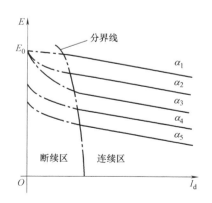

图 14-30　不同 α 时的反电动势特性曲线

电流断续时电动机机械特性可由下面 3 个式子准确得出：

$$E_M = \sqrt{2}\, U_2 \cos\varphi\, \frac{\sin\left(\dfrac{\pi}{6}+\alpha+\theta-\varphi\right) - \sin\left(\dfrac{\pi}{6}+\alpha-\varphi\right) e^{-\theta\cot\varphi}}{1-e^{-\theta\cot\varphi}} \qquad (14\text{-}19)$$

$$n = \frac{E_M}{C'_e} = \frac{\sqrt{2}\, U_2 \cos\varphi}{C'_e}\, \frac{\sin\left(\dfrac{\pi}{6}+\alpha+\theta-\varphi\right) - \sin\left(\dfrac{\pi}{6}+\alpha-\varphi\right) e^{-\theta\cot\varphi}}{1-e^{-\theta\cot\varphi}} \qquad (14\text{-}20)$$

$$I_d = \frac{3\sqrt{2}\, U_2}{2\pi Z \cos\varphi}\left[\cos\left(\frac{\pi}{6}+\alpha\right) - \cos\left(\frac{\pi}{6}+\alpha+\theta\right) - \frac{C'_e}{\sqrt{2}\, U_2}\theta n\right] \qquad (14\text{-}21)$$

式中，$\varphi = \arctan\dfrac{\omega L}{R_L}$；$Z = \sqrt{R_\Sigma^2 + L^2}$，$L$ 为回路总电感。以上三式均为超越方程，需要采用迭代的方法来求解，在导通角 θ 从 $0 \sim 2\pi/3$ 的范围内，根据给出的 θ 值以及 R_Σ、L 值，求出相应的 n 和 I_d，从而作出断续区的机械特性曲线如图 14-29 所示。对于不同的 R_Σ、L 和 α 值，特性也将不同。

一般只要主电路电感足够大，可以只考虑电流连续段，完全按线性处理。当低速轻载时，断续作用显著，可改用另一段较陡的特性来近似处理，其等效电阻比实际的电阻 R 要大一个数量级。

整流电路为三相半波时，在最小负载电流为 I_{dmin} 时，为保证电流连续所需的主回路电感量 L（单位为 mH）为

$$L = 1.46 U_2/I_{dmin} \qquad (14\text{-}22)$$

对于三相桥式全控整流电路带电动机负载的系统，有

$$L = 0.693 U_2/I_{dmin} \qquad (14\text{-}23)$$

L 中包括整流变压器的漏电感、电枢电感和平波电抗器的电感。前者数值都较小，有时可忽略。I_{dmin} 一般取电动机额定电流的 $5\% \sim 10\%$。

因为三相桥式全控整流电压的脉动频率比三相半波的高一倍，因而所需平波电抗器的电感量也可相应地减小约一半，这也是三相桥式整流电路的一大优点。

14.7.2　工作于有源逆变状态时

对工作于有源逆变状态时电动机机械特性的分析，和整流状态时完全类同，可按电流连续和电流断续两种情况来进行。

1. 电流连续时电动机的机械特性

主回路电流连续时的机械特性由电压平衡方程式 $U_d - E_M = I_d R_\Sigma$ 决定。

逆变时，由于 $U_d = -U_{d0}\cos\beta$，E_M 反接，得

$$E_M = -(U_{d0}\cos\beta + I_d R_\Sigma) \qquad (14\text{-}24)$$

因为 $E_M = C'_e n$，可得电动机的机械特性方程为

$$n = -\frac{1}{C'_e}(U_{d0}\cos\beta + I_d R_\Sigma) \qquad (14\text{-}25)$$

式中负号表示逆变时电动机的转向与整流时相反。对应不同的逆变角时，可得到一组彼此平行的机械特性曲线族，如图 14-31 中第Ⅳ象限虚线以右所示。可见调节 β 就可改变电动

机的运行转速，β 值越小，相应的转速越高；反之则转速越低。图 14-31 还画出当负载电流 I_d 降低到临界连续电流以下时的特性，见图中的虚线以左所示，即逆变状态下电流断续时的机械特性。

2. 电流断续时电动机的机械特性

电流断续时电动机的机械特性方程可沿用整流时电流断续的机械特性表达式，只要把 $\alpha = \pi - \beta$ 代入式（14-19）、式（14-20）和式（14-21），便可得 E_M、n 与 I_d 表达式，求出三相半波电路工作于逆变状态且电流断续时的机械特性，即

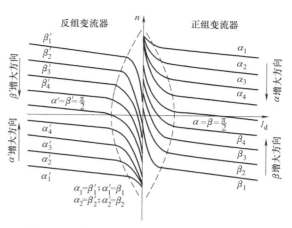

图 14-31　电动机在四象限中的机械特性曲线

$$E_M = \sqrt{2}\,U_2\cos\varphi\,\frac{\sin(7\pi/6+\theta-\beta-\varphi)-\sin(7\pi/6-\beta-\varphi)\mathrm{e}^{-\theta\cot\varphi}}{1-\mathrm{e}^{-\theta\cot\varphi}} \tag{14-26}$$

$$n = \frac{E_M}{C_e'} = \frac{\sqrt{2}\,U_2\cos\varphi}{C_e'}\,\frac{\sin(7\pi/6+\theta-\beta-\varphi)-\sin(7\pi/6-\beta-\varphi)\mathrm{e}^{-\theta\cot\varphi}}{\mathrm{e}^{-\theta\cot\varphi}} \tag{14-27}$$

$$I_d = \frac{3\sqrt{2}\,U_2}{2\pi Z\cos\varphi}\left[\cos(7\pi/6-\beta)-\cos(7\pi/6-\beta+\theta)-\frac{C_e'}{\sqrt{2}\,U_2}\theta n\right] \tag{14-28}$$

分析结果表明，当电流断续时，电动机的机械特性不仅和逆变角有关，而且和电路参数、导通角等有关系。根据上述公式，取定某一逆变角 β 值，根据不同的导通角 θ，如 $\pi/6$、$\pi/3$ 和 $\pi/2$，就可求得对应的转速和电流，绘出逆变电流断续时电动机的机械特性，即图 14-31 中第Ⅳ象限虚线以左的部分。可以看出，它与整流时十分相似：理想空载转速上翘很多，机械特性变软，且呈非线性。这充分说明逆变状态的机械特性是整流状态的延续，纵观触发延迟角 α 由小变大（如 $\pi/6 \sim 5\pi/6$），电动机的机械特性则逐渐由第Ⅰ象限往下移，进而到达第Ⅳ象限。逆变状态的机械特性同样还可表示在第Ⅱ象限内，它与对应的整流状态的机械特性则表示在第Ⅲ象限内，如图 14-31 所示。

应当指出，图 14-31 中第Ⅰ、第Ⅳ象限中的特性和第Ⅲ、第Ⅱ象限中的特性分别属于两组变流器的，它们输出整流电压的极性彼此相反，故分别标以正组和反组变流器。电动机的运行工作点由第Ⅰ（第Ⅲ）象限的特性，转到第Ⅱ（第Ⅳ）象限的特性时，表明电动机由电动运行转入发电制动运行。相应的变流器的工况由整流转为逆变，使电动机轴上储存的机械能逆变为交流电能送回电网。电动机在各象限中的机械特性，对分析直流可逆拖动系统是十分有用的。

14.7.3　直流可逆电力拖动系统

图 14-32 为两套变流装置反并联连接的可逆电路。

图 14-32a 是以三相半波有环流接线为例，图 14-32b 是以三相全控桥的无环流接线为例

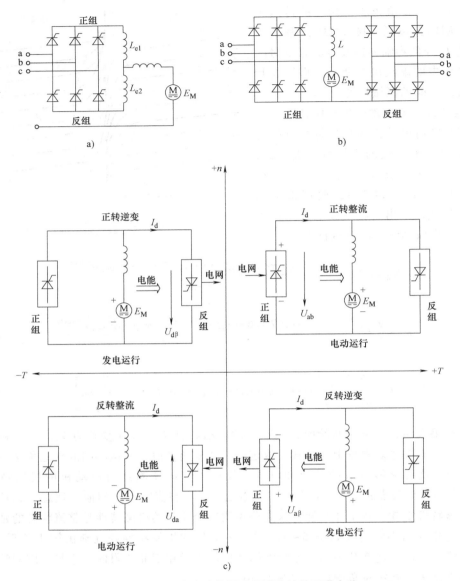

图 14-32 两套变流装置反并联连接的可逆电路

阐明其工作原理的。与双反星形电路时相似，环流是指只在两组变流器之间流动而不经过负载的电流。电机正向运行时都是由一组变流器供电的；反向运行时，则由另一组变流器供电。根据对环流的不同处理方法，反并联可逆电路又可分为几种不同的控制方案，如配合控制的有环流（即 $\alpha = \beta$ 工作制）、可控环流、逻辑控制无环流和错位控制无环流等。不论采用哪一种反并联供电电路，都可使电机在四象限内运行。如果在任何时间内，两组变流器中只有一组投入工作，则可根据电机所需的运转状态来决定哪一组变流器工作及其相应的工作状态（整流或逆变）。图 14-32c 绘出了对应电机四象限运行时两组变流器（简称正组桥、反组桥）的工作情况。

第 I 象限：正转，电机作电动运行，正组桥工作在整流状态，$\alpha_1 < \pi/2$，$E_M < U_{d\alpha}$（下标

α 表示整流）。

第Ⅱ象限：正转，电机作发电运行，反组桥工作在逆变状态，$\beta_2<\pi/2$（$\alpha_2>\pi/2$），$E_M>U_{d\beta}$（下标 β 表示逆变）。

第Ⅲ象限：反转，电机作电动运行，反组桥工作在整流状态，$\alpha_2<\pi/2$，$E_M<U_{d\alpha}$。

第Ⅳ象限：反转，电机作发电运行，正组桥工作在逆变状态，$\beta_1<\pi/2$（$\alpha_1>\pi/2$），$E_M>U_{d\beta}$。

直流可逆拖动系统除了能方便地实现正反向运转外，还能实现回馈制动，把电机轴上的机械能（包括惯性能、位势能）变为电能回送到电网中去，此时电机的电磁转矩变成制动转矩。图 14-32c 所示电机在第Ⅰ象限正转，电机从正组桥取得电能。如果要反转，先应使电机迅速制动，就必须改变电枢电流的方向，但对正组桥来说，电流不能反向，需要切换到反组桥工作，并要求反组桥在逆变状态下工作，保证 $U_{d\beta}$ 与 E_M 同极性相接，使得电机的制动电流 $I_d=(E_M-U_{d\beta})/R_\Sigma$ 限制在容许范围内。此时电机进入第Ⅱ象限作正转发电运行，电磁转矩变成制动转矩，电机轴上的机械能经反组桥逆变为交流电能回馈电网。改变反组桥的逆变角 β，就可以改变电机的制动转矩。为了保持电机在制动过程中有足够的转矩，一般应随着电机的转速的下降不断地调节 β，使之由小变大直到 $\beta=\pi/2(n=0)$，如继续增大 β，即 $\alpha<\pi/2$，反组桥将转入整流状态下工作，电机开始反转，进入第Ⅲ象限的电动运行。以上就是电机由正转到反转的全过程。同样，电机从反转到正转，其过程则由第Ⅲ象限经第Ⅳ象限，最终运行于第Ⅰ象限上。

对于 $\alpha=\beta$ 配合控制的有环流可逆系统，当系统工作时，对正、反两组变流器同时输入触发脉冲，并严格保证 $\alpha=\beta$ 的配合控制关系，假设正组桥为整流，反组桥为逆变，即有 $\alpha_1=\beta_2$，$U_{d\alpha1}=U_{d\beta2}$，且极性相互抵消，两组变流器之间没有直流环流。但两组变流器的输出电压瞬时值不等，会产生脉动环流。为了防止环流只流经晶闸管而使电源短路，必须串入环流电抗器 L_C 来限制环流。

工程上使用较广泛的逻辑无环流可逆系统不设置环流电抗器，如图 14-32b 所示。这种无环流可逆系统采用的控制原则是：两组桥在任何时刻只有一组投入工作（另一组关断），所以在两组桥之间就不存在环流。但当两组桥之间需要切换时，不能简单地把原来工作的一组桥的触发脉冲立即封锁，而同时把原来封锁的另一组桥立即开通，因为已导通的晶闸管并不能在触发脉冲取消的那一瞬间立即被关断，必须待晶闸管承受反压时才能被关断。如果对两组桥触发脉冲的封锁和开通同时进行，原先导通的那组桥的晶闸管断流，原先封锁的那组桥反而已经开通，出现两组桥同时导通的情况，因没有环流电抗器，将会产生很大的短路电流，把晶闸管烧毁。为此首先应使已导通桥的晶闸管断流，要妥当处理主回路内电感储存的电磁能量，使其以续流的形式释放，通过原工作桥本身处于逆变状态，把电感储存的一部分能量回馈给电网，其余部分消耗在电机上，直到储存的能量释放完，主回路电流变为零，使原导通晶闸管恢复阻断能力。随后再开通原封锁桥的晶闸管，使其触发导通。这种无环流可逆系统中，变流器之间的切换过程是由逻辑单元控制的，称为逻辑控制无环流系统。

14.8　交流变频调速系统

以前，调速传动的主流方式是晶闸管直流电动机传动系统，但是直流电动机本身存在一些固有的缺点：①受使用环境条件的制约；②需要定期维护；③最高速度和容量受限制等。与直流调速传动系统相对应的是交流调速传动系统，其除了克服直流调速传动系统的缺点外，还具有交流电动机结构简单、可靠性高、节能、高精度、响应快速等优点。但交流电动机的控制技术较为复杂，对所需的电力电子变换器要求也较高，所以直到 20 世纪 80 年代，随着电力电子技术和控制技术的发展，交流调速系统才得到迅速发展，其应用已在逐步取代传统的直流调速传动系统。

在交流调速传动的各种方式中，变频调速是应用最广的一种方式。交流电动机转差功率中转子的铜耗是不可避免的，采用变频调速方式时，无论电动机转速高低、转差功率的消耗基本不变，系统效率是各种交流调速方式中最高的，因此采用变频调速具有显著的节能效果。例如，采用交流调速技术对风机的风量进行调节，可节约电能 30% 以上。因此，近年来我国推广应用变频调速技术，并取得了很好的效果。

14.8.1　交-直-交变频器

变频调速系统中的电力电子变流器（简称为变频器）主要有两种：交-交变频器（又称直接变频器）和交-直-交变频器（又称间接变频器）。交-直-交变频器是由 AC-DC、DC-AC 两类基本的变流电路组合而成，先将交流电整流为直流电，再将直流电逆变成交流电，因此这类电路又称为间接交流变流电路。交-直-交变频器与交-交变频器相比较，最主要的优点是输出频率不再受输入电源频率的制约。

根据应用场合及负载的要求，变频器有时需要具有处理再生反馈电力的能力。当负载电动机需要频繁快速制动时，通常要求具有处理再生反馈电力的能力。图 14-33 所示是不能处理再生反馈电力的电压型间接交流变流电路。该电路中整流部分采用的是不可控整流，它和电容器之间的直流电压和直流电流极性不变，只能由电源向直流电路输送功率，而不能由直流电路向电源反馈电力。图中逆变电路的能量是可以双向流动的，若负载能量反馈到中间直流电路，将导致电容电压升高，称为泵升电压。由于该能量无法反馈回交流电源，而电容只能承担少量的反馈能量，则泵升电压过高会危及整个电路的安全。

为使上述电路具备处理再生反馈电力的能力，可采用的几种方法分别如图 14-34 ~ 图 14-36 所示。

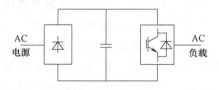

图 14-33　不能再生反馈电力的变频器

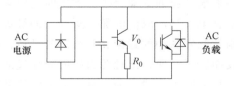

图 14-34　带泵升电压限制的间接变频器

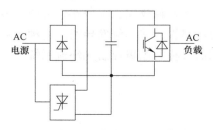

图 14-35　用可控变流实现再生反馈的变频器

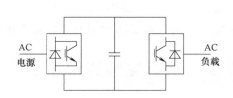

图 14-36　整流和逆变均为 PWM 控制的变频器

　　图 14-34 所示电路是在图 14-33 所示电路的基础上，在中间直流电容两端并联一个由电力晶体管 V_0 和能耗电阻 R_0 组成的泵升电压限制电路。当泵升电压超过一定数值时，使 V_0 导通，把从负载反馈的能量消耗在 R_0 上。这种电路可应用于对电动机制动时间有一定要求的调速系统中。

　　当交流电动机负载频繁快速加减速时，上述泵升电压限制电路中消耗的能量较多，能耗电阻 R_0 也需要较大的功率。这种情况下，希望在制动时把电动机的动能反馈回电网，而不是消耗在电阻上。这时，需增加一套变流电路，如图 14-35 所示，使其工作于有源逆变状态，以实现电动机的再生制动。当负载回馈能量时，中间直流电压上升，使不可控整流电路停止工作，可控变流器工作于有源逆变状态，中间直流电压极性不变，而电流反向，通过可控变流器将电能反馈回电网。

　　图 14-36 是整流电路和逆变电路都采用 PWM 控制的间接交流变流电路，可简称双 PWM 电路。整流电路和逆变电路的构成可以完全相同，交流电源通过交流电抗器和整流电路连接。通过对整流电路进行 PWM 控制，可以使输入电流为正弦波并且与电源电压同相位，因而输入功率因数为 1，并且中间直流电路的电压可以调节。电机既可以工作在电动运行状态，也可以工作在再生制动状态。此外，改变输出交流电压的相序即可使电机正转或反转。因此，电动机可实现四象限运行。

　　该电路输入输出电流均为正弦波，输入功率因数高，且可实现电动机四象限运行，是一种性能比较理想的变频电路。但由于整流、逆变部分均为 PWM 控制，需要采用全控型器件，控制较复杂，成本也较高。

　　以上所述的是几种电压型间接交流变流电路的基本原理，下面介绍电流型间接交流变流电路。

　　图 14-37 给出了可以再生反馈的电流型间接交流变流电路，图中用实线箭头表示的是由电源向负载输送功率时中间直流电压极性、电流方向、负载电压极性及功率流向等。当电机制动时，中间直流电路的极性不能改变，要实现再生制动，只需要调节可控整流电路的触发延迟角，使中间直流电压反极性即可，如图中虚线箭头所示。与电压型相比较，整流部分只用一套可控变流电路，而不像图 14-35 那样，为实现负载能量反馈而采用两套变流电路，系统的整体结构相对简单。

　　图 14-38 给出了实现基于上述原理的电路。为适用于较大容量的场合，将主电路中的器件换为 GTO，逆变电路输出端的电容 C 是为吸收 GTO 关断时产生的过电压而设置的，它也可以对输出的 PWM 电流波形起滤波作用。

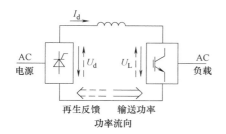

图 14-37　可再生反馈的电流型间接交流变流电路

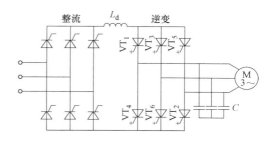

图 14-38　电流型交-直-交 PWM 变频电路

电流型间接交流变流电路也可以采用双 PWM 电路，如图 14-39 所示。为了吸收换流时的过电压，在交流电源侧和交流负载侧都设置了电容器。和图 14-36 所示的电压型双 PWM 电路一样，当向异步电机供电时，电机既可工作在电动状态，又可工作在再生制动状态，且可正反转，即可四象限运行。该电路同样可以通过对整流电路的 PWM 控制使输入电流为正弦波，并使输入功率因数为 1。

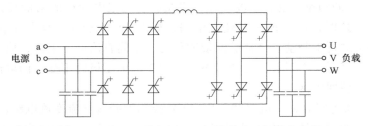

图 14-39　整流和逆变双 PWM 的电流型间接变频器

14.8.2　交流电动机变频调速的控制方式

对于笼型异步电动机的定子频率控制方式，有恒压频比（V/f）控制、转差频率控制、矢量控制、直接转矩控制等，这些控制方式可以获得各种不同的控制性能。

1. 恒压频比控制

异步电动机的转速主要由电源频率和极对数决定。改变电源（定子）频率，就可以进行电动机的调速，即可进行宽范围的调速运行，也能获得足够的转矩。为了不使电动机因频率变化导致磁饱和而造成励磁电流增大，引起功率因数和效率的降低，需对变频器的电压和频率的比率进行控制，使该比率保持恒定，即恒压频比控制，以维持气隙磁通为额定值。

恒压频比控制是比较简单的控制方式，用于转速开环的交流调速系统，适合于生产机械对调速系统的静、动态性能要求不高的场合。

图 14-40 给出了使用 PWM 控制的交-直-交变频器恒压频比控制方式的例子。转速给定既作为调节加减速度的频率 f 指令值，同时经过适当分压，也被作为定子电压 U_1 的指令值。该 f 指令值和 U_1 指令值之比就决定了 V/f 控制中的压频比。由于频率和电压由同一给定值控制，因此可以保证压频比为恒定。

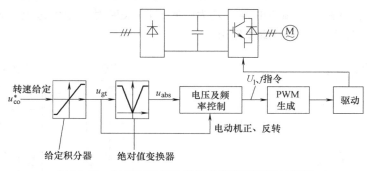

图 14-40　采用恒压频比控制的变频调速系统框图

图 14-40 中，为防止电动机起动电流过大，在给定信号之后加给定积分器，可将阶跃给

定信号转换为按设定斜率逐渐变化的斜坡信号 u_{gt}，从而使电动机的电压和转速都平缓地升高或降低。此外，为使电动机实现正反转，给定信号是可正可负的，但电动机的转向由变频器输出电压的相序决定，不需要由频率和电压给定信号反映极性，因此用绝对值变换器将 u_{gt} 变换为绝对值的信号 u_{abs}，u_{abs} 经电压频率控制环节处理后，得出电压及频率的指令信号，经 PWM 生成环节形成控制逆变器的 PWM 信号，再经驱动电路控制变频器中的 IGBT 的通断，使变频器输出所需频率、相序和大小的交流电压，从而控制交流电动机的转速和转向。

2. 转差频率控制

前述转速开环的控制方式可满足一般平滑调速的要求，但其静、动态性能均有限，要提高调速系统的动态性能，需采用转速闭环的控制方式。其中一种常用的闭环控制方式就是转差频率控制方式。

从异步电动机稳态模型可以证明，当稳态气隙磁通恒定时，电磁转矩近似与转差角频率 ω_s 成正比，如果能保持稳态转子全磁通恒定，则转矩准确地与 ω_s 成正比。因此，控制 ω_s 就相当于控制转矩。采用转速闭环的转差频率控制，使定子频率 $\omega_1 = \omega_r + \omega_s$，则 ω_1 随实际转速 ω_r 增加或减小，得到平滑而稳定的调速。

但是，这种方法是基于电动机稳态模型的，仍然不能得到理想的动态性能。

3. 矢量控制

异步电动机的数学模型是高阶、非线性、强耦合的多变量系统。前述转差频率控制方式的动态性能不理想，关键在于采用了电动机的稳态数学模型，调节器参数的设计也只是沿用单变量控制系统的概念而没有考虑非线性、多变量的本质。

矢量控制方式基于异步电动机的转子磁链定向的动态数学模型，将定子电流分解为励磁分量和与此垂直的转矩分量，参照直流调速系统中的双闭环控制方法，分别独立地对两个电流分量进行控制，类似直流调速系统的双闭环控制方式。该方式需要实现转速和磁链的解耦，控制系统较为复杂，但与被认为是控制性能最好的直流电动机电枢电流控制方式相比，矢量控制方式的控制性能具有同等的水平。随着该方式的实用化，异步电动机变频调速系统的应用范围迅速扩大。

4. 直接转矩控制

矢量控制方式的稳态、动态性能都很好，但是控制复杂。为此又有学者提出了直接转矩控制方式。直接转矩控制同样是基于电动机的动态模型，其控制闭环中的内环直接采用了转矩反馈，并采用砰-砰控制（Bang-Bang Control），可以得到转矩的快速动态响应，且控制相对要简单许多。

14.9　功率因数校正技术

以开关电源为代表的各种电力电子装置给工业生产和社会生活带来了极大的进步，然而也带来了一些负面的问题。通常，开关电源的输入级采用二极管构成的不可控容性整流电路。这种电路的优点是结构简单、成本低、可靠性高，但缺点是输入电流不是正弦波。

产生这一问题的原因，在于二极管整流电路不具有对输入电流的可控性，当电源电压高于电容电压时，二极管导通；当电源电压低于电容电压时，二极管不导通，输入电流为零，这样就形成了电源电压峰值附近的电流脉冲。

解决这一问题的办法就是对电流脉冲的幅度进行抑制,使电流波形尽量接近正弦波,这一技术称为功率因数校正(Power Factor Correction,PFC)技术。根据采用的具体方法不同,可分为无源功率因数校正和有源功率因数校正两种。

无源功率因数校正技术通过在二极管整流电路中增加电感、电容等无源元件和二极管元件,对电路中的电流脉冲进行抑制,以降低电流谐波含量,提高功率因数。图 14-41 所示为一种典型的无源功率因数校正电路。这种方法的优点是简单、可靠,无须进行控制,而缺点是增加的无源元件一般体积很大,成本也较高,并且功率因数通常仅能校正至 0.8 左右,而谐波含量仅能降至 50% 左右,难以满足现行谐波标准的限制。

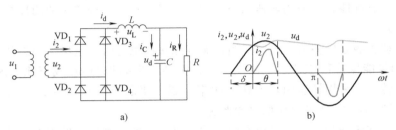

图 14-41 一种典型的无源功率因数校正电路

有源功率因数校正技术采用全控型开关器件构成的开关电路对输入电流的波形进行控制,使之成为与电源电压同相位的正弦波,总谐波含量可以降低至 5% 以下,而功率因数能高达 0.995,彻底解决了整流电路的谐波污染和功率因数低下的问题,从而满足现行最严格的谐波标准,因此其应用越来越广泛。

14.9.1 功率因数校正电路的基本原理

1. 单相功率因数校正电路的基本原理

开关电源中常用的单相有源 PFC 电路及其主要波形如图 14-42 所示。这一电路实际上是二极管整流电路加上升压斩波电路构成的,斩波电路的原理此处不再叙述,着重介绍该电路实现功率因数校正的原理。

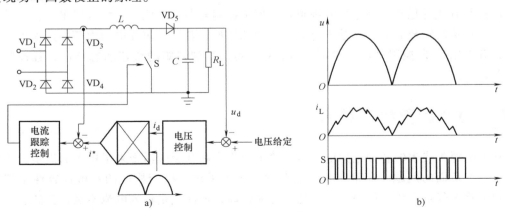

图 14-42 典型的单相有源 PFC 电路及其主要波形

a)电路 b)主要波形

直流电压给定信号 u_d^* 和实际的直流电压 u_d 比较后送入电压调节器，调节器的输出为一直流电流指令信号 i_d，i_d 和整流后的正弦电压相乘得到直流输入电流的波形指令信号 i^*，该指令信号和实际直流电感信号比较后，通过滞环对开关器件进行控制，便可使输入直流电流跟踪指令值，这样交流侧电流波形将近似成为与交流电压同相的正弦波，跟踪误差在由滞环环宽所决定的范围内。

由于采用升压斩波电路，只要输入电压不高于输出电压，电感 L 的电流就完全受开关 S 的通断控制。S 开通时，电感 L 的电流增长，S 关断时，电感 L 的电流下降。因此控制 S 的占空比按正弦绝对值规律变化，且与输入电压同相，就可以控制电感 L 的电流波形为正弦绝对值，从而使输入电流的波形为正弦波，且与输入电压同相，输入功率因数为 1。

2. 三相功率因数校正电路的基本原理

三相 PFC 电路的形式较多，下面简单介绍单开关三相 PFC 电路，如图 14-43 所示。

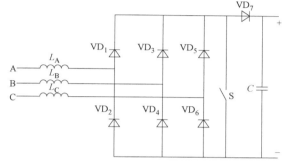

该电路是工作在电流不连续模式的升压斩波电路，连接三相输入的 3 个电感 $L_A \sim L_C$ 的电流在每个开关周期内都是不连续的，电路的输出电压应高于输入线间电压峰值，方能正常工作。该电路的工作波形如图 14-44 所示。

图 14-43　单开关三相 PFC 电路

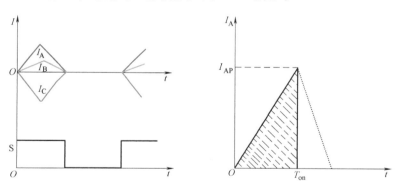

图 14-44　单开关三相 PFC 电路的工作波形

当开关 S 开通后，连接三相的电感电流值均从零开始线性上升（正向或负向），直到开关 S 关断；S 关断后，三相电感电流通过 VD_7 向负载侧流动，并迅速下降到零。

现以 A 相为例分析输入电流波形，在一个开关周期内，每相输入电压 u_A 变化很小，变化量可以忽略，则在每一个开关周期中，电感电流是三角波或接近三角波的电流脉冲，其峰值与输入电压成正比。假设 S 关断后电流 i_A 下降很快，这样，在这一开关周期内电流 i_A 的平均值将主要取决于阴影部分的面积，其数值与输入电压成正比。因此，输入电流经滤波后将近似为正弦波。

在分析中略去了电流波形中非阴影部分，因此实际的电流波形同正弦波相比有些畸变。可以想象，如果输出直流电压很高，则开关 S 关断后电流下降就很快，被略去的电流面积就很小，则电流波形同正弦波的近似程度高，其波形畸变小。因此对于三相 380V 输入的单开关 PFC 电路，其输出电压通常选择为 800V 以上，此时输入功率因数可达 0.98 以上，输入电流谐波含量小于 20%，可以满足现行谐波标准的要求。

由于该电路工作于电流断续模式，电路中电流峰值高，开关器件的通态损耗和开关损耗都很大，因此适用于 3~6kW 的中小功率电源中。

在开关电源中采用有源 PFC 电路带来以下好处：

1）输入功率因数提高，输入谐波电流减小，降低了电源对电网的干扰，满足了现行谐波限制标准。

2）由于输入功率因数的提高，在输入相同有功功率的条件下，输入电流有效值明显减小，降低了对线路、开关、连接件等电流容量的要求。

3）由于有升压斩波电路，电源允许的输入电压范围扩大，能适应世界各国不同的电网电压，极大地提高电源装置的可靠性和灵活性。

4）由于升压斩波电路的稳压作用，整流电路输出电压波动显著减小，使后级 DC-DC 变换电路的工作点保持稳定，有利于提高控制精度和效率。

值得提到的是，单相有源功率因数校正电路较为简单，仅有一个全控开关器件，可靠性也较高，应用广泛，基本上已经成为功率在 0.5~3kW 范围内的单相输入开关电源的标准形式。然而三相有源功率因数校正电路结构和控制较复杂，成本也很高，因此三相功率因数校正技术仍是研究的热点。

14.9.2 单级功率因数校正技术

前述的基于升压斩波电路的有源功率因数校正技术具有输入电流畸变率低的特点，若电路工作于电流连续模式，则开关器件的峰值电流较低。与常规的开关电源相比，采用上述结构的含有功率因数校正功能的电源由于增加了一级变换电路，主电路及控制电路结构较为复杂，使电源的成本和体积增加，由此产生了单级 PFC 技术。单级 PFC 变换器拓扑是将功率因数校正电路中的开关元件与后级 DC-DC 变换器中的开关元件合并和复用，将两部分电路合二为一。因此单级变换器具有以下优点：①开关器件数减少，主电路体积及成本可以降低；②控制电路通常只有一个输出电压控制闭环，简化了控制电路；③有些单级变换器拓扑中部分输入能量可以直接传递到输出侧，不经过两级变换，所以效率可能高于两级变换器。由于上述特点，单级 PFC 变换器在小功率电源中的优势较为明显，因此成为研究的热点之一，产生了多种电路拓扑。

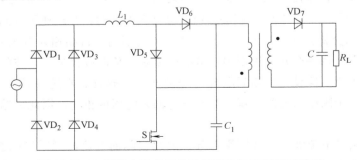

图 14-45　一种基本的单开关升压型单级 PFC 变换电路

由于升压电路的峰值电流较小，目前应用的主要方案为单开关升压型 PFC 电路，DC-DC 部分为单管正激或反激电路。一种基本的单开关升压型单级 PFC 变换电路如图 14-45 所示。其基本工作原理为：开关在一个开关周期内按照一定的占空比导通，开关导通时，输入电源通过开关给升压电路中的电感 L_1 储能，同时中间直流电容 C_1 通过开关给反激变压器储能，在开关关断期间，输入电源与 L_1 一起给 C_1 充电，反激变压器同时向二次侧电路释放能量。开关的占空比由输出电压调节器决定。在输入电压及负载一定的情况下，中间直流侧电容电压在工作过程基本保持不变，开关的占空比也基本保持不变。输入功率中的 100Hz 波动由中间直流电容进行平滑滤波。

由以上分析，可以得到单级 PFC 电路的特点如下：

1）单级 PFC 电路减少了主电路的开关器件数量，使主电路体积及成本降低。同时控制电路通常只有一个输出电压闭环控制，简化了控制电路。

2）单级 PFC 变换器减少了元件的数量，但是元件的额定值都比较高，所以单级 PFC 变换器仅在小功率时整个装置的成本和体积才具有优势，对于大功率场合，两级 PFC 变换器比较适合。

3）单级 PFC 变换器的输入电流畸变率明显高于两级 PFC 变换器，特别是仅采用输出电压控制闭环的升压变换器。

14.10　电能无线传输技术

14.10.1　基础理论与分类

1. 无线电能传输系统的基本原理

电能无线传输系统又称无接触感应式电能传输系统（Contactless Inductive Power Transfer），是利用变压器的感应耦合的特点，如图 14-46 所示，将传统变压器的感应耦合磁路分开，一次、二次绕组分别绕在不同的磁性结构上，电源和负载单元之间不需要机械连接进行能量耦合传输。这种一次侧、二次侧分离的感应耦合电能传输技术不仅消除了摩擦、触电的危险，而且大大提高了系统电能传输的灵活性，显著减少了负载系统的体积和重量。正因为感应式电能传输系统的功能性，如可靠性高、柔性好，加之无

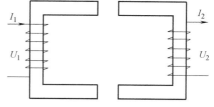

图 14-46　非接触感应式电能传输系统

接触，无磨损的特性，能够满足各种不同条件下电工设备的用电需求，同时兼顾了信息传输功能的需求。在 19 世纪末 20 世纪初，特斯拉就提出了利用交流磁场来驱动小灯，但是由于当时技术和材料的限制，效率很低。随着电力电子技术、高频技术和磁性材料的发展，以及多种场合下电工设备感应式供电需求的增长，这种新型的能量传输技术正逐步兴起。

2. 无线电能传输系统的结构及工作原理

相对于传统的感应电能传输系统，非接触感应式电能传输系统耦合程度小，为了增加磁能积利用率，减小体积，提高系统的功率传输能力，一次侧电路通常采用高频变流/逆变技术，使交流电压在较高的频率上工作。如图 14-47 所示，非接触感应式电能传输系统的基本

结构包括：一次侧、二次侧电路和感应耦合电磁结构。一次交流电压经一次侧变换器，由一次绕组与二次绕组耦合，二次绕组耦合得到的电能经二次侧变换器供给负载使用，同时利用一次、二次绕组还可以实现信号的双向传输。

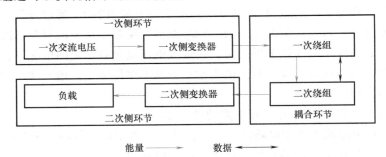

图 14-47 无线电能传输系统构成框图

系统工作时，在输入端将经整流、逆变的单相低频交流电能转换成高频交流电流供给一次绕组。二次侧端口输出的电流为高频电流，根据负载用电需要，若为直流负载，则将高频电流经过整流为负载传输电能；若为交流负载，则根据需要进行交-交变频或者交-直-交逆变处理。这种能量传输方式有如下优点：①没有裸露导体存在，感应耦合系统的能量传输能力不受环境因素，如尘土、污物、水等的影响，因此这种方式比起通过电气连接来传输能量更可靠、耐用，且不发生电火花，不存在机械磨损和摩擦；②系统各部分之间相互独立，可以保证电气绝缘，提高了用电的安全性；③能够采用多个二次绕组接收能量的同时为多个用电负载传输电能；④变压器一次侧、二次侧可以相互分离，配合自如，可以处于相对静止或相对运动的状态，适用范围也更广泛。

3. 无线电能传输系统的分类

无线电能传输系统依据传输方式的不同，分成基于电磁感应的短距离传输系统、基于磁共振耦合的中距离传输系统和基于微波/飞秒激光的长距离传输系统。无线电能传输系统的分类如图 14-48 所示。

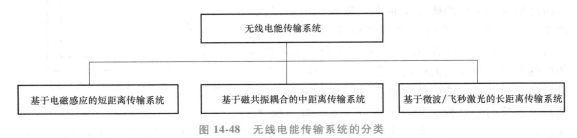

图 14-48 无线电能传输系统的分类

（1）基于电磁感应的短距离传输系统 电磁感应耦合电能传输技术（Inductively Coupled Power Transmission，ICPT）是一种以电磁感应耦合原理为基础的电能无线传输模式。主要以磁场作为电能传输的媒介，基于变压器疏松感应耦合的构造，通过电力电子技术提高磁场频率、降低气隙损耗，实现无线电能的传输。这种无线输电技术的特点是传输功率大，能达千瓦级别，在极近距离内效率很高，但传输效率会随传输距离增加和接收端位置变化而显著减小，所以该技术一般用于厘米级的短距离传输。

这种系统从电网输入的工频交流电经过整流逆变后转换成高频交变电流，并输入到可分离变压器的一次绕组，在高频电磁场的感应耦合作用下，电能传输到可分离变压器二次绕组，而得到的高频交变电流经电流调理电路转换成负载所需的工作电流，以达到为负载供电的目的。磁感应耦合式无线电能传输系统如图 14-49 所示。

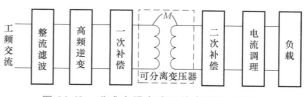

图 14-49　磁感应耦合式无线电能传输系统

（2）基于磁共振耦合的中距离传输系统　磁共振耦合无线电能传输技术（Resonant Wireless Power Transmission，RWPT）主要是利用发射线圈与接收线圈在系统本征频率下发生强耦合现象来实现电能的高效传输。这种传输方式可以越过某些材料和金属障碍物，在线圈直径的几倍距离内，以兆赫兹频率的磁场传输电能。传输效率较高，而且在传输区域内接收端的位置变化对效率不会产生显著影响。由于电力电子器件的制约，传输功率提高到千瓦级别时需要牺牲传输距离，甚至无法达到传输所需的共振频率，从而影响传输效率。

这种系统利用两个具有相同谐振频率且具有高品质因数的电磁系统，当发射线圈以某一特定频率工作时，在与之相距一定距离的接收线圈通过分布式电容与电感的耦合作用，产生电磁耦合谐振，高频电磁能量在两线圈之间发生大比例的交换，当接收线圈上接有负载时，负载会将一部分能量吸收，从而实现了电能的无线传输。磁耦合谐振式无线电能传输系统如图 14-50 所示。

磁耦合谐振式无线电能传输（Magnetically-Coupled Resonant Wireless Power Transfer，MCR-WPT）利用谐振原理，使得其在中等距离（传输距离一般为传输线圈直径的几倍）传输时，仍能得到较高的效率和较大的传输功率，并且电能传输不受空间非磁性障碍物的影响。

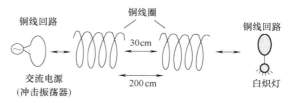

图 14-50　磁耦合谐振式无线电能传输系统

（3）基于微波/飞秒激光的长距离传输系统　微波电能传输技术（Microwave Power Transmission，MPT）是通过能量转换装置将电能转化为微波形式，利用发射天线向目标位置定向发送微波，再经接收装置接收并整流来实现的电能传输方式。这种传输技术适合应用于距离较长、容量较大的电能传输场合，例如将空间太阳能电站的能量传回地面，向平流层飞艇和轨道卫星供电等。基于飞秒激光的无线能量传输技术（Femtosecond Laser Power Transmission）利用超强超快激光在大气中传输时的非线性效应，将空气分子电离，从而产生可长达十几公里的等离子体通道。等离子体通道内存在的大量电子作为载流子，可以为电能的转移提供媒介，其作用相当于在空气中架设的一条虚拟导线。该项技术能够实现几十公里距离的高效无线能量传输，传输的功率和可靠性有待进一步的深入研究，适合于地面的大功率无线能量传输。

1）微波辐射式。微波功率发生器将直流电能转换成微波能量，并由发射天线聚焦后向整流天线高效发射，微波能量经自由空间传输到整流天线，并经整流天线的整流滤波电路转换为直流功率后，向负载供电。微波辐射式无线电能传输系统如图 14-51 所示。

2）激光式。激光发射模块发出特定波长的激光，激光束通过光学发射天线进行集中、

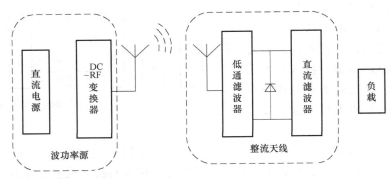

图 14-51　微波辐射式无线电能传输系统

准直整形处理后发射，并通过自由空间到达接收端，且经过光学接收天线接收聚焦到光电转换模块上完成激光-电能的转换。激光式无线电能传输系统如图 14-52 所示。

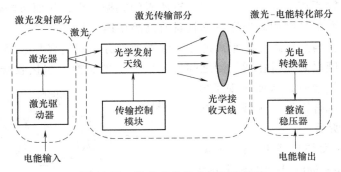

图 14-52　激光式无线电能传输系统

3）超声波式。利用发射端的超声波换能器将电能转换成超声能量，在接收端利用超声波换能器将接收到的超声能量转换成电能，供给负载使用。超声波式无线电能传输系统充分利用了超声波在空气中自由传输时聚焦性能较好的特点，因而传输距离较远。

14.10.2　无线电能传输系统的拓扑结构模型

非接触感应式电能传输系统有 3 个环节：即作为供能和接收环节的一次侧和二次侧电路，以及传输环节的耦合电路，以下通过对 3 个环节进行分析，得到非接触感应式电能传输系统性能的影响因素，得出非接触感应式电能传输系统的选型和参数匹配的方法。具体表现在通过结构创新，提高磁能积利用率，减小体积，提高效率。

1. 供能环节——一次侧电路

一次侧供电质量将直接影响传输性能，它是非接触感应式电能传输系统中的重要构件。提高变换器效率，减小输出谐波分量，实现正弦波电压或电流供电是一次侧变换器的发展方向。一次侧变换器一般包括整流电路与高频逆变电路两部分。如图 14-53 所示，为了提高变换效率，常采用谐振技术，利用一次绕组漏电感来实现谐振变换。

采用 DSP2812 实现 PWM 电流源控制，功率放大电路采用 E 型放大器。

当电压源逆变器以正弦波脉冲宽度调制（SPWM）方式运行时，施加在电感性负载端的电压接近正弦波。电路如图 14-54 所示，由 4 个 MOSFET 全控器件和 4 个续流二极管组成的

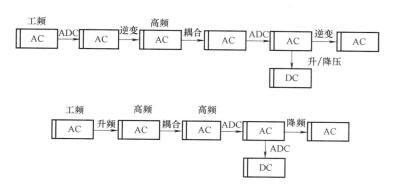

图 14-53　一次侧电路变流/逆变拓扑模型的选择

单相全桥逆变器。PWM 发生电路产生占空比为 50% 的 PWM 控制信号，由于电路上、下桥臂的 MOSFET 不可以同时导通，因此，添加死区时间延迟单元。VT_1、VT_4 导通时，VT_2、VT_3 关闭。VT_2、VT_3 导通时，VT_1、VT_4 关闭。

为了方便电压源与电流源进行比较，使用 LM358P 放大器芯片，实现电压源到电流源的转换电路，如图 14-55 所示。

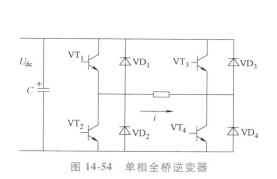

图 14-54　单相全桥逆变器

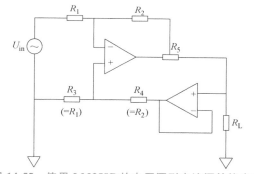

图 14-55　使用 LM358P 的电压源到电流源转换电路

2. 传输环节——耦合电路

分析一次、二次绕组之间耦合的建模方法，最常使用的是变压器模型和互感模型。

无接触变压器与传统变压器的本质区别，在于一次侧、二次侧之间的耦合性能的差异。耦合系数 k 是度量两个线圈磁耦合程度的物理量，在 $0 \leqslant k \leqslant 1$ 时，对于传统变压器，耦合系数通常在 0.95~0.98 之间，非常接近于 1；而对于无接触变压器属于疏松耦合式系统，其耦合系数通常在 0.8 以下，有的甚至不到 0.1。当用 0.5 作为阈值时，即定义 $k<0.5$ 时，线圈间称为松散耦合；对于 $k>0.5$ 时，则称为紧耦合。

考虑到采用互感模型分析无接触变压器的疏松耦合特性，下面将采用互感模型来分析无接触变压器中一次、二次绕组之间的耦合环节，如图 14-56 所示。为了简化分析，一般设二次侧所接负载为纯电阻性负载 R_L。

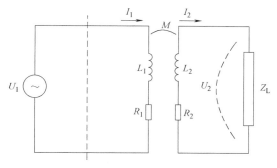

图 14-56　非接触感应式电能传输系统互感模型

317

图 14-57 所示为非接触感应式电能传输系统电路分析模型，定义一次绕组中的电流为 I_1，两端电压为 U_1。$j\omega M I_1$ 为一次电流 I_1 在二次侧中的感生电压，$-j\omega M I_2$ 为二次电流 I_2 在二次线圈中的感生电压值。在相互感应电压的过程中，实现了能量的传递。以图 14-57 中给出的电流方向为正方向，可得一次、二次侧电路的方程为

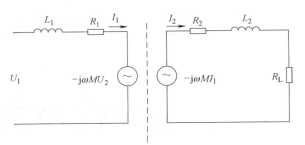

图 14-57　非接触感应式电能传输系统电路分析模型

$$I_1(j\omega L_1 + R_1) - I_2 j\omega M = U_1 \qquad (14\text{-}29)$$

$$I_2(j\omega L_2 + R_2 + R_L) = I_1 j\omega M \qquad (14\text{-}30)$$

因为 $Z_1 = j\omega L_1 + R_1$，$Z_2 = j\omega L_2 + R_2 + R_L$，更一般地，可以得到阻抗传输公式

$$I_1 Z_1 - I_2 j\omega M = U_1 \qquad (14\text{-}31)$$

$$I_2 Z_2 - I_1 j\omega M = 0 \qquad (14\text{-}32)$$

用矩阵表示为

$$\begin{bmatrix} U_1 \\ 0 \end{bmatrix} = \begin{bmatrix} Z_1 & -sM \\ -sM & Z_2 \end{bmatrix} \begin{bmatrix} I_1 \\ I_2 \end{bmatrix} \qquad (14\text{-}33)$$

式中，$s = j\omega$。

（1）**阻抗分析**　二次侧系统对一次侧的影响通过二次侧反映阻抗 Z_{r2} 来体现，如图 14-58 所示。反映阻抗 Z_{r2} 表示二次侧电路的阻抗 Z_2 通过耦合，在一次侧电路表现的电阻值，反映了二次侧电路阻抗对一次侧电路的影响。一次侧电路中，反映阻抗吸收的复功率就是二次侧系统吸收的复功率，直接反映了系统的功率传输性能。

$$Z_{r2} = -\frac{j\omega M I_2}{I_1} = -\frac{j\omega M \dfrac{j\omega M I_1}{Z_2}}{I_1} = \frac{\omega^2 M^2}{Z_2} = \frac{\omega^2 M^2}{|Z_2|^2} Z_2 \qquad (14\text{-}34)$$

在电流密度相同的情况下，线圈与相应整体线匝的磁场效应是一样的，N 匝线圈的电流只是相应的整体线匝电流的 $1/N$。因此，从诺伊曼公式可知，线圈的电感 L 为相应整体线匝电感 L' 的 N^2 倍，即 $L = N^2 L'$。同理，两个匝数分别为 N_1 和 N_2 的线圈的互感 M 为相应整体线匝的互感 M' 的 $N_1 \times N_2$ 倍，即 $M = N_1 N_2 M'$。因此，一般只需分析单匝线圈间的相互影响，就能进一步得出多匝线圈之间的相互耦合关系。

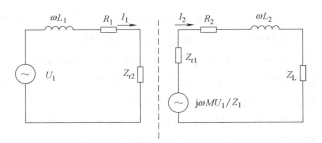

图 14-58　引入反映阻抗后的一次、二次侧等效电路

定义耦合系数为 $k = M / \sqrt{L_1 L_2}$，则有

$$k = \sqrt{k_1 k_2} \qquad (14\text{-}35)$$

式中，k_1 为一次线圈产生的磁通交链二次线圈的百分数；k_2 为二次线圈产生的磁通交链一

次线圈的百分数。

（2）互感公式影响因素　定义 r_1、r_2 为线圈半径，且 $r_1 > r_2$，d 为一次、二次线圈中心平面间距，Δ 为线圈中心偏移量，α 为线圈偏移角。则在理想状态下，互感 M 的值可用公式（14-36）表示，即

$$M(r_1, r_2, d) = \mu_0 \sqrt{r_1 r_2} \left[\left(\frac{2}{k} - k \right) K(k) - \frac{2}{k} E(k) \right] \tag{14-36}$$

式中，$k = \sqrt{\dfrac{4 r_1 r_2}{(r_1 + r_2)^2 + d^2}}$，$|k| < 1$。

$K(k)$、$E(k)$ 分别对应第一类和第二类完全椭圆积分，即

$$K(k) = \int_0^1 \frac{\mathrm{d}z}{\sqrt{(1 - z^2)(1 - k^2 z^2)}} = \int_0^{\pi/2} \frac{\mathrm{d}\phi}{\sqrt{1 - k^2 \sin^2 \phi}}$$

$$= \frac{\pi}{2} \left[1 + \left(\frac{1}{2} \right)^2 k^2 + \left(\frac{1 \times 3}{2 \times 4} \right)^2 k^4 + \left(\frac{1 \times 3 \times 5}{2 \times 4 \times 6} \right)^2 k^6 + \cdots \right]$$

$$E(k) = \int_0^1 \sqrt{\frac{1 - k^2 z^2}{1 - z^2}} \mathrm{d}z = \int_0^{\pi/2} \sqrt{(1 - k^2 \sin^2 \phi)} \mathrm{d}\phi$$

$$= \frac{\pi}{2} \left[1 + \left(\frac{1}{2} \right)^2 k^2 + \left(\frac{1 \times 3}{2 \times 4} \right)^2 k^4 - \left(\frac{1 \times 3 \times 5}{2 \times 4 \times 6} \right)^2 k^6 - \cdots \right]$$

定义 $G(k) = \left(\dfrac{2}{k} - k \right) K(k) - \dfrac{2}{k} E(k)$，则在理想状态下，互感的值可以表示为 $M(r_1, r_2, d) = \mu_0 \sqrt{r_1 r_2} G(k)$。

1）距离对互感 M 的影响：线圈距离分别为 3cm、6cm、9cm 和 12cm 时对互感的影响如图 14-59 所示。

2）半径、距离、水平位移对互感 M 的影响：在存在水平位移，且 $\Delta < r_{L1}$ 时，互感的值可以近似表示为 $M(r_1, r_2, d, \Delta) = $

$$\frac{\mu_0 r_1 r_2}{\sqrt{r_1 (r_2 + \Delta)}} G(k) \tag{14-37}$$

式中，$k = \sqrt{\dfrac{4 r_1 (r_2 + \Delta)}{(r_1 + r_2 + \Delta)^2 + d^2}}$，$|k| < 1$。

对于两个半径均为 6cm 的线圈，分别取它们的垂直距离为 3cm、6cm、9cm 和 12cm 时，水平位移对互感的影响如图 14-60 所示。

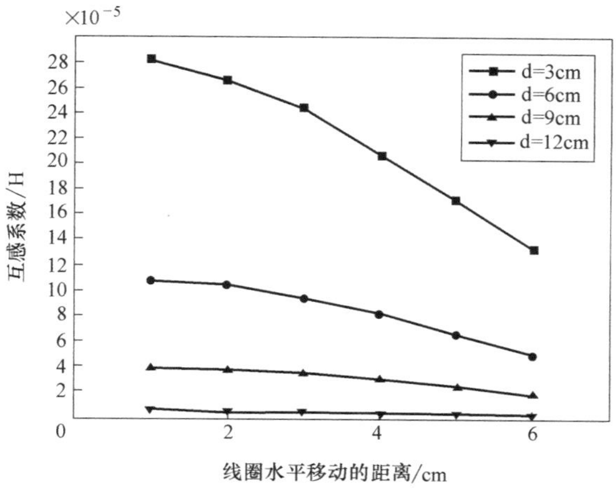

图 14-59　线圈之间的距离对互感的影响

3）Q 值的优化：对于一个谐振曲线如图 14-61 所示，定义谐振曲线峰值两侧最大值的 70% 处频率之间的宽度为频带宽度，大小为两边缘频率之差 $\Delta v = |v_2 - v_1|$。可以得到

$$\frac{\Delta v}{v_0} = \frac{\Delta \omega}{\omega_0} = \frac{1}{Q} \tag{14-38}$$

即频带宽度反比于谐振电路的 Q 值，Q 值越大，能量就越集中，频率的选择性就越强。此时，较小的频率偏移量就会造成传输效率的迅速降低。因此维持较高的 Q 值会使系统对于参数的变化过于敏感，电路调谐变得困难。当频率点发生变化时，较小的 Q 值意味着谐振频率尖峰较为平缓，对频率点的调节有利，鲁棒性较好。

进一步得到信号传输带宽 $B = f_0/Q$，Q 值的增大将使带宽减小，带宽的减小意味着系统信号传输更容易受到频率失配的影响。

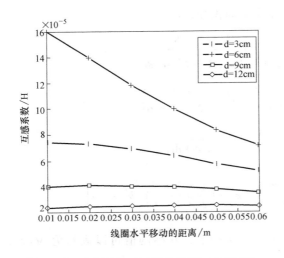

图 14-60　水平位移对互感的影响（计算值）

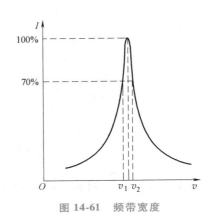

图 14-61　频带宽度

3. 接收环节——二次侧电路

根据最大能量传输定理和谐振理论，当工作频率和系统（一次、二次侧电路）固有频率相同时，能够获得最大传输效能。

为达到最优性能，固有频率 ω_0 一般取

$$\omega_0 = \frac{1}{\sqrt{L_1 C_1}} = \frac{1}{\sqrt{L_2 C_2}} \tag{14-39}$$

实际应用中，当 $\sqrt{L_1 C_1}$ 和 $\sqrt{L_2 C_2}$ 不能保证严格相等时，固有频率 ω_0 可近似表示为

$$\omega_0 = \frac{1}{\sqrt{(L_1 + n^2 L_2)(C_1 + C_2/n^2)}} \tag{14-40}$$

式中，n 为一次、二次线圈的匝数比；C_1 为一次侧等效电容；C_2 为二次侧等效电容；L_1 为一次侧电感；L_2 为二次侧电感。

随着耦合系数的下降和运行频率的提高，一次、二次侧回路的电抗参数呈几倍、甚至几十倍的增加。为了改善一次、二次侧回路的供电性能，需要对一次、二次侧回路的无功功率进行补偿。

所谓功率补偿，就是利用最大功率原理，使负载阻抗是输出阻抗的复共轭，这时负载获得最大功率。

通过一次侧补偿，可以提高一次绕组输入端的功率因数（位移因数），提高供电质量；

在一次侧补偿的基础上，通过二次侧补偿，可以提高系统的输出功率和传输效率。

一次、二次侧补偿都可以有串联补偿和并联补偿两种方式，如图 14-62 所示。

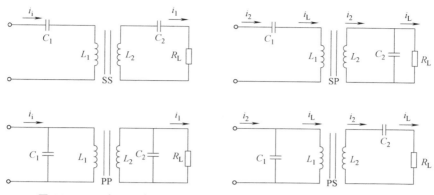

图 14-62　一次、二次侧的串联补偿和并联补偿（S：串联；P：并联）

并联电容器用于补偿感性无功功率；串联电容器用于补偿线路等效感抗、降低线路感性无功功率流动和提高线路受电端的电压；混合使用时，一般是串联电抗器串联在并联电容器支路中，然后与并联电容器一起接入系统，补偿高频载功功率，起到抑制高次谐波以及保护并联电容器的作用。

（1）一次侧补偿　一次侧采用串联补偿时，在谐振频率下，串联补偿电容上的电压降与一次侧的感抗压降相抵消，降低了对一次侧供电系统的电压要求；并联补偿时，流过并联补偿电容的电流注入或吸收了一次绕组中电流的无功分量，从而降低了对供电系统的电流要求。

一次侧串联谐振补偿电容为

$$C_1 = \frac{1}{\omega(\omega L_1 + X_r)} \tag{14-41}$$

一次侧并联谐振补偿电容为

$$C_1 = \frac{\omega L_1 + X_r}{\omega\left[R_r^2 + (\omega L_1 + X_r)^2\right]} \tag{14-42}$$

一次侧没有进行补偿时，变换器的总输入阻抗为

$$Z_t = j\omega L_1 + R_1 + Z_r \tag{14-43}$$

对于一次侧串联补偿电路，变换器的总输入阻抗为

$$Z_t = \frac{1}{j\omega C_1} + j\omega L_1 + R_2 + Z_r \tag{14-44}$$

对一次侧并联补偿电路，变换器的总输入阻抗为

$$Z_t = \frac{1}{j\omega C_1 + \dfrac{1}{j\omega L_1 + R_1 + Z_r}} \tag{14-45}$$

（2）二次侧补偿　二次侧采用串联谐振补偿时，二次侧补偿电容压降和二次侧感抗压降相抵消，从而串联补偿的二次绕组端口近似等效于电压源，端口电压不受负载值影响；二次侧采用并联谐振补偿时，流入二次侧补偿电容中的电流与二次侧导纳中电流的无功分量相

抵消，并联补偿的二次绕组端口近似等效于电流源，端口输出电流不受负载电阻值的影响。因此，负载端的输出功率将得到大大提高。

没有补偿时二次侧电路的阻抗为

$$Z_2 = j\omega L_2 + R_2 + Z_L \qquad (14\text{-}46)$$

二次侧串联或并联补偿电容为

$$C_2 = \frac{L_1}{\omega^2(L_1 L_2 - M^2)} \qquad (14\text{-}47)$$

二次侧补偿当负载电阻较小时，采用串联补偿可以大大提高传输能力；而当负载电阻较大时，采用并联补偿更具优势。

当耦合系数 k 取较小的值（$k < 0.01$）时，可以忽略一次、二次侧电路的相互影响。此时，一次侧补偿电容 C_1 可以取 $C_1 = 1/(\omega^2 L_1)$，二次侧补偿电容 C_2 可以取 $C_2 = 1/(\omega^2 L_2)$。

当运行频率偏离谐振频率时，电源端的视在功率都急剧上升。但当运行频率小于谐振频率时，并联补偿一次侧视在功率增加较慢；而当运行频率大于谐振频率时，串联补偿一次侧视在功率增加较慢。为了克服上述串联和并联补偿的不足，一般使用串、并联补偿相结合的方式。

14.10.3　基于 PCB 的感应式能量传输系统的设计

最常见的基于 PCB 的感应式能量传输系统莫过于手机无线充电器，其结构如图 14-63 所示。

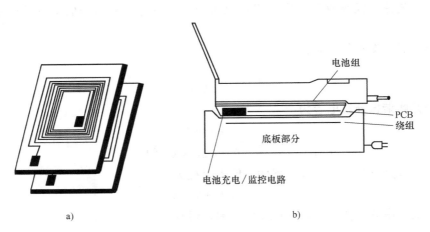

图 14-63　手机无线充电器结构

a）PCB 绕组结构　b）便携式电话非接触充电器

图 14-63b 所示为新型的便携式电话非接触充电器结构，下面的部分（充电器的一次绕组）包括一次 PCB 绕组和相关电路。放置在电池背部的充电器二次绕组包括二次 PCB 绕组和相应的电池充电及监测电路。这样在两个平行的 PCB 绕组之间就有感应耦合，在下部的一次绕组和电池背部的二次绕组就能够在没有磁心的情况下完成电能的非接触传输。

图 14-64 所示为非接触充电器的电路简图。一次侧包括一个桥式整流器和一个与一次 PCB 绕组相连的高频逆变器。与逆变器拓扑结构相连的半桥串联谐振电路是为了吸收 PCB

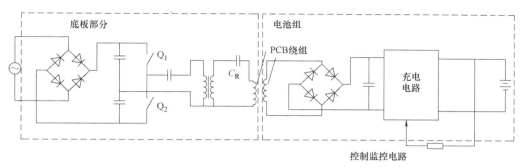

图 14-64　非接触充电器的电路简图

绕组的漏感，同时也是 *LC* 谐振回路的一部分。传统的降压变压器应用于开关和 *LC* 谐振回路之间，使回路电流降到需要的数值。

二次侧包括一个由二次 PCB 绕组供电的整流器，一个同步开关转换器和控制电路，这些器件都装在充电器的背部。一次侧部分单元是在一个开环条件下运行的，需要监测和控制充电电流的所有功能都集成在二次侧的电池上。所以，一次侧单元和二次侧单元在功能上是完全独立的，因此也就消除了一次、二次侧单元之间的额外信息交换的需要。

1. 基于 PCB 的磁集成技术

随着微电子技术的发展，在线圈小型化方面，采用了 PCB 方式的平面变压器技术，大大减小了感应线圈的体积，提高了能量密度。平面变压器技术具有以下优点：①工作频率高（50kHz～2MHz），能量密度大（达到 100W/g）；②体积小，空间紧凑，适于自动化安装；③采用 PCB 或铜箔，散热面积大，减少在高频工作条件下由趋肤效应和邻近效应所引起的涡流损耗，并有利于散热；④传统绕组的电流密度为 $2\sim6\text{A/mm}^2$，而平面变压器可以高达 20A/mm^2；⑤PCB 绕组容易实现任意绕组的绕制，实现一次、二次线圈的紧密磁耦合，从而减小漏感和绕组涡流损耗。

把绕组直接绕在电路主板上，并在主板上预留安装铁心的孔位，然后把平面 EI 型铁心安装上去，做成高功率密度的开关电源；也可以一次、二次线圈都采用双面 PCB（电流较大时用铜箔代替），现在多层 PCB 已经达到了 20 层。

平面（Planar）变压器是一种超薄型（Low Profile）变压器，平面变压器的结构包括平面磁心和平面绕组。平面变压器适用于便携式电子设备的高密度电源、卡式 UPS 电源等。平面变压器的优点是体积重量小，漏感小，在相同功率下，平面变压器的体积仅为传统变压器的 20%。传统变压器为了减少漏磁，一般设计成细长形（使磁心体积小，绕组平均长度短）。而平面变压器的结构呈宽扁形，厚度小于 1cm，散热面积大；此外平面结构容易绕组交替，从而使漏感最小。据报道，现有平面变压器产品的漏感小于 0.2%。传统的线绕式变压器按照规范设计，容易实现标准化。但设计高密度电源的平面变压器或平面电感，就完全不同于传统磁元件的标准设计。例如，平面变压器的散热过程是先以传导方式将热量送到电源的外壳，再通过散热器以对流方式靠自然冷却或风冷将热量散发。平面变压器的性能与许多因素有关，如绕组的结构与布置、绕组端部、铜片厚度、磁心结构与几何尺寸等。设计结果希望直流和交流阻抗小，漏磁小，同时绕组端部的设计应使高频场的影响最小。应用宽片状导线可以减小高频下的趋肤效应和邻近效应的附加损耗。平面绕组可以用铜箔、绞全铜线、多层印制导线或 PCB 等。PCB 的窗口利用率较低，仅为 0.25 ~ 0.3（一般窗口利用率为 0.4）。

空心（Coreless）PCB 变压器，没有磁心，利用印制螺旋形绕组印制在单面、双面甚至多层 PCB 上。其优点是：呈平面形、体积小、损耗小、效率高、制造过程简单、可以准确地控制参数。在电源中有两种应用：一是 100W 以下小功率 DC/DC 高频（10MHz）转换器；二是开关晶体管驱动电路中传输信号用的隔离变压器，可以做成两路输出，将两个二次绕组印制在 PCB 同一面上，或印制在多层 PCB 的不同平面上。

将多个磁性元件（如变压器和电感或多个电感）集成在一个磁心上，称为集成磁元件（Intergrated Magnetics，IM）。这样做的目的是可以减少转换器的体积，使各个磁性元件之间的接线最短，降低磁性元件的损耗。适用于低压大电流情况。Cuk 首先提出在有隔离的 Cuk 转换器中将输入电感、输出电感及变压器集成在一个磁心上，早期称为耦合（Coupled）电感。

2. PCB 线圈的设计

根据绝缘导线所要求通过的总电流，当电流为 10A 以下时，导线每平方毫米的截面面积可通过 5A 电流。实际设计中，可以通过近 20A，为安全起见，还是采用较为保守的 5A 作为最大设计通过电流。一般假设，仅当趋肤深度小于印制导线铜箔厚度的 50% 时，才需要考虑趋肤效应的影响。换句话说，对于铜箔厚度为 0.038mm（1mil = 0.0254mm）的普通 PCB，只有当信号频率高于 12MHz 时，才需要考虑趋肤效应。

$$\delta = \frac{I}{5} \div h \tag{14-48}$$

式中，δ 为导线宽度（mm）；I 为工作电流（A）；h 为走线高度（mm）。

当工作电流为 0.2A 时，导线宽度约为 1mm。设 PCB 圆形 $R = 17.6$mm，或 PCB 矩形 $b = 54$mm，$c = 31$mm，$r = 0.24$mm。则 PCB 线路的电感计算有：

如图 14-65 所示的螺旋形线圈的电感公式为

$$L = \frac{(aN)^2}{8a + 11b} \tag{14-49}$$

式中，$a = (r_1 + r_0)/2$；$b = r_0 - r_1$；r_1 为螺旋形线圈的外径；r_0 为螺旋形线圈的内径；L 的单位为 μH。

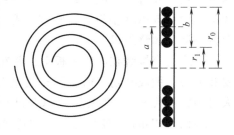

图 14-65　螺旋形线圈

对于矩形平面 PCB 线圈，$a = 0$，则

$$L = \frac{\mu_0}{\pi} N^2 (b + c) \left[\ln\frac{2bc}{r} - \frac{c}{b+c}\ln(c + \sqrt{b^2 + c^2}) - \frac{b}{b+c}\ln(b + \sqrt{b^2 + c^2}) + \frac{2\sqrt{b^2 + c^2}}{b+c} - \frac{1}{2} + \frac{0.447r}{b+c} \right]$$

$$\tag{14-50}$$

式中，N 为线圈的匝数；b、c 为矩形线圈的长和宽；a、r 为矩形线圈的截面尺寸，其中 a 为矩形线圈截面的高，r 为矩形线圈截面的宽度。

对于长度为 l，走线宽度为 w 的导线，其电感为

$$L = 2l \left(\ln\frac{2l}{w} - 0.5 + \frac{0.2235l}{w} \right) \tag{14-51}$$

式中，L 的单位为 nH。从式（14-51）可见，电感 L 与铜箔的厚度基本无关。同时，设计时

尽可能宽的走线对性能的改善并不明显,不仅不能大幅度地减少电感,若有脉动电压通过线路,还会产生很大的辐射干扰。但从工程设计的角度,还必须考虑通过电感的电流与温升。因此,图 14-66 反映了 PCB 电路及普通导线的电感,图 14-67 反映了 PCB 电路温升的 MIL-STD-215E 标准。

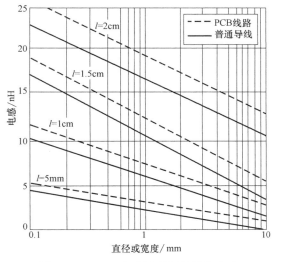

图 14-66　PCB 电路及普通导线的电感　　图 14-67　PCB 电路温升的 MIL-STD-215E 标准

过孔的设计:为了充分利用 PCB 板材,减小体积,采用了多层板设计。

PCB 上过孔电感计算公式为

$$L = \frac{h}{5}\left(1 + \ln\frac{4h}{d}\right) \tag{14-52}$$

式中,h 表示过孔深度;d 表示过孔直径,单位为 mm;L 的单位为 nH。

思考题与习题

14.1　简述晶闸管直流调速系统工作于整流状态时的机械特性的基本特点。

14.2　在以采用晶闸管为主控器件的直流可逆调速系统中,为实现可逆运行,控制上需要采用配合控制方法。什么是配合控制方案?它的主要特点是什么?

14.3　试阐述交-直-交变频器电路的工作原理,并说明其有何局限性。

14.4　何谓双 PWM 电路?其优点是什么?

14.5　什么是交流变频调速系统的恒压频比控制?

14.6　何谓 UPS?试说明后备式 UPS 的工作原理。

14.7　为什么开关电源的效率会高于线性稳压电源?

14.8　提高开关电源的开关频率,会使哪些元件的体积减小?会使电路中的什么损耗增加?

14.9　什么是无源和有源功率因数校正?有源功率因数校正有什么优点?

14.10　什么是单级功率因数校正?它有何特点?

14.11　什么是平面变压器技术?平面变压器有何特点?

14.12　什么是电能无线传输技术?电能无线传输有哪些类型?各自有何特点?

参 考 文 献

[1]　王兆安，黄俊. 电力电子技术 [M]. 4 版. 北京：机械工业出版社，2001.

[2]　王兆安，刘进军. 电力电子技术 [M]. 5 版. 北京：机械工业出版社，2009.

[3]　金海明，郑安平. 电力电子技术 [M]. 北京：北京邮电大学出版社，2006.

[4]　莫正康. 晶闸管变流技术 [M]. 北京：机械工业出版社，1985.

[5]　张兴，张崇巍. PWM 整流器及其控制 [M]. 北京：机械工业出版社，2017.

[6]　陈坚，康勇. 电力电子学——电力电子变换和控制技术 [M]. 北京：高等教育出版社，2002.

[7]　贺益康，潘再平. 电力电子技术 [M]. 北京：科学出版社，2004.

[8]　林辉，王辉. 电力电子技术 [M]. 武汉：武汉理工大学出版社，2002.

[9]　刘志刚. 电力电子学 [M]. 北京：北京交通大学出版社，2004.

[10]　杨旭，裴云庆，王兆安. 开关电源技术 [M]. 北京：机械工业出版社，2004.

[11]　阮新拨，严仰光. 直流开关电源的软开关技术 [M]. 北京：科学出版社，2002.

[12]　GRAHAME H，THOMAS A L. 电力电子变换器 PWM 技术原理与实践 [M]. 周克亮，译. 北京：人民邮电出版社，2010.

[13]　李兴源. 高压直流输电系统的运行和控制 [M]. 北京：科学出版社，1998.

[14]　MOHAN M，RAJIV K V. 基于晶闸管的柔性交流输电控制装置 [M]. 徐政，译. 北京：机械工业出版社，2005.

[15]　蔡宣三，龚绍文. 高频功率电子学——直流-直流变换部分 [M]. 北京：科学出版社，1993.

[16]　李爱文，张承慧. 现代逆变技术及其应用 [M]. 北京：科学出版社，2000.

[17]　路秋生. 功率因数校正技术与应用 [M]. 北京：机械工业出版社，2006.

[18]　SEDDIK B，LULIAN M，ANTONETA L B. 电力电子变换器的建模和控制 [M]. 袁敞，翟茜，译. 北京：机械工业出版社，2017.

[19]　金新民，等. 主动配电网中的电力电子技术 [M]. 北京：北京交通大学出版社，2015.

[20]　李建林，许洪华，等. 风力发电中的电力电子变流技术 [M]. 北京：机械工业出版社，2008.

[21]　孙凯，周大宁，梅杨. 矩阵式变换器技术及其应用 [M]. 北京：机械工业出版社，2007.

[22]　王聪. 软开关功率变换器及其应用 [M]. 北京：科学出版社，2000.

[23]　黄俊，王兆安. 电力电子变流技术 [M]. 3 版. 北京：机械工业出版社，2017.

[24]　金如麟. 电力电子技术基础 [M]. 北京：机械工业出版社，1995.

[25]　魏学业，王立华，张俊红，等. 光伏发电技术及其应用 [M]. 北京：机械工业出版社，2013.